HISTOIRE ET DESCRIPTION

DU

MUSÉUM ROYAL

D'HISTOIRE NATURELLE.

L'éditeur, s'étant conformé aux lois et ordonnances sur
la librairie, fera saisir tout exemplaire qui ne serait pas
revêtu de sa signature.

HISTOIRE ET DESCRIPTION

DU

MUSÉUM ROYAL

D'HISTOIRE NATURELLE,

OUVRAGE RÉDIGÉ D'APRÈS LES ORDRES DE L'ADMINISTRATION

DU MUSÉUM,

PAR M. DELEUZE,

Avec trois plans et quatorze vues des Jardins, des Galeries
et de la Ménagerie.

———

A PARIS,

CHEZ M. A. ROYER, AU JARDIN DU ROI.

DE L'IMPRIMERIE DE L. T. CELLOT, RUE DU COLOMBIER, N° 30.

M. DCCC. XXIII.

PRÉFACE.

L'ADMINISTRATION du Muséum m'ayant chargé
de rédiger une histoire abrégée et une description
succincte de l'établissement qu'elle dirige, j'ai
dû faire mes efforts pour répondre à la confiance
dont elle m'honorait ; mais il m'eût été impossible de remplir cette tâche, si MM. les professeurs
ne m'eussent donné, chacun pour sa partie, soit
des instructions verbales, soit des notes écrites,
selon que le sujet que je devais traiter avait plus
ou moins de rapport avec ceux dont je me suis
spécialement occupé.

Plusieurs de MM. les aide-naturalistes ont eu
la complaisance de coopérer à mon travail. Ainsi
M. Valenciennes m'a remis une description du
cabinet de zoologie pour les animaux vertébrés,
pour une partie des mollusques et pour les zoophytes, et M. Dufresne y a joint une notice sur
les coquilles. M. Latreille a bien voulu se charger
du tableau des crustacés, des arachnides et des
insectes ; et M. de La Fosse, qui suppléait dans

ses leçons le célèbre professeur dont le Muséum déplore la perte, m'a donné l'article de la minéralogie. M. Frédéric Cuvier m'a fourni pour la Ménagerie tous les renseignemens dont j'avais besoin. Enfin, c'est à M. Laurillard que je dois les détails relatifs à la collection d'anatomie comparée et à celle des ossemens fossiles. Je prie ces messieurs de recevoir l'expression de ma reconnaissance.

M. Royer, employé dans les bureaux de l'administration, s'est chargé de tous les frais de l'édition, et il a fait dessiner et graver les plans et les vues de l'établissement.

Quoique cet ouvrage ne soit qu'une simple esquisse, j'espère qu'en donnant une idée des richesses du Muséum, il fera connaître son importance et son utilité. Puisse-t-il rappeler à tous les Français les obligations que les sciences naturelles ont à nos Rois, qui, depuis Louis XIII jusqu'à Louis XVIII, n'ont cessé d'en encourager l'étude et d'en faciliter les progrès.

HISTOIRE ET DESCRIPTION

DU MUSÉUM

D'HISTOIRE NATURELLE.

INTRODUCTION.

Pᴀʀᴍɪ les établissemens consacrés à l'instruction publique, le Muséum d'histoire naturelle est certainement l'un des plus dignes d'admiration, l'un de ceux qui présentent le plus d'utilité. Toutes les sciences naturelles, ainsi que les applications qu'on peut faire de ces sciences y sont également enseignées : il offre pour chacune d'elles les collections les plus nombreuses. L'ordre dans lequel tout y est disposé, facilite l'étude, donne le moyen de comparer les êtres, et fait qu'on peut trouver

1

à l'instant ce qu'on cherche. Des professeurs, choisis parmi les savans les plus distingués de la France, enseignent à observer, à connaître, à classer les êtres naturels, non point en exposant simplement des théories, ou en donnant des descriptions auxquelles la lecture d'un bon ouvrage pourrait suppléer, mais en mettant sous les yeux des élèves les objets sur lesquels leur attention doit se fixer. Au sortir des leçons, on peut aller, soit dans l'école de botanique, où sont réunies toutes les plantes vivantes, et dans la ménagerie, où l'on nourrit plusieurs animaux rares, soit dans les galeries de zoologie et de botanique, où l'on conserve desséchés ou dans l'esprit-de-vin tous les êtres organiques que l'on a pu se procurer depuis des siècles, étudier les familles et les genres, comparer les espèces, examiner les détails, et se familiariser avec les caractères. Après les cours de minéralogie et de géologie, de riches collections arrangées méthodiquement et sous divers points de vue, offrent les mêmes ressources. On peut enfin, dans le cours d'anatomie comparée, s'instruire de l'organisation des animaux; dans ceux de chimie, de la composition des corps et de l'usage qu'on en fait pour les arts; dans celui de culture, des procédés les plus convenables pour élever, soigner et naturaliser les végétaux utiles; dans celui d'iconographie, de l'art de dessiner les objets d'histoire naturelle, de manière à en exprimer les caractères distinctifs. Ceux qui étudient, ayant souvent besoin de chercher le développement des principes que le professeur leur a donnés, ou de comparer leurs propres observations, à celles qui ont été faites avant eux; une bibliothèque uniquement consacrée à l'histoire naturelle, et qui est ouverte tous les jours, offre les livres qu'il est utile de consulter, ceux qui contiennent l'histoire de la science, la description ou la figure des objets connus, et l'état actuel de nos connaissances.

Comme toutes les sciences naturelles sont liées, les professeurs ont entre eux des communications qui les mettent à même d'étendre leurs vues au delà des objets dont ils se sont spécialement occupés, et la réunion des observations et des découvertes propres à chacune des branches de l'histoire naturelle, forme un tout qui est vraiment la philosophie de la nature.

Le savant vient au Muséum augmenter ses connaissances et recueillir des notions positives sur le sujet qu'il veut approfondir ; l'homme méditatif y contemple un ensemble de merveilles, il y admire la richesse de la nature , et la puissance du Créateur qui a donné à la nature des lois invariables ; le jeune homme né pour l'étude, s'enflamme en pensant aux savans illustres qui s'y sont succédés, et dont tout lui rappelle les travaux et la gloire ; le curieux s'extasie à la vue d'un nombre prodigieux de végétaux et d'animaux étrangers, à l'aspect de l'éclat des collections ; l'homme qui se livre aux lettres ou aux beaux - arts, y trouve la source d'une infinité d'idées, et des modèles en tout genre.

Au milieu de ce spectacle imposant, l'activité des travaux, la variété des plantations, le parfum des fleurs, la beauté des allées ; la vue qui du haut d'une colline plantée d'arbres verds, s'étend sur la ville et sur la campagne; le grand nombre d'amateurs qui viennent jouir de la promenade et semblent oublier les agitations du monde : tout concourt à faire du Muséum un séjour de paix pour l'âme, et de ravissement pour l'esprit.

Les hommes livrés à l'étude d'une des branches de l'histoire naturelle, connaissent bientôt la partie de l'établissement qui doit essentiellement les intéresser : mais après une assiduité de quelques années, ils ne pourraient épuiser les richesses des autres parties. Les étrangers et les curieux qui ont des devoirs à remplir, des affaires à suivre et peu de temps dont ils puissent disposer, demandent qu'on les dirige dans leurs recherches, et qu'on leur fasse remarquer ce qui doit principalement arrêter leurs regards. C'est dans l'intention de leur être utile que nous allons donner une description abrégée de toutes les parties de l'établissement. Mais avant de conduire nos lecteurs à ce qu'il y a de plus digne d'attention, nous croyons devoir leur faire connaître l'établissement en lui-même, sa fondation, ses accroissemens successifs, son administration ancienne, le nom des savans qui y ont été employés et qui ont contribué à son lustre, sa nouvelle organisation et son état actuel. Cette notice sera fort succincte. Ceux qui désireront plus de détails peuvent lire les Mémoires de M. de Jussieu, insérés dans les Annales du Muséum, tom. 1, 2, 3, 4, 6 et 11 (1), et l'Histoire du Muséum, donnée en allemand par Fischer.

Le nom de Muséum d'histoire naturelle est récent : il date de l'époque de la nouvelle organisation : il est employé à désigner la réunion de trois établissemens principaux, le jardin du Roi, le cabinet du Roi, et la ménagerie du Roi : car, dans une monarchie, les établissemens consacrés à la prospérité nationale, et payés par le gouvernement, sont sous la dépendance et la protection immédiate du Roi. Nous allons voir comment ces trois établissemens ont été successivement fondés et réunis.

(1) Ces Mémoires ne vont que jusqu'à la mort de Buffon, en 1788.

HISTOIRE
DU MUSÉUM.

PREMIÈRE ÉPOQUE.

DEPUIS LA FONDATION JUSQU'EN 1739.

LE Jardin du Roi fut créé par Louis XIII, qui l'institua et l'organisa par un édit donné et enregistré au parlement, au mois de mai 1635.

Neuf ans auparavant, Louis XIII, à la sollicitation d'Hérouard, son premier médecin, et de Guy de La Brosse, son médecin ordinaire, avait autorisé par lettres patentes la fondation du jardin, et l'acquisition d'une maison et d'un terrain de 24 arpens dans le faubourg Saint-Victor, et dans le même local qui fait aujourd'hui partie du Muséum. Il avait donné la surintendance de cet établissement à son premier médecin et à ses successeurs, avec pouvoir de choisir un intendant qui résiderait dans le jardin et en aurait la direction. Hérouard avait choisi Guy de La Brosse, et ce choix avait été agréé par le Roi. Mais la mort d'Hérouard, et d'autres circonstances ayant retardé l'exécution des lettres patentes, la fondation du Jardin ne date réellement que de 1635.

L'édit donné à cette époque, ratifie l'acquisition de la maison et du terrain ; il nomme Bouvard, alors premier médecin du roi, surintendant, et Guy de La Brosse, intendant du Jardin. Il contient enfin tout ce qui est relatif à l'objet de la fondation, aux dépenses, à la nomination et aux devoirs des divers employés. Nous allons en rapporter textuellement les dispositions les plus essentielles.

« Attendu qu'on n'enseigne point ès écoles de » médecine à faire les opérations de pharmacie... » le sieur Bouvard nous auroit supplié que trois » docteurs par lui choisis dans la faculté de Paris, » soient par nous pourvus pour faire aux écoliers » la démonstration de l'intérieur des plantes, et » de tous les médicamens, et pour travailler à la » composition de toute sorte de drogues, par voie » simple et chimique..... A ces causes nous avons » créé, à titre d'office, trois de nos conseillers- » médecins de la faculté de Paris, qui auront la » qualité de démonstrateurs et opérateurs phar-

» maceutiques de notre Jardin, pour faire la dé-
» monstration de l'intérieur des plantes, et pour
» travailler à toutes les opérations pharmaceu-
» tiques nécessaires pour instruire les écoliers :
» auxquels offices il sera par nous pourvu des
» personnes de MM. Jacques Cousinot, Urbain
» Baudineau et Cureau de la Chambre.

» Voulons que dans un cabinet de ladite maison,
» il soit gardé un échantillon de toutes les dro-
» gues, tant simples que composées, ensemble
» toutes les choses rares en la nature qui s'y ren-
» contreront ; duquel cabinet ledit La Brosse aura
» la clef et régie, pour en faire l'ouverture aux
» jours de démonstration.

» Et d'autant que ledit La Brosse, qui aura tout
» le soin de la direction et culture du Jardin, ne
» pourra toujours vaquer à faire la démonstration
» extérieure des plantes, avons aussi créé à titre
» d'office un sous-démonstrateur, pour l'aider à
» faire la démonstration extérieure dans le Jar-
» din, duquel office, sera pourvu par nous Ves-
» pasien Robin, notre arboriste ; chacun desquels
» officiers vaquera à l'exercice de sa charge, aux
» jours et heures qui lui seront désignés par notre
» surintendant..... à tous lesquels avons attribué
» les gages qui suivent, savoir : à notre premier
» médecin surintendant de toute l'œuvre, 3,000 liv.,
» à chacun des trois démonstrateurs, 1,500 liv., à

» La Brosse et à ses successeurs intendans, 6,000
» liv., au sous-démonstrateur, 1,200 liv.

» Voulons aussi que ledit La Brosse dispose des
» logemens, à la réserve de ce qui sera bâti après
» pour l'instruction, le laboratoire et le cabinet
» pour la conservation des échantillons et raretés,
» il choisira les jardiniers, portiers, etc. : pour
» l'entretien duquel Jardin... nous avons ordonné à
» l'intendant une somme de 4000 liv. par an outre
» ses gages : .... donnons aux démonstrateurs et
» opérateurs pharmaceutiques 400 liv. pour l'a-
» chat des drogues, et 400 liv. pour le salaire des
» garçons servans au laboratoire. »

» Pour le payement desquelles sommes sera par
» nous fait un fonds de 21,000 livres, etc. Donné
» à Saint-Quentin, au mois de mai 1635, registré
» le 15 mai. »

Il est important de faire remarquer ici que la
livre tournois valait, à cette époque, 2 fr. 50 c. de
notre monnaie, ainsi les 21,000 liv. représentent
maintenant 52,500 fr. L'augmentation de la dépense n'est nullement en rapport avec celle de
l'établissement.

La faculté de médecine forma opposition à
l'enregistrement de l'édit : elle demandait que les
professeurs fussent choisis sur sa présentation et
non sur celle du surintendant, elle se plaignait du
choix de La Brosse : elle voulait surtout que la

chimie ne fût point enseignée : cette opposition n'eut pas de suites.

Guy de La Brosse s'établit dans le local dont on avait fait l'acquisition ; il fit réparer et disposer les bâtimens, et il dressa, dès la première année, un parterre de 45 toises de longueur sur 35 de largeur, où il plaça toutes les plantes qu'il put se procurer, et dont la plupart lui furent données par Jean Robin, père de Vespasien, qui depuis plusieurs années les cultivait chez lui, et avait le titre d'arboriste ou simpliciste du roi. Le nombre de ces plantes, en y comprenant les variétés, était, en 1636, de 1800. Il fit ensuite défoncer les terrains ; il se procura de nouvelles plantes par ses correspondances ; il traça le plan du jardin dans une étendue de 10 arpens, et il en fit l'ouverture en 1640 (1). En 1641, il publia le catalogue des plantes qui y étaient cultivées, dont le nombre, y compris les variétés, était de 2360. Il fit dessiner celles qu'il craignait de perdre, et en fit même graver quelques-unes.

Malheureusement il termina sa carrière lorsque ayant surmonté les obstacles qui lui avaient été opposés, il commençait à voir le succès de ses travaux. C'est vraiment lui qui est le fondateur du

____

(1) On écrivit sur la porte principale *Jardin royal des Herbes médicinales,* et cette inscription y est restée jusqu'au moment où Buffon a agrandi le bâtiment.

Jardin du Roi : il y mourut en 1643; ses restes furent déposés dans la chapelle qui faisait partie du bâtiment; et lorsqu'on a été obligé de démolir cette chapelle pour construire l'escalier des galeries, ils ont été placés dans un caveau particulier.

Telle est l'origine d'un établissement, qui de nos jours est parvenu à un si haut degré de prospérité. Les bornes de cette notice nous obligent à ne tracer que très-rapidement l'histoire de ses progrès et de ses vicissitudes, jusqu'à la fin du dernier siècle. Nous nous arrêterons davantage à faire connaître les changemens opérés par la nouvelle organisation, pour donner une idée exacte de son état actuel.

La mort de Guy de La Brosse fut un grand malheur pour le Jardin du Roi; ceux qui lui succédèrent n'eurent ni le même zèle ni la même activité. Les professeurs, révocables à volonté par le surintendant, changèrent plusieurs fois, et les leçons ne furent pas faites avec exactitude. Bouvard de Fourqueux, fils du premier médecin et conseiller au parlement, fut nommé à la place de Guy de La Brosse ; il était impossible qu'il donnât ses soins à la culture et à l'enseignement, et Vespasien Robin fit seul les leçons de botanique. Cependant le surintendant obtint des fonds pour la construction d'une serre et pour celle du grand bassin qui est en face du cabinet.

Bouvard ayant quitté sa place de premier médecin du roi, voulut conserver celle de surintendant. Elle lui fut disputée par Vautier, qui l'emporta, parce que d'après les termes de l'édit, l'intendance du Jardin était annexée à la charge de premier médecin. Celui-ci, qui était ennemi de Fourqueux, voulut nommer un intendant à son choix, et comme il éprouva des oppositions, il ne prit plus aucun intérêt au Jardin. Dès lors tout tomba en décadence; les plantes périrent faute de culture, et les leçons furent négligées. Cependant Vautier rendit un véritable service, en substituant un cours d'anatomie à celui qui était désigné sous le nom de *l'intérieur des plantes*, et qui était destiné à faire connaître les propriétés qu'on leur supposait.

La place de Vautier, vacante par sa mort en 1652, fut donnée à Vallot. Quelques années avant cette époque, Gaston d'Orléans, frère de Louis XIII, avait établi dans son palais de Blois un jardin de botanique qui avait acquis beaucoup de célébrité par les ouvrages de Morison. Cette circonstance réveilla l'attention de Vallot; il nomma pour successeur de Robin, Denis Jonquet, médecin qui cultivait des plantes à Saint-Germain-des-Prés. Celui-ci fut secondé par Fagon, petit-neveu de Guy de La Brosse, qui ayant été élevé dans le Jardin, y avait puisé le goût de la botanique, et qui affectionnait beaucoup le lieu où il avait passé son enfance. Ce jeune homme, devenu célèbre depuis, voyagea à ses frais dans plusieurs provinces de France, dans les Alpes et les Pyrénées, et fit passer au Jardin tout ce qu'il put recueillir.

On fit, en même temps, venir des plantes des pays étrangers ; et dès 1665, le nombre des espèces cultivées, en y comprenant les variétés, se trouva de 4,000. Pour récompenser le zèle de Fagon, Vallot le nomma d'abord professeur de chimie, et ensuite professeur de botanique, à la mort de Jonquet, en 1671. Ainsi Fagon réunit les deux chaires de botanique et de chimie.

Gaston d'Orléans ne s'était point contenté de rassembler dans son Jardin de Blois, des plantes de tous les pays, et de confier à de savans botanistes le soin de les décrire, il avait voulu faire peindre sur vélin les espèces les plus remarquables, et il avait chargé de ce travail le peintre Robert, l'homme de son temps le plus habile en ce genre. Après la mort de Gaston, en 1660, Colbert engagea le roi à acquérir ces peintures, et à attacher à son cabinet un peintre qui serait obligé d'en ajouter chaque année un certain nombre. Robert fut nommé à cette place, et les ouvrages qu'il fit jusqu'à sa mort, arrivée en 1684, sont d'une vérité et d'un fini, qu'aucun de ses successeurs n'a pu surpasser.

Le même titre fut après lui donné à J. Joubert, peintre de paysage. Celui-ci n'avait pas le genre de talent qui convient à l'histoire naturelle, mais heureusement il se fit aider par Aubriet, dessinateur très-habile, qui fut d'abord attaché au Jardin, et ensuite nommé son successeur.

C'est ainsi que s'est formée la magnifique collection de figures de plantes et d'animaux, qui fut d'abord déposée à la Bibliothèque du Roi, et qui est aujourd'hui la principale richesse de celle du Muséum.

Vallot étant mort en 1671, Colbert réunit la surintendance du Jardin à celle des bâtimens du Roi, dont il était pourvu, laissant au premier médecin le titre seul d'intendant, avec la direction des cultures. Il fit rendre, au mois de décembre, une déclaration du roi, qui réglait l'administration du Jardin, et il fit donner aux professeurs des brevets qui rendaient leurs places fixes. C'est de ce moment que l'établissement commença à prendre quelque importance : il eût pu s'accroître bien plus rapidement, si l'administrateur principal n'eût pas eu d'autre occupation.

D'Aquin, premier médecin du roi, et intendant du Jardin en 1672, ne favorisa que l'anatomie. Cette science fut enseignée avec le plus grand succès, surtout par le célèbre Guichard-Joseph Duverney, nommé professeur en 1679, dont les leçons attirèrent un grand nombre d'élèves.

Fagon, qui avait rempli pendant plusieurs années les chaires de botanique et de chimie avec la plus grande supériorité, se trouvant chargé d'autres fonctions, crut devoir se faire remplacer, et désirant se nommer un successeur digne de lui, il fit venir du fond de la Provence Joseph Pitton de Tournefort, qui, n'ayant encore que vingt-six ans, annonçait déjà ce qu'il devait être un jour, et il lui transmit sa chaire de botanique en 1683. Dix ans après il fut nommé premier médecin : cette place lui donna l'intendance du Jardin; et la considération dont il jouissait, fit rétablir en sa faveur le titre de surintendant.

Dès lors il lui fut facile d'obtenir les faveurs du gouvernement, pour l'établissement qu'il affectionnait, et pendant quinze ans qu'il en eut la direction tout reprit une nouvelle vie. Cette prospérité s'accroissant sans cesse serait parvenue au plus haut degré, si Fagon, réfléchissant qu'elle était due à son zèle et à ses lumières, eût craint que ses successeurs n'eussent pas les mêmes vues que lui, et s'il eût profité de son crédit pour faire donner au Jardin du Roi une administration stable, indépendante des caprices d'un chef.

Nous avons dit que Duverney occupait la chaire d'anatomie, et Tournefort celle de botanique. Ces deux sciences furent enseignées avec le plus grand éclat, et le nom des deux professeurs répandit du lustre sur l'établissement auquel ils étaient attachés. La réputation que Tournefort s'était promptement acquise par ses leçons, s'accrut encore en 1693, par la publication de ses Élémens de botanique, qui, en présentant une méthode nouvelle pour la classification des plantes, donnaient à cette science une base solide, et en rendaient l'étude aussi facile qu'agréable.

Tournefort fit plusieurs voyages pour se procurer des plantes, et en 1700 il alla au Levant accompagné du peintre Aubriet, attaché au Jardin, et qui devait dessiner les espèces nouvelles. Pendant son absence, la chaire fut remplie par son confrère Morin. A son retour en 1702, il introduisit au Jardin beaucoup de plantes inconnues jusqu'alors, et qui sont aujourd'hui généralement cultivées chez les amateurs.

Tournefort mourut en 1708, et laissa au Jardin sa collection d'histoire naturelle et son herbier. Cet herbier n'est pas nombreux en espèces, mais il est précieux, en ce qu'il renferme les plantes recueillies au Levant, et indiquées dans le Corollaire des *Institutiones rei herbariæ* (1).

(1) Les *Institutiones rei herbariæ* sont une traduction augmentée des Élémens de botanique, Tournefort les publia en 1700; toutes les plantes y sont indiquées par une phrase. Le *corollarium* y fut ajouté après le retour du voyage au Levant.

Danty d'Isnard fut nommé à la place de professeur de botanique ; mais sa santé ne lui permit pas de la conserver long-temps. L'académie des sciences l'admit en 1716.

Fagon, que ses fonctions de premier médecin retenaient à la cour, aurait pu, comme ses prédécesseurs, placer au Jardin un intendant auquel il aurait transmis son autorité ; mais il jugea qu'il valait beaucoup mieux confier tout simplement la direction des cultures à un homme instruit, et que rien ne détournerait des soins dont il serait chargé : il fit choix de Sébastien Vaillant, qui, après avoir entendu les leçons de Tournefort, en 1691, avait renoncé à sa place de chirurgien à l'Hôtel-Dieu, pour s'occuper uniquement de l'étude des plantes. Ce jeune homme surpassa les espérances qu'on avait conçues de lui, et s'acquit bientôt une réputation qui le fit entrer à l'académie des sciences. En 1708, Fagon le nomma sous-démonstrateur pour suppléer le professeur en cas d'absence, et pour conduire les élèves à la campagne et leur faire connaître les plantes indigènes. Il le chargea aussi d'acquérir des objets nouveaux pour le droguier, qui fut confié à sa garde et disposé pour l'instruction, et il lui fit accorder des fonds pour la construction de deux serres chaudes.

Vaillant fit un herbier très-considérable et très-bien soigné : chaque espèce était rapportée à son genre, et accompagnée d'une étiquette, qui contenait les différens noms par lesquels la plante avait été désignée, et l'indication du lieu où l'échantillon avait été cueilli. Cet herbier dont le roi fit l'acquisition lorsque Vaillant mourut en 1722, a été disposé dans un ordre méthodique, et fait encore aujourd'hui la base de l'herbier du Muséum.

Ce qui doit surtout immortaliser le nom de Vaillant, c'est le discours d'ouverture qu'il prononça en 1716, lorsqu'il fut chargé de suppléer le professeur de botanique alors absent. Dans ce discours il démontre l'existence des deux sexes et le phénomène de la fécondation dans les végétaux. Ainsi c'est au Jardin du Roi que cette grande découverte qu'on avait seulement aperçue, et qui n'était point généralement adoptée, fut pour la première fois annoncée d'une manière positive, et appuyée de preuves incontestables.

Danty d'Isnard s'étant démis de sa place de professeur, après avoir fait un seul cours, Fagon, qui pendant 25 ans s'était applaudi du choix qu'il avait fait de Tournefort, cherchait à découvrir parmi les élèves de ce grand maître, celui qui serait le plus capable d'enseigner sa doctrine, et d'occuper dignement la chaire qu'il avait illustrée. Un jeune homme de Lyon, qui après avoir étudié la médecine à Montpellier, était venu à

Paris, pour se perfectionner dans l'étude des plantes sous le professeur dont il avait admiré les ouvrages, lui parut à tous égards propre à remplir ses vues; c'était Antoine de Jussieu, dont le nom est devenu si célèbre par les progrès que lui-même, ses deux frères et son neveu ont fait faire à la botanique. Fagon ayant eu plusieurs occasions de s'entretenir avec lui et d'apprécier son mérite, le choisit parmi tous les concurrens qui se présentaient, et le nomma à la place de professeur, en 1709, quoiqu'il ne fût âgé que de 23 ans. Antoine de Jussieu justifia bientôt ce choix, par les talens qu'il montra dans ses leçons, et par plusieurs mémoires qui, en 1712, le firent admettre à l'académie des sciences. En 1716, il alla parcourir l'Espagne et le Portugal, et l'année suivante, il en rapporta un grand nombre de plantes qui enrichirent le Jardin. Son frère Bernard, âgé de 17 ans, l'accompagna dans ce voyage, et prit dès lors la résolution de renoncer à la médecine, pour se livrer uniquement à la botanique, à laquelle il imprima dans la suite une nouvelle direction. Ce fut Antoine de Jussieu qui en 1720 remit au chevalier Declieux, enseigne de vaisseau, un pied de café qui, transporté à la Martinique, y a produit tous ceux qu'on cultive aux Antilles.

Fagon qui avait quitté sa chaire de botanique en 1683 s'était fait remplacer pendant plusieurs années dans celle de chimie par des professeurs habiles tels que Saint-Yon, Louis Lemery, Berger et Geoffroy : mais ce dernier s'étant fait une grande réputation par ses leçons, Fagon pensa qu'il ne saurait avoir un plus digne successeur, et il lui céda entièrement sa place en 1712.

Geoffroy enseigna avec le plus grand succès la chimie et la matière médicale ; il était aidé par des démonstrateurs qui faisaient les expériences chimiques et pharmaceutiques, et ces démonstrateurs furent presque tous des savans distingués. Ce ne fut cependant qu'en 1695 que cette place de démonstrateur fut donnée à un professeur titulaire ; jusqu'alors elle avait été remplie par commission.

Depuis 1679 que Duverney fut nommé à la place de professeur d'anatomie, cette science continua d'être enseignée au Jardin, bien mieux qu'elle ne l'était partout ailleurs en France ; et les progrès qu'elle a faits sous les successeurs de ce grand maître, sont la suite de la méthode qu'il avait introduite, et de l'enthousiasme qu'il avait excité par ses leçons.

Fagon jouissait du fruit de ses travaux. Les trois chaires étaient occupées par des hommes célèbres, et les démonstrateurs qui les secondaient, étaient eux-mêmes des savans du plus grand mérite. On avait construit, à gauche de la porte d'entrée, un amphithéâtre qui pouvait contenir six cents personnes, et qui était presque toujours rempli : la culture était dirigée avec soin par Vaillant : on se procurait des plantes par des correspondances en Amérique : le droguier commençait à renfermer des choses intéressantes : plusieurs pièces d'ostéologie avaient été jointes à la collection : Aubriet, qui, depuis près de quinze ans, avait succédé à Joubert dans la place de peintre du cabinet, continuait à dessiner des plantes et des animaux.

Telle était la situation de l'établissement à la mort de Louis XIV en 1715. Fagon, âgé et infirme, se démit de sa place de premier médecin, qui fut donnée à Poirier, et il se retira au Jardin où il avait pris naissance, et où il mourut en 1718.

Sa mémoire, dit M. de Jussieu, sera toujours en vénération dans l'établissement, auquel il procura de nombreuses collections, des locaux propres à les recevoir et à les conserver, et surtout des professeurs qui honorèrent leurs places.

Poirier, surintendant à la mort de Fagon, ne lui survécut que de quelques jours ; Dodàrt lui succéda dans la place de premier médecin ; mais l'administration du Jardin, détachée de cette place par une déclaration du roi de 1718, fut donnée à Chirac, médecin du duc d'Orléans, avec le titre d'intendant.

Chirac, uniquement occupé de la pratique

de la médecine, ne prenait aucun intérêt aux sciences naturelles ; il voulait cependant que rien ne fût fait que par ses ordres, et que les professeurs fussent sous sa dépendance et soumis à un règlement qu'il était impossible d'exécuter. Voyant enfin qu'il ne pouvait tout gouverner par lui-même, il plaça au Jardin, avec le titre d'inspecteur, un homme sans instruction, et qu'un ordre supérieur le força de renvoyer. Les correspondances furent entravées, les cultures négligées, et les fonds destinés pour l'établissement détournés pour d'autres objets, sans qu'il en fût rendu aucun compte. Son crédit étant encore augmenté lorsque, par la mort de Dodart, il devint premier médecin, les professeurs ne purent faire entendre leurs réclamations, et le Jardin tomba en décadence, malgré les soins que se donnaient Antoine et Bernard de Jussieu, et les sacrifices qu'ils ne cessaient de faire pour se procurer et les engrais et les instrumens de culture et tous les secours qu'on leur refusait : leur zèle déplaisait même à Chirac. Bernard de Jussieu qui, en 1722, avait succédé à Vaillant dans la place de sous-démonstrateur, et qui, en cette qualité, faisait les herborisations à la campagne et surveillait les cultures, était aussi chargé du soin du droguier, auquel on commençait à donner le nom de Cabinet d'histoire naturelle : Chirac lui ôta cette place.

Aubriet continuait à travailler pour la collection des vélins ; mais l'intendant lui demandait de dessiner de préférence les plantes officinales qui sont généralement connues.

L'enseignement de l'anatomie et celui de la chimie éprouvèrent moins d'obstacles, soit parce que tout se bornait à des leçons et n'exigeait point de frais, soit parce que Chirac faisait plus de cas de ces sciences que des autres parties de l'histoire naturelle. Duverney choisit pour faire ses démonstrations des collaborateurs très-habiles, parmi lesquels il faut compter son frère Pierre Duverney, et son neveu Jacques-François-Marie Duverney pour qui l'on créa dans la suite la place de démonstrateur, et qui fut le maître de Daubenton. Pendant les dernières années de sa vie, se trouvant trop affaibli pour continuer son cours, il se fit suppléer par Winslow son élève, qui avait déjà beaucoup de réputation. Il mourut en 1730, dans la quatre-vingt-deuxième année de son âge et la cinquante-unième de son professorat. La voix publique appelait Winslow à exercer comme titulaire les fonctions dans lesquelles il s'était distingué comme suppléant : des circonstances particulières lui firent préférer Hunaud son élève. Heureusement cet élève, déjà membre de l'académie des sciences, joignait à beaucoup de savoir une grande facilité d'élocution ; il soutint la réputation de la chaire d'anatomie du Jardin, et fut constamment suivi par un grand nombre d'élèves.

Geoffroy qui enseignait la chimie depuis 1710, étant mort en 1731, sa chaire fut donnée à Louis Lemery. Ce nouveau professeur répandit sur la science une clarté qu'elle n'avait pas eue encore, et l'étendit au delà de la matière médicale à laquelle on la réduisait dans les cours.

Le professeur de chimie s'adjoignit constamment un collaborateur chargé de faire les expériences et les préparations pharmaceutiques. Il est à remarquer que ceux qui remplirent cette fonction, soit pour l'anatomie, soit pour la chimie, furent presque tous membres de l'académie des sciences. Simon Boulduc, savant très-distingué, fut le premier qui eut le titre de démonstrateur. A sa mort, en 1729, sa chaire fut donnée à son fils Gilles-François Boulduc.

Chirac étant mort en 1732, son gendre, Chicoisneau lui succéda dans la place de premier médecin; mais celle d'administrateur du Jardin du Roi en fut pour toujours séparée. On reconnut alors la nécessité de la confier à un homme qui pût s'en occuper exclusivement. Le roi y nomma, avec le titre d'intendant, Charles-François de Cysternay du Fay : et ce choix est la première cause des progrès que l'établissement n'a cessé de faire jusqu'à nos jours.

Du Fay était d'une ancienne famille qui avait fait profession des armes depuis le XV⁰ siècle. Son père et son aïeul aimaient les sciences, et ils en avaient inspiré le goût à leur fils. Le jeune du Fay avait comme eux embrassé l'état militaire, et s'était distingué dans la guerre d'Espagne; mais ses momens de loisir étaient employés à l'étude de l'histoire naturelle, de la physique et de la chimie, et il les cultiva avec tant de succès, qu'il fut reçu membre de l'académie des sciences en 1723. A la paix il quitta le service, et sa nomination à la place d'intendant du Jardin mit le comble à ses vœux. Il avait alors trente-cinq ans, et il résolut de consacrer sa vie entière à relever et à faire fleurir l'établissement dont il était le chef. Il s'occupa d'abord à réparer les désordres produits par l'administration antérieure; il porta sa principale attention sur la botanique, et rendit à Bernard de Jussieu la place de garde du cabinet d'histoire naturelle; il obtint du ministre les fonds nécessaires pour réparer ce qui était tombé en ruine; il fit des voyages en Angleterre et en Hollande pour établir des correspondances et pour enrichir l'établissement; il rendit stable la place de démonstrateur d'anatomie en y faisant nommer, comme titulaire, vers 1736, J.-F.-M. Duverney, neveu du professeur; il fit transporter au cabinet des objets rares et utiles

pour l'instruction , et il lui donna sa collection
de pierres précieuses. En 1739, il fut atteint de
la petite-vérole; il jugea qu'il ne survivrait point
à cette maladie; et voulant assurer la prospérité
de l'établissement, et mettre le comble aux services qu'il avait rendus, il écrivit au ministre pour
demander que Buffon fût son successeur.

DEUXIÈME ÉPOQUE.

BUFFON était connu par plusieurs Mémoires de mathématiques, de physique et d'économie rurale, qui lui avaient ouvert l'entrée de l'académie des sciences ; mais il ne l'était pas comme naturaliste. Doué de cette capacité d'attention qui fait découvrir les rapports les plus éloignés, et de cette imagination brillante qui appelle l'attention des autres sur les résultats auxquels on n'est soi-même parvenu qu'à force de travail, il pouvait se distinguer également dans tous les genres, mais il ne s'était pas encore décidé sur le choix de la science à laquelle il appliquerait la force de son esprit et les connaissances exactes qu'il avait acquises. Sa nomination à la place d'intendant du Jardin du Roi, le détermina à s'attacher à l'histoire naturelle ; et comme les progrès de cette science tenaient à la prospérité de l'établissement qui leur était consacré, il mit sa gloire à le rendre en tout digne de sa destination. A mesure que sa réputation s'étendit, il

profita des avantages que lui donnaient son crédit et sa célébrité pour enrichir le monument auquel il avait lié son existence. C'est à lui que le Jardin du Roi doit ses accroissemens jusqu'à la nouvelle organisation, et c'est à cause de l'étendue qu'il lui avait donnée et de la variété des objets qu'il y avait réunis, que cette nouvelle organisation est devenue nécessaire.

Lorsqu'on veut construire un vaste palais, un seul architecte doit en concevoir l'ensemble, en ordonner la distribution, en tracer le plan, en diriger les premiers travaux. Mais une fois que les fondemens sont jetés, il faut que d'habiles artistes soient chargés chacun d'une partie, qu'ils s'attachent à en perfectionner les détails, et qu'ils se concertent entre eux pour mettre de l'accord dans leurs opérations. L'attention du même individu ne saurait se porter à la fois sur plusieurs objets, et des choses essentielles seraient négligées pour d'autres qui le seraient moins.

Si le Jardin et le cabinet du Roi doivent à Buffon la splendeur à laquelle ils sont parvenus, c'est à l'existence de ce magnifique établissement que Buffon doit toute sa gloire. S'il n'eût été placé au centre des collections, si le gouvernement ne lui eût fourni le moyen de les augmenter, s'il n'eût pas été en relation avec tous les naturalistes, il n'aurait jamais conçu le plan de son Histoire naturelle, et

l'eût-il conçu, il n'aurait pu l'exécuter. Le génie,
qui peut seul embrasser à la fois un grand nombre
de faits pour en tirer des conclusions générales, serait continuellement exposé à l'erreur s'il n'avait à
sa portée tous les élémens de ses spéculations.

Lorsque Buffon entra au Jardin du Roi, le cabinet consistait en deux petites salles, une autre
pièce renfermait des squelettes qu'on ne montrait
point au public ; les herbiers étaient dans l'appartement du démonstrateur de botanique : le jardin
borné à la hauteur de la pépinière actuelle du côté
du levant, à celle des serres du côté du nord, à celle
des galeries d'histoire naturelle du côté du couchant, offrait encore des terrains vagues, et l'on
n'y voyait ni allées, ni plantations régulières.

Buffon donna ses premiers soins à l'augmentation du cabinet, à l'agrandissement du local destiné à renfermer les collections. Elles furent disposées dans deux grandes salles du bâtiment des
galeries actuelles, qui était auparavant le logement
de l'intendant, et bientôt l'entrée en fut ouverte
au public à des jours déterminés.

Il s'occupa ensuite de l'embellissement du jardin. Après avoir fait abattre une allée ancienne,
tracée dans la longueur du terrain des cultures,
et qui ne répondait pas à la porte principale, il
la remplaça, en 1740, par une allée de tilleuls, dans
la direction convenable, et il fit planter une allée

parallèle de l'autre côté du parterre. Ces allées, qui existent depuis quatre-vingts ans, se terminent vers l'extrémité de la pépinière, et marquent les limites du jardin à cette époque. Elles ont été prolongées ensuite lorsqu'on a acquis de nouveaux terrains.

Depuis que la garde du cabinet avait été rendue à Bernard de Jussieu, il n'avait pas discontinué de donner ses soins à l'arrangement et à la conservation des objets. L'étendue de ses connaissances, et la faculté qu'il avait de saisir les rapports et de classer les êtres dans l'ordre le plus naturel, le rendaient fort propre à remplir cette tâche devenue plus difficile par l'accroissement de la collection ; mais détourné par d'autres travaux, et ne demeurant point au Jardin, il témoigna le désir d'être remplacé dans une fonction qui exigeait beaucoup d'activité et une assiduité de tous les momens. Buffon sentait de son côté qu'il avait besoin d'être aidé dans ses recherches d'histoire naturelle par un homme qui eût encore toute la vigueur de la jeunesse, et qui possédât au plus haut degré l'esprit de méthode et le talent de l'observation. Doué de cette force de génie qui saisit les traits principaux des objets et les reproduit dans de magnifiques tableaux, il n'avait ni le temps ni la patience nécessaires pour examiner les détails, et sa vue, assez faible, ne le lui permettait même pas.

Il jeta les yeux sur son compatriote Daubenton qui avait alors vingt-neuf ans, et qui, après avoir étudié la botanique sous les Jussieu, l'anatomie sous Winslow et Duverney, s'était retiré à Montbard, lieu de sa naissance, pour y exercer la médecine.

Il le fit venir à Paris, et lui procura, en 1745, la place de garde et de démonstrateur du cabinet, avec un logement au Jardin et des appointemens qui, de 500 francs, furent bientôt portés à 4,000. Il le chargea de l'arrangement du cabinet, et se l'associa pour la partie descriptive de son Histoire naturelle, et surtout pour l'anatomie.

En publiant, en 1749, les premiers volumes de son Histoire naturelle qui attirèrent l'attention de l'Europe, Buffon fit un appel à tous les naturalistes qu'il invitait à lui envoyer ce qu'ils auraient trouvé de plus remarquable. Il déposait au cabinet ce qu'il recevait; Daubenton le mettait en ordre; et bientôt le local devint trop resserré pour contenir tant de richesses. Buffon, qui avait déjà sacrifié une partie de son logement, crut devoir l'abandonner en entier, et, en 1766, il transporta son domicile rue des Fossés-Saint-Victor, n° 13. Alors la collection fut disposée dans quatre grandes salles, qui ont formé seules le cabinet jusqu'à la nouvelle organisation. Les deux premières salles furent destinées aux animaux; la troisième aux

minéraux; la quatrième aux herbiers, à l'ancien droguier et aux divers produits du règne végétal (1).

Ces salles furent ouvertes au public deux jours
de la semaine, et les élèves eurent des heures réservées pour l'étude. Daubenton, présent aux
séances, donnait les éclaircissemens qui lui étaient
demandés, et souvent des naturalistes étrangers
venaient le trouver pour s'instruire auprès de lui.

Il partageait ainsi son temps entre le soin minutieux de nommer et d'arranger les objets, et
celui de diriger les jeunes gens qui se livraient à
l'étude. Sa patience ne se lassait point ; mais bientôt le travail dont il s'était chargé devint si considérable, qu'il lui fut impossible d'y suffire. Buffon,
qui reconnut la nécessité de lui donner un adjoint,
obtint du ministre la création d'une place de sous-
démonstrateur, et il y fit nommer Daubenton le
jeune, cousin du précédent, auquel on assura un
traitement de 2,400 livres, avec un logement au-
dessus des salles du cabinet.

Tandis que les collections s'accroissaient d'année en année, soit par les envois des naturalistes
et des voyageurs, soit par les acquisitions que le
roi faisait à la sollicitation de Buffon, l'enseigne-

(1) Les squelettes continuèrent de rester dans un appartement isolé :
comme l'anatomie comparée n'occupait alors qu'un très-petit nombre
de savans, on ne mettait point en évidence des objets qui ne parais-
saient pas propres à exciter la curiosité.

ment était suivi avec beaucoup d'activité; non que Buffon attachât la même importance à toutes les parties, mais parce qu'elles étaient professées par des hommes habiles, et qui savaient faire eux-mêmes des sacrifices pour la prospérité de l'établissement.

Antoine de Jussieu, qui professait la botanique depuis 1710, ne se rendait pas seulement utile par ses leçons. Il envoyait à ses frais des jeunes gens parcourir les provinces pour y recueillir des graines et des plantes dont il enrichissait le Jardin. Il se composa une bibliothèque d'histoire naturelle, et il forma un herbier considérable, qui ont facilité à son frère et à son neveu les moyens de se distinguer dans la botanique, et qui ont toujours été au service de ceux qui cultivent cette science, comme s'ils avaient appartenu au gouvernement; avec cet avantage que les possesseurs ne leur ont jamais refusé des instructions et des explications.

En 1758, la chaire vacante par la mort d'Antoine de Jussieu, fut donnée à Louis-Guillaume Lemonnier, membre de l'académie des sciences, et médecin en chef de l'armée qu'on avait envoyée en Allemagne. Comme Bernard de Jussieu son ancien maître, Lemonnier aimait la science pour elle-même, et il en inspirait le goût à ceux qui s'entretenaient avec lui. En 1770, il fut nommé premier médecin ordinaire du roi, et cette charge l'obligeant de résider à Versailles, il se fit suppléer au Jardin par M. Antoine-Laurent de Jussieu, le professeur actuel, neveu de Bernard. Mais pendant toute sa vie il employa ses momens de loisir à cultiver des plantes et des arbres, qu'il faisait venir à ses frais des pays étrangers pour les propager dans sa patrie. Lorsque dans un âge avancé, la révolution lui enleva ses places et sa fortune, il trouva dans son occupation favorite une source inépuisable de consolations et de jouissances.

Bernard de Jussieu avait d'abord dirigé seul toutes les cultures; mais le nombre des plantes qui exigent des soins particuliers, augmentant tous les jours, il forma un jardinier, nommé Bertamboise, qui mérita bientôt toute sa confiance. Celui-ci étant mort en 1745, Buffon le remplaça par Jean-André Thouin, jardinier à Stord, près l'Ile-Adam, qui se distingua dans cet emploi par son zèle et ses connaissances, et qui fut le chef de la famille devenue depuis si recommandable par les services qu'elle a rendus à tous les établissemens consacrés à la culture des végétaux, et particulièrement au Jardin du Roi.

Le jardinier en chef Thouin étant mort en 1768, Bernard de Jussieu ne crut mieux pouvoir réparer cette perte qu'en faisant nommer à sa place son fils André Thouin, alors âgé de vingt ans. Ce jeune homme, élevé dans le Jardin, au milieu des végé-

taux de tous les pays, instruit par les leçons des
grands maîtres et passionné pour l'étude , acquit
bientôt les connaissances étendues et positives qui
l'ont fait entrer à l'académie des sciences, et l'ont
fait nommer ensuite à la place de professeur de
culture qu'il occupe aujourd'hui. Ce fut par les
soins réunis du professeur , du démonstrateur et
du jeune jardinier, que la collection de végétaux
vivans devint en peu de temps plus nombreuse et
plus intéressante qu'on n'avait oser l'espérer ; car
l'intendant , continuellement occupé du cabinet
qu'il avait créé, donnait moins d'attention aux
autres parties de l'établissement.

Nous verrons bientôt que les sollicitations de
M. Antoine-Laurent de Jussieu le déterminèrent
à porter ses vues sur la botanique, pour laquelle
le Jardin avait d'abord été destiné , et que, lorsqu'en 1772, il résolut de donner à l'établissement
dont il était le chef toute l'étendue et toute la régularité possible , ce fut par l'école de botanique
qu'il commença l'exécution de son plan : mais
avant de parler de ce qui fut entrepris après 1772,
revenons sur l'enseignement de la chimie et de
l'anatomie depuis 1739 jusqu'à cette époque.

Boulduc, démonstrateur de chimie, qui avait succédé à son père en 1729, étant mort en 1742 , sa
chaire fut donnée à Guillaume-François Rouelle,
dont la réputation était déjà établie par des cours

particuliers et par des Mémoires qui, deux ans après, le firent entrer à l'académie des sciences. Rouelle avait au plus haut degré la passion de la chimie ; son esprit, avide de découvertes, ne la considérait point comme l'art d'opérer des transformations singulières, ou de faire des préparations pharmaceutiques, mais comme un moyen de pénétrer les secrets de la nature et les lois de la composition des corps. Également ennemi des propriétés occultes, des explications vagues et du langage obscur des anciens chimistes, il était attaché à la doctrine de Stahl, qui, reposant sur des observations incomplètes, avait cependant l'avantage de coordonner les faits, et de ramener à un phénomène principal, tous les phénomènes secondaires. Cette théorie magnifique avait, depuis quelques années, donné une nouvelle direction à la chimie, mais elle n'était connue en France que de quelques savans, et elle avait encore de nombreux adversaires. Rouelle la professa de manière à la faire généralement connaître. Il appelait d'abord l'attention par des expériences surprenantes, et s'élevait ensuite à des vues générales. Son élocution était souvent incorrecte et familière, mais toujours animée et pittoresque, et l'enthousiasme dont il était transporté se communiquait à ses auditeurs. Ses leçons, en inspirant le goût de la chimie, firent adopter les idées de Stahl, comme celles de Fourcroy répandirent ensuite les princi-pes de Lavoisier et la nouvelle nomenclature.

Lorsqu'en 1768, le dérangement de sa santé l'obligea de discontinuer son cours, il se fit rem-placer par son frère, qui devint titulaire en 1770. Celui-ci n'avait pas de même le talent de frapper l'imagination de ses auditeurs ; mais comme il connaissait à fond tous les procédés chimiques, il rendait ses leçons intéressantes par le choix des expériences.

Tandis que Rouelle répandait de nouvelles idées, Bourdelin continuait à enseigner la doc-trine de Lemery , auquel il avait succédé en 1743 : il en résulta la discordance la plus cho-quante entre les leçons du professeur et celles du démonstrateur, d'autant plus que celui-ci déclamait avec véhémence contre les opinions qu'il n'admettait pas. Mais Bourdelin, homme d'un esprit droit et d'un caractère paisible, et d'ailleurs entièrement livré à la pratique de la médecine, ne fut ni blessé des attaques de son collègue ni jaloux de ses succès. Il reconnaissait la supériorité de la nouvelle théorie, quoiqu'il n'eût plus le temps de l'étudier assez pour l'ex-poser lui-même, et lorsque son grand âge l'em-pêcha de continuer ses leçons en 1770, il se fit suppléer par Macquer, l'élève de Rouelle, dont nous aurons bientôt occasion de parler.

Pendant les premières années de son séjour au **Jardin**, **Buffon** eut le chagrin de perdre plusieurs des professeurs qu'il y avait trouvés. En reconnaissant les services qu'ils avaient rendus et qui ne doivent jamais être oubliés, il s'attacha à les remplacer par des hommes capables de donner un nouveau lustre à l'établissement. **Hunaud** ayant été enlevé aux sciences la même année que **Boulduc**, sa place fut donnée à **Winslow**, le plus célèbre anatomiste de l'Europe, comme celle de **Boulduc** l'avait été à **Rouelle**. **Winslow**, avait pendant long-temps, fait les leçons pour **Duverney**, dont il aurait dû être le successeur immédiat. Quoique âgé de soixante-quatorze ans, il reprit ses anciennes fonctions et les remplit avec le même zèle que dans sa jeunesse. Il se trouvait heureux de se voir entouré de nombreux élèves qui l'écoutaient avec le respect dû à son âge et l'admiration qu'inspirait son génie. Mais après huit ans d'exercice il sentit le besoin du repos, et demanda un adjoint. Sa survivance fut donnée à **Ferrein**, déjà membre de l'académie et professeur au collége de France.

Ferrein, devenu titulaire à la mort de **Winslow** en 1760, continua de remplir avec distinction la chaire d'anatomie. Sur la fin de sa vie, il se fit remplacer par M. **Portal**, alors fort jeune, mais déjà connu très-avantageusement par des cours particuliers. Il mourut en 1769, et sa place fut donnée à Antoine Petit, qui avait une grande réputation comme médecin, comme anatomiste, et surtout comme professeur. Cette réputation s'accrut encore par la manière brillante dont il fit son cours au Jardin. Non-seulement les élèves en médecine, mais les gens du monde accouraient à ses leçons, et l'amphithéâtre ne pouvait contenir tous ceux qui s'y rendaient. Il savait répandre de l'intérêt sur les matières les plus arides, et ceux qui l'ont entendu il y a cinquante ans, conservent encore le souvenir de son éloquence.

L'établissement perdit en 1743 le peintre Aubriet, qui avait accompagné Tournefort dans ses voyages et qui était le plus ancien des habitans du Jardin. Ses dessins sont très-nombreux dans la collection des vélins; ils n'ont pas le fini de ceux de Robert, mais ils sont d'une grande exactitude, et rendent parfaitement le port des plantes. Dans les dernières années de sa vie, il se fit remplacer par mademoiselle Basseporte, qui eut après lui le même titre et le même emploi.

Buffon était parvenu au plus haut degré de sa gloire; ses ouvrages, en le plaçant au premier rang parmi les écrivains de son siècle, avaient répandu partout le goût de l'histoire naturelle, et les collections qu'il avait formées facilitaient l'étude de cette science. Il jouissait dans les pays étrangers de la plus grande considération, et tous ceux qui faisaient quelques découvertes ou quelques observations nouvelles, s'empressaient de les communiquer à l'homme de génie qui pouvait en les citant leur assurer une sorte d'immortalité.

Le moment était arrivé où il pouvait réaliser des projets qu'il avait long-temps médités pour en préparer plus sûrement l'exécution, lorsqu'en 1771, il fut atteint d'une maladie très-grave et qui causa les plus vives inquiétudes. Pendant sa convalescence, il apprit que M. le comte d'Angiviller avait obtenu du ministre la survivance de sa place d'intendant du Jardin, et il en fut extrêmement blessé. Mais M. d'Angiviller se conduisit de manière à regagner son amitié. Comme, en sa qualité de directeur des bâtimens du roi et de chef des académies de peinture et de sculpture, il était chargé de désigner aux artistes les grands hommes dont ils devaient exécuter les statues en marbre pour le compte du gouvernement, il demanda au roi la permission d'en ériger une à Buffon. C'était la distinction la plus flatteuse qu'il fût possible d'accorder à un homme vivant, puisqu'elle avait jusqu'alors été réservée à honorer après leur mort ceux qui avaient rendu les plus éminens services à leur patrie ; mais le Roi, persuadé que le jugement unanime des contemporains était le présage de celui de la postérité, accueillit

la proposition de M. d'Angiviller, et le célèbre
Pajou fut chargé de l'exécution de la statue qui,
terminée en 1776, fut placée dans l'escalier des
salles du cabinet. On la voit aujourd'hui dans la
bibliothèque du Muséum.

La santé de Buffon ayant été parfaitement
rétablie au commencement de l'année 1772, il
résolut de venir de nouveau se loger au Jardin,
et d'employer son crédit à donner à cet établissement l'étendue et le lustre dont il était susceptible.

En conséquence il fit acquérir par le gouvernement deux maisons voisines du Cabinet, qui furent réunies au Jardin, et dont on forma le logement nommé l'intendance, où il transporta son
domicile. Le premier étage fut arrangé pour former son appartement, et les étages supérieurs
furent destinés pour le dépôt des objets non encore placés dans les salles du Cabinet.

La rentrée de Buffon au Jardin est une époque
très-remarquable. En effet, c'est de ce moment
que tout prit un accroissement rapide, et que
furent préparées les améliorations qui ont eu lieu
depuis l'organisation nouvelle.

Pour faire connaître les services que Buffon
rendit à l'établissement pendant les seize ans qu'il
l'eut encore sous sa direction, il faut les considérer sous trois points de vue : les constructions,
les collections, et l'enseignement.

L'école de botanique était encore la même que du temps de Tournefort. Les arbres étaient séparés des herbes, et plantés à une grande distance près de l'endroit où est maintenant un café. L'espace qui se terminait à l'extrémité des serres actuelles, était tellement insuffisant, qu'il fallait cultiver une partie des plantes, soit hors de l'école, soit dans les endroits où l'on trouvait une place vide, sans aucun égard à leur classification ou à leurs rapports naturels, et que le professeur était souvent obligé d'aller les démontrer dans une autre partie du Jardin. Le terrain était d'ailleurs épuisé, et les plantes délicates ne pouvaient s'y conserver qu'à force de soins. Buffon cédant aux sollicitations réitérées de M. de Jussieu, exposa au ministre, le duc de la Vrillière, les besoins du Jardin, et il en obtint en 1773 une somme de 36,000 liv. qui fut destinée au renouvellement de l'école de botanique.

On traça des plates-bandes, on fit défoncer les terrains, et les plantes levées en automme avec les précautions convenables, furent, à la fin de l'hiver, transplantées dans le lieu qu'elles devaient occuper. M. de Jussieu profita de cette circonstance pour les disposer suivant une méthode nouvelle qui conserve mieux que toutes les autres les rapports naturels, et dont son oncle Bernard avait eu la première idée, lorsque quinze ans auparavant il avait arrangé le jardin de Trianon.

On substitua à la nomenclature de Tournefort celle de Linné, plus commode et déjà généralement reçue dans toute l'Europe, et l'enseignement de la botanique put dès lors être fait d'une manière régulière. Buffon fit entourer d'une grille de fer l'école et l'orangerie ; il fit démolir un bâtiment qui avait été commencé pour faire une serre au coin de l'orangerie, mais dont la construction ne répondait point au but qu'on s'était proposé, et il en conserva seulement la portion qui soutenait la terrasse de la serre supérieure, sous laquelle on pratiqua des abris pour quelques plantes délicates. Avec les débris de ce bâtiment et les mauvaises terres retirées de l'école, on forma la pente douce qui conduit des allées inférieures au terrain des buttes, et cette montée fut garnie des deux côtés d'un talus planté en ormille, et d'une rampe en fer.

Quelques années après, Buffon entreprit de prolonger le Jardin et de doubler son étendue en y réunissant tous les terrains qui le séparaient de la Seine, et en faisant disparaître les maisons trop rapprochées de l'intendance et de la grande allée méridionale. Cet espace occupé par des plantes potagères appartenait presque en totalité aux religieux de l'abbaye de Saint-Victor. Quelques chan-

tiers voisins du quai étaient une propriété munici-
pale, que la ville louait à des marchands de bois
de construction. Les administrateurs municipaux
consentirent à céder ce terrain à Buffon ; mais les
religieux ne pouvaient vendre les propriétés de
l'abbaye. Buffon voulut surmonter cet obstacle, et
voici comment il s'y prit.

Il y avait entre le jardin, le boulevard et la rue
Poliveau, un vaste enclos dont les maisons et les
jardins traversés par la rivière de Bièvre, formaient un domaine appartenant à un seul propriétaire. Buffon l'acheta au mois d'octobre 1779,
pour la somme de 142,000 livres. Ensuite il proposa aux chanoines de Saint-Victor d'échanger
leur terrain contre d'autres de valeur égale, pris
dans l'enclos qu'il venait d'acquérir ; et, après
s'être assuré de leur consentement, il leur fit accorder l'autorisation de cet échange.

Lorsqu'il fut ainsi propriétaire de l'espace qu'il
désirait réunir au Jardin, il obtint du roi qu'il
voulût bien en faire l'acquisition, et après avoir
indemnisé les locataires, il commença les travaux
en 1782. Il fit d'abord démolir les maisons qui gê-
naient la régularité de son plan, et il employa les
matériaux à construire une rue parallèle à la grande
allée qui termine le jardin du côté du midi.

Les habitans du quartier donnèrent à cette rue
le nom de *rue de Buffon*, qui lui fut confirmé par

le corps municipal. On éleva un mur en pierre de taille pour soutenir les terres dans la partie du jardin qui est au-dessus du niveau de la rue; le reste en fut séparé par une grille de fer qui permet à la vue de s'étendre sur les propriétés voisines.

Les limites du Jardin étant ainsi déterminées, on prolongea jusqu'à la rivière les deux allées principales, et on en forma deux autres parallèles le long des clôtures. Celle qui borde la rue de Buffon resta sans plantations du côté du midi pour que les cultures ne fussent pas trop ombragées : l'allée correspondante, dirigée du bas de la petite butte au quai, fut plantée en marroniers d'Inde; le mur de terrasse qui bornait le Jardin au levant fut abattu, et l'on agrandit ainsi l'école et la pépinière.

Entre les deux premières allées, on construisit un vaste bassin carré, creusé jusqu'au niveau de la Seine qui devait lui fournir des eaux par infiltration, et dont les côtés furent plantés de divers arbrisseaux. Un parterre destiné à la conservation et à la propagation des plantes de pleine terre les plus intéressantes, occupa l'espace qui s'étendait entre ce bassin et le quai.

A chacun des deux côtés du jardin et le long des mêmes allées, on pratiqua quatre grands carrés fermés par des treillages. Ceux qui avoisinent la rue de Buffon furent plantés en quinconce, des arbres des quatre saisons ; ceux qui font suite à l'École de botanique furent destinés, le premier à une école d'arbres fruitiers, le second au semis des plantes économiques ; les deux derniers, qui sont aujourd'hui une école de culture, furent pour le moment disposés en supplément de pépinière. Des allées transversales, formées chacune d'une espèce particulière d'arbres, séparèrent ces différens carrés.

Une entreprise aussi vaste dans son ensemble, aussi compliquée dans ses détails, avait paru d'abord exiger beaucoup de temps ; mais que ne peut l'esprit d'ordre réuni à l'activité ! Quand Buffon eut arrêté son plan, M. Thouin voulut bien se charger seul de surveiller et de conduire des travaux qui s'exécutaient à la fois dans toutes les parties ; il dirigea l'emploi des terres et les plantations, il fit niveler le local, creuser les bassins, bâtir les murs d'enceinte, construire la terrasse élevée le long du quai, et tout fut terminé en 1784.

Cependant le Jardin ne s'étendait point du côté du nord au delà de l'école de botanique et de la petite butte plantée d'arbres verts. Le terrain situé vis-à-vis de l'entrée de l'école à l'extrémité de l'allée des marroniers, appartenant à une compagnie qui voulait y élever des bâtimens, Buffon détermina le gouvernement à l'acheter. Comme ce local, plus bas que le jardin et bordé de terrasses, était abrité du nord et de l'ouest, on y transporta les couches destinées aux semis, et à la culture des plantes qui exigent beaucoup de soins, et l'on pratiqua sous l'allée des marroniers qui le sépare de l'école, un passage voûté pour faciliter la communication de l'un à l'autre.

Cette construction ayant été terminée en 1786, la terrasse sur laquelle on avait établi les couches en 1774 se trouva libre, et elle fut destinée à l'emplacement d'une serre faite deux ans après, et qui porte le nom de *Serre Buffon*.

Le Jardin avait été doublé par les nouvelles acquisitions, et l'ordonnance en était magnifique ; on avait tout ce qu'on pouvait désirer pour la culture et l'étude des végétaux, mais on n'en sentait que mieux ce qui manquait pour les autres branches de l'histoire naturelle. Le cabinet ne se trouvait plus assez grand pour les richesses qu'on avait reçues, et l'amphithéâtre situé au fond de la cour, sur une rue très-passagère, était incommode et beaucoup trop étroit pour contenir les élèves qui se rendaient aux divers cours. Toutes les parties du Jardin ayant une destination spéciale, il était indispensable de se procurer un nouveau local. C'est ce qui eut lieu en 1787 par l'acquisition de l'hôtel de Magny, anciennement hôtel de Vauvray, que le roi réunit à l'établissement, d'après la demande de Buffon.

Cet hôtel, accompagné de cours et de jardins, était placé dans l'alignement du mur extérieur des couches, entre la petite butte et la rue de Seine. Sitôt que Buffon l'eut à sa disposition, il fit construire au fond du jardin le vaste amphithéâtre qui sert aujourd'hui pour les leçons, et pour les travaux de la chimie ; il transporta dans les appartemens de l'hôtel le logement de MM. Daubenton et de Lacépède, et le second étage du cabinet étant ainsi devenu libre, il le fit arranger de manière qu'on pût y placer des collections. Enfin il obtint du ministre l'autorisation d'ajouter, à la suite des salles d'histoire naturelle, un bâtiment neuf, de niveau avec l'ancien, et dont chacun des deux étages aurait cinq croisées de face. Ces constructions furent commencées sur-le-champ et continuées avec activité ; mais elles n'ont été terminées qu'après la mort de Buffon.

A mesure que le local devint plus étendu, et que les objets qu'on avait déjà réunis s'y trouvèrent disposés de manière à frapper les regards, on attacha plus de prix aux collections, et celle du Jardin du Roi acquit de la célébrité. Alors plusieurs particuliers offrirent au cabinet des objets qu'ils aimèrent mieux y voir avec le nom du donateur que de les posséder chez eux ; des sociétés savantes

crurent travailler pour le progrès des connaissances en enrichissant un dépôt public, et des souverains voulant faire au Roi un présent qui lui fût
agréable, envoyèrent à son cabinet les doubles de
ce qui se trouvait dans le leur.

Ainsi l'académie des sciences ayant acquis
la collection d'anatomie de Hunaud, la remit au
Jardin pour être jointe à celle de Duverney : le
comte d'Angiviller offrit à Buffon son cabinet
particulier : les missionnaires établis à la Chine
firent parvenir à Buffon ce qu'ils purent se procurer de plus curieux dans un pays où ils avaient
seuls le droit de pénétrer : le roi de Pologne envoya une collection de minéralogie très-considérable : enfin l'impératrice de Russie ne pouvant
déterminer Buffon à faire le voyage de Saint-Pé-
tersbourg, elle lui demanda son fils ; et au retour
de ce jeune homme, elle lui fit présent de quelques animaux du nord qui manquaient au cabinet,
et de divers objets d'histoire naturelle recueillis
dans ses vastes états.

Le gouvernement ne négligea rien non plus pour
accroître les trésors d'un monument qui contri-
buait à la gloire nationale ; on ajouta des fonds
extraordinaires à ceux qui étaient destinés à l'entretien, et ces fonds furent mis à la disposition
de M. Daubenton, afin qu'il pût se procurer et
les objets les plus intéressans par leur rareté, et

ceux qu'il jugerait utiles pour l'étude : on fit venir des arbres étrangers. Le cabinet s'enrichit encore de la collection de zoologie que Sonnerat avait faite dans l'Inde ; de celle que Commerson avait faite dans son voyage autour du monde avec Bougainville ; enfin, de celle que Dombey avait rapportée du Pérou et du Chili.

Buffon fit donner des brevets de correspondant du Jardin, avec une pension, à des voyageurs instruits qui s'engageaient à faire des envois pour le jardin et pour le cabinet.

Cependant nous devons à la vérité de l'histoire, de dire que ces collections ne furent point dans le moment fort utiles pour l'étude, et que c'est seulement plus tard et depuis la nouvelle organisation qu'on en a reconnu l'importance, et qu'elles ont été appropriées à leur véritable destination. Buffon n'était point partisan des méthodes ; il peignait les animaux de manière à faire connaître leur forme extérieure, leur physionomie, leurs habitudes ; il s'élevait ensuite à des considérations générales, mais il n'aimait point à s'occuper de la subordination des caractères distinctifs et des principes de classification. Il voulait que le cabinet eût de l'éclat, que la curiosité y fût excitée par les contrastes, qu'il présentât comme ses écrits un tableau de ce que la nature offre de plus remarquable, indépendamment des méthodes, qui sont l'ouvrage de l'homme. Cette manière de voir avait quelque chose de séduisant pour un génie qui se plaisait à envisager l'ensemble des choses. En effet, dans la nature, où tout paraît en harmonie, les êtres les plus divers sont placés les uns à côté des autres, et l'esprit saisit à la fois et les rapports qui doivent les unir et les caractères qui les distinguent.

Selon Buffon, le but d'une collection générale était atteint lorsqu'elle captivait l'attention, lorsqu'elle déterminait à chercher dans la nature ce dont on n'avait vu que des images : on s'exerçait même en démêlant au milieu d'une foule d'objets ceux qui étaient relatifs à l'étude à laquelle on se livrait. Nous ne prétendons point défendre ce système : il ne serait plus admissible aujourd'hui que nous avons assez d'objets pour former des séries, assez de place pour les développer, et que chacune des parties de l'histoire naturelle est étudiée spécialement ; il conduisait à négliger ce qui n'offrait pas d'intérêt aux yeux du public. Lorsqu'on recevait un envoi, on choisissait les objets les plus remarquables pour remplir les places vides, le reste était conservé dans des caisses. Daubenton avait fait le squelette de tous les quadrupèdes qu'il avait pu se procurer, et ces squelettes étaient entassés dans une salle où on ne les voyait point. Pour remédier à cet inconvénient,

on aurait eu besoin d'un local plus vaste, et puisque le cabinet réunissait les productions des trois
règnes, il aurait fallu que chacune des collections
eût été arrangée par un professeur qui l'eût mise
en accord avec ses leçons, et il n'y avait ni professeur de zoologie, ni professeur de minéralogie. Aussi l'école de botanique était-elle la seule
partie de l'établissement, où tout fût disposé d'a-
près une méthode scientifique. Loin de reprocher
à Buffon de n'avoir pas exécuté ce qui était alors
très-difficile, il faut lui savoir gré d'avoir rassemblé non-seulement la nombreuse collection
d'oiseaux qu'il a décrits dans son ouvrage, et celle
des poissons dont M. de Lacépède a publié l'histoire, mais une multitude d'objets en tout genre
qui, mis en ordre depuis, ont été si utiles au
progrès de l'histoire naturelle.

En 1784, Daubenton le jeune ayant été forcé
par le mauvais état de sa santé de demander sa
démission de la place de garde et sous-démonstrateur du cabinet, Buffon y fit nommer M. de
Lacépède que cette nouvelle fonction détermina
à s'attacher uniquement à l'histoire naturelle, dans
laquelle il s'est depuis illustré comme professeur
et comme continuateur de Buffon.

Les relations qu'on avait avec les sociétés savantes, avec les voyageurs, avec les naturalistes
de tous les pays, exigeant une correspondance

suivie à laquelle l'intendant et le garde du cabinet n'auraient pu suffire, et qu'ils ne pouvaient
confier à des secrétaires, Buffon obtint en 1787
la création d'une nouvelle place d'adjoint à la
garde du cabinet, dont le titulaire serait spécialement chargé de la correspondance. Il fit nommer à cette place M. Faujas de Saint-Fond qui,
par sa prodigieuse activité et par la variété de
ses connaissances, était très-propre à la bien remplir. Ce savant ne se borna point à entretenir un
commerce épistolaire, il fit plusieurs voyages, et
rapporta au cabinet beaucoup d'objets précieux
qu'il avait recueillis ou qu'il avait obtenus en les
demandant au nom de Buffon.

Mademoiselle Basseporte avait, pendant trente
ans, continué à dessiner pour la collection des
vélins tous les objets qui lui étaient indiqués par
Bernard de Jussieu. Son zèle ne s'était point ra-
lenti ; mais son talent inférieur à celui d'Aubriet,
auquel elle avait succédé, était encore affaibli
par l'âge. M. de Buffon désirant que la place de
peintre du Jardin du Roi fût remplie par l'artiste
le plus distingué dans le genre qui convient à l'histoire naturelle, fit donner en 1774 la survivance
de mademoiselle Basseporte à M. Vanspaendonck,
qui se chargea de tout le travail, et devint titulaire en 1780. Ce choix eut dans la suite des conséquences plus heureuses qu'on ne pouvait le pré-

voir, puisqu'il a déterminé la création d'une chaire d'iconographie au Muséum.

Le jardin et le cabinet étant ouverts au public, il était essentiel que la police y fût faite avec exactitude. L'autorité nécessaire pour cet objet était donnée à un inspecteur qui avait 4,000 livres d'appointemens et des gardes sous ses ordres. Cette place a été supprimée depuis, lorsque la garde du Muséum a été confiée à une compagnie de militaires vétérans.

Nous venons de voir comment dans l'espace de seize années, Buffon parvint à exécuter les vastes projets qu'il avait conçus en fixant sa résidence au Jardin. Il nous reste à dire un mot du progrès qui eut lieu dans l'enseignement. Ce progrès ne dépendait pas directement de lui, mais le choix qu'il fit des professeurs en est la principale cause, et c'est encore un titre à notre reconnaissance.

Il n'y avait de chaires au Jardin du Roi que pour la botanique, la chimie et l'anatomie; mais comme M. Daubenton, ou le sous-démonstrateur qui lui était adjoint se rendait tous les jours au cabinet, les naturalistes pouvaient demander l'explication de ce qui était sous leurs yeux, et ces leçons particulières étaient d'autant plus utiles qu'elles étaient appropriées au degré d'instruction de ceux à qui elles s'adressaient.

Lemonnier avait la place de professeur de bo-

tanique depuis 1758, et Bernard de Jussieu celle
de démonstrateur depuis 1722. Mais le premier
étant obligé de se rendre à Versailles, et le second se trouvant affaibli par l'âge, ils avaient
choisi pour leur suppléant M. de Jussieu le neveu, qui était ainsi chargé de faire les leçons dans
le jardin et les herborisations à la campagne. Pendant les trois dernières années de sa vie, Bernard
de Jussieu se reposa entièrement des détails de
la culture sur M. Thouin ; ce fut pour lui une
grande jouissance de voir la replantation de l'é-
cole. Lorsqu'il venait se promener au Jardin,
ses anciens élèves accouraient auprès de lui ; ils
l'entouraient avec respect et recueillaient ses
moindres paroles. Parmi les nombreux services
qu'il a rendus, il faut surtout compter celui d'a-
voir formé M. de Jussieu, qui a fait de la botanique un corps de science régulier, en développant et perfectionnant la méthode naturelle dont
son oncle avait eu la première idée. Lorsqu'il
termina son honorable carrière en 1777, à l'âge
de soixante-dix-huit ans, ce même neveu fut
nommé à sa place (1).

(1) Bernard de Jussieu n'a inséré qu'un petit nombre de Mémoires
dans le recueil de l'Académie des Sciences, dont il avait été nommé
membre à l'âge de 26 ans. Plus occupé des progrès de la science que
de sa propre réputation, il répandait ses découvertes en les communiquant sans réserve à ses élèves ; et c'est ainsi qu'il s'est acquis des droits
à la reconnaissance des naturalistes.

Lemonnier était extrêmement satisfait de la manière dont M. de Jussieu faisait son cours ; mais il prenait trop d'intérêt à l'établissement pour ne pas désirer que les deux places de professeur et de démonstrateur attachassent au Jardin deux savans qui travailleraient de concert au progrès de la botanique. Il forma donc le projet de se retirer avec le titre de professeur honoraire aussitôt qu'il serait sûr de faire entrer au Jardin un homme capable de remplir ses vues. Il avait jeté les yeux sur M. Desfontaines, dont il appréciait le mérite, et dont il prévoyait la réputation ; mais ce jeune savant n'étant point encore assez connu, Lemonnier jugea convenable d'attendre, et ce ne fut qu'en 1786 qu'il fit les démarches nécessaires pour réaliser son projet. A cette époque, M. Desfontaines était de retour de son voyage en Barbarie, d'où il avait rapporté les plantes dont il a publié l'histoire ; il avait fixé l'attention des botanistes par d'excellens mémoires, et, depuis trois ans, il avait été reçu membre de l'académie des sciences. M. Lemonnier le proposa à Buffon, qui applaudit à ce choix. M. Desfontaines voulait occuper seulement la place de démonstrateur, et laisser celle de professeur à M. de Jussieu ; mais ce dernier préféra conserver des fonctions que son oncle avait exercées pendant cinquante-cinq ans.

Lorsque M. Desfontaines fut nommé, l'école était déjà fort riche, et les plantes y étaient disposées dans l'ordre des affinités. L'enseignement n'était plus borné à la démonstration des plantes médicinales, et les progrès que la science avait faits depuis Tournefort par les travaux de Linné, d'Adanson et de Jussieu, autorisaient à lui donner une marche plus philosophique.

M. Desfontaines fut le premier à juger que pour bien apprécier les caractères qui distinguent les genres et les espèces, il faut avoir une connaissance générale de la nature des végétaux, des fonctions propres à chacun des organes qui les composent et des phénomènes qu'ils présentent aux différentes périodes de leur développement. Il résolut en conséquence de diviser son cours en deux parties : la première consacrée à l'anatomie et à la physiologie végétale, la seconde à la classification et à la description des familles, des genres et des espèces. Cette innovation fit époque dans l'enseignement de la botanique, qui dès lors ne fut plus seulement la connaissance des formes extérieures des plantes, mais encore celle de leurs rapports, de leurs usages et des diverses modifications dont elles sont susceptibles. C'est à la direction donnée à l'étude dans les cours du Jardin du Roi depuis 1788 que sont dus les travaux qui ont fait de la physiologie végétale non plus une partie accessoire, mais la base fondamentale de la botanique, et qui nous ont conduits à faire l'application des principes de cette science à l'agriculture et aux arts.

M. Desfontaines continua pendant quelques années à démontrer les plantes dans l'école ; mais sa manière d'enseigner attira un si grand nombre d'élèves, qu'il fut désormais impossible que tous pussent entendre le professeur en se trouvant placés sur une ligne droite le long des plates-bandes. Le professeur prit alors le parti de faire ses leçons dans l'amphithéâtre, où l'on porte des échantillons que tout le monde peut voir, en ayant soin de placer à l'école et à leur étiquette toutes les plantes qui appartiennent à la famille dont il a été question dans la leçon. Ainsi chacun peut aller les examiner à loisir, vérifier les caractères que le professeur a fait remarquer et comparer même chaque plante avec la description qu'on en trouve dans les livres.

Tandis que M. Desfontaines enseignait ainsi l'ensemble de la science, en parcourant successivement toutes les familles du règne végétal, M. de Jussieu faisait chaque semaine une herborisation à la campagne. Dans ces promenades, il ne se bornait point à nommer en passant les espèces qu'on lui présentait ; il profitait de toutes les occasions pour faire remarquer les caractères

qui réunissent et ceux qui distinguent les différens groupes de végétaux, et il exerçait ainsi
les élèves à faire sur les plantes indigènes qui
s'offraient sans ordre à leurs yeux, l'application
des principes qu'il a développés depuis dans un
ouvrage devenu classique aussitôt après sa publication.

La méthode introduite au Jardin du Roi ayant
été suivie dans les diverses écoles du royaume,
et ensuite adoptée dans les pays étrangers, et
l'exposition des familles naturelles ayant coordonné les faits, le nombre prodigieux de plantes
qu'on découvre tous les jours ne se présentent
plus comme isolées, elles viennent remplir les lacunes qui se trouvent encore dans la série générale.

L'enseignement de la chimie continua d'être
confié à deux professeurs, dont le premier exposait la théorie, et le second faisait les diverses
opérations. Nous verrons bientôt que ces deux
parties de la science n'auraient dû être séparées
qu'autant qu'on aurait considéré la première
comme destinée à exposer les principes et à faire
les expériences qui en prouvent la vérité, et que
l'autre aurait enseigné l'application de la chimie
aux arts, comme cela se fait aujourd'hui.

Macquer, suppléant de Bourdelin depuis 1770 et
professeur titulaire en 1777, s'écarta entièrement
des idées de ses prédécesseurs. Il développa la

théorie de Becker et de Stahl, que Rouelle avait fait connaître, et à laquelle il avait déjà fait un si grand nombre de partisans. Il suffit de lire le Dictionnaire de chimie de Macquer pour se convaincre qu'un homme d'un esprit aussi juste, et qui avait autant de netteté dans les idées, dut traiter son sujet avec plus de méthode et d'exactitude qu'on ne l'avait fait jusqu'alors. Il ne cherchait point à frapper l'imagination de ses auditeurs, mais à fixer leur attention sur les grands phénomènes pour les conduire à en découvrir d'euxmêmes l'explication. Quoiqu'il professât la doctrine de Stahl conjointement avec les démonstrateurs, il fut frappé des découvertes de Lavoisier, il pressentit même les changemens qu'elles devaient produire, et loin d'en repousser les conséquences, il prépara ses élèves à les adopter. A sa mort, arrivée en 1784, Buffon choisit pour le remplacer M. de Fourcroy, qui n'avait pas atteint sa trentième année, et qui n'était pas encore membre de l'académie, mais qui s'était déjà fait une grande réputation par les talens qu'il avait montrés en suppléant dans ses cours Bucquet son maître, professeur à l'École de médecine.

C'est de l'époque où M. Fourcroy entra au Jardin qu'il faut dater la propagation de la nouvelle théorie chimique, et l'on peut assurer que cette théorie, qui a changé la face de la science, ne se serait répandue que lentement s'il n'eût été chargé de la développer.

Les découvertes de Cavendish sur la décomposition de l'eau, de Lavoisier sur la combustion, avaient fait sentir la nécessité d'une nomenclature qui, distinguant les corps simples des corps composés, indiquât en même temps la nature des élémens de ces derniers. Ce projet, conçu par Guyton de Morveau, fut adopté par Lavoisier et par quelques autres chimistes, du nombre desquels était Fourcroy, et il fut exécuté avec un esprit de méthode dont les sciences n'avaient point encore offert une semblable application : mais quoique cette nomenclature, dans laquelle chaque mot offrait l'explication d'un fait, dût épargner un long travail à ceux qui voulaient connaître non-seulement tous les composés existans, mais encore tous ceux qui sont possibles ; c'était toujours une langue nouvelle, et rien n'est aussi difficile que de faire adopter un langage différent de celui auquel on s'est accoutumé. La chose était si utile, que les hommes studieux n'auraient pu s'y refuser ; mais s'ils n'eussent appris cette langue que dans les livres, elle ne serait jamais devenue d'un usage universel. Fourcroy la parla dans ses cours, et comme son éloquence captivait ses auditeurs, comme la clarté de ses idées se réunissait à une diction également précise et harmonieuse, comme tout ce qu'il disait restait gravé dans la mémoire, on ne s'entretint plus de chimie sans employer les termes dont il se servait. Le même langage étant adopté par le démonstrateur devint bientôt vulgaire, et c'est vraiment aux cours faits au Jardin du Roi, que la chimie doit ses rapides progrès. Rouelle avait enflammé l'imagination de ses élèves, en présentant des merveilles, mais il n'avait point une méthode qui pût d'elle-même classer, distinguer et coordonner les faits. Fourcroy excita le même enthousiasme; il dirigea vers les études chimiques une multitude de bons esprits. En exposant les découvertes de ses contemporains, en proclamant le nom de ceux qui les avaient faites, en annonçant toutes les conséquences qui devaient en résulter, il se fit bientôt une réputation qui s'étendit hors de sa patrie. Des princes étrangers entretenaient à Paris des jeunes gens pour suivre ses cours, et rapporter dans leur pays la doctrine qu'ils y auraient apprise; les gens du monde venaient l'écouter pour jouir de son éloquence, et se passionnaient pour une science qui leur était présentée d'une manière si agréable. L'amphithéâtre où il faisait ses leçons ne pouvait contenir tous ceux qui venaient pour l'entendre, et l'on fut deux fois obligé de l'agrandir. La langue qu'il avait enseignée s'est enrichie et perfectionnée, parce que la découverte d'un grand nombre de substances simples a fait modifier les noms des différens composés ; mais les principes en sont toujours les mêmes. Le goût qu'il avait inspiré pour la chimie s'est successivement accru ; plusieurs chimistes distingués se sont formés à son école, et les professeurs qui soutiennent aujourd'hui la réputation des deux chaires du Jardin sont ses élèves.

Rouelle le jeune, qui était démonstrateur titulaire depuis 1770, étant mort en 1779, sa place fut donnée à M. Brongniart qui, déjà professeur à l'École de pharmacie, avait publié un ouvrage sur les procédés de la chimie, et qui travaillait au Journal des sciences, arts et métiers. M. Brongniart, qui s'était d'abord conformé aux vues de Macquer, adopta bientôt les idées nouvelles. Il répéta dans l'amphithéâtre toutes les expériences qui prouvaient la théorie du professeur, en employant la nouvelle nomenclature.

Antoine Petit avait, par son éloquence, conservé à la chaire d'anatomie du Jardin l'éclat qu'elle avait reçu de Duverney et de Winslow. Il voyait à chacun de ses cours s'accroître le nombre de ses élèves : cependant, après quelques années, il mit moins d'exactitude à faire ses leçons, et l'on en murmura d'autant plus qu'on était plus empressé de l'entendre. Il se fit alors suppléer par Vicq-d'Azir, qui était à tous égards digne de lui succéder, et voulut lui faire donner sa survivance. Mais M. de Buffon pensa que cette place était due à M. Portal, qui, dix ans auparavant, avait fait des leçons pour Ferrein, et s'était depuis acquis une grande réputation : M. Portal fut donc nommé, en 1778, à la chaire qu'il remplit encore aujourd'hui.

Quoique Vicq-d'Azir n'ait suppléé Ferrein que pendant deux ans, il a des droits à notre reconnaissance, non-seulement pour le talent qu'il déploya dans ses leçons, mais parce qu'il répandit des idées très-justes sur l'anatomie comparée, qui depuis, professée spécialement au Muséum, est devenue la base de la zoologie.

Le tableau que nous avons tracé de ce qui fut fait pour l'établissement depuis 1772, jusqu'à 1788, est aussi celui des obligations que nous avons à Buffon. Ce grand homme, en répandant universellement le goût de l'histoire naturelle par ses immortels écrits, voulut donner à ceux dont il avait enflammé le zèle, la facilité d'étudier les objets qu'il avait si bien peints. Il conçut en même temps et le plan de son Histoire naturelle et celui de l'agrandissement ou plutôt de la création du Muséum. Il médita ce plan pendant plusieurs années, parce qu'il voulait que les diverses parties formassent un ensemble, et que toutes fussent susceptibles de perfectionnemens successifs. Ce ne fut qu'après s'être assuré les moyens de réaliser ses projets, qu'il en commença l'exécution. Dès lors aucun obstacle ne fut capable de l'arrêter, aucun travail ne put lasser sa patience : son entreprise fut couronnée par le succès le plus éclatant, et sur la fin de sa vie il eut lieu de s'applaudir des sacrifices qu'il avait faits. Le Jardin et le Cabinet du Roi, furent avec raison cités comme son ouvrage, comme la plus belle institution qu'on eût jamais formée pour le progrès des sciences, comme un point central où devaient se rendre de diverses contrées tous ceux qui se livrent à l'étude de la nature. Si les Français se glorifiaient d'un tel monument, les étrangers l'admiraient sans jalousie, parce qu'il était également utile aux hommes de toutes les nations.

Cependant l'établissement était loin encore de ce qu'il est devenu quelques années plus tard, et les collections paraîtraient peu de chose si on les comparait à ce qu'elles sont aujourd'hui ; mais les cadres étaient formés, l'impulsion était donnée, et tout était disposé de manière à préparer de nouveaux accroissemens. Si ces accroissemens n'ont eu lieu qu'après Buffon, et lorsque plusieurs savans, tous animés du même esprit, ont été chargés d'administrer chacun une partie, cela ne diminue rien de sa gloire ; car sans lui la nouvelle organisation ne serait point devenue nécessaire, et le Muséum d'Histoire naturelle n'existerait pas.

TROISIÈME ET DERNIÈRE ÉPOQUE,

DEPUIS LA MORT DE BUFFON JUSQU'AU TEMPS ACTUEL.

NOUVELLE ORGANISATION.

À la mort de Buffon, le 16 avril 1788, la place d'intendant du Jardin passa, non point à M. le comte d'Angiviller qui en avait la survivance, mais à son frère M. le marquis de la Billarderie. Celui-ci fit continuer les travaux commencés par Buffon. On lui doit de plus la construction de la petite serre des ficoïdes. Ce fut lui qui voulant attacher à l'établissement M. le chevalier de la Marck, déjà si célèbre par sa Flore française, fit créer pour lui la place de botaniste du cabinet, en le chargeant de conserver et d'arranger les herbiers. Son caractère conciliant le fit aimer de tous les professeurs ; il ne négligea rien pour favoriser l'enseignement et pour entretenir l'ordre qui existait ; mais son crédit était peu de chose en comparaison de celui dont Buffon avait joui. La cour étant occupée de réduire toutes les dépenses, l'intendant du Jardin ne pouvait guère demander au ministre des fonds extraordinaires. L'établissement était d'ailleurs devenu trop considérable pour que le régime auquel il était soumis du temps de Buffon pût lui convenir.

Le 20 août 1790, M. Lebrun fit au nom du comité des finances de l'assemblée constituante un rapport sur le Jardin du Roi, dans lequel il évaluait la dépense de cet établissement à 92,222 liv. dont 12,777 pour l'entretien. Ce rapport, qui fut le premier signal d'une nouvelle organisation, commence par ces mots :

« Le Jardin du Roi doit être sous l'administra-
» tion immédiate du roi, mais la nation ne peut
» le voir sans intérêt, et c'est sur le trésor public
» que la dépense doit être affectée. »

Le rapporteur lut ensuite un projet de décret en sept articles, dans lequel il proposait la réduction des appointemens de l'intendant de 12,000 à 8000 livres; la suppression de plusieurs places, et particulièrement de celle de commandant de la police du Jardin, ce service devant être fait par des invalides; l'augmentation du traitement de quelques professeurs; l'établissement d'une chaire d'histoire naturelle aux appointemens de 1000 livres, etc.

Pendant la discussion sur les divers articles de ce projet, le président de l'assemblée reçut une adresse de MM. les officiers du Jardin du Roi. C'était ainsi qu'on nommait les gardes et les démonstrateurs du cabinet, les professeurs et le peintre attachés à l'établissement. L'assemblée ayant approuvé les vues sages de cette adresse, en ordonna le renvoi au comité des finances, en ajournant le rapport définitif, et en invitant les officiers du Jardin à présenter un projet de règlement pour fixer l'organisation d'un établissement si utile.

En conséquence de cette décision, M. de la Billarderie ayant convoqué les officiers du Jardin du Roi, ils se formèrent en assemblée, et après avoir nommé M. Daubenton président et M. de Lacépède secrétaire, ils rédigèrent le projet qui leur était demandé. Ce projet fut signé non-seulement par les membres qui étaient en fonction, mais encore par MM. Petit et Lemonnier, qui avaient professé précédemment et qui s'étaient retirés avec le titre de professeurs honoraires.

Les articles du règlement sont à peu près les mêmes qui furent admis trois ans plus tard. Pendant cet intervalle, les officiers du Jardin cessèrent de se réunir et de s'occuper d'affaires administratives. Chacun d'eux se borna à remplir ses fonctions, et avec tant de zèle que plusieurs faisaient un nombre de leçons double de celui qui leur était prescrit, et donnaient encore après les cours des explications aux élèves qui venaient les consulter. C'était tout ce qu'ils pouvaient faire pour diriger les jeunes gens vers l'étude des sciences naturelles, dont les résultats sont d'une utilité générale, et pour les détourner des théories politiques qui, lorsqu'elles ne sont pas fondées sur l'expérience, deviennent subversives de l'ordre social.

Les troubles ayant commencé, M. de la Billarderie ne crut pas prudent de rester en France, et la place d'intendant se trouvant vacante, le Roi y nomma M. Bernardin de Saint-Pierre, au mois de juillet 1792.

M. de Saint-Pierre eut la direction du Jardin du Roi dans des conjonctures bien difficiles. Écrivain distingué, doué du talent de peindre la nature, d'émouvoir la sensibilité, d'inspirer des affections douces, d'agir à la fois sur le cœur et sur l'imagination, il manquait de notions exactes dans les sciences, et son caractère timide et mélancolique le rendait étranger à cette connaissance des hommes et des affaires, à cette énergie qui mettent à même d'exercer l'autorité. C'était précisément l'homme qui convenait à l'établissement dans cette époque d'un bouleversement général. Sa simplicité, sa vie retirée contribuèrent peut-être à le garantir des persécutions dont étaient menacés tous les hommes qui occupaient un poste éminent, et sa sagesse fut très-utile. Il s'occupa des détails du Jardin ; il eut soin de ne faire aucune démarche, aucune proposition, sans s'être concerté avec ceux qui l'habitaient, et il envoya au ministre, sur les améliorations qu'on pourrait faire, plusieurs mémoires dans lesquels on trouve des vues très-saines et un esprit d'économie que les circonstances rendaient alors nécessaire. Dans ces mémoires, dont nous avons la copie, on voit toujours ces paroles : *après avoir consulté les anciens*. C'est ainsi qu'il nommait les personnes qui étaient depuis long-temps attachées à l'établissement, mais qui n'avaient encore aucune part à l'administration. En réduisant les dépenses inutiles, il trouvait le moyen de pourvoir à celles dont il reconnaissait l'importance. Il fit construire une serre, qui faisant suite à celle du Cierge adossée à la butte, aboutit à la terrasse élevée au-dessus de la rue, à l'extrémité du Cabinet. Cette serre porte aujourd'hui son nom.

La ménagerie de Versailles ayant été abandonnée, on voulut se débarrasser des animaux qui s'y trouvaient, et M. Couturier, régisseur des domaines du roi dans cette ville, écrivit à M. de Saint-Pierre de la part du ministre pour les lui offrir : celui-ci n'ayant ni un local où il pût les placer, ni les fonds nécessaires pour payer leur nourriture, obtint de M. Couturier qu'il consentît à en prendre soin pendant quelque temps, et il adressa au gouvernement un mémoire sur la nécessité d'établir une ménagerie au Jardin. Ce mémoire fit beaucoup de sensation; il détermina à prendre des mesures pour que les animaux fussent conservés, et quoiqu'ils n'aient été transportés au Muséum que dix-huit mois plus tard et lorsque la place d'intendant avait été supprimée, c'est à M. de Saint-Pierre que nous devons la création de notre ménagerie.

Le 18 août 1792, un décret de l'assemblée législative ayant supprimé les universités, les facultés de médecine et les corporations savantes, on eut tout lieu de craindre que le Jardin du Roi ne fût enveloppé dans la même proscription. Mais comme il était réputé propriété nationale, et que tous ceux qui venaient le visiter y étaient également accueillis; comme le peuple le croyait principalement destiné à la culture des plantes médicinales, et que le laboratoire de chimie était considéré comme un atelier pour faire du salpêtre, tout y fut respecté.

Cependant une faction ennemie de l'ordre et de tout gouvernement, devenue redoutable par sa victoire du 31 mai, voulait anéantir tout ce qui rappelait les souvenirs de la monarchie. Un établissement dont les employés avaient été nommés par le roi, devait être l'objet de sa fureur. Le péril était imminent; et il eût été impossible d'y échapper s'il ne se fût pas trouvé dans la Convention quelques hommes de courage, qui, reconnaissant enfin l'abîme dans lequel ils étaient entraînés, désiraient arrêter ce torrent dévastateur, et préparer un retour vers le bien en conservant les institutions utiles aux sciences et aux arts. Parmi eux il faut surtout distinguer M. Lakanal, qui, en sa qualité de président du comité d'instruction publique, exerçait une grande influence. Aussitôt qu'il fut informé du danger qui nous menaçait, il se rendit secrètement au Jardin, et s'entretint avec MM. Daubenton, Thouin et Desfontaines, sur les moyens de le prévenir. Il se fit remettre par eux le projet de règlement qu'ils avaient présenté à l'assemblée constituante, et dès le lendemain il fit rendre un décret qui constituait et organisait l'établissement, en lui donnant le titre de Muséum d'histoire naturelle.

Ce décret rendu le 10 juin, et publié le 14, se compose de quatre titres, dont nous allons rapporter les articles essentiels.

TITRE Ier.

« L'établissement sera nommé à l'avenir *Muséum d'histoire naturelle.*

« Son but sera l'enseignement de l'histoire naturelle dans toute son étendue.

« Tous les officiers du Muséum porteront le titre de professeurs, et jouiront des mêmes droits.

« La place d'intendant sera supprimée, et le
traitement attaché à cette place sera également
réparti entre les professeurs.

« Les professeurs nommeront chaque année, au
scrutin, un directeur et un trésorier, choisis par
eux; le directeur ne pourra, après l'expiration de
l'année, être continué que pour un an; il prési-
dera l'assemblée, et sera chargé de faire exécuter
les délibérations.

« Lorsqu'une place de professeur sera vacante,
les autres professeurs y nommeront le savant qu'ils
jugeront le plus propre à la remplir (1).

(1) Cet article qui donnait à l'assemblée des professeurs le droit de
nommer aux places vacantes, fut abrogé par la loi sur l'instruction
publique du 1er mai 1802 (11 floréal an x).

L'article 24 de cette loi est ainsi conçu :

« Quand il vaquera (dans les écoles spéciales) une place de professeur, il y sera nommé par le premier consul, entre trois candidats
qui seront présentés, le premier par une des classes de l'institut na-
tional, le second par les inspecteurs généraux des études, et le troisième par les professeurs de l'école où la place sera vacante. »

Depuis l'organisation de l'université, au mois de mai 1808, les inspecteurs soumis au grand-maître n'ont plus eu le droit de coopérer
aux nominations. Aujourd'hui lorsqu'il y a une chaire vacante au
Muséum, le roi y nomme sur la présentation de l'assemblée des professeurs, et sur celle de l'académie des sciences. On juge bien que le
choix fait par les professeurs doit presque toujours déterminer celui
de l'académie.

TITRE II.

« On donnera dans le Muséum douze cours,
savoir :

1° Un cours de Minéralogie ;
2°   de Chimie générale;
3°   des Arts chimiques ;
4°   de Botanique dans le Muséum ;
5°   de Botanique dans la campagne ;
6°   de Culture ;
7 et 8°   deux cours de Zoologie ;
9°   d'Anatomie humaine ;
10°   d'Anatomie des animaux ;
11°   de Géologie ;
12°   d'Iconographie naturelle.

« La nature des objets qui doivent être traités
dans ces cours, et les détails relatifs à l'organisation particulière du Muséum, seront l'objet d'un
règlement que les professeurs sont chargés de
rédiger, et qu'ils communiqueront au comité d'instruction publique. »

Le titre III ordonne qu'il y aura au Muséum une
bibliothèque où l'on réunira les livres d'histoire
naturelle qui se trouvent dans les dépôts appartenans à la nation, les doubles de ceux qui sont à
la grande bibliothèque nationale, et la collection
des plantes et animaux peints d'après nature, qui
est déposée dans la même bibliothèque.

Le titre IV porte que le Muséum sera en correspondance avec tous les établissemens analogues, placés dans les départemens.

Dans le décret dont nous venons d'extraire les principaux articles, douze chaires sont établies, sans qu'on désigne par leur nom ceux qui doivent les remplir. Il est seulement dit qu'elles le seront par les douze officiers du Jardin: on laisse à ceux-ci le soin de distribuer entre eux les fonctions.

Ces douze officiers étaient:

MM. Daubenton, garde du cabinet et professeur de minéralogie au collége de France.

Fourcroy, professeur de chimie.

Brongniart, démonstrateur de chimie.

Desfontaines, professeur de botanique.

De Jussieu, démonstrateur.

Portal, professeur d'anatomie.

Mertrud, démonstrateur.

La Marck, botaniste du cabinet, chargé des herbiers.

Faujas de Saint-Fond, adjoint à la garde du cabinet, chargé de la correspondance.

Geoffroy, sous-garde et sous-démonstrateur du cabinet, élève de M. Daubenton pour la zoologie.

Vanspaendonck, peintre du cabinet.

A. Thouin, jardinier en chef.

Il n'y avait aucune difficulté pour ceux qui étaient déjà professeurs ou démonstrateurs, mais

MM. Faujas et de la Marck n'étaient point dans ce cas : la correspondance appartenant désormais à l'assemblée, et les herbiers ayant été mis par le décret dans les attributions du professeur de botanique, l'un et l'autre se trouvaient sans fonctions. Le premier, très-connu par ses voyages et par son bel ouvrage sur les volcans du Vivarais, fut nommé à la chaire de géologie ; et M. de la Marck, qui s'était également occupé de zoologie et de botanique, et qui avait la réputation d'être l'homme de France qui connaissait le mieux les coquilles, fut chargé d'enseigner l'histoire des animaux sans vertèbres. Cette nouvelle direction donnée à ses travaux nous a procuré d'excellens ouvrages.

On sentait la nécessité de diviser en trois parties l'enseignement de la zoologie ; mais comme M. de Lacépède avait depuis quelques mois donné sa démission de la place de garde et sous-démonstrateur du cabinet, pour se retirer à la campagne, on n'osa le proposer, et l'on ne parla point de cette troisième chaire, parce qu'on se flattait que celui qui y avait des droits serait rappelé dans des circonstances plus favorables ; ce qui eut lieu en effet. En attendant, M. Geoffroy, qui avait succédé à M. de Lacépède dans la place de sous-démonstrateur du cabinet, se chargea seul d'enseigner l'histoire des quadrupèdes et des oiseaux, et celle des poissons et des reptiles.

Ce fut le 9 juillet 1793, que les professeurs, ayant reçu la notification de ce décret, se formèrent en assemblée et nommèrent M. Daubenton président, M. Desfontaines secrétaire, et M. Thouin trésorier. Depuis cette époque, ils se réunirent à des jours fixes, et rédigèrent le règlement supplémentaire qui leur avait été demandé.

La première chose dont ils s'occupèrent fut d'obtenir la création de quelques emplois que la nouvelle organisation rendait nécessaires.

L'administration générale du cabinet appartenant à l'assemblée, et le soin de former et d'arranger les collections de minéralogie, de botanique, de zoologie, d'anatomie, etc., entrant dans les fonctions du professeur qui devait enseigner la partie de l'histoire naturelle à laquelle ces collections sont relatives ; on avait supprimé les places de garde du cabinet et celle d'adjoint à la garde du cabinet, qui étaient remplies par MM. Daubenton, Faujas et Geoffroy. Mais il fallait que quelqu'un fût chargé de garder les clefs des galeries, de veiller à la conservation des objets, et d'introduire les personnes qui venaient visiter le cabinet, soit pour s'instruire, soit pour en admirer les richesses. Ces fonctions furent données à M. Lucas, qui avait passé sa vie dans l'établissement, et en qui M. de Buffon avait beaucoup de confiance. M. André Thouin, déjà membre de l'académie des

sciences, étant devenu professeur de culture,
M. Jean Thouin, son frère, fut nommé jardinier
en chef. On créa aussi quatre places d'aides naturalistes (1) pour faire, sous les professeurs, les travaux nécessaires à la préparation et à l'arrangement
des collections, et l'on attacha au Muséum trois
peintres d'histoire naturelle : MM. Maréchal, Redouté l'aîné, et Redouté le jeune. Ces nominations furent faites par l'assemblée et les choix
approuvés par le gouvernement.

En même temps on disposa le local de la bibliothèque, de manière à ce qu'il pût recevoir des
livres choisis dans les dépôts publics, ainsi que les
soixante-quatre portefeuilles de vélins représentant des plantes et des animaux dont la continuation fut ordonnée. Le placement de ces vélins au
Muséum était non-seulement une chose convenable pour l'étude de l'histoire naturelle, c'était
encore un acte de justice; car tous avaient été exé-
cutés par les peintres du Jardin, et payés sur ses
fonds; et on ne les avait déposés à la bibliothèque
du roi, que parce qu'il n'y avait point encore de
bibliothèque au Jardin.

Au mois de juillet 1794, le local se trouvant prêt
à recevoir les livres, dont le choix avait été fait par

____

(1) Elles furent remplies par MM. Desmoulins, Dufresne, Valenciennes et Deleuze ; les deux premiers pour la zoologie, les deux autres pour la minéralogie et la botanique.

M. de Jussieu, M. Toscan fut nommé bibliothécaire. On lui adjoignit le mois suivant, M. Mordant
de Launay, et la bibliothèque fut ouverte au public
le 7 septembre 1794.

Les animaux de la ménagerie de Versailles, de
celle du Rincy, et d'autres appartenant à des particuliers qui faisaient métier de les montrer au
public, ayant été transportés au Muséum dans les
premiers mois de 1794, on pratiqua, sous les galeries du cabinet, des loges pour ceux qui devaient
être renfermés : les autres furent placés dans des
bosquets le long de la rue de Buffon, ou dans des
écuries ; et comme il était essentiel de débarrasser
promptement le rez-de-chaussée du cabinet, on fit
arranger un petit bâtiment situé à l'extrémité de
l'allée des marroniers, et l'on en fit une ménagerie
provisoire particulièrement destinée aux animaux
féroces.

On disposa la maison dite l'intendance pour y
loger des professeurs, on arrangea les salles du
cabinet, et l'on décida qu'on construirait de nouvelles galeries au deuxième étage. Enfin, un arrêté du comité d'instruction publique, du mois
de septembre 1794, ordonna l'acquisition de
la maison et des terrains qui bornaient le Muséum du côté du nord-ouest, acquisition dont la
nécessité avait déjà été reconnue par l'assemblée
constituante.

Pendant ce temps, les professeurs rédigèrent le règlement qui leur avait été demandé, et ce fut en conséquence de ce règlement, que M. Thibaudeau fit au nom du comité d'instruction publique un rapport dont les conclusions furent adoptées, et qui fixa l'organisation du Muséum telle qu'elle est aujourd'hui; sauf quelques légères modifications que les circonstances ont rendues nécessaires.

La loi du 11 décembre 1794, rendue d'après le rapport du comité d'instruction publique, créa une troisième chaire de zoologie, à laquelle M. de Lacépède fut nommé. Cette loi donne aux professeurs toute l'administration de l'établissement: elle porte à 5,000 francs leurs appointemens qui n'étaient que de 2,800 livres; elle fixe à 194,000 francs la dépense de l'année suivante; elle ordonne que les terrains compris entre la rue Poliveau, la rue de Seine, la rivière, le boulevard de l'Hôpital et la rue Saint-Victor seront réunis au Muséum, et qu'on s'occupera de l'estimation de ces terrains et de l'emploi qu'il convient d'en faire.

La commission d'instruction publique avait formé pour l'agrandissement du Muséum, un plan encore plus vaste, mais qu'il était impossible de réaliser; et un arrêté du comité de salut public, du mois de mai 1794, l'avait converti en loi. Cette loi fut ensuite rapportée à la sollicitation même des professeurs, et l'on décida que l'étendue du

Muséum serait bornée par les rues de Buffon et de Seine.

Rien n'était plus sage que de se renfermer dans ces limites, dont l'aspect des lieux et le but de l'établissement indiquent la convenance; mais comme on avait négligé de profiter d'une circonstance favorable pour se procurer par voie d'échange tout ce qui était compris dans cette enceinte, ce ne fut que peu à peu qu'on parvint à acquérir les terrains qui forment actuellement la nouvelle ménagerie; plusieurs de ceux qui devaient y être réunis appartiennent encore à des particuliers, ce qui en rend le plan d'une irrégularité choquante, et s'oppose à la construction des parcs nécessaires pour loger les animaux qui arrivent tous les jours.

On sent que le malheur des temps, la pénurie des finances, la chute des assignats, la cessation du commerce étranger, l'emploi de tous les fonds et de toutes les industries pour la guerre, durent mettre de grandes entraves à l'exécution des projets qu'on avait formés.

En effet, non-seulement pendant les premières années de destruction, mais depuis 1795 jusqu'à la fin du siècle, l'établissement, constitué sur de nouvelles bases, se trouva dans la situation la plus extraordinaire, et présenta les contrastes les plus étonnans. On réunit au Jardin des maisons et des terrains de la plus grande importance, on acquit des collections magnifiques, on commença les plus utiles constructions ; et cependant tout languissait dans l'intérieur ; on entreprenait plusieurs choses à la fois, et rien ne pouvait être terminé ; on manquait de fonds pour payer les ouvriers, de fourrages pour nourrir les animaux, d'armoires pour renfermer les objets les plus précieux; on cultivait des pommes de terre dans les carrés destinés aux plantes les plus rares, et l'établissement fut plusieurs fois menacé d'une décadence d'autant plus irréparable qu'elle portait à la fois sur toutes les parties : un obstacle était-il surmonté, d'autres renaissaient, et les fonds qu'on recevait étant employés à l'objet qui avait pour le moment fixé l'attention, d'autres objets se détérioraient par l'interruption forcée des travaux. Cependant, aux époques où la détresse se fit le plus sentir, il n'y eut pas un moment de découragement parmi les administrateurs; ils calculaient les mesures les plus convenables aux circonstances ; ils se faisaient respecter en donnant l'exemple du zèle, de la modération et du désintéressement. Quelques-uns des professeurs ayant été appelés à des fonctions qui les mettaient en relation avec le gouvernement, ils employèrent leur influence et leurs soins à soutenir l'établissement auquel ils étaient plus particulièrement attachés.

A la fin de l'année 1794, l'amphithéâtre fut terminé et mis dans l'état où il est maintenant. C'était auparavant un bâtiment carré ; on y ajouta les trois pavillons et le laboratoire de chimie, et le 25 janvier 1795, on y fit l'ouverture de l'école normale.

Cette institution extraordinaire était fondée sur un plan chimérique. On avait imaginé que des hommes déjà avancés en âge pourraient, après avoir entendu quelques leçons des grands maîtres, se trouver capables de répandre l'instruction dans les provinces : tous les esprits sages sentaient qu'une pareille idée ne pouvait se réaliser ; mais on entendit au Muséum les savans les plus célèbres de la France exposer les fondemens et la doctrine de toutes les sciences ; et les élèves venus de tous les départemens, trouvèrent le moyen d'étudier en détail et méthodiquement les sciences naturelles ; tandis que des savans du premier ordre leur exposaient des théories qu'ils ne pouvaient comprendre parce qu'ils n'y étaient pas préparés. Ce spectacle, dont il n'y avait jamais eu d'exemple, frappa les imaginations, et il fixa les yeux sur un établissement devenu le centre de tous ceux qui pouvaient être consacrés à l'étude de la nature.

Depuis 1794, époque de son organisation actuelle, jusqu'à la fin du siècle, le Muséum fut, comme nous venons de le dire, exposé à de grands dangers ; mais il reçut des agrandissemens et des

Cathelineau del.

E. Aubert sculp.

L'Amphithéâtre.

The Amphitheatre.

richesses considérables, dont on tira ensuite tout le parti possible.

Nous avons dit qu'en 1788 le Jardin avait été prolongé du côté du nord jusqu'à la rue de Seine, par l'acquisition de l'hôtel de Magny; mais cet emplacement, dans lequel on avait construit l'amphithéâtre, était enclavé entre des possessions étrangères. A l'ouest, il était séparé de la colli nommée le *labyrinthe*, par des maisons et des jar dins appartenans à un particulier nommé Léger; à l'est, il était borné par une vaste propriété nationale, où se trouvait autrefois la régie des fiacres, et dont on avait fait un magasin de farines. Le premier de ces terrains fut acheté pour le Muséum, en conséquence d'un arrêté du comité des finances du 9 juin 1795; le second lui fut concédé par une loi du mois d'août de la même année, et l'on prit aussitôt des mesures pour les faire servir aux besoins de l'établissement. Dans la partie ouest, on arrangea le bâtiment principal pour y placer les bureaux de l'administration, et pour y déposer les collections qui ne pouvaient plus entrer dans le grand cabinet; on réserva pour des logemens de professeurs, les maisons situées le long de la rue de Seine jusqu'à la rue Saint-Victor, qui étaient habitées avant la révolution par une communauté religieuse nommée les *nouveaux convertis*, et l'on joignit au labyrinthe les jardins qui les entouraient.

à Saint-Thomas. Là on lui donna un bâtiment plus considérable, et il alla à Porto-Rico. Son séjour dans ces deux îles fut d'environ un an; il entra dans le port de Fécamp le 12 juin 1798, et sa collection envoyée par la Seine, arriva au Muséum le 12 juillet.

Jamais on n'avait reçu à la fois un aussi grand nombre de végétaux et surtout d'arbres des Antilles : il y avait une centaine de caisses dont plusieurs renfermaient des individus de six et jusqu'à dix pieds de hauteur; et les plantes avaient été si bien soignées pendant la traversée, qu'elles étaient en pleine végétation, et qu'elles réussirent très-bien dans nos serres.

Le résultat du voyage ne se borna point à procurer au Jardin des plantes vivantes, il enrichit également les cabinets : nos herbiers furent accrus d'un grand nombre de plantes des Antilles, recueillies et desséchées avec soin par MM. le Dru et Riedley, qui n'avaient pas négligé d'indiquer le lieu où elles avaient été ramassées. Riedley avait fait de plus une collection de tous les bois de Saint-Thomas et de Porto-Rico, et il avait attaché à chaque échantillon un numéro qui renvoyait au rameau fleuri du même arbre conservé dans l'herbier; ce qui donna au professeur de botanique la facilité de les déterminer.

Les deux zoologistes rapportaient aussi des

celle d'avoir des stores, empêchèrent qu'on ne pût
y étaler les collections de zoologie.

On employa les fonds dont on pouvait disposer
à la construction d'une nouvelle serre absolument nécessaire pour placer des végétaux vivans que le capitaine Baudin devait apporter de
son voyage. Ce voyage en Amérique ayant été fait
pour le Muséum et l'ayant singulièrement enrichi,
il est à propos d'en dire un mot.

Au commencement de 1796, le capitaine Baudin, qui revenait de l'île de la Trinité, informa
l'administration du Muséum qu'il avait laissé dans
cette île une riche collection d'histoire naturelle,
et qu'il la lui offrirait si on voulait lui donner un
vaisseau pour aller la chercher. L'administration
ayant fait cette demande au ministre, elle fut
accordée, à condition que le capitaine Baudin em-
mènerait avec lui quatre naturalistes, savoir :
MM. Maugé et Levilain pour la zoologie, M. le
Dru pour la botanique, et Riedley jardinier du
Muséum, homme d'un zèle et d'une activité infatigables.

Baudin partit du Havre le 30 septembre 1796 ;
son vaisseau fit naufrage aux îles Canaries, et le
gouvernement espagnol lui donna un autre bâtiment pour remplir sa mission. Il se dirigea donc
sur l'île de la Trinité ; mais cette île étant au pouvoir des Anglais, il ne put y entrer, et il se rendit

à Saint-Thomas. Là on lui donna un bâtiment plus considérable, et il alla à Porto-Rico. Son séjour dans ces deux îles fut d'environ un an; il entra dans le port de Fécamp le 12 juin 1798, et sa collection envoyée par la Seine, arriva au Muséum le 12 juillet.

Jamais on n'avait reçu à la fois un aussi grand nombre de végétaux et surtout d'arbres des Antilles : il y avait une centaine de caisses dont plusieurs renfermaient des individus de six et jusqu'à dix pieds de hauteur; et les plantes avaient été si bien soignées pendant la traversée, qu'elles étaient en pleine végétation, et qu'elles réussirent très-bien dans nos serres.

Le résultat du voyage ne se borna point à procurer au Jardin des plantes vivantes, il enrichit également les cabinets : nos herbiers furent accrus d'un grand nombre de plantes des Antilles, recueillies et desséchées avec soin par MM. le Dru et Riedley, qui n'avaient pas négligé d'indiquer le lieu où elles avaient été ramassées. Riedley avait fait de plus une collection de tous les bois de Saint-Thomas et de Porto-Rico, et il avait attaché à chaque échantillon un numéro qui renvoyait au rameau fleuri du même arbre conservé dans l'herbier; ce qui donna au professeur de botanique la facilité de les déterminer.

Les deux zoologistes rapportaient aussi des

peaux de quadrupèdes, des oiseaux et des insectes. La nombreuse collection d'oiseaux faite par Maugé, était surtout très-intéressante, parce que la plupart des espèces manquaient au Muséum, et que tous les individus étaient parfaitement conservés.

Le succès de ce voyage en fit projeter un autre, dont nous parlerons bientôt, et qui eut des résultats encore plus avantageux.

En 1798, les professeurs présentèrent un mémoire au gouvernement pour lui exposer les besoins du Muséum : ils disaient que les magnifiques collections qu'on avait reçues étaient encore dans des caisses, où elles étaient exposées à être détruites par les insectes, parce qu'on n'avait point de local pour les étaler, et qu'il était absolument impossible de les mettre en ordre. Ils se plaignaient aussi de ne plus avoir aucun moyen de nourrir les animaux, parce que les entrepreneurs qui n'étaient pas payés de leurs avances, refusaient de faire de nouvelles fournitures. La même détresse continua en 1799.

Cette situation était d'autant plus déplorable, que le Muséum avait reçu depuis sa nouvelle organisation les plus grandes richesses. Nous ne nous arrêterons pas à en faire ici l'énumération ; nous nous bornerons à indiquer les acquisitions les plus importantes.

Au mois de juin 1795, on reçut le cabinet du Stathouder, riche dans toutes les branches d'histoire naturelle et surtout en zoologie.

En février 1796, M. Desfontaines fit don au Muséum de sa collection d'insectes de Barbarie.

En novembre même année, on reçut une collection de la Belgique.

Le même mois, l'académie des sciences donna au Muséum une pépite d'or du poids de vingt-quatre marcs quatre onces, et le gouvernement lui fit remettre une collection de pierres précieuses qui était à l'Hôtel des monnaies. Au mois de février 1797, le ministre acquit pour le Muséum la collection d'oiseaux que M. Levaillant avait faite en Afrique, et qui sert de type à son célèbre ouvrage ; en 1798, celle que Brocheton s'était procurée à la Guiane ; enfin la même année le capitaine Baudin fit arriver dans les serres et dans les galeries du Muséum, les nombreuses richesses de botanique et de zoologie que ses infatigables collaborateurs avaient recueillies sous les tropiques.

Le gouvernement n'avait cessé de prendre le plus grand intérêt à l'établissement : il avait fait pour lui tout ce qu'il pouvait faire ; mais la pénurie des finances ne lui laissait pas la possibilité de fournir des fonds pour les dépenses qu'exigeait le placement des objets, l'entretien des bâtimens, le paiement des employés, la nourriture des animaux de la ménagerie. Les réclamations devenaient inutiles. Les fonds étaient absorbés par des armées qui conservaient leur courage, mais qui étaient accablées par le malheur; et l'état d'impuissance auquel on était réduit se manifestait également au dedans et au dehors. Les grands événemens qui eurent lieu en novembre 1799, en déplaçant et concentrant le pouvoir, établirent un autre ordre de choses : le chef du nouveau gouvernement se rendit peu à peu tout-à-fait absolu; mais des conquêtes étonnantes couvrirent nos armées de gloire, et nous donnèrent tout à coup de grandes ressources.

L'embarras se fit encore sentir pendant les premiers mois de 1800; à cette époque même, on avait si peu de moyens, qu'on fut obligé d'autoriser M. Delaunay, qui était chargé de la surveillance de la ménagerie, à faire tuer les animaux les moins utiles, pour fournir à la nourriture des autres. Mais bientôt tout changea de face.

L'homme extraordinaire qui s'était placé à la tête de l'état sentait que sa puissance ne pouvait se soutenir uniquement par les conquêtes qui l'avaient établie ; qu'après s'être rendu redoutable au dehors, il fallait se faire admirer dans l'intérieur en favorisant le progrès des lumières, en encourageant les arts et les sciences , en fondant des monumens qui, pendant la paix, assurent la gloire et la prospérité des nations. Il tourna ses regards vers le Muséum , où tout se trouvait déjà préparé par les acquisitions qu'on avait faites; il lui fournit des fonds pour continuer les travaux qu'on avait entrepris, pour acquérir une portion des terrains nécessaires à son agrandissement, et pour enrichir les collections.

Depuis quelques années la ménagerie n'avait point reçu d'animaux étrangers, et si l'on excepte les lions qui avaient fait des petits, et les éléphans venus de Hollande, il y en avait très-peu de remarquables. On apprit qu'il s'en trouvait plusieurs à Londres, et que M. Penbrock à qui ils appartenaient se proposait de les vendre. L'administration en ayant informé M. Chaptal, alors ministre de l'intérieur, il consentit à en faire l'acquisition : M. Delaunay, sous bibliothécaire, qui continuait à être chargé de la surveillance de la ménagerie, fut envoyé à Londres pour cet objet au mois de juillet 1800, et il acheta, pour la somme de 17,500 francs, huit quadrupèdes, savoir : deux tigres mâle et femelle, deux lynx aussi mâle et femelle, un mandrille, un léopard, une panthère, une hyène et quelques oiseaux. Ces animaux arrivèrent sans accident, et ils furent placés dans les loges construites à l'extrémité de l'allée des marroniers. Sir Joseph Banks profita de cette occasion pour envoyer au Muséum quelques plantes curieuses.

Dans le même temps, on plaça dans les galeries la girafe et d'autres animaux rares, dont la préparation avait exigé beaucoup de soins; les squelettes, qui pendant long-temps avaient été réunis dans des salles où le public ne les voyait pas, furent mis en ordre; on examina les nombreux échantillons de minéraux qui se trouvaient dans les magasins ou dans des caisses, pour en retirer ceux qui devaient figurer dans le Cabinet, et la collection d'insectes fut classée par M. Latreille, que le Muséum s'était attaché, en le nommant aide naturaliste en 1794. Chaque professeur ayant mis à part des échantillons, choisis parmi les doubles des objets qu'il avait déterminés, on en forma des collections classiques pour les écoles centrales des départemens. Enfin toutes les parties furent également soignées, parce que chacune d'elles était sous la surveillance d'un chef, et le mouvement progressif qui avait été imprimé ne se ralentit plus.

Cependant au mois d'octobre 1800 l'établissement courut le plus grand danger, et les administrateurs eurent lieu de craindre qu'il ne fût bientôt ruiné par une mesure que le ministre de l'intérieur, frère du premier consul, avait voulu étendre également à toutes les institutions pu-

bliques : celle d'établir sous le titre d'administrateur comptable un directeur général ou intendant
nommé par lui, qui serait seul chargé de l'administration générale et de la correspondance avec
le gouvernement, et de réduire ainsi les administrateurs actuels du Muséum à la simple fonction de faire leurs cours et de conserver les collections dont le dépôt leur serait confié.

Les professeurs firent à ce sujet au ministre ,
les représentations les plus fortes. Ils lui prou-
vèrent que chaque partie avait besoin d'un chef,
que l'administration était essentiellement liée à
l'enseignement, que les intendans étaient toujours
portés à favoriser telle ou telle partie, et qu'ils
ne pouvaient connaître les détails d'un ensemble
aussi vaste : que tous ceux qui avaient été à la
tête de l'établissement, en exceptant Guy de la
Brosse , Fagon et Dufay, l'avaient négligé, et
que plusieurs même avaient arrêté les progrès
qu'il devait naturellement faire : que M. de Buffon, qui seul depuis, avait mis sa gloire et son
crédit à le rétablir, aurait lui-même senti que
son étendue actuelle exigeait un autre régime :
que M. Daubenton , l'ami et le coopérateur de
Buffon avait refusé la place de directeur perpétuel que ses collègues lui avaient offerte par
respect pour son âge et par reconnaissance pour
les services qu'il avait rendus : que depuis la

nouvelle organisation, l'ordre n'avait pas été troublé un instant, malgré les vicissitudes du gouvernement et les malheurs publics : que le Muséum étant immédiatement sous la dépendance et la protection du ministre, il suffisait d'un directeur annuel pour rendre compte de tout; qu'aucune dépense extraordinaire ne pouvait être faite que par l'ordre du ministre : que la place d'intendant donnée d'abord à un savant distingué, pourrait l'être bientôt à un homme qui n'aurait aucune idée de l'utilité des sciences naturelles : que les fonds destinés au Muséum pourraient être détournés pour d'autres objets selon les circonstances : que les professeurs se trouveraient dans un état de subordination qui affaiblirait leur zèle et paralyserait leurs efforts pour l'agrandissement du Muséum : que quelques-uns d'entre eux qui avaient dans le gouvernement des places éminentes ne pourraient plus conserver leur chaire de professeur au Muséum, s'ils avaient au-dessus d'eux un chef perpétuel dont ils seraient obligés de recevoir les ordres. Le ministre ne se rendit point à ces raisons; il voulut nommer à la place de directeur M. de Jussieu; mais celui-ci ne profita de cette faveur que pour faire des représentations encore plus fortes, et pour empêcher l'exécution d'un plan qui aurait produit un mal irréparable. Heureusement rien n'était encore terminé, lorsqu'au mois de novembre, M. Chaptal ayant eu par intérim le portefeuille du ministère de l'intérieur, fit valoir auprès du premier consul les réclamations des professeurs.

On peut voir par les progrès que le Muséum a faits depuis, et par l'accord qui règne dans toutes les parties, combien l'administration qui le régit lui est convenable. Nous espérons que l'idée de centraliser une autorité qui n'a nulle relation avec les affaires politiques, ne se reproduira point sous le gouvernement éclairé et paternel qui a été rendu à la France. Lors de la fondation du Jardin du Roi, cet établissement était si peu de chose qu'un seul homme pouvait le régir et former le plan de son agrandissement; on n'y enseignait que la botanique, l'anatomie et la chimie, et même sous le point de vue médical; il fallait sans cesse obtenir pour lui des faveurs de la cour. Aujourd'hui les dépenses du Muséum sont fixées par le budjet, et c'est aux divers administrateurs à combiner entre eux comment les fonds peuvent être le plus utilement employés. Chacun propose les améliorations possibles dans la partie dont il est spécialement chargé; tous se réunissent pour conserver l'harmonie de l'ensemble, pour justifier la confiance qui leur est accordée, et pour assurer la prospérité d'un établissement dont la gloire est pour eux une propriété commune. Lorsqu'un professeur succède à un autre, il peut présenter sous une forme différente la science qu'il enseigne ; mais l'assemblée administrative est constamment animée du même esprit, et sa marche, plus ou moins active selon les circonstances, n'est jamais rétrograde, parce qu'elle est toujours dirigée vers le même but.

Les réflexions sur lesquelles nous nous sommes un moment arrêtés ne sont point étrangères à l'histoire du Muséum, et la suite du tableau que nous avons entrepris de tracer en démontrera la justesse.

En 1801, sous le ministère de M. Chaptal, à qui le Muséum a les plus grandes obligations, l'école de botanique, qui s'était prodigieusement enrichie depuis 1773, fut agrandie d'un tiers, et les deux parterres qui sont vis-à-vis du cabinet furent plantés et arrangés comme on les voit aujourd'hui. La galerie supérieure du cabinet fut terminée et pourvue de glaces et de stores, et les principaux objets y furent arrangés méthodiquement. La serre tempérée fut achevée et garnie de magnifiques arbrisseaux. Le plan de la ménagerie étant définitivement arrêté, on acquit, pour la formation des premiers parcs, plusieurs des chantiers situés le long de la rue de Seine : on construisit dans la maison Léger de nouvelles salles pour un laboratoire de zoologie et pour des galeries de botanique : on plaça d'une manière provisoire dans plusieurs salles de la maison dite la Régie, ce qu'on avait de squelettes et de préparations anatomiques ; et le Muséum se trouva dès 1802 organisé de manière que toutes les sciences naturelles pouvaient y être également enseignées, que les diverses parties formaient un ensemble régulier, et que chacune d'elles était susceptible d'agrandissemens successifs. Tout prospérait: les travaux se faisaient avec une activité surprenante; les cours attiraient les étrangers, et l'amphithéâtre était souvent rempli. Le plus grand ordre régnait partout. Les diverses secousses qu'on avait éprouvées depuis la nouvelle organisation n'avaient rien ébranlé; en contemplant les productions et les bienfaits de la nature, on reconnaissait qu'elle se montre toujours également grande et féconde après les orages.

Lors de l'acquisition de la maison Léger en 1795, on avait arrêté qu'on placerait au rez-de-chaussée les bureaux de l'administration, qu'on établirait au premier étage un laboratoire de zoologie, et que le deuxième et le troisième étage seraient destinés pour la minéralogie et la botanique. Les distributions les plus nécessaires ayant été faites, la salle d'administration fut ouverte en 1800, et les produits du règne végétal furent transportés de l'ancien cabinet dans la salle qui avait été préparée pour qu'on pût les y déposer.

Cet arrangement n'était que provisoire, il fallait profiter des pièces les plus vastes pour déballer les nombreux objets de zoologie et de minéralogie qui étaient dans dès caisses, et se donner le temps de construire des salles où l'on pût développer la collection de botanique. Il fut en conséquence décidé, sur la demande de M. Desfontaines, que le premier étage serait destiné à des galeries de botanique, que le laboratoire de zoologie serait transféré dans les pièces du second, d'où l'on avait retiré les minéraux, et que l'étage supérieur servirait de magasin. Les travaux intérieurs pour l'exécution de ce plan furent commencés en 1802, mais ils ne purent être terminés que quelques années après.

C'est ici le lieu de parler de l'entreprise qui a le plus contribué à répandre au dehors la gloire du Muséum, et les connaissances dont il est le foyer. Nous ne pouvons le faire sans payer un tribut de reconnaissance à M. de Fourcroy qui en forma le plan et qui en accéléra l'exécution. Lorsque ce savant vit que le Muséum était organisé d'une manière stable, il engagea ses collègues à se réunir et à publier en commun leurs observations, en s'attachant surtout à faire connaître les nouvelles richesses renfermées dans les collections confiées à leurs soins. Ce projet ayant été adopté, on s'arrangea avec un libraire, et l'on convint de publier chaque mois un cahier de dix feuilles in-4°, avec cinq ou six gravures exécutées par les meilleurs artistes sous la direction de M. Vanspaendonck. Comme il fallait s'entendre pour varier les sujets, les professeurs résolurent de se réunir une fois par semaine pour se communiquer réciproquement ce qu'ils se proposaient de publier, et ils chargèrent M. Deleuze, l'un des aides naturalistes, de recueillir les mémoires et d'en surveiller l'impression. Le premier volume composé des six premiers cahiers fut terminé en 1802, et l'ouvrage acquit tout à coup parmi les savans de l'Europe une réputation qui s'est toujours soutenue : la publication en fut ralentie lors de la cessation de tout commerce étranger ; mais la rédaction en fut toujours également soignée. Il a eu le titre d'*Annales du Muséum* jusqu'au vingtième volume : il se continue sous le titre de *Mémoires du Muséum*. La collection complète forme aujourd'hui vingt-sept volumes in-4°. Les professeurs y ont admis des mémoires étrangers lorsqu'ils les ont jugés propres à faire connaître de nouveaux objets.

Quoique M. Daubenton se fût pendant quarante ans donné des soins pour réunir au cabinet du Roi les minéraux les plus utiles pour l'étude, et que depuis la nouvelle organisation on en eût reçu beaucoup des pays étrangers, la collection était bien incomplète et même inférieure à celles de quelques amateurs. Elle l'aurait été pendant long-temps encore, si l'on n'eût profité d'une occasion qui se présenta pour la rendre tout à coup digne d'un établissement consacré à l'instruction publique.

Un Allemand nommé Weiss avait apporté à Paris un superbe cabinet de minéralogie qu'il voulait vendre tout ensemble sans en rien détacher. La vente étant annoncée, les professeurs du Muséum représentèrent au ministre, M. Chaptal, combien il était fâcheux de laisser sortir de France une réunion d'objets qu'il serait très-difficile de se procurer en détail, et ils lui demandèrent de les autoriser à traiter avec M. Weiss en lui offrant de lui céder, en échange de ses minéraux, des pierres précieuses, des morceaux de lapis-lazuli, et la pépite d'or que possédait le Muséum. Le ministre accueillit les observations des professeurs, et il demanda au conseil des mines un rapport sur le mérite de la collection. Elle se trouva composée de seize cent soixante-seize morceaux choisis, et fut évaluée 150,000 francs. Après de longues discussions, M. Weiss accepta les arrangemens qu'on lui proposait; les pierres précieuses furent estimées par deux joailliers, l'un nommé par le ministre, l'autre par l'administration, et comme elles ne suffisaient pas pour compléter la somme convenue, le gouvernement paya l'excédant du prix. C'est de cette époque (en 1802) que le Muséum possède une suite régulière d'échantillons de minéraux, dans laquelle il se trouve seulement quelques lacunes qui se remplissent tous les jours.

La même année 1802, M. Geoffroy fit don au Muséum des objets qu'il avait recueillis en Égypte pendant un séjour de quatre années. Cette collection était d'autant plus précieuse qu'il s'y trouvait plusieurs des animaux sacrés conservés depuis des milliers d'années dans les tombeaux de Thèbes et de Memphis (1).

Peu de temps après l'organisation définitive du Muséum on avait présenté le plan d'une vaste ménagerie dans laquelle des animaux de toutes les classes et de tous les climats pourraient être placés d'une manière analogue à leurs habitudes. Ce projet conçu à une époque où l'on ne calculait pas les moyens d'exécution fut bientôt abandonné. En 1802, plusieurs terrains ayant été acquis pour placer les animaux paisibles, M. Molinos présenta un nouveau plan pour le logement des animaux féroces ; c'est celui de la grande rotonde qui est au centre de la ménagerie. La première pierre

____

(1) Voyez le Rapport sur cette collection. Ann. du Mus., t. 1, p. 234.

en fut posée en 1804, et l'on continua d'y travailler pendant deux ans, et jusqu'à ce que les
murs extérieurs fussent élevés à quelques pieds
au-dessus du terrain. On reconnut alors que cet
édifice n'était pas convenable pour le but auquel
il était destiné, et le travail fut interrompu. Nous
verrons bientôt comment on a profité de cette
construction.

En 1804, on plaça dans la galerie du second
étage du cabinet un meuble qui en occupe toute
l'étendue, au-dessus duquel sont arrangés, dans
des cadres, les insectes, les coquillages, les crustacés, les madrépores, et dont la base est formée de tiroirs dans lesquels sont renfermés tous
les doubles de la collection d'entomologie et
quelques insectes uniques qu'on n'ose exposer à
la lumière qui pourrait altérer leurs couleurs.

Vers la même époque, le Muséum fut enrichi
des collections les plus précieuses pour la géologie. L'empereur Napoléon lui donna celle des
poissons fossiles qu'il avait acquise de M. le comte
de Gazola, celle du même genre que la ville de
Vérone lui avait offerte, et celle des roches de
Corse qu'il avait reçue de M. de Barral, officier
dans cette île. Ces objets remplissent aujourd'hui
une des salles du cabinet.

Pendant ce temps, les travaux du laboratoire
de zoologie se faisaient avec une telle activité,

que dans l'année 1805 on prépara et monta cent
un quadrupèdes, cinq cents oiseaux, autant de
reptiles et de poissons.

L'année précédente, l'éléphant mâle, l'un des
deux qu'on avait amenés de Hollande, étant
mort, M. Cuvier entreprit d'en faire la dissection. Ses élèves en zoologie et en anatomie, et
le peintre, M. Maréchal, l'ayant secondé dans ses
recherches, il rassembla les descriptions et les
dessins nécessaires pour faire connaître les organes particuliers à cet énorme quadrupède, et
ceux qui ont chez lui un développement plus considérable qu'il ne l'est dans les autres animaux.
Ce travail était cependant encore imparfait, et
il restait bien des choses à examiner, lorsque dix-
huit mois après, au mois de juillet 1804, un autre
éléphant, qu'on avait acheté pour remplacer le
premier, périt de même. Ni l'excessive chaleur,
ni le défaut d'un local convenable ne purent ra-
lentir le zèle de M. Cuvier; il examina et fit
dessiner tout ce qu'il n'avait pu bien voir la première fois; et quelques années après l'éléphant
femelle étant mort, il eut l'occasion de vérifier
ses observations précédentes, et de comparer les
deux sexes. Il est résulté de ce travail que l'anatomie de l'éléphant, dont on n'avait auparavant
que le squelette, est aujourd'hui aussi bien connue
que celle du cheval; ce qui prouve l'utilité des

ménageries pour les progrès de l'histoire naturelle.

Ce qu'on eut à souffrir pour disséquer l'éléphant dans la saison la plus chaude de l'année fit sentir la nécessité d'avoir un laboratoire d'anatomie, où les objets pussent être commodément préparés avec les précautions convenables, et l'on construisit celui qui existe maintenant.

Cette même année 1804, le Muséum se trouva tout à coup enrichi de la collection la plus considérable qui lui fût jamais parvenue pour la zoologie et la botanique. C'est ici le lieu d'en rappeler l'origine.

Au commencement de l'année 1800, l'Institut de France proposa au premier consul d'envoyer deux vaisseaux aux Terres australes pour y faire des découvertes sur la géographie et sur les sciences naturelles et physiques. Le premier consul adopta cette idée, et sur la présentation de l'Institut et du Muséum d'histoire naturelle, il nomma pour faire partie de l'expédition, vingt-trois hommes instruits, qui furent chargés de s'occuper uniquement de ce qui est relatif au progrès des sciences. Les deux vaisseaux *le Géographe* et *le Naturaliste,* commandés le premier par le capitaine Baudin, le second par le capitaine Hamelin, partirent du Havre le 19 octobre 1800; ils relâchèrent à l'Ile-de-France où restè-

rent la plupart de ceux qui s'étaient embarqués
pour des recherches scientifiques.

Après avoir quitté l'Ile-de-France, les deux
vaisseaux allèrent reconnaître la côte occidentale
de la Nouvelle-Hollande, et ils se rendirent à
Timor où ils passèrent six semaines. De là ils
retournèrent visiter la même côte, ils firent le
tour de la terre de Diemen, et remontant au
nord, ils allèrent au port Jackson où ils firent
un séjour de cinq mois. Ils reprirent ensuite la
route de Timor en passant par le détroit de
Bass. De Timor ils revinrent en France, et ils
entrèrent dans le port de Lorient le 25 mars 1804.

Des cinq zoologistes qui avaient été nommés
pour cette expédition, deux s'étaient arrêtés à
l'Ile-de-France. Les deux autres, Maugé et Levilain, étaient morts pendant le voyage. Péron, resté
seul, se lia de la plus intime amitié avec M. Lesueur, peintre d'histoire naturelle et très-bon observateur; ces deux hommes infatigables vinrent
à bout de recueillir, de conserver et de décrire
une infinité d'objets. On passa quinze jours à dé-
barquer la collection au port de Lorient, et
elle fut de suite envoyée au Muséum. Pour en
donner une idée, nous ne saurions mieux faire
que de transcrire ici quelques phrases du rapport fait à l'Institut par M. Cuvier.

« Chaque jour dévoile mieux, dit-il, l'importance

et l'étendue de cette collection de zoologie. Plus de cent mille échantillons d'animaux grands et petits et appartenant à toutes les classes, la composent. Elle a déjà fourni plusieurs genres importans; et le nombre des espèces nouvelles, d'après le rapport des professeurs du Muséum, s'élève à plus de deux mille cinq cents.

» Tout ce qu'il était possible de conserver, ils l'ont rapporté soit dans l'alcohol, soit empaillé avec soin, soit desséché. Lorsqu'ils ont pu préparer des squelettes ils ne l'ont pas négligé, et celui du crocodile des Moluques prouve jusqu'où leur zèle s'est étendu à cet égard. »

Le même voyage nous procura plusieurs animaux vivans, du nombre desquels étaient le zèbre et le gnou que M. Jansen, gouverneur du Cap, envoyait à l'impératrice Joséphine, et qu'elle donna au Muséum.

La collection de botanique n'était pas moins importante que celle de zoologie. La végétation de la Nouvelle-Hollande ne ressemble point à celle des autres parties du globe. Quelques plantes nous étaient déjà connues par les Anglais et par le voyage de M. de la Billardière, mais elles étaient en petit nombre auprès de celles qui nous furent apportées en 1804. Il y avait plusieurs caisses d'arbrisseaux vivans qui se sont facilement multipliés, un très-grand nombre de graines qui ont levé, et des herbiers très-bien conservés, dans lesquels les trois quarts au moins des plantes étaient nouvelles, et dont plusieurs même ne sont pas encore connues, malgré les savantes recherches de M. Robert Brown. Quelques-unes ont été publiées dans nos Annales. Ce qu'il faut surtout remarquer, c'est que les plantes de la Nouvelle-Hollande, depuis le port Jackson jusqu'au détroit d'Entrecasteaux, ne sont point de serre chaude comme celles des tropiques ; toutes peuvent passer l'hiver en pleine terre dans les départemens méridionaux de la France, et un grand nombre ne craindraient point les hivers à Paris. Aussi, depuis que nous avons reçu cet envoi, a-t-on vu s'introduire dans les jardins les métrosidéros, les mélaleuca, les leptospernum, qui par la beauté de leurs fleurs, ont d'abord excité l'admiration. Les magnifiques eucalyptus qui dans leur pays natal s'élèvent à cent cinquante pieds, et dont le tronc acquiert sept à huit pieds de diamètre, commencent à se multiplier. On les conserve encore dans l'orangerie à cause de l'époque à laquelle ils fleurissent. Mais en les élevant de graine, on parviendra à changer leurs habitudes, et ils seront cultivés dans nos parcs. C'est du Muséum que de beaux individus de tous ces arbres de la famille des myrtes, se sont répandus chez les pépiniéristes, et de là dans toute la France.

Tandis qu'on bâtissait de nouvelles salles pour le cabinet, et qu'on terminait la serre tempérée, on ne négligea point les travaux de la ménagerie. Chaque année on avait acquis quelques arpens de terrain le long de la rue de Seine, et on avait construit successivement des parcs et des fabriques variées pour les cerfs, les daims, les axis, les bouquetins, les mérinos, le gnou, les kanguroos, le zèbre, etc. Mais il manquait deux choses très-essentielles, 1° un local particulier pour les singes, dont on reçoit fréquemment des espèces peu connues, qu'il faut placer les unes auprès des autres pour qu'on puisse les observer et les comparer; 2° une volière.

Les oiseaux aquatiques tels que les cygnes, les canards, le pélican, etc., se trouvaient fort bien dans les bassins; les paons se promenaient dans la ménagerie ou dans l'enclos qui est au centre du Jardin et creusé jusqu'au niveau de la rivière; les autruches et les cazoars avaient un enclos particulier; mais les oiseaux de proie, et tous ceux qu'on est obligé d'enfermer dans des cages, étaient dispersés.

Comme les fonds extraordinaires accordés au Muséum pour des constructions avaient été absorbés par les travaux du cabinet et de la serre tempérée, on ne pouvait construire à neuf un édifice tel qu'on le désirait: on se détermina donc à arranger, aussi bien que le local le permettait, un bâtiment situé sur la rue de Seine , vers le milieu de la ménagerie. A l'aide de ce bâtiment et des cours adjacentes , on pratiqua pour les singes, à l'exposition du couchant, des loges disposées sur une même ligne et fermées par un grillage et des portes vitrées. On plaça à la suite, et le long du même mur, de grandes cages pour les oiseaux de proie, et en retour du côté du sud, on arrangea un abri pour les faisans et autres oiseaux de basse-cour. Cette construction, qui existe encore , doit toujours être considérée comme provisoire : elle n'est point en accord avec les autres parties de la ménagerie ; elle n'est point à une exposition favorable ; elle n'a pas même l'étendue nécessaire pour qu'on puisse y placer à côté les uns des autres les animaux d'une même famille. On se propose de profiter d'un chantier, qui vient d'être réuni au Muséum, pour la remplacer par deux fabriques , l'une pour les singes et les quadrupèdes d'une petite taille, l'autre pour une volière.

En 1805, époque à laquelle fut terminée la construction dont nous venons de parler, la ménagerie, quoiqu'elle n'offrît point assez d'espace, et qu'elle ne fût pas décorée des bâtimens pittoresques et des arbres superbes qu'on y voit aujourd'hui, présentait un spectacle très-propre à exciter l'intérêt des naturalistes et à satisfaire la curiosité du public. Mais quand même on aurait pu exécuter les plans formés pour l'agrandir, pour la peupler et pour loger convenablement tous les animaux, elle n'aurait pas eu sur les progrès de la zoologie l'influence qu'on en doit attendre, si on ne l'eût organisée de manière à la mettre en rapport avec les diverses branches de cette science. C'était là ce qu'on s'était proposé en la plaçant dans les attributions et sous la direction immédiate du professeur chargé d'enseigner l'histoire des quadrupèdes et des oiseaux, et M. Geoffroy ne négligeait rien pour parvenir à ce but. Mais, obligé de faire ses cours, d'entretenir des correspondances, de classer, de nommer et de compléter la collection zoologique du cabinet, il lui était impossible de suivre tous les jours le mouvement de la ménagerie. Il demanda, en conséquence, qu'on lui donnât un adjoint qui pût s'en occuper continuellement, et qui, par ses connaissances, fût en état de le suppléer. L'administration du Muséum ayant reconnu l'importance d'une telle place, y nomma, le 21 décembre 1805, avec le titre de garde de la ménagerie, M. Frédéric Cuvier, frère du professeur, et connu par d'excellens mémoires imprimés dans les Annales. Elle adopta en même temps le plan proposé par M. Geoffroy, pour en faire un établissement d'une utilité toujours croissante, et dans lequel toutes les observations qui se présentent sont liées aux observations antérieures et à celles qu'on pourra faire dans la suite. Ce plan, dont la ménagerie du Muséum offre le premier exemple, a été réalisé et coordonné avec les changemens et les augmentations qui ont eu lieu depuis, et chaque jour on en obtient les plus heureux résultats. L'ordre établi dans l'ensemble et la surveillance des détails en ont rendu l'exécution facile. Les animaux sont placés et soignés d'après ce qu'on sait de leur nature et de leurs besoins. Le garde décrit ceux qui ne sont pas bien connus, et fait dessiner ceux dont on n'a pas encore une figure exacte; il observe chez tous ce qui est relatif à l'instinct, aux habitudes, à l'accouplement, à la gestation, à la manière de nourrir les petits, etc.; il compare chaque animal qui arrive avec les espèces analogues, et il fait demander dans les pays étrangers ceux qu'on désire se procurer pour les mieux connaître, et ceux dont on croit devoir tenter la naturalisation. Un animal vient-il à mourir, il est à l'instant porté au laboratoire d'anatomie; là on le dépouille pour envoyer la peau au laboratoire de zoologie, où le professeur la fait monter si l'animal n'est point dans le cabinet. On prépare ensuite le squelette, si on ne l'a pas déjà, et l'on met dans l'esprit-de-vin toutes les parties molles qu'on croit devoir conserver : on ne néglige pas même de rechercher s'il n'y aurait pas dans le corps de l'animal quelques vers intestinaux, qui pourraient donner lieu à de nouvelles observations.

Ainsi, c'est par la ménagerie que le cabinet de zoologie, celui d'anatomie comparée, et la collection des vélins s'enrichissent tous les jours ; c'est par elle qu'on peut étudier la nature vivante, reconnaître l'influence de l'éducation et de la domesticité sur les animaux sauvages, améliorer les races, propager les espèces utiles ; et les frais qu'il en coûte pour l'entretenir, ne sont rien auprès des avantages qu'on en retire.

En 1806, les galeries d'anatomie comparée ayant été provisoirement disposées, aussi bien que le permettait le local, elles furent ouvertes au public. On fut étonné d'y voir tout à coup arrangés méthodiquement, non-seulement les squelettes des animaux qu'on avait pu se procurer, mais encore la série de tous les organes, préparés de manière à pouvoir être étudiés et comparés dans les diverses classes d'animaux : toutes ces préparations avaient été faites par M. Cuvier ou sous sa direction.

Pendant que ce savant s'occupait à former un cabinet d'anatomie comparée, il reconnut que la plupart des ossemens fossiles n'ont point leur analogue parmi les êtres vivans ; et voulant pousser ses recherches sur cet objet plus loin qu'on ne l'eût jamais fait, il ne négligea rien pour en réunir un grand nombre. Il en trouva de très-remarquables dans les carrières de Montmartre, d'autres lui furent envoyés d'Allemagne et de diverses contrées; et il publia dans nos Annales une série de mémoires où il fait connaître plusieurs espèces de quadrupèdes qui vivaient sur notre globe avant la dernière révolution qui en a changé la surface. Ces animaux sont bien antérieurs à ceux qu'on trouve parmi les momies d'Égypte. Ils appartiennent à diverses époques, et diffèrent d'autant plus des animaux actuels que ces époques sont plus reculées.

Après cette publication, M. Cuvier donna au Muséum la collection qu'il avait rassemblée, et quoiqu'elle fût d'un très-grand prix parce qu'elle était unique en son genre, il ne voulut recevoir en échange que des doubles des livres d'histoire naturelle qui étaient à la bibliothèque. Cette collection réunie à celle des poissons du mont Bolca, remplit aujourd'hui une des salles du cabinet.

Nous avons dit qu'en 1802, l'assemblée des professeurs avait arrêté que le premier étage de la maison Léger serait arrangé de manière à ce qu'on pût y développer les collections végétales. Les travaux nécessaires pour la disposition du local ne furent terminés qu'en 1807. Pendant cet intervalle, le professeur de botanique avait examiné et réuni ce qu'on possédait, et en 1808 tout fut placé comme on le voit actuellement.

Autrefois les herbiers étaient renfermés dans des caisses et des portefeuilles, et la collection des fruits, des graines, des gommes, des résines, etc., était dans des bocaux avec l'ancien droguier de Geoffroy. Le tout se trouvait dans la petite salle du cabinet où sont aujourd'hui les poissons. M. de la Marck qui, avant la nouvelle organisation de l'établissement, était chargé du soin des herbiers, avait plusieurs fois proposé de les mettre en ordre; mais il fallait un local pour les placer, et c'est ce qu'on n'avait encore pu obtenir. Les divers herbiers étaient séparés, ils n'étaient point classés, on n'avait même pu les réunir tous dans la salle du cabinet. Ceux de Commerson avaient été mis en dépôt chez M. de Jussieu, celui de Dombey avait été prêté par un ordre du ministre à M. l'Héritier qui s'était chargé de le décrire; la collection était inutile pour l'étude, parce qu'on ne savait où trouver ce qu'on cherchait.

Les nouvelles galeries de botanique ayant été terminées, une grande salle garnie de cases fut consacrée aux herbiers que M. Desfontaines réunit en arrangeant les plantes dans l'ordre des familles naturelles, et en ayant soin de marquer de quel herbier particulier chaque échantillon avait été tiré. On mit à part les herbiers qui, comme celui de Tournefort, servent de type à un ouvrage classique, et tout fut disposé de manière qu'on est sûr de mettre la main sur le genre qu'on veut examiner, et que s'il y a quelques lacunes, on peut les remplir soit par de nouvelles recherches, soit en se procurant par voie d'échange ce qu'on n'a point encore. Une seconde salle fut destinée pour les fruits et autres produits du règne végétal, une troisième pour les échantillons de bois; si bien qu'on peut comparer toutes les parties des végétaux, et que tout ce qu'on reçoit de nouveau peut à l'instant être mis à sa place.

L'ouverture des galeries de botanique fait époque pour le progrès de la science. Le public n'y est point admis indistinctement; mais ceux qui veulent s'instruire reçoivent de la part du professeur toutes les communications dont ils ont besoin. La collection étant la plus nombreuse et la plus complète qui existe, c'est là qu'on peut comparer les espèces nouvelles et celles qui sont connues, et s'assurer de la nomenclature. Les savans qui ont publié des monographies, comme M. de la Roche et M. Dunal, ou l'histoire des plantes d'un pays, comme MM. de Humboldt, Bonpland et Kunth; ou des histoires générales, comme M. de Candolle, n'auraient jamais pu donner à leur travail la même exactitude ni la même étendue, s'ils n'avaient eu la facilité de consulter les herbiers du Muséum.

L'utilité de ce dépôt est si généralement reconnue par les botanistes, que plusieurs d'entre eux s'empressent d'y réunir les plantes qu'ils ont découvertes et décrites. Nous devons à la générosité de M. le baron de Humboldt le don le plus considérable qui nous ait été fait en ce genre, celui de l'herbier qu'il a rapporté de son voyage dans les régions équinoxiales de l'Amérique, et qui se compose de 4,600 espèces dont plus de 3,000 étaient inconnues avant lui. Cet herbier est d'autant plus précieux qu'il renferme tous les échantillons d'après lesquels ont été faites les gravures qui accompagnent l'Histoire des plantes équinoxiales qu'il a publiée de concert avec son compagnon de voyage M. Bonpland, et son savant collaborateur M. Kunth.

La formation de deux cabinets particuliers pour la botanique et l'anatomie, avait permis de consacrer l'ancien cabinet à la zoologie et à la minéralogie ; mais le local se trouvait encore trop resserré, et l'édifice, dont le nom même indiquait qu'il devait d'abord fixer l'attention, ne répondait plus à la beauté des constructions nouvelles. Le gouvernement, frappé de cette considération, résolut de l'agrandir autant que le réclamait le besoin de la science, et de le rendre digne de la célébrité de l'établissement. Pour faire sentir l'im-

portance de ce service, et pour faire connaître
l'histoire d'un monument qui est aujourd'hui le
plus beau qui existe en ce genre, il ne sera pas
inutile d'entrer dans quelques détails et de reprendre les choses de plus haut.

Nous avons vu qu'en 1766 le cabinet était borné
à deux salles, et que Buffon en doubla l'étendue
en cédant son logement, et faisant construire l'escalier à côté de la grande porte du Jardin, située
vis-à-vis de l'allée des tilleuls. Après la nouvelle
organisation, on arrêta de construire au second
étage une galerie éclairée par le haut. Les travaux
pour l'exécution de ce plan, commencés en 1794
et souvent interrompus, furent terminés en 1801,
et le second étage se trouva offrir deux fois autant de place que le premier, parce qu'il n'y avait
point de croisées et que le dessus de la bibliothèque donnait une salle de plus. Ce cabinet fut d'a-
bord magnifiquement meublé, et parut suffisant ;
mais, depuis 1801, on avait reçu un si grand nombre d'objets, et la ménagerie avait fait arriver
successivement tant de quadrupèdes qu'on reconnut la nécessité de l'agrandir de nouveau. Le gouvernement voulant que cette entreprise fût exécutée dans son ensemble, demanda à la fin de
décembre 1807, l'avis des professeurs, qui présentèrent à M. Crétet, alors ministre de l'intérieur,
un plan dressé par M. Molinos. Ce plan fut adopté,

et les fonds nécessaires ayant été assignés, on commença les travaux en 1808. On supprima l'escalier pour ajouter sans interruption trois nouvelles salles à la suite de celles qui existaient au premier étage, et l'on prolongea la galerie du second jusqu'à la terrasse élevée au-dessus de la rue derrière la butte plantée d'arbres verts. La principale porte et le grand escalier de l'édifice furent placés à l'extrémité; et l'entrée du Jardin sur la rue fut ouverte entre la bibliothèque et la maison anciennement nommée l'intendance.

Ces travaux très-considérables ayant été terminés en 1810, sous le ministère de M. de Montalivet, les dispositions intérieures furent faites avec tant de célérité, qu'au mois de mars 1811 on put arranger les collections. Des trois nouvelles salles l'une fut destinée pour les roches, les deux autres pour les produits volcaniques, et pour la belle collection de fossiles dont une partie avait été cédée au Muséum par M. Cuvier.

Au second étage, le prolongement de la galerie et trois salles dont la dernière a une porte sur la terrasse, furent employés à développer la collection des quadrupèdes et des singes, et à placer ceux qui étaient dans les laboratoires, ou conservés dans des caisses, parce qu'on n'avait pu les faire entrer dans les armoires du cabinet.

Lorsque les travaux de construction des gale-

ries furent achevés, on reprit ceux de la grande
rotonde située au milieu de la ménagerie, qui
avaient été suspendus pendant quatre ans. On se
conforma au premier plan pour l'extérieur, mais
on en modifia la distribution intérieure de manière à pouvoir y placer les animaux herbivores,
qui, comme l'éléphant, les chameaux, etc., ont
besoin d'être chauffés et soignés pendant l'hiver,
et lorsque les femelles allaitent leurs petits.

L'édifice fut achevé en 1812. Il forme dans la
ménagerie une décoration pittoresque, mais on a
reconnu qu'il n'était pas très-propre à l'usage auquel il est employé. Comme il est isolé, et composé de cinq pavillons qui ont chacun une porte
ouverte sur les parcs, il est impossible d'y entretenir une chaleur égale pendant la mauvaise saison, et les animaux, quelques précautions qu'on
prenne, y sont exposés à des courans d'air toujours dangereux. Il serait à désirer qu'on construi-
sît, pour les animaux herbivores des pays chauds,
un bâtiment dans le genre de celui qu'on a fait
pour les animaux féroces, composé d'une suite
de pièces exposées au midi, où les animaux seraient commodément logés et à l'abri des ri-
gueurs de la saison. Si le gouvernement jugeait
à propos de faire cette dépense qui contribuerait
à la prospérité de l'établissement, à la conservation et à la propagation des animaux qu'on se pro-

cure à grands frais, la rotonde offrirait l'édifice le plus convenable pour une bibliothèque, soit par sa situation au centre et dans le lieu le plus agréable du Jardin, soit par sa distribution intérieure, qui serait très-commode pour le classement et l'arrangement des livres. La bibliothèque actuelle ne saurait rester long-temps où elle est. Le local est beaucoup trop resserré ; les livres y sont sur plusieurs rangs, les tablettes ne suffisant pas pour les contenir tous. La salle qu'elle occupe est d'ailleurs absolument nécessaire pour l'agrandissement du cabinet. Elle se trouve à la suite de la galerie des poissons et des reptiles dont la collection, la plus riche qu'on ait jamais eue, doit être développée pour que les objets y soient arrangés méthodiquement et de manière qu'on puisse les voir et les étudier.

Nous avons parlé des diverses constructions qui furent faites depuis 1805 jusqu'à 1812, elles étaient d'autant plus nécessaires que, pendant tout ce temps, il arriva chaque année de nouvelles richesses. La collection de roches de Corse de M. Rampasse fut acquise et donnée au Muséum par l'empereur pour faire suite à celle de M. de Barral : en 1808, M. Geoffroy rapporta de Lisbonne une très-belle collection dans toutes les parties de l'histoire naturelle ; en 1809, le ministre acheta pour le Muséum les échantillons de tous les bois de l'Amérique septentrionale, recueillis et rapportés par M. Michaux fils qui a publié l'histoire des arbres de cette contrée ; ainsi que l'herbier du même pays, qui est le type de l'ouvrage de M. André Michaux père, mort à Madagascar. En 1810, on reçut vingt-quatre animaux de la ménagerie du roi de Hollande.

On reçut aussi des minéraux envoyés d'Italie et d'Allemagne par M. Marcel de Serres ; des animaux offerts en présent, de beaux herbiers faits à Cayenne par M. Martin qui y dirigeait les pépinières, et qui a introduit dans cette colonie la culture de l'arbre à pain en propageant de bouture un individu qui nous avait été apporté des îles des Amis par MM. la Billardière et la Haye, et que nous lui avions fait passer après l'avoir gardé un an dans nos serres (1).

L'état affreux dans lequel la France se trouvait en 1813 ne permettant pas au gouvernement de s'occuper des établissemens destinés au progrès des sciences et des arts, les administrateurs du Muséum furent obligés de réduire toutes les dépenses, de s'interdire toute acquisition, et de renvoyer à une époque plus favorable les constructions qu'on avait entreprises ou projetées. La cor-

---

(1) M. Martin avait, plusieurs années auparavant, porté de l'Ile-de-France à Cayenne, le poivrier, le muscadier et le giroflier qui y produisent aujourd'hui des récoltes abondantes.

respondance avec les pays étrangers fut interrompue, et le nombre des élèves du Muséum diminua, parce que la plupart des jeunes gens étaient employés aux armées. Cependant les travaux essentiels continuèrent avec le même ordre, et l'on redoubla de soins pour conserver ce qu'on avait acquis précédemment.

Lorsqu'en 1814, les troupes étrangères entrèrent à Paris, un corps de Prussiens se présenta à la porte du Muséum où il se proposait de bivouaquer : le danger était imminent, et dans ce moment de trouble les professeurs n'avaient aucun moyen de parvenir jusqu'à l'autorité. Le commandant de la compagnie ne pouvait céder à leurs représentations et s'éloigner du poste qui lui avait été assigné ; il consentit cependant à attendre deux heures, et ce temps suffit pour nous mettre à l'abri de toute crainte. Un savant illustre dont le nom honore également et la Prusse sa patrie, et la France qu'il a choisie pour y publier ses ouvrages, profita de la facilité qu'il avait d'arriver jusqu'au général prussien, et il en obtint une sauvegarde pour l'établissement. Le Muséum fut exempt de tout logement militaire, et quoiqu'on n'en refusât l'entrée à personne, il n'y eut pas la moindre dégradation. L'empereur d'Autriche, celui de Russie, le roi de Prusse vinrent admirer les richesses qu'il renfermait, et prendre des renseignemens sur son organisation, afin de former chez eux des établissemens analogues.

En 1815, le sort jaloux du bonheur de la France nous condamna à revoir une seconde fois entrer les étrangers avec des intentions plus hostiles, et nous eûmes tout lieu de craindre que le cabinet d'histoire naturelle ne fût dépouillé d'une grande partie de ses collections, et qu'on ne se fît rendre la plupart des objets qu'on y avait réunis à la suite des conquêtes, comme cela se pratiquait au Muséum des arts. En effet, la belle collection du cabinet du stathouder fut réclamée, et M. Brugmann fut envoyé à Paris pour la recevoir et la faire emballer. La mission dont il était chargé causa la plus vive inquiétude aux administrateurs du Muséum. Si tout ce qu'on avait reçu de Hollande eût été rendu, la collection qu'ils avaient arrangée se serait trouvée incomplète, elle n'aurait plus formé cette série qui en fait le principal mérite. M. Brugmann était trop éclairé pour ne pas sentir que la collection telle qu'elle se trouvait dans les galeries du Muséum de Paris, pouvait servir à l'instruction des savans étrangers comme à celle des nationaux, et que, lorsque les objets analogues seraient séparés, ils n'offriraient plus les mêmes moyens de comparaison; mais il était de son devoir de se conformer exactement aux ordres qui lui avaient été donnés; il pouvait seu-

lement se prêter à tous les moyens de concilia-
tion, et plaider indirectement la cause du Muséum en défendant celle des sciences. Dans cette
circonstance difficile, les professeurs s'adressè-
rent à M. le baron de Gagern, ministre plénipo-
tentiaire de Hollande, qui seul pouvait suspendre
l'exécution des mesures que M. Brugmann avait
prises, et obtenir du souverain lui-même qu'il
voulût bien révoquer ses ordres. La négociation
eut un plein succès. Il fut convenu qu'on ferait
pour la Hollande une collection équivalente à celle
qu'on avait reçue, mais qui serait choisie parmi
les doubles de celle du Muséum. Cette nouvelle
collection, composée de dix-huit mille morceaux
formant une série, était, au jugement de M. Brugmann lui-même, plus précieuse et plus utile pour
les Pays-Bas que l'ancien cabinet du stathouder.
Ainsi tout fut arrangé dans l'intérêt des sciences,
et sans que de part ni d'autre on témoignât le
moindre mécontentement. A la vérité, les armoires du cabinet se trouvèrent fort éclaircies, mais
il n'y manqua aucun objet essentiel. Les vides qui
y furent faits alors ont été remplis depuis, et souvent par des objets qu'on n'avait jamais possédés
en France, et dont plusieurs sont absolument
nouveaux.

Nous ne pouvons nous dispenser de témoigner
ici notre reconnaissance à l'empereur d'Autriche

qui vint plusieurs fois visiter l'établissement, qui fit venir à Paris M. Booze, jardinier de Schœnbrunn, avec des plantes qui n'étaient point au Jardin du Roi, qui nous fit don de deux belles collections, l'une de vers intestinaux faite par M. Bremser, l'autre de champignons imités en cire avec la plus grande exactitude pour les formes et les couleurs, et qui chargea M. Schreiber d'envoyer à l'administration du Muséum un catalogue des échantillons doubles de son cabinet pour que les professeurs pussent choisir ce qui leur manquait, et donner d'autres objets en échange. Ces échanges furent également avantageux pour Vienne et pour Paris. On s'empressa de renvoyer au pape des pierres gemmes diversement travaillées qu'on avait reçues de Rome, et dont le prix n'était point relatif à la science.

Enfin, des objets d'histoire naturelle, et des livres pris chez des particuliers et envoyés au Muséum dans le temps de l'émigration, ayant été gardés comme en dépôt, ils ont été rendus aux anciens propriétaires, et les administrateurs ont toujours obtenu pour cela l'autorisation du ministre.

Aussitôt que la paix a été rétablie, le Roi a continué à favoriser l'agrandissement du Muséum. Les finances de l'état ayant été épuisées par les malheurs qu'on avait éprouvés, on n'a pu d'abord

donner à cet établissement tous les secours dont
il avait besoin. Comme il avait moins souffert que
les autres, il y avait moins à réparer : au lieu de
3oo,ooo fr. qui lui étaient accordés pour ses dépenses annuelles, il n'a été porté qu'à 275,ooo fr.
pendant les deux premières années; mais ensuite
tout a été rétabli; et depuis 1818, sous le ministère
de M. Laîné, il a reçu des fonds extraordinaires
pour les choses essentielles. Le cabinet d'anatomie
n'était point d'une architecture convenable à un
tel monument; le local en était beaucoup trop res-
rerré pour qu'il fût possible d'y mettre en ordre
les nombreux objets dont M. Cuvier l'avait enrichi. On en a triplé l'étendue en y ajoutant les bâtimens voisins dont la distribution a été adaptée au
but qu'on se proposait. Les grands squelettes ont
été placés dans une vaste salle au rez-de-chaussée,
et les galeries du premier étage, pour lesquelles
on a construit un très-bel escalier, ont été divisées en une suite de pièces où tous les objets sont
classés méthodiquement et de la manière la plus
favorable à l'étude. Cet édifice ayant été terminé
en 1817, on s'est occupé en 1818 de la construction d'une ménagerie des animaux féroces, qui
avait été projetée depuis long-temps, et qui a été
enfin décidée par M. Laîné. La première pierre
en a été posée le 25 mars 1818, et les travaux ont
été continués avec tant d'activité qu'elle a été ter-

minée en dix-huit mois, et qu'on a pu au printemps de 1821 y placer les animaux et les exposer à la vue du public ; cet édifice, d'une architecture simple et régulière, forme une très-belle décoration dans la partie de la ménagerie voisine du quai, et correspond à la serre tempérée qui est située à l'autre extrémité. Dans le même temps, on a acquis quelques terrains pour les parcs des animaux paisibles, et l'on doit espérer qu'on y réunira bientôt tous ceux qui vont jusqu'à la rue de Seine. On va s'occuper de la construction de nouvelles serres, devenues nécessaires pour la conservation et la multiplication des végétaux étrangers. Celles qui existent ont besoin de réparations continuelles, elles ne sont nullement dignes de la grandeur et de la beauté de toutes les autres parties du Muséum (1).

M. de Buffon avait obtenu du Roi que des naturalistes seraient envoyés dans les pays étrangers, et les voyages de Commerson, de Sonnerat, de Dombey, de Michaux avaient procuré au Jardin et au cabinet des collections considérables. Depuis la nouvelle organisation, les deux expéditions commandées par le capitaine Baudin ont tout à coup

(1) Un très-bel envoi de végétaux de l'Inde et de Cayenne, que nous avons reçu en août 1821, a mis dans la nécessité de construire une petite serre au-devant de celles qui sont en face de l'école ; mais il est évident que cette construction, faite à la hâte, ne peut être considérée que comme provisoire.

doublé ces richesses, et mis dans la nécessité d'augmenter le local où elles devaient être placées. Lorsque la paix a été rendue à la France, le Roi a accordé au Muséum les mêmes avantages, il ne s'est pas borné à fournir des fonds pour les constructions intérieures, il a voulu que des voyageurs allassent parcourir les pays les moins connus pour y prendre des renseignemens sur toutes les parties de l'histoire naturelle. Déjà nous avons reçu des envois très-considérables qui nous ont été faits de Calcutta et de Sumatra par MM. Diard et Duvaucel, de Pondichéry et de Chandernagor par M. Leschenault, du Brésil par M. Auguste Saint-Hilaire, de l'Amérique septentrionale par M. Milbert; et M. de Lalande, qui était allé au Cap et qui a pénétré fort avant dans l'intérieur des terres, nous a rapporté la collection de zoologie la plus nombreuse qui fût arrivée depuis celle de Péron.

D'autres voyageurs qui n'avaient point une mission spéciale se sont empressés de donner des preuves de leur zèle pour les sciences. M. Dussumier-Fonbrune, négociant de Bordeaux, nous a envoyé beaucoup de choses des Philippines; M. Stéven, savant naturaliste au service de Russie, qui a passé douze ans dans la Tauride et le Caucase, a donné au cabinet de botanique un grand nombre de plantes de cette contrée, et M. Dumont d'Urville, lieutenant de vaisseau, celles qu'il a recueillies dans les îles de l'Archipel et sur les bords du Pont-Euxin ; M. Freycinet, arrivé récemment de son voyage aux terres australes, nous a remis une collection en tout genre faite par les naturalistes de l'expédition (1). M. Philibert, capitaine de vaisseau, ayant été chargé par le gouvernement de parcourir les mers d'Asie, et d'aller à la Guiane française, a pris sur son bord M. Perrottet, jardinier du Muséum, et il a donné à ce jeune homme tant de facilités pour faire des recherches et pour en conserver le produit, qu'à son retour, au mois d'août dernier, il nous a remis 158 espèces d'arbres et arbustes, ayant depuis six pouces jusqu'à cinq pieds d'élévation, et dont la plupart n'existent dans aucun jardin de l'Europe (2). A cette collection végétale, la plus précieuse qui nous soit jamais parvenue, étaient joints quelques oiseaux rares, et le gymnote, ce poisson si célèbre par la faculté qu'il a de donner à volonté de violentes commotions électriques. Enfin M. le baron Milius, ex-commandant pour le Roi à l'île de Bourbon, vient de nous rapporter de cette île quelques animaux vivans, et divers objets d'histoire naturelle.

Jusqu'à présent ces résultats, dus à la généro-

___

(1) M. Gaudichaud pour la botanique, M. Quoy et M. Gaimard pour la zoologie et la minéralogie.

(2) Les végétaux de Cayenne avaient été remis à M. Perrottet, par M. Poiteau, directeur du jardin de naturalisation dans cette colonie.

sité du gouvernement et au zèle de quelques particuliers, avaient eu lieu à des époques indéter-
minées, et lorsque des circonstances favorables
mettaient dans le cas de les solliciter ; une nouvelle mesure vient de nous assurer qu'ils se re-
produiront régulièrement toutes les années, et
qu'ils seront spécialement appliqués aux besoins
de l'établissement.

D'après un plan soumis au Roi par M. le duc De-
cazes, un fonds annuel de 20,000 fr. a été destiné
pour attacher au Muséum des élèves voyageurs.
Ces élèves sont nommés sur la présentation des
professeurs qui les ont d'abord examinés pour
s'assurer de leur capacité et de leur instruction.
Pendant la première année, ils doivent, sous la
direction des mêmes professeurs, se préparer à
bien remplir la mission qui leur sera confiée. Ils
seront ensuite envoyés successivement dans les
pays où l'on croit qu'il y a des objets à recueillir
ou des découvertes à faire. On choisira parmi eux
pour les diverses contrées, celui dont les connaissances ont le plus d'analogie avec le but qu'on se
propose. Ils seront chargés d'entretenir une correspondance active avec le Muséum, pour faire
parvenir et pour naturaliser au delà des mers les
productions de notre agriculture.

Malheureusement le premier usage que nous
ayons fait d'un moyen qui nous promet de si

grands résultats, a été pour nous une source de regrets. De trois voyageurs partis en 1820, deux ont été victimes de leur zèle en arrivant à leur destination. M. Godefroy, que des connaissances très-variées mettaient à même de nous rendre de grands services, a été tué dans une émeute des naturels du pays, peu de jours après son débarquement à Manille. M. Havet, jeune homme également distingué par son esprit, son instruction et son caractère, est mort à Madagascar à la suite des fatigues auxquelles il s'est livré pour remplir sa mission. Avant son départ il avait étudié la langue madécasse ; il était recommandé à l'un des souverains de l'île, qui fait élever son fils à Paris, et nous espérions qu'il nous ferait connaître les productions de cette contrée, dont l'intérieur n'a jamais été visité par des naturalistes (1). De telles pertes sont bien difficiles à réparer.

Cependant ces accidens funestes n'affaiblissent point l'ardeur de ceux qui ont formé le projet d'entrer dans la même carrière. Tous les jours de nouveaux élèves sollicitent la facilité d'aller parcourir les pays les moins civilisés. La vue des collections qui arrivent au Muséum excite leur enthousiasme ; animés par l'espoir d'attacher leur nom à quelque découverte, ils ne comptent pour

(1) Le troisième de ces voyageurs, M. Plée, est allé aux Antilles, d'où il nous a fait plusieurs envois.

rien les plus grands sacrifices, et si nous leur peignons les privations et les dangers auxquels ils s'exposent, si nous leur rappelons le sort de plusieurs de ceux qui les ont précédés, ils nous répondent comme Euryale à Nisus :

Mene igitur socium summis adjungere rebus,
Nise, fugis ? . . . .
Est hic, est animus lucis contemptor, et istum
Qui vita bene credat emi, quo tendis honorem.

Nous venons de tracer le tableau des accroissemens successifs du Muséum, il nous reste à dire quelques mots de l'enseignement et des professeurs qui en ont été chargés depuis la nouvelle organisation.

La chaire de minéralogie fut d'abord remplie par M. Daubenton, qui, pendant vingt ans, avait professé cette science au collége de France, et qui se trouvait heureux de continuer ses leçons dans un lieu où il pouvait montrer à ses élèves les objets qu'il avait décrits. Malgré son grand âge, il fit toutes les années son cours avec une exactitude rigoureuse, ce qui ne l'empêcha point de rester fidèle à ses anciennes habitudes, et de donner tous les jours des instructions particulières à ceux qui venaient le consulter. D'après ce que nous avons dit précédemment, on a vu que c'est à sa coopération avec Buffon que le Muséum doit son existence, et l'histoire naturelle les progrès rapides qu'elle a faits dans le dernier siècle. C'était lui qui avait réuni et mis en ordre presque toutes les richesses de l'ancien cabinet. Lorsqu'il ne fut plus chargé que de la collection de minéralogie, il en prit un soin particulier; il passait les matinées au cabinet soit pour arranger les échantillons, soit pour répondre aux questions qui lui étaient adressées, soit pour recueillir des observations et pour s'informer des découvertes faites par ses anciens élèves. On écoutait avec respect ce patriarche de l'histoire naturelle, qui, à l'âge de quatre-vingt-quatre ans, les mains et les pieds déformés par la goutte, avait conservé toute la netteté de ses idées, toute l'activité de son esprit, et cette absence de préjugés qui lui faisait toujours accueillir la vérité.

Les professeurs qui, lors de leur première assemblée, l'avaient nommé directeur de l'établissement, ayant voulu deux ans après qu'il conservât ce titre et qu'il en remplît les fonctions, il refusa cet honneur parce que c'eût été une infraction au règlement, et que cet exemple aurait pu être dangereux; mais tout se faisait par ses conseils. Étranger aux dissensions politiques, il ne s'était jamais distrait de ses utiles travaux. La modération de son caractère avait assuré sa tranquillité, et sa réputation, à laquelle il ne pensait pas, s'était accrue d'année en année. Le gouvernement venait de lui donner la preuve de considération la plus flatteuse en le nommant membre du premier corps de l'état, et la prospérité qui se préparait pour le Muséum devait bientôt réaliser ses projets et combler ses vœux, lorsqu'il fut frappé d'une attaque d'apoplexie dont il mourut le 31 décembre 1799. Il fut inhumé dans le lieu même où il avait passé sa vie et où tout rappelle les services qu'il a rendus.

Le 6 janvier suivant, les professeurs du Muséum, usant pour la première fois du droit qu'ils avaient de choisir leurs collègues, nommèrent M. de Dolomieu, qui s'était depuis long-temps acquis une grande réputation comme minéralogiste, et surtout comme fondateur de la géologie en France. Ce savant, que la passion des connaissances avait déterminé à se joindre à l'expédition d'Égypte, avait été fait prisonnier à son retour, et on l'avait plongé dans un cachot à Messine, parce qu'on avait faussement supposé qu'il n'était point étranger à l'invasion de Malte. Les puissances de l'Europe n'ayant pu réussir à briser ses fers, ni même à adoucir sa captivité, les professeurs ignoraient s'il serait bientôt libre de se rendre auprès d'eux ; mais ils aimèrent mieux s'exposer à ce que la chaire ne fût point remplie pendant quelque temps, que de laisser échapper l'occasion de rendre une justice éclatante à un homme que son dévouement pour les sciences et l'élévation de son caractère n'avaient pu mettre à l'abri des calomnies les plus absurdes et des persécutions les plus odieuses. Cet hommage rendu au mérite parut également honorable pour ceux qui en étaient les auteurs et pour celui qui en était l'objet. M. de Dolomieu n'en fut informé que lorsque la liberté lui fut rendue le 15 mars 1801, par un article du traité entre la France et Naples. Il se hâta de se rendre à Paris, et lorsqu'il parut dans l'amphithéâtre pour faire sa première leçon, il fut accueilli avec un enthousiasme qui montrait à la fois l'idée qu'on avait de ses connaissances, et l'intérêt qu'avaient inspiré ses malheurs. Après avoir fini son cours, il voulut profiter du reste de la belle saison pour parcourir les Alpes de la Suisse et du Dauphiné, d'où il espérait rapporter des minéraux pour le cabinet. Mais sa santé affaiblie par les maux qu'il avait éprouvés, ne put résister aux fatigues de ce voyage. A son retour, il s'arrêta à Neufchâtel en Charollais, chez M. le comte de Drée son beau-frère; et il fut atteint d'une maladie dont il mourut le 26 novembre 1801.

Depuis plusieurs années les travaux ingénieux de Romé de l'Isle et de Bergmann avaient appelé l'attention sur la forme régulière et constante des cristaux; mais les observations qu'on avait faites

ne présentaient que des phénomènes isolés.
M. Haüy ayant deviné la cause de cette structure,
appela la géométrie à son secours pour en déterminer les lois, et bientôt il parvint à des résultats
généraux qui devaient changer les bases de la
science. Après avoir démontré cette grande découverte, il en fit l'application à toutes les espèces
connues, dans le Traité de minéralogie qu'il publia en 1800. Cet ouvrage, en établissant la distinction et la classification des espèces minérales,
non plus uniquement sur des apparences extérieures, mais sur des caractères essentiels qui
dépendent de la nature même des molécules primitives, donna à la science une impulsion semblable à celle que trente ans auparavant les découvertes de Lavoisier avaient donnée à la chimie ; il
l'assujettit de même à une marche uniforme et à
une nomenclature régulière, avec cette différence
que de nouvelles expériences peuvent modifier
la théorie et la nomenclature de Lavoisier, tandis
que les lois de la cristallisation sont invariables,
rigoureusement déterminées par le calcul, et d'une
application toujours sûre par la mesure des angles. M. Haüy fut donc appelé à remplir une chaire
pour laquelle il ne pouvait plus avoir de concurrens. Il fut nommé le 18 décembre 1801. Dès lors
l'enseignement prit une nouvelle direction ; il fut
fait d'après la méthode cristallographique de ce

savant, qui est le fondateur et le chef de l'école française. On craignait d'abord que cette méthode ne convînt point à ceux qui ne s'étaient pas préparés à l'entendre ; mais M. Haüy a su s'aider de tant de secours, que toutes les difficultés ont été aplanies. Il a fait d'abord construire des modèles de cristaux pour rendre sensibles à l'œil les lois de décroissement et les modifications que peut subir la forme primitive : en présentant ensuite aux élèves les minéraux dans leur état de pureté, il leur a appris à distinguer les variations produites par le mélange de diverses substances. Il a fait sous leurs yeux les expériences les plus curieuses pour leur montrer les phénomènes qui résultent de l'action de l'électricité, du magnétisme et de la lumière ; phénomènes nouvellement observés, et qui, différant selon les espèces, offrent pour les distinguer des caractères précis et dépendans de leur nature intime. L'ordre qu'il a établi dans la collection, donne le moyen de comparer les divers minéraux, d'observer toutes les nuances de forme, tous les passages d'une variété à l'autre. Au-dessus et au-dessous des tablettes où sont rangés les échantillons d'étude qui présentent sensiblement le caractère essentiel, sont placés d'autres morceaux d'un volume plus considérable pour qu'on puisse les reconnaître à l'aspect.

M. Haüy possède lui-même une suite presque

complète de cristaux qui lui servent d'exemples dans ses leçons, sans qu'il soit obligé de déplacer ceux qui sont dans les armoires du cabinet. Les instructions qu'il donne à ses élèves ne se bornent point à ses leçons publiques ; ceux qui se livrent à l'étude de la minéralogie sont toujours sûrs d'être accueillis chez lui lorsqu'ils ont quelques éclaircissemens à lui demander.

L'influence de cet enseignement s'est répandue dans les pays étrangers. Les Allemands n'ont point renoncé à leur classification, mais ils associent les nouveaux caractères à ceux qu'ils avaient anciennement adoptés, et plusieurs ouvrages ont été publiés pour mettre en accord les principes de Werner et ceux de M. Haüy, l'école allemande et l'école française.

Lors de la nouvelle organisation de l'établissement, M. Desfontaines n'eut rien à changer à la méthode qu'il avait introduite en 1786 ; son cours se compose toujours de deux parties, dont une est consacrée à la physique végétale, l'autre à l'exposition des familles, des genres et des espèces les plus intéressantes. Ce cours a lieu trois fois par semaine pendant les mois de mai, juin, juillet et août ; il est généralement suivi par cinq ou six cents élèves. Les instructions que donne le professeur ne se bornent point à la leçon faite dans l'amphithéâtre, elles résultent encore du soin qu'il prend chaque jour de s'assurer qu'il ne s'est point glissé d'erreurs dans l'école, et d'y faire placer à leur étiquette, toutes les fois que le temps le permet ou du moins les jours de leçon, les plantes qu'on est obligé de conserver habituellement dans les serres.

De toutes les parties de l'histoire naturelle, la botanique est celle qui convient le mieux aux femmes. Les travaux qu'elle exige ne sauraient blesser leur délicatesse; elle leur offre un amusement dans la retraite; elle répand de l'intérêt sur leurs promenades; elle les attache à la culture des jardins; elle les met à même de développer chez leurs enfans le talent de l'observation en fixant leur attention sur des objets agréables; elle leur donne enfin le moyen de satisfaire leur goût pour la bienfaisance en faisant connaître aux habitans des campagnes les plantes qui croissent autour d'eux, et qui peuvent être utiles. Les Lettres de Rousseau leur avaient d'abord donné le goût de la botanique, et ce goût est devenu plus vif par la facilité qu'elles ont eu de s'instruire. On en voit un assez grand nombre se rendre au Jardin du Roi dès sept heures du matin pour assister au cours, et l'on a cru devoir leur réserver dans l'amphithéâtre une enceinte séparée des gradins où se placent les hommes.

M. de Jussieu a toujours continué depuis 1770

à faire, pendant la belle saison, des herborisations à la campagne ; elles sont suivies par un grand nombre d'élèves.

Le cours de culture est fait par M. Thouin, avec tous les développemens possibles, parce que les diverses écoles établies dans le Jardin, les pratiques suivies dans les serres et les couches, et les modèles des différens outils de culture mettent le professeur à même de joindre chaque jour l'exemple au précepte.

M. Thouin est encore chargé de la correspondance avec tous les jardins publics de France et des pays étrangers ; et c'est sous sa direction que se fait toutes les années la distribution des plantes qu'on désire propager, et celle des graines recueillies dans les diverses parties du jardin, ou prises des envois qu'on a reçus des voyageurs.

M. de Fourcroy, nommé professeur en 1784, avait, dès ses premières leçons, inspiré l'enthousiasme de la chimie ; les nouvelles découvertes qu'il avait d'abord annoncées en ayant produit d'autres, il s'empressa de les faire connaître et de les lier à la théorie générale. Chaque année ses leçons et ses ouvrages présentaient des développemens plus étendus et des applications plus utiles. Après la suppression des universités, le Muséum étant resté le seul établissement consacré au progrès des sciences, M. de Fourcroy redoubla de zèle pour soutenir le mouvement qu'il avait imprimé ; son activité semblait augmenter à mesure qu'elle s'exerçait sur un plus grand nombre d'objets. Quoique sa célébrité l'eût fait appeler à diverses fonctions, il trouva le moyen de suffire à tout, et il continua de faire ses cours avec la même exactitude. Mais lorsqu'il fut nommé au conseil d'état, et chargé de la direction de l'instruction publique, il se trouva dans l'impossibilité de disposer de son temps, et il fut obligé de se faire suppléer pour une partie de ses leçons. Il choisit pour cela son élève et son parent M. Laugier, qui depuis quelques années était attaché au Muséum avec le titre d'aide-naturaliste chargé des analyses. Celui-ci fit le cours pendant quelques années avec beaucoup de succès, et à la mort de M. de Fourcroy, que nous eûmes le malheur de perdre en 1809, à l'âge de cinquante-cinq ans, il fut nommé professeur titulaire. Il rappelle la méthode de son maître en exposant avec clarté, non-seulement les connaissances qu'il avait reçues de lui, mais celles qui résultent des rapides progrès que la chimie a faits depuis vingt ans.

La place d'aide-naturaliste qu'occupait M. Laugier, fut donnée à M. Chevreul, qui a inséré plusieurs mémoires dans nos Annales, et qui est l'auteur de la partie chimique du Dictionnaire des sciences naturelles.

L'enseignement de la chimie au Jardin du Roi, était autrefois confié à deux savans dont un, sous le nom de professeur, exposait la théorie, et l'autre, sous le nom de démonstrateur, était chargé de faire les expériences : il en résultait souvent de la discordance entre les leçons, et chacun des deux cours était incomplet ; car les expériences doivent suivre immédiatement les principes dont elles prouvent la vérité : aussi la place de démonstrateur n'avait été utile que parce qu'elle avait été remplie par d'habiles chimistes, qui s'écartaient du but de l'institution en expliquant les faits d'après leurs propres idées. Lorsqu'à cette place on substitua une chaire pour l'enseignement des arts chimiques, elle appartint de droit à M. Brongniart qui avait succédé à Rouelle le jeune en 1779. M. Brongniart remplit d'autant mieux ses nouvelles fonctions, que dans ses leçons au Jardin et dans celles qu'il faisait comme professeur à l'École de Pharmacie et au Lycée des Arts, il s'était toujours plus attaché à montrer les procédés et les applications utiles de la science qu'à exciter la curiosité par des phénomènes surprenans. A sa mort, arrivée au mois de février 1804, il fut remplacé par M. Vauquelin, qui, ayant fait une étude spéciale des arts chimiques, put donner à cette partie importante de la science un développement qu'elle n'avait jamais eu. On convient géné-

ralement que par la lumière qu'il a répandue sur
la chimie analytique, par ses travaux sur la doci-
masie, par la découverte du chrôme et de plusieurs autres substances, par la méthode raisonnée
à laquelle il a soumis les procédés, M. Vauquelin
a puissamment contribué aux progrès qu'ont faits
nos manufactures depuis qu'il a commencé de
professer au Muséum.

Dès le commencement du dernier siècle, la
botanique fut cultivée avec succès. On avait réuni
beaucoup de plantes au Jardin du Roi, on avait
fait des herbiers très-nombreux, et Tournefort
put examiner et comparer tous les végétaux connus, établir des genres et les distribuer d'après
une méthode qui conserve la plupart des rapports naturels. La zoologie n'avança point avec la
même rapidité, non qu'elle fût négligée, mais
parce qu'on n'avait pas les mêmes ressources. On
décrivit isolément plusieurs animaux, on donna
des détails curieux sur les insectes, et Linnæus dans
son *Systema*, présenta dans un ordre régulier, et
caractérisa dans un langage aussi précis que pittoresque, toutes les espèces qu'on avait observées
jusqu'à lui. Cependant, la plupart des animaux
des deux continens n'étaient connus que d'une
manière vague, parce qu'on n'avait pu les rapprocher pour les comparer les uns aux autres, et pour
déterminer les changemens que l'âge, la saison

et d'autres circonstances produisent dans les mêmes individus. Ce furent les collections du Jardin du Roi et les ouvrages dont elles facilitèrent l'exécution qui donnèrent à la zoologie une exactitude qu'elle n'avait jamais eue. L'histoire des quadrupèdes par MM. de Buffon et Daubenton, celle des oiseaux par MM. de Buffon et de Montbelliard, celle des cétacés et des poissons par M. de Lacépède firent connaître à fond les espèces que Linnæus avait indiquées, et un grand nombre d'autres dont on ignorait l'existence. Les mêmes collections offrirent à M. de Lamarck des matériaux pour l'histoire des animaux sans vertèbres, et à M. Latreille le moyen de perfectionner son grand travail sur les insectes. Bientôt après, M. Cuvier fit pour la zoologie ce que M. de Jussieu avait fait pour la botanique, en établissant sur les rapports naturels, indiqués par des caractères invariables, une classification qui fut généralement adoptée; et l'on peut dire que la réunion dans un même lieu des trois chaires de zoologie à une chaire d'anatomie comparée, établit en France une nouvelle école, où l'on apprit à distinguer les caractères du premier ordre qui constituent les familles et les genres, à comparer et à déterminer les espèces, et que c'est vraiment aux cours faits au Muséum, que la zoologie doit les immenses progrès qu'elle a faits depuis vingt-cinq ans.

Les trois chaires sont occupées aujourd'hui par les mêmes professeurs qui furent appelés à les remplir lors de la création, et le nombre des élèves est plus considérable chaque année, soit parce que le goût de la zoologie est devenu plus général, soit parce que l'accroissement des collections et l'augmentation de la ménagerie offrent de nouveaux moyens de rendre l'instruction plus positive et plus étendue.

M. Geoffroy de Saint-Hilaire a été pendant quatre années l'un des savans employés dans l'expédition d'Égypte ; son séjour dans cette contrée a été très-utile aux progrès de la science, non-seulement à cause des objets qu'il en a rapportés, mais parce que les observations qu'il a recueillies, et les méditations auxquelles il s'est livré l'ont conduit à faire des modifications importantes à la méthode qu'il avait d'abord adoptée pour ses leçons.

Après avoir décrit les animaux en s'attachant aux caractères apparens, il a cru devoir faire envisager à ses élèves la zoologie sous un point de vue plus général, en professant une doctrine qui s'applique à toutes les parties et qui les lie entre elles. Cette doctrine repose sur quatre considérations, 1° la théorie des analogues; 2° le principe des connexions; 3° le balancement dans le volume des organes; 4° les affinités électives des élémens organiques; c'est-à-dire sur les quatre vues principales de sa philosophie anatomique.

D'après cette idée qu'il développe maintenant dans ses cours, il ne se borne plus à indiquer les formes extérieures, il en montre la cause dans des modifications qui ne détruisent point les lois essentielles et primitives, et il cherche ainsi à découvrir le plan que la nature a suivi dans l'organisation des différentes classes d'animaux.

M. Geoffroy avait été, depuis dix - huit mois, chargé seul d'enseigner l'histoire entière des animaux vertébrés, lorsque la loi du 11 décembre 1794 créa, d'après la demande de tous les professeurs, une chaire particulière pour l'histoire des quadrupèdes ovipares, des reptiles et des poissons. M. de Lacépède, qui avait quitté le Jardin depuis deux ans, ayant été appelé à la remplir, au mois de janvier 1795, il ne se contenta point de faire régulièrement ses cours, il reprit avec ardeur ses anciens travaux pour la classification, la nomenclature, et l'arrangement des collections. Il s'occupa d'abord de celle dont il était spécialement chargé; mais peu de temps après, à l'époque où la galerie supérieure du cabinet venait d'être terminée, son collègue, qui partait pour l'Égypte, l'ayant prié de le remplacer, il disposa dans le plus bel ordre la collection d'oiseaux formée de ceux de l'ancien cabinet, de ceux qu'on avait re-

çus de Hollande , de ceux qui avaient été rapportés des Antilles par le capitaine Baudin , et d'A-
frique par M. Levaillant; et ce fut par ses soins
que cette collection , la plus magnifique qu'on eût
réunie jusqu'alors, fut exposée à la vue du public,
et devint classique pour l'étude de l'ornithologie.

La réputation que M. de Lacépède s'était acquise
par ses ouvrages , l'empressement qu'on avait d'entendre l'ami et le continuateur de Buffon, attirèrent à ses leçons plusieurs jeunes naturalistes, qu'il
détermina à s'attacher à une partie de l'histoire
naturelle , qui jusqu'alors avait été négligée en
France. Depuis dix ans il consacrait tous ses momens à faciliter l'étude de la science à laquelle il
avait fait faire tant de progrès, lorsqu'il fut nommé
à une place importante dont les fonctions ne lui
laissaient plus de loisir. Il fut alors obligé de se
faire suppléer, et de se borner à prononcer de
temps en temps quelques discours sur les principes
généraux et sur les résultats de l'histoire naturelle; mais en choisissant pour son suppléant M. Duméril, l'auteur de la Zoologie analytique , et le
coopérateur de M. Cuvier dans les premiers volumes de son Anatomie comparée, il mit ses élèves
à même de recevoir l'instruction la plus solide.

M. le chevalier de Lamarck , si recommandable
par ses travaux sur les animaux sans vertèbres, a,
pendant vingt-cinq ans, professé l'histoire des

mollusques, des crustacés, des insectes, des vers
et des zoophytes, qui n'avait jamais été dans son
ensemble le sujet d'un cours particulier. Il a classé
dans le cabinet les coquilles et les polypiers, d'a-
près une méthode plus savante et plus exacte que
toutes celles qu'on avait adoptées avant lui; il a
caractérisé tous les genres, et déterminé un grand
nombre d'espèces vivantes et d'espèces fossiles;
et depuis que sa vue affaiblie ne lui permet plus
de montrer les objets qu'il a si bien étudiés, il est
suppléé dans ses leçons par M. Latreille, que ses
nombreux écrits, et principalement son grand ouvrage sur la classification et les caractères géné-
riques des crustacés et des insectes, ont placé
au premier rang parmi les entomologistes de
l'Europe.

Les trois cours de zoologie dont nous venons
de parler, ont lieu pendant la belle saison et durant trois ou quatre mois. Ils se font dans les salles
du cabinet où les élèves ont sous les yeux les objets dont parle le professeur, et peuvent les examiner encore après la leçon.

La chaire d'anatomie humaine, établie au Jardin
du Roi peu de temps après sa fondation, a toujours
été remplie par des savans du premier ordre, et
pendant bien des années elle fut considérée comme
celle où l'enseignement était le plus complet. Dans
les temps modernes, et lorsque les cours d'anato-

mie se sont multipliés, elle n'a point dégénéré de son ancienne réputation. Elle est depuis 1778 occupée par M. Portal, aujourd'hui premier médecin de sa majesté, et président de l'académie de médecine. Ce savant n'a jamais interrompu ses cours, et il les fait toujours avec le même zèle.

M. Mertrud, qui avait pendant plusieurs années travaillé à la dissection des animaux avec M. Daubenton, n'avait pu cependant considérer l'anatomie de ce point de vue élevé qui lui permet d'embrasser les rapports de tous les animaux, depuis le polype jusqu'à l'éléphant, et de comparer dans chaque classe les organes essentiels. M. Cuvier, nommé suppléant de M. Mertrud, le 15 novembre 1795, et professeur titulaire après la mort de celui-ci au 1er novembre 1802, enseigna cette science dans son ensemble et dans ses détails; il forma le cabinet d'anatomie, dans lequel il plaça les squelettes entiers de tous les animaux qu'il put se procurer, la collection des os de même nature pris de chaque animal, et les différens systèmes d'organes intérieurs préparés et conservés dans l'esprit-de-vin. Il profita pour cela des ressources que lui offrait l'établissement de la ménagerie et des envois que les voyageurs et les naturalistes étrangers faisaient au Muséum. On sait que depuis cette époque l'anatomie comparée est devenue la principale base de la zoologie.

L'établissement d'un cours de géologie, séparé du cours de minéralogie, est une innovation extrêmement avantageuse (1). Sans doute, le géologue ne peut se passer des caractères précis que lui donne le minéralogiste, soit pour connaître parfaitement les genres et les espèces dans leur état de pureté, soit pour discerner dans les agrégats, les élémens dont ils sont formés, et les altérations que le mélange de diverses substances produit dans la forme primitive ; mais l'histoire des grandes masses qui couvrent le globe, celle de la situation respective des roches et de leurs diverses formations, celle des feux souterrains et des produits volcaniques, celle des eaux thermales, celle des coquilles et des ossemens fossiles qu'on trouve à différentes profondeurs, composent une science particulière, fondée sur d'innombrables observations, et dont l'exactitude peut nous garantir des systèmes auxquels la théorie de la terre avait été abandonnée jusqu'ici.

M. Faujas de Saint-Fond fut le premier qui remplit la chaire qu'on venait de créer au Muséum, il fit d'une manière brillante le cours de géologie, et si cette science, malgré les faits dont il l'avait

(1) La géologie dont on s'occupe aujourd'hui beaucoup, était autrefois si peu étudiée, que le nom même n'en était connu que des savans, et n'entrait point dans la langue ordinaire. Le mot *géologie* ne se trouve point dans le Dictionnaire de l'académie quoiqu'on y trouve les mots *zoologie* et *zoographie*.

enrichie par ses recherches, n'était point encore assez avancée pour qu'il pût la soumettre à des règles positives, il eut du moins l'honneur d'en inspirer le goût aux nombreux élèves qui suivaient ses leçons, et de préparer ainsi les progrès rapides qu'elle a faits depuis le commencement du siècle.

Pendant les dernières années de sa vie, l'affaiblissement de sa santé l'avait obligé à se retirer à la campagne, et quoiqu'il lui fût pénible d'être éloigné de ses collègues, quoiqu'il sentît la nécessité d'arranger dans les nouvelles salles du cabinet les nombreux objets qu'il avait rassemblés, il ne venait guère à Paris que pour faire son cours. Il était âgé de soixante-dix-huit ans, lorsqu'il a terminé sa carrière à sa terre de Saint-Fond, près de Montelimar, le 18 juillet 1819.

Une ordonnance du Roi, rendue le 13 septembre suivant, d'après la présentation des professeurs du Muséum et de l'Académie des sciences, a nommé à la chaire de géologie M. Cordier, inspecteur divisionnaire des mines, l'élève et l'ami du célèbre Dolomieu, qu'il avait accompagné dans plusieurs de ses voyages, et dont il avait été le collègue dans l'expédition d'Égypte. Aussitôt après son entrée au Muséum, ce savant s'est occupé à mettre en ordre la collection de géologie; il en a formé trois séries, la première selon la nature des roches, la seconde selon leur gissement, la troisième selon les localités. Dans ses leçons, commencées en 1820, il a pris soin d'écarter les hypothèses, pour se borner à exposer les faits constatés par l'observation, et à les lier entre eux de manière à donner des notions exactes sur l'état actuel du globe. Il s'est surtout attaché à présenter le tableau des richesses que renferme le sol de la France, et à faire connaître les moyens de les exploiter et de les employer au progrès des arts et aux besoins de la société.

L'histoire naturelle ne peut se passer du secours du dessin, et les descriptions les plus exactes laissent toujours de l'incertitude lorsqu'elles ne sont pas accompagnées de bonnes figures ; le langage exprime fort bien les caractères essentiels, mais il ne saurait offrir à l'esprit une image de la physionomie des êtres, de cet ensemble qui les fait reconnaître au premier coup d'œil ; et ce fut une heureuse idée d'attacher au Muséum un peintre qui enseignât cet art particulier de représenter les objets de la nature, non point uniquement pour produire un effet pittoresque, mais pour rendre avec exactitude les traits qui les distinguent. En répandant le goût du dessin, cette institution l'a dirigé vers un but utile, et chacun peut remarquer combien les figures dont sont accompagnés aujourd'hui les livres d'histoire naturelle sont supérieures à celles dont ils étaient ornés dans le dernier siècle. Ce n'est pas qu'il n'y eût anciennement des artistes fort habiles, et les vélins du Muséum en offrent la preuve; mais ces artistes étaient en petit nombre, et les naturalistes trouvaient difficilement quelqu'un qui pût les seconder. Depuis que M. Vanspaendonck fait un cours public, il a formé de nombreux élèves qui, s'étant d'abord exercés à copier ses modèles, puis à dessiner sous sa direction les plantes du Jardin et les animaux de la ménagerie, ont contribué à rendre plus facile et plus sûre l'étude de la botanique et de la zoologie. Quoique les leçons du professeur aient pour but principal d'enseigner à saisir et à rendre les caractères qui distinguent les êtres naturels, ce qui tient à l'agrément n'est point négligé, et c'est peut-être à cela qu'est dû le degré de perfection auquel s'est élevé en France l'art de peindre les fleurs, et l'influence que cet art a exercé sur plusieurs de nos manufactures.

M. Vanspaendonck avait été attaché au Jardin dès 1774, et l'on trouve dans les portefeuilles plusieurs vélins de lui. La célébrité dont il jouit attire à son cours beaucoup de jeunes demoiselles qui y sont conduites par leurs mères. Plusieurs d'entre elles ont acquis un talent distingué, et quelques-unes l'appliquant essentiellement à la botanique, nous ont donné d'excellentes figures de plantes, comme on peut le voir en parcourant celles qui sont gravées dans les Annales du Muséum.

Le cours d'iconographie a jusqu'à présent été fait à la bibliothèque; il a lieu pendant près de quatre mois, et trois fois par semaine. Les jours de leçon, la bibliothèque n'est ouverte qu'aux élèves qui se sont fait inscrire; dans les jours d'intervalle, plusieurs d'entre eux continuent leur travail aux heures de lecture, et M. Vanspaendonck y vient souvent pour leur donner ses conseils.

Les professeurs que nous venons de nommer étant obligés de mettre l'enseignement à la portée d'un grand nombre d'élèves, ils ne peuvent exposer dans leurs cours ni les observations de détail, ni les nouvelles découvertes dont la théorie et les rapports ne seraient bien saisis que par ceux qui ont déjà beaucoup d'instruction; mais les Mémoires qu'ils publient en commun leur offrent le moyen de répandre ces observations et ces découvertes chez tous ceux qui se livrent aux sciences. Ainsi M. Haüy a profité de cet ouvrage, soit pour fixer les caractères de divers minéraux récemment arrivés au cabinet, soit pour exposer la simplicité des lois auxquelles est soumise la structure des cristaux, et les avantages des formules analytiques. MM. Fourcroy, Vauquelin et Laugier y ont inséré les résultats des travaux les plus importans faits dans le laboratoire de chimie. M. Desfontaines y a décrit les nouveaux genres de plantes qu'il a vues fleurir au Jardin ou qu'il a trouvées dans nos herbiers ; M. de Jussieu y a donné les caractères des principales familles naturelles des plantes , avec les additions et les rectifications que le progrès de la science l'a mis à même de faire à ceux qu'il avait admis dans son ouvrage ; M. Thouin y a expliqué en détail les pratiques adoptées au Muséum pour les semis, les plantations, la greffe ; MM. Geoffroy et de Lacépède y ont publié des genres nouveaux de quadrupèdes, de chauve-souris, de reptiles et de poissons; M. de Lamarck y a décrit les coquilles fossiles des environs de Paris; M. Cuvier y a fait connaître l'anatomie des mollusques et le squelette des animaux perdus dont il a rassemblé les ossemens fossiles ; tous se sont empressés d'y donner l'extrait de la correspondance que leur place au Muséum les oblige d'entretenir soit avec les établissemens du même genre, soit avec les voyageurs et avec les savans étrangers.

Si dans chaque partie on est conduit par degrés des premiers élémens aux connaissances les plus élevées, il n'existe pas non plus de lacune entre les diverses parties de l'enseignement ; toutes se lient pour concourir à un même résultat, celui d'assurer la marche progressive des sciences naturelles, et de les faire servir aux besoins et au bonheur de la société.

Deux mille élèves suivent chaque année les cours du Muséum; quelques-uns seulement deviennent des naturalistes distingués; mais il n'en est pas un qui n'apprenne des choses utiles, et qui n'acquière le talent de l'observation. Bacon disait qu'en philosophie l'ignorance était préférable au demi-savoir; et cela est vrai; car un esprit faux peut employer des notions superficielles d'histoire ou de philosophie pour attaquer les principes fondamentaux de la morale et de la politique; mais il n'en est pas de même de la connaissance de la nature : dans cette science illimitée tout est immédiatement utile, depuis les notions les plus simples jusqu'aux recherches les plus profondes, et depuis les plus petits détails jusqu'aux vues générales. L'étude des sciences naturelles convient également à toutes les époques de la vie, à tous les états de l'âme, à toutes les professions : elle s'associe à tous les autres genres d'études; elle a de l'intérêt dans toutes les circonstances, au milieu du luxe des villes comme dans la solitude de la campagne; elle amuse l'enfance, et procure à la vieillesse des jouissances paisibles; elle offre des secours à l'agriculture, à la médecine et aux arts, et contribue puissamment à la richesse des nations. Comme elle a pour but de constater les faits et de les coordonner, et non d'en chercher l'explication, elle n'est point hypothétique; et si l'observation est quelquefois incomplète, la nature est toujours là pour dissiper les doutes et rectifier les erreurs. Mais pour que cette étude ait les résultats qu'on en doit attendre, il faut qu'elle soit bien dirigée, il faut épargner à ceux qui commencent les recherches pénibles qu'ont faites ceux qui nous ont précédés, il faut qu'il y ait un dépôt de toutes les connaissances acquises, où chacun aille puiser, pour ensuite l'enrichir à son tour.

Ce dépôt existe chez nous : formé d'abord par nos rois, illustré dans la suite par des hommes de génie, et dirigé par des administrateurs éclairés, il a été organisé de manière à ce que l'ordre n'y fût jamais troublé; on l'a vu résister à toutes les secousses, échapper à toutes les dévastations, exciter l'admiration des étrangers; il a pris un nouvel accroissement depuis que la paix nous est rendue; son utilité garantit sa durée ; et s'il nous fallait un motif de plus pour compter sur sa prospérité, nous le trouverions dans notre confiance en un monarque protecteur des sciences, et dont le progrès des lumières doit à jamais assurer la gloire, en faisant mieux sentir le prix des institutions qu'il a données à son peuple.

LISTE

DES PRINCIPAUX EMPLOYÉS DU MUSEUM, EN JANVIER 1822.

PROFESSEURS ET AIDE-NATURALISTES.

L'HISTOIRE que nous avons tracée de la fondation, des progrès et de l'état actuel du Muséum, fait connaître la nature des places qui y sont établies, et le nom de ceux qui ont été appelés à les remplir. Nous croyons cependant qu'on sera bien aise de trouver dans un article à part, la liste des professeurs, des aide-naturalistes, des gardes, des bibliothécaires, des peintres, des correspondans et des voyageurs qui y sont attachés en ce moment, avec la date de leur nomination et l'indication de leurs principaux ouvrages.

Nous suivrons pour cette liste l'ordre des chaires et des places établies par le décret qui a définitivement organisé le Muséum en 1795.

Nous n'indiquerons point le sujet des mémoires insérés dans les recueils des académies, dans les ouvrages périodiques et dans les dictionnaires, parce que ces détails nous entraîneraient trop loin.

MINÉRALOGIE.

M. Haüy (René-Just), né en 1743, à Saint-Just, département de l'Oise : chanoine honoraire de l'église métropolitaine de Paris (1) ; de l'académie des sciences en 1783; professeur à la Faculté des sciences de l'université; nommé au Muséum en décembre 1801.

Essai d'une théorie sur la structure des cristaux, 1 vol. in-8, Paris, 1788.

Traité de minéralogie; Paris, 1800, 4 vol. in-8, avec un atlas.

Traité des caractères physiques des pierres précieuses ; Paris, 1819, 1 vol. in-8.

Traité élémentaire de physique ; 2 vol. in-8, Paris, trois éditions, la dernière de 1821.

Un grand nombre de mémoires dans les Recueils de l'académie des sciences et de l'Institut, dans les Annales du Muséum, dans le Journal des mines, etc.

Aide naturaliste, suppléant M. Haüy dans ses leçons.

M. DE LA FOSSE (Gabriel), né en 1796, à Saint-Quentin, département de l'Aisne.

M. De la Fosse n'ayant encore publié aucun ouvrage, il est

(1) Tous les professeurs du Muséum sont membres de la Légion d'honneur; tous sont associés ou correspondans des principales sociétés savantes de l'Europe et de l'Amérique : les bornes de cet ouvrage ne nous permettent pas d'énoncer pour chacun d'eux les titres qui prouvent la considération dont ils jouissent en France et dans les pays étrangers.

essentiel de faire connaître les motifs qui ont déterminé M. Haüy à le choisir pour son suppléant, et l'assemblée du Muséum à autoriser ce choix. Nous croyons en conséquence devoir citer quelques lignes de ce que M. Haüy dit de lui dans son Traité de physique; Introduction, page XXXII.

« Nous avons eu tout lieu de nous féliciter d'avoir auprès de » nous M. de la Fosse...... Ce jeune savant nous a » puissamment secondé dans les expériences destinées à » vérifier les nouveaux faits que nous nous proposions de » publier..... Il a coopéré à la rédaction de plusieurs » articles..... On jugera par le Traité de cristallogra- » phie qui va bientôt paraître, du succès avec lequel il a » cultivé cette branche importante de la minéralogie. »

CHIMIE GÉNÉRALE.

M. LAUGIER (André), né à Paris en 1770, de l'académie de médecine.

Attaché au Muséum, avec le titre d'aide-naturaliste chargé des analyses, en juin 1803; choisi deux ans après pour suppléer M. de Fourcroy dans ses leçons; nommé professeur le 17 février 1810.

Plusieurs mémoires parmi ceux de l'Institut, de l'Académie des sciences, des Annales de chimie, et des Annales du Muséum.

AIDE-NATURALISTE.

M. DUBOIS (Antoine-Charles), né à Paris en 1776.

Attaché au laboratoire de chimie depuis 1796.

CHIMIE APPLIQUÉE AUX ARTS.

M. VAUQUELIN (Nicolas-Louis), né à Hibertot près Pont-l'Évêque, en 1763.

Reçu membre de l'académie des sciences en 1792 ; professeur à la faculté de médecine ; directeur de l'école de pharmacie ; nommé professeur au Muséum en 1804.

De nombreux mémoires dans les recueils de l'Institut et de l'Académie des sciences, dans les Annales du Muséum, dans celles de Chimie, dans le Journal des mines, dans le Bulletin de la société philomatique.

AIDE-NATURALISTE chargé des analyses.

M. CHEVREUL (Michel-Eugène), né à Angers en 1786, nommé au Muséum en 1809.

Auteur de la partie chimique du Dictionnaire des sciences naturelles ; d'un ouvrage sur les corps gras, actuellement sous presse ; et de plusieurs mémoires insérés dans les Annales du Muséum.

BOTANIQUE.

M. DESFONTAINES (René-Louiche), né en 1752, à Tremblay, département d'Ille-et-Vilaine.

Docteur de la faculté de médecine en 1782 ; de l'académie des sciences en 1783 ; professeur à la faculté des sciences de l'université ; nommé professeur au Jardin du Roi en 1786.

Flora atlantica, 2 vol. in-4, avec 260 planches, 1798.

Tableau de l'école de botanique du Muséum, 1 vol. in-8, deux éditions 1804 et 1815.

Choix de plantes du Corollaire des instituts de Tournefort, 1 vol. in-4 avec figures, 1808.

Histoire des arbres et arbrisseaux qui peuvent être cultivés en pleine terre, 2 vol. in-8, 1809.

Un grand nombre de genres nouveaux et autres mémoires insérés dans les Annales du Muséum et dans le recueil de l'Académie des sciences et de l'Institut.

Nous devons citer comme ayant fait époque celui sur l'organisation comparée des Monocotylédons et des Dicotylédons, imprimé en 1797, dans le troisième volume des Mémoires de l'Institut.

AIDE-NATURALISTE.

M. DELEUZE (Joseph-Philippe-François), né en 1753, à Sistéron, département des Basses-Alpes.

Secrétaire de l'association formée par les professeurs pour la publication des Annales du Muséum. Nommé aide-naturaliste en février 1795.

Les Amours des plantes, de Darwin, 1 vol. in-12, 1799.

Saisons de Thompson, deux éditions, 1801 et 1806, in-8 et in-12.

Eudoxe, Entretiens sur l'étude des sciences, des lettres et de la philosophie, 2 vol. in-8, 1810.

Histoire critique du magnétisme animal, 2 vol. in-8, première édition, 1813 ; deuxième édition, 1819.

Défense du magnétisme, 1 vol. in-8, 1819.

Plusieurs éloges historiques et quelques mémoires dans les Annales du Muséum, etc.

BOTANIQUE A LA CAMPAGNE.

M. DE JUSSIEU (Antoine-Laurent), né à Lyon en 1748.

Docteur de la faculté de médecine en 1772, de l'académie des sciences en 1773, de la société royale de médecine en 1776; professeur à l'école de médecine depuis 1804; suppléant de M. Lemonnier au Jardin du Roi, de 1770 à 1787; nommé démonstrateur à la mort de son oncle Bernard en 1777; professeur titulaire depuis la nouvelle organisation.

Genera plantarum secundum ordines naturales disposita, 1 vol. in-8, Paris, 1789.

De nombreux mémoires dans le recueil de l'Académie des sciences, et dans les Annales du Muséum; parmi ceux-ci se trouvent les caractères de plusieurs familles naturelles, et des monographies.

Un grand nombre d'articles dans le Dictionnaire des sciences naturelles, dont il est l'un des principaux collaborateurs.

CULTURE.

M. Thouin (André), né au Jardin du Roi en 1747.

De l'académie des sciences en 1786; nommé jardinier en chef en 1768; professeur de culture au Muséum depuis la création de cette chaire lors de la nouvelle organisation.

Ses nombreux écrits, tous relatifs aux principes ou à la pratique de l'agriculture, sont insérés dans les Mémoires de l'académie des sciences, de l'institut, de la société d'agriculture; dans les Annales du Muséum, où il a donné la description du jardin des semis, de l'école de culture, de celle des arbres fruitiers, etc.; dans le Dictionnaire

d'histoire naturelle imprimé par Deterville ; dans la nouvelle édition du Cours d'agriculture de Rozier.

Il a publié à part, Monographie des greffes, 1 vol. in-4, 1820.

Les tableaux manuscrits de ses leçons se trouvent à la bibliothèque du Muséum, où il est permis d'en prendre copie.

AIDE-NATURALISTE.

M. LECLERC (Oscar), né à Paris en 1798.
Attaché au Muséum en 1818.

Il a coopéré à la deuxième édition de la Monographie des
greffes de M. Thouin.

Jardinier en chef.

M. THOUIN (Jean), frère du professeur, né au
Jardin du Roi en 1756.

Attaché au Jardin depuis son enfance, et collaborateur de son frère ; nommé jardinier en chef
lors de la nouvelle organisation, et chargé en cette
qualité de diriger les travaux, de faire les semis,
de surveiller la récolte et la distribution des
graines ; membre de la Légion d'honneur.

ZOOLOGIE, MAMMIFÈRES ET OISEAUX.

M. GEOFFROY-SAINT-HILAIRE (Étienne), né
à Étampes en 1772.

Membre de l'Institut en 1807, ensuite de l'académie des sciences ; professeur à la faculté des
sciences de l'université ; nommé professeur au
Muséum lors de la nouvelle organisation.

Philosophie anatomique, 2 vol. in-8, 1818 et 1822.

Un grand nombre de mémoires de zoologie et d'anatomie comparée, dans les recueils de l'Institut et de l'Académie des sciences, dans les Annales du Muséum, et dans la Description de l'Égypte.

AIDE-NATURALISTE pour la préparation des animaux.

M. DELALANDE.

Il a fait plusieurs voyages qui ont enrichi les collections du Muséum. Au retour du dernier, il a reçu la décoration de la Légion d'honneur. Son père, qui vient de mourir, avait monté la plupart des quadrupèdes du cabinet.

ZOOLOGIE, REPTILES ET POISSONS.

M. le comte DE LACÉPÈDE (Bernard-Germain-Étienne), né à Agen en 1756, pair de France, grand-croix de l'ordre royal de la Légion d'honneur.

De l'Institut lors de la création, ensuite de l'académie des sciences; nommé garde et sous-démonstrateur au Jardin du Roi en 1785; professeur lors de la création de la troisième chaire de zoologie en 1795.

Essai sur l'électricité, 2 vol. in-8, 1781.

Physique générale et particulière, 2 vol. in-12, 1782.

Poétique de la musique, 2 vol. in-12, 1787.

Histoire des quadrupèdes ovipares et des serpens, faisant suite à l'Histoire naturelle de Buffon, 2 vol. in-4, 1788, 1789, réimprimé in-12 et in-8.

Histoire naturelle des poissons, 5 vol. in-4, 1798, 1803, réimprimé in-12 et in-8.

Histoire naturelle des cétacés, 1 vol. in-4, 1804.
La Ménagerie du Muséum, avec MM. Geoffroy et G. Cuvier, 1 vol. in-fol., réimprimé in-12.
Plusieurs mémoires dans les recueils de l'Académie des
sciences et du Muséum, et dans le Dictionnaire des sciences
naturelles.

M. de Lacépède est suppléé dans ses leçons depuis 1803, par :

M. DUMÉRIL (André-Marie-Constant), né à
Amiens en 1774, nommé à l'Institut en 1813.
Secrétaire de la section de médecine de la so-
ciété royale de médecine.

Il a rédigé les deux premiers volumes des Leçons d'anatomie comparée de M. Cuvier.
Il a publié, Zoologie analytique, 1 vol. in-8, 1806.
Traité élémentaire d'histoire naturelle, deux éditions; la
première, 1 vol. in-8, 1804; la seconde, 2 vol. in-8, 1807.
Plusieurs mémoires de zoologie, dans l'Encyclopédie méthodique, dans le Bulletin de la société philomatique, etc.
Il s'est chargé des articles d'entomologie dans le Dictionnaire
des sciences naturelles.

AIDE-NATURALISTE.

M. VALENCIENNES (Achille), né à Paris en 1794.
Nommé au Muséum en 1812.

Il a inséré des mémoires parmi ceux du Muséum, et travaillé avec M. de Humboldt au Recueil des observations de
zoologie que ce savant publie par livraisons in-4, depuis
1811.

C'est lui qui, sous la direction de MM. les professeurs de zoologie et d'anatomie comparée, a été chargé, depuis l'agrandissement du cabinet, de mettre en ordre et de nommer la collection des animaux vertébrés.

ZOOLOGIE, ANIMAUX SANS VERTÈBRES.

M. le chevalier DE LAMARCK (Jean-Baptiste-Pierre-Antoine), né à Bazantin près Bapaume, en 1744.

Membre de l'académie des sciences en 1779; attaché au Jardin du Roi avec le titre de botaniste du cabinet, en 1789; professeur de zoologie pour les animaux sans vertèbres lors de la création de la chaire.

Flore française, 3 vol. in-8, 1778. Nouvelle édition, augmentée par M. Decandolle, 5 vol. in-8, 1795.

Hydrogéologie, 1 vol. in-8, 1801.

Recherches sur les causes des principaux faits physiques, 2 vol. in-8, 1794.

Système des animaux sans vertèbres, 1 vol. in-8, 1801.

Les premiers volumes du Dictionnaire de botanique, et les *Illustrationes generum,* faisant partie de l'Encyclopédie méthodique.

Philosophie zoologique, 2 vol. in-8, 1809.

Système analytique des connaissances positives de l'homme, 1 vol. in-8, 1820.

Histoire naturelle des animaux sans vertèbres, 7 vol. in-8, 1822.

Un grand nombre de Mémoires parmi ceux de l'Institut, de l'Académie des sciences et du Muséum, dans le Journal d'histoire naturelle, dans celui de physique, etc.

Aide-naturaliste , et professeur suppléant M. de Lamarck depuis 1819.

M. Latreille(Pierre-André), né à Brive, département de la Corrèze, en 1762. Nommé à l'académie des sciences en 1814, entré au Muséum en 1797. C'est lui qui a classé et nommé la collection d'entomologie.

Histoire naturelle des salamandres de France , 1 vol. in-8, 1800.

Histoire naturelle et générale des fourmis, et Recueil de Mémoires, 1 vol. in-8, 1802.

Genera crustaceorum et insectorum, 4 vol. in-8, 1809 et années suivantes.

Histoire naturelle des reptiles, faisant suite au Buffon de Castel, 4 vol. in-18.

Histoire naturelle des crustacés et des insectes, faisant suite au Buffon de Sonnini, 14 vol. in-8.

Le troisième volume, ou la partie entomologique de l'ouvrage de M. Cuvier, intitulé le Règne animal.

Un grand nombre de Mémoires parmi ceux de l'Académie des sciences et du Muséum, et les principaux articles d'entomologie du Dictionnaire d'histoire naturelle de Deterville.

Aide-naturaliste pour les animaux sans vertèbres, et chef des travaux du laboratoire de zoologie.

M. Dufresne (Louis), né à Champien, département de la Somme en 1752 ; nommé en juin 1793.

Auteur de l'article Taxidermie du Dictionnaire d'histoire naturelle, et d'un mémoire inséré dans les Annales du Muséum.

ANATOMIE HUMAINE.

M. PORTAL (Antoine), né en 1742, à Gaillac, département du Tarn.

Docteur de la faculté de médecine de Montpellier en 1765; professeur d'anatomie au collége de France en 1768; membre de l'académie des sciences en 1769; président d'honneur de l'académie de médecine; premier médecin de Sa Majesté; chevalier de l'ordre de Saint-Michel; professeur au Jardin du Roi depuis 1778.

Les ouvrages de M. Portal sont en si grand nombre, que nous ne pouvons en donner ici le catalogue, nous nous bornerons à citer :

Histoire de l'anatomie et de la chirurgie, etc., 6 vol. in-8, 1770-1777.

Observations sur la nature et le traitement de la rage, 1 vol. in-12, 1779.

Observations sur les vapeurs méphytiques, sur les noyés, les asphyxiés, la rage, etc., 1 vol. in-8, 1791.

Instruction sur le traitement des asphyxiés, des noyés, etc., 1 vol. in-12, réimprimé un grand nombre de fois par ordre du gouvernement.

Observations sur la nature et le traitement de la phthisie pulmonaire; première édition, 1 vol. in-8, 1792; deuxième édition, 2 vol. in-8, avec des notes traduites des auteurs allemands et italiens.

Observations sur la nature et le traitement du rachitisme, etc., 1 vol. in-8, 1796.

Recueil de mémoires sur la nature et le traitement de plusieurs maladies, etc. , 2 vol. in-8 , 1800.

Un grand nombre de mémoires dans les recueils de l'Académie des sciences, de l'Institut, du Muséum , et dans divers journaux scientifiques.

Aide-naturaliste.

M. Martin (Jean-Paul), né en 1788, à Cahusac, département du Tarn; nommé au Muséum en 1809.

Il est spécialement chargé de faire les préparations nécessaires pour le cours ; il occupe la même place au collége royal de France , sous le même professeur; il est membre du cercle médical.

ANATOMIE COMPARÉE.

M. le baron Cuvier (Georges) , né à Montbelliard en 1769.

Conseiller d'état, membre du conseil royal d'instruction publique ; professeur d'histoire naturelle au collége de France; nommé membre de l'Institut lors de la création ; secrétaire perpétuel de la classe des sciences naturelles en 1803 ; aujourd'hui l'un des deux secrétaires perpétuels de l'académie des sciences; membre de l'académie française en 1818. Nommé suppléant de M. Mertrud en 1795; professeur titulaire en 1802.

Tableau élémentaire du règne animal, 1 vol. in-8 , 1798.

Leçons d'anatomie comparée, rédigées par MM. Duméril et Duvernoy, 5 vol. in-8.

Rapport historique sur les progrès des sciences naturelles depuis 1789, et sur leur état actuel, 1 vol. in-8, 1810.

Recherches sur les ossemens fossiles, première édition en 4 vol. in-4, 1812 ; deuxième édition, 5 vol. in-4, 1822.

Mémoires pour servir à l'histoire et à l'anatomie des mollusques, 1 vol. in-4, 1817.

Le règne animal, 4 vol. in-8, 1817.

Recueil des éloges historiques des membres de l'académie des sciences, 2 vol. in-8, 1819.

Rapport sur l'état de l'instruction publique en Hollande et en Italie, 2 vol. in-8.

Un grand nombre de Mémoires parmi ceux de l'Académie des sciences et du Muséum, et plusieurs articles dans le Dictionnaire des sciences naturelles et dans la Biographie universelle.

AIDE-NATURALISTE.

M. ROUSSEAU (Simon-Pierre), né à Belleville près Paris, en 1756. Attaché au Muséum en 1795.

Il a fait la plupart des squelettes et des préparations du cabinet d'anatomie comparée.

GARDE DES GALERIES D'ANATOMIE COMPARÉE.

M. LAURILLARD (Charles-Léopold), né à Montbelliard en 1784. Nommé en mars 1812.

Il a aidé M. Cuvier dans ses recherches, et a fait pour lui un grand nombre de dessins de zoologie et d'anatomie, dont plusieurs sont gravés dans les ouvrages que nous venons de citer.

GÉOLOGIE.

M. CORDIER (Pierre-Louis-Antoine), né à Abbeville en 1777.

Inspecteur divisionnaire au corps royal des mines; nommé professeur au Jardin en 1819.

Mémoire sur les produits volcaniques, 1 vol. in-4, 1815.

Mémoire sur les mines de houille de France, 1 vol. in-8, 1815.

Un grand nombre de mémoires dans le Journal de physique, dans le Journal des mines, dans les Annales de physique et de chimie, dans la Description de l'Égypte et dans les Annales du Muséum.

AIDE-NATURALISTE.

M. REGLEY (François-Théophile-Marie), né à Paris en 1777. Nommé au Muséum en 1812.

ICONOGRAPHIE.

M. VAN-SPAENDONCK (Gérard), né à Tilbourg dans le Brabant hollandais, en 1746.

Membre de l'académie de peinture en 1782; de l'Institut depuis la fondation; nommé suppléant de mademoiselle Basseporte au Jardin du Roi en 1774; titulaire en 1780; professeur au Muséum lors de la création de la chaire d'iconographie.

Ses tableaux sont trop connus pour que nous en parlions ici.

Il a enrichi la collection des vélins de plusieurs peintures.

Il a fait graver une suite de dessins pour servir de modèles aux élèves : cet ouvrage est composé de six cahiers in-fol., chacun de quatre planches.

Peintres attachés au Muséum.

Pour les plantes.

M. REDOUTÉ (Pierre-Joseph), né en 1759 à Saint-Hubert (Ardennes).

C'est d'après les dessins de cet artiste, qu'ont été exécutées les belles gravures de plantes qui accompagnent les ouvrages de l'Héritier, de Ventenat, etc. Il a beaucoup contribué à perfectionner la gravure en couleur, et il a fait lui-même de grandes entreprises d'iconographie botanique ; nous nous bornerons à citer :

Les Liliacées, 8 vol. in-fol.

Plantes grasses, 2 vol. in-fol.

Les Roses, 3 vol. in-fol. et in-4.

Il y a plus de 400 dessins de lui parmi les vélins du Muséum.

Pour les reptiles et poissons.

REDOUTÉ (Henri-Joseph), frère du précédent, né à Saint-Hubert en 1762.

Il a fait partie de l'expédition d'Égypte, et exécuté plus de 60 dessins en tout genre pour le grand ouvrage qui en est le résultat. On trouve, dans les portefeuilles du Muséum, beaucoup de dessins de lui.

Les deux frères Redouté ont été attachés au Muséum à l'époque de la nouvelle organisation.

Pour les quadrupèdes et les oiseaux.

M. DE WAILLY (Pierre-François), né à Paris en 1775; professeur de dessin au conservatoire royal des arts et métiers.

Il a été nommé au concours peintre du Muséum, après la mort de M. Maréchal en 1803; il a continué à peindre, pour la collection des vélins, les animaux vivans dont on n'avait pas la figure, et qui lui ont été désignés par le professeur de zoologie.

Pour les vers, les insectes et les coquilles.

M. HUET (Nicolas), né à Paris en 1770; nommé au Muséum après la mort de M. Oudinot, au mois d'octobre 1804.

Outre les dessins qui ont été demandés à M. Huet pour la partie dont il est spécialement chargé, il en a fait plusieurs de quadrupèdes et d'oiseaux. MM. Geoffroy et Cuvier lui ont aussi confié l'exécution d'un grand nombre de dessins d'anatomie.

BIBLIOTHÈQUE.

M. TOSCAN (Georges), né à Grenoble en 1756; nommé bibliothécaire au Muséum en 1794.

L'Ami de la nature, ou choix d'observations sur divers objets de la nature et de l'art, 1 vol. in-8, 1800.

Traduction de l'ouvrage de Spallanzani, intitulé, Voyages dans les deux Siciles et dans quelques parties des Apennins, 6 vol in-8.

Principal auteur de la partie d'histoire naturelle de la Décade philosophique et littéraire.

Lors de la fondation de la bibliothèque, il y avait une place de sous-bibliothécaire qui était occupée par M. Mordant de Launay. Cette place a été supprimée à sa mort en 1814. M. Mordant de Launay est auteur d'un ouvrage très-utile et très-répandu, ayant pour titre, *Almanach du bon jardinier*, 1 vol. in-12. C'est lui aussi qui a fait l'entreprise de l'Herbier de l'amateur, qui se continue aujourd'hui.

MÉNAGERIE.

Garde de la ménagerie.

M. CUVIER (Frédéric), né à Montbelliard en 1773; inspecteur de l'académie de Paris; nommé garde de la ménagerie lors de la création de cette place, le 21 décembre 1805.

Histoire naturelle des mammifères, qu'il publie conjointement avec M. Geoffroy-Saint-Hilaire ; 36 livraisons chacune de 6 planches.

Des dents des mammifères, considérées comme caractères zoologiques, 1 vol. in-8, 1822.

Plusieurs Mémoires parmi ceux du Muséum.

La zoologie des mammifères, dans le Dictionnaire des sciences naturelles.

GARDES DES GALERIES D'HISTOIRE NATURELLE.

M. LUCAS (Jean-François), né au Jardin du Roi en 1747.

La place qu'il occupe au Muséum a été créée lors de la nouvelle organisation.

M. Lucas fils (Jean-André-Henri), né au Jardin du Roi en 1780.

Nommé adjoint de son père, le 12 février 1799; chevalier de la Légion d'honneur.

Tableau méthodique des espèces minérales, 2 vol. in-8, 1806-1813.

Une partie des articles relatifs à la minéralogie dans le Dictionnaire d'histoire naturelle de Deterville.

BUREAU D'ADMINISTRATION.

M. Thouin (Jacques), chef du bureau et caissier, né à Paris en 1751.

GARDE MILITAIRE.

La garde du Jardin est confiée à une compagnie de sous-officiers dont le commandant actuel est M. Gouvion Saint-Cyr, chevalier de l'ordre de Saint-Louis et de celui de la Légion d'honneur.

VOYAGEURS NATURALISTES.

M. Leschenault de la Tour.

Il avait été attaché, en qualité de botaniste, à l'expédition
des découvertes, commandée par le capitaine Baudin. Il
fit ensuite un séjour à Java, d'où il nous rapporta plusieurs objets de zoologie, et un herbier considérable.
Envoyé à Pondichéry en 1817, il a parcouru une partie de
la presqu'île de l'Inde et il nous a fait trois envois, dans
toutes les parties de l'histoire naturelle. Le premier, en
1818, contenait la plus riche collection de poissons et de
crustacés qui fût encore arrivée au Muséum : le second
de 1819 et le troisième de 1820, présentaient beaucoup
d'objets nouveaux en zoologie et en botanique ; il y avait
quelques animaux vivans, au nombre desquels il faut
compter le jeune éléphant qui est maintenant à la ménagerie. Chacun des envois était accompagné de catalogues
raisonnés, et de mémoires sur les productions et les cultures du pays. M. Leschenault est en ce moment à Ceylan,
il doit bientôt revenir, et il nous annonce une très-riche
collection.

M. Milbert.

Il est parti pour New-York en 1814. Il nous a, depuis cette
époque, fait dix-huit envois qui ont enrichi la collection
du cabinet d'un grand nombre de quadrupèdes, d'oiseaux,
de reptiles et de poissons. Il nous a envoyé aussi des ani-

maux vivans qui n'avaient jamais paru à la ménagerie, et qu'on y voit aujourd'hui. Tels sont le bison et sa femelle, le grand cerf de Canada, les cerfs de la Louisiane, l'élan d'Amérique, etc.

M. Le Sueur.

Il avait été attaché comme peintre d'histoire naturelle à l'expédition des découvertes, commandée par le capitaine Baudin. Pendant le voyage il devint l'ami de Péron, dont il partagea les travaux, et il se livra entièrement à l'étude de la zoologie. Parti pour les États-Unis en 1814, il nous a fait deux envois d'oiseaux et de poissons, et nous a adressé quelques mémoires qui sont imprimés parmi ceux du Muséum.

M. de Saint-Hilaire (Auguste).

Il est parti pour Rio-Janeiro en 1816; il a parcouru plusieurs provinces du Brésil, et nous a fait quatre envois dans lesquels se trouvent des oiseaux, des quadrupèdes, des coquillages, des insectes, etc. La botanique ayant été le principal objet de ses études, c'est surtout en plantes que sa collection est très-nombreuse : mais on attend son retour pour la mettre en ordre, et pour réunir son herbier à celui du Muséum. Ses mémoires sur plusieurs familles de plantes, insérés dans nos Annales avant et après son départ, prouvent qu'il possède également le talent d'observer et celui de généraliser les faits, et nous sommes persuadés qu'il fera connaître à fond la flore du Brésil.

M. Diard.

Il est parti en 1816 pour les Indes orientales. Aussitôt que les affaires qui l'y avaient appelé ont été terminées, il s'est livré à son goût pour la zoologie et l'anatomie qu'il avait étudiées sous M. Cuvier (1). M. du Vaucel étant allé le joindre à Calcutta, ils se sont réunis pour faire des recherches d'histoire naturelle, et sont allés ensemble à Chandernagor, à Sumatra, et dans plusieurs îles de l'Archipel indien. Ils nous ont envoyé successivement le premier bouc de Cachemire qui ait paru en France, et trois collections composées d'un grand nombre d'objets nouveaux en zoologie. Ils se sont ensuite séparés pour explorer une plus grande étendue de pays. M. Diard s'est alors rendu à Java d'où il nous a fait un envoi considérable. Il est depuis parti pour la Cochinchine.

M. Du Vaucel.

C'est en 1817 que M. du Vaucel est parti pour le Bengale. Il y a trouvé M. Diard, auquel, comme nous venons de le dire, il s'est réuni pour contribuer aux progrès de l'histoire naturelle en enrichissant la collection du Muséum. Outre les envois que ces naturalistes nous ont faits ensemble, M. du Vaucel nous en a fait un de Sumatra, où se sont trouvés beaucoup d'objets précieux que nous n'avions jamais pu nous procurer. Il a joint aux collections qu'il nous a fait passer, des notes et des descriptions intéressantes qu'il a adressées à M. Cuvier. Il voyage maintenant dans les montagnes au nord-est du Bengale.

Ce n'est qu'après que MM. Diard et du Vaucel ont fait parvenir au Muséum de riches collections, que le gouvernement a cru devoir les dédommager en partie des dépenses

(1) En 1816, M. Diard avait aidé M. Cuvier dans ses recherches sur les enveloppes du fœtus, et sur les œufs des quadrupèdes. Voyez les deux Mémoires de M. Cuvier, imprimés parmi ceux du Muséum, tom. 2, p. 82 et 98.

qu'ils avaient faites, et les mettre à même de poursuivre leurs recherches en leur accordant un traitement.

M. Plée (Auguste).

Est parti en 1820 pour Saint-Thomas, d'où il est allé à la Martinique et aux États-Unis. Il nous a fait trois envois, relatifs à toutes les parties de l'histoire naturelle.

M. Sauvigny.

A été envoyé au Sénégal en 1820, par S. Exc. le ministre de la marine, qui avait demandé à l'administration du Muséum un agriculteur botaniste. Il doit bientôt revenir, et il nous annonce une collection considérable dont nous avons déjà reçu le catalogue.

M. Fontanier.

Voyage aux environs de la mer Noire, où il a été envoyé par S. Exc. le ministre de l'intérieur : comme il est parti depuis peu, nous n'avons pas encore reçu d'envois de lui.

Dans la Notice historique, nous avons exprimé nos regrets sur la perte que nous avons faite de MM. Havet et Godefroy, qui étaient partis à la même époque que M. Plée.

CORRESPONDANS DU MUSÉUM.

M. le baron DE HUMBOLDT ; nommé lors de son départ pour l'Amérique, en 1798.

Nous avons parlé dans la Notice historique des services qu'il a rendus au Muséum.

M. BONPLAND , maintenant à Buenos-Ayres ; nommé en même temps que **M.** de Humboldt.

A son retour du voyage qu'il avait fait avec **M.** de Humboldt, il a commencé la publication des plantes qu'ils avaient recueillies ensemble, et qu'ils ont données au Muséum.

M. BAILLON , à Abbeville.

Il a enrichi la collection de zoologie de la plupart des oiseaux d'Europe, et principalement des oiseaux de mer, dont il a fait une étude particulière. Il nous a fait parvenir aussi des mammifères et des poissons. Feu **M.** Baillon son père, autrefois correspondant du Jardin du Roi , avait envoyé un grand nombre d'objets pour la collection de zoologie, et beaucoup de notes dont Buffon a fait usage, en le citant, dans son Histoire des oiseaux.

M. BORY DE SAINT-VINCENT ; nommé lors de son départ avec le capitaine Baudin.

Il faisait partie de l'expédition des découvertes en qualité de zoologiste, mais il s'arrêta à l'île de France , d'où il alla visiter les principales îles de l'Afrique ; il a inséré dans nos Annales des mémoires sur les conferves , et publié plusieurs ouvrages d'histoire naturelle.

M. Pichon, zoologiste à Boulogne-sur-mer ; nommé en 1802.

A fait plusieurs envois d'oiseaux pour le cabinet.

M. Faujas (Alexandre), fils du professeur, maintenant à la Guadeloupe; nommé en mars 1803.

A envoyé des observations sur des fossiles de la Guadeloupe.

M. Léonhard, professeur de minéralogie à Heidelberg ; nommé en 1808.

Il a envoyé plusieurs échantillons de minéraux pour la collection. Il a publié un grand nombre d'ouvrages de minéralogie, et récemment un excellent traité de cette science.

M. Marcel de Serres, professeur de minéralogie à Montpellier; nommé en 1809, lors de son voyage en Allemagne.

Il envoya de ce pays des objets intéressans pour les collections de minéralogie et de zoologie. Il a inséré dans nos Annales plusieurs mémoires sur l'anatomie des insectes.

M. Troost (Gérard), chirurgien de la marine hollandaise; nommé en 1810.

A envoyé des minéraux pour le cabinet.

M. Corréa de Serra, aujourd'hui membre du conseil du roi et du conseil des finances à Lisbonne ; nommé correspondant en 1811, lorsqu'il partit de France pour aller aux États-Unis.

Il a inséré dans nos Annales de beaux mémoires de carpologie, et envoyé de Philadelphie divers objets pour le cabinet.

M. Taunay, à Rio-Janeiro ; nommé lors de son départ pour le Brésil, en 1815.

A envoyé une collection d'oiseaux en 1816.

M. Saint-Yves, chirurgien de la marine.

A fait plusieurs envois de graines des Indes orientales.

M. Leach, de la société royale de Londres, conservateur des collections de zoologie au Muséum britannique ; nommé en 1818.

A fait plusieurs envois dans toutes les parties du règne animal.

M. Mitchill, professeur d'histoire naturelle à New-York ; nommé en janvier 1821.

A envoyé beaucoup d'objets d'histoire naturelle de l'Amérique du nord.

M. Wallich, surintendant du jardin de botanique de Calcutta ; nommé en janvier 1821.

A envoyé beaucoup de graines et des squelettes d'animaux.

M. Mac-Leay fils, membre de la société linnéenne, à Londres ; nommé en avril 1821.

Auteur d'un ouvrage d'entomologie : a envoyé beaucoup d'insectes et un ornithorinque conservé dans l'esprit-de-vin.

M. d'Orbigny, à la Rochelle ; nommé en mai 1821.

A fait des envois de mollusques, de crustacés et de fossiles, et inséré plusieurs mémoires parmi ceux du Muséum.

M. Buckland, professeur de minéralogie et de géologie à Oxford ; nommé en juin 1821.

A fait de très-beaux envois de minéraux et d'ossemens fossiles.

M. Durand de Villegégue, à la Martinique ; nommé en juillet 1821.

A envoyé des ognons de très-belles liliacées.

COMPARAISON DE L'ÉTABLISSEMENT

TEL QU'IL ÉTAIT EN 1789, A CE QU'IL EST AUJOURD'HUI.

Avant de passer à la description des diverses parties du Muséum, nous croyons devoir présenter un résumé de ce que nous avons exposé dans la notice historique, et comparer l'établissement tel qu'il est aujourd'hui avec ce qu'il était à la mort de Buffon. Cette comparaison prouvera que la dépense qu'il exige n'est en rapport ni avec ses accroissemens ni avec les avantages qui résultent de sa nouvelle organisation, et que s'il n'était pas constitué comme il l'est, l'enseignement des sciences naturelles serait à la fois moins complet et plus coûteux (1).

(1) Dans la comparaison que nous faisons ici des frais que coûtait autrefois le Jardin du Roi avec ceux que coûte aujourd'hui le Muséum, nous ne considérons que les dépenses annuelles ou d'entretien, et non celles qui auraient pour objet de nouvelles constructions ou des réparations extraordinaires. Ces dernières sont d'autant moins considérables, que celles d'entretien et de conservation sont mieux ordonnées et faites plus à propos. On a vu dans la notice précédente que le gouvernement avait toujours fait des sacrifices pour donner de la splendeur au Jardin du Roi, et que les acquisitions et les constructions s'étaient élevées à des sommes très-considérables pendant les seize

Les fonds pour le Jardin du Roi ,
d'après les états de 1789, étaient de . . 104,269 fr.

Il faut y joindre ceux de la ménagerie de Versailles , puisque cette
ménagerie a été transportée au Mu-
séum. Ces fonds étaient de 100,000

Total. 204,269

Les fonds fixés aujourd'hui par le
budget pour l'entretien du Muséum
et le paiement des employés sont de 300,000 fr.

C'est moins d'un tiers en sus de ce que coûtaient
autrefois le jardin et la ménagerie.

Maintenant comparons le Muséum au Jardin
du Roi tel qu'il était en 1789, sous le rapport de
l'étendue , des constructions, des collections et de
l'enseignement.

dernières années de la vie de Buffon. Cependant on n'avait pas obtenu
les résultats auxquels on est parvenu depuis ; l'enseignement était très-
borné , et l'on n'avait pu mettre en harmonie toutes les parties de
l'établissement.

Les places qui ont été supprimées au Jardin par la nouvelle organisation , sont : 1° celle d'intendant qui coûtait 12,000 fr. , sans y comprendre les frais du secrétariat qui étaient de 8,000 fr. ; 2° celle d'architecte, dont les appointemens fixes étaient de 1800 fr. ; 3° celle d'un
capitaine chargé de la police du Jardin, aux appointemens de 4000 fr.,
ayant sous ses ordres trois gardes bosquets, dont chacun recevait 600 fr.
On juge que le service est fait bien mieux , et d'une manière bien
plus convenable dans un établissement royal, par une compagnie de
militaires , qui ne coûte point de frais extraordinaires à l'état, et pour
qui le poste du Jardin est une retraite agréable.

Le Jardin du Roi contenait en 1789, 43 arpens.

Le Muséum en contient aujourd'hui 79.

Les galeries d'histoire naturelle ont été augmentées d'un étage, et la longueur en a été presque doublée. On y a joint une bibliothèque qui renferme plus de 12,000 volumes. On a construit la grande serre tempérée, deux serres chaudes, l'édifice nommé la rotonde au centre de la ménagerie, et le grand bâtiment destiné à loger les animaux féroces. On a profité de deux vastes maisons réunies à l'établissement pour former avec la première les galeries de botanique, un laboratoire de zoologie et une salle d'administration ; avec la seconde, le cabinet d'anatomie comparée et les laboratoires d'anatomie.

On a acquis des maisons pour le logement des professeurs, des aides-naturalistes, des chefs d'atelier et des principaux employés.

Ainsi le nombre des bâtimens du Muséum est avec celui des anciens bâtimens du jardin, dans le rapport de 7 à 1.

On a augmenté d'un tiers l'école de botanique, fondé les écoles de culture, des arbres fruitiers, des plantes d'usage, et arrangé dans le jardin des plantes d'ornement et plusieurs parterres. La ménagerie a été plantée d'arbres qui donnent aujourd'hui des graines pour propager les espèces utiles. Les cultures actuelles sont avec les anciennes dans le rapport de 9 à 1.

Quant aux collections :

Le nombre des plantes vivantes est doublé. Les herbiers contiennent six fois plus de plantes ; la collection des fruits et autres produits du règne végétal est augmentée dans la même proportion.

La collection de quadrupèdes et d'oiseaux est vingt fois ce qu'elle était. Celle des poissons, aujourd'hui la plus nombreuse qu'on connaisse, n'était presque rien auparavans. Celle d'insectes ne contenait que 1500 individus, elle en offre aujourd'hui plus de 40,000 appartenans à 22,000 espèces. Celle des coquilles s'est aussi beaucoup accrue.

La collection d'anatomie comparée, celle des ossemens fossiles et celle de géologie, si riches aujourd'hui, n'existaient pas.

La ménagerie de Versailles n'offrait qu'un petit nombre d'animaux, elle ne servait point à l'enseignement de la zoologie : celle du Muséum a vu paraître successivement plus de 500 espèces d'animaux étrangers, et nous a mis à même de faire des observations très-importantes.

La beauté du jardin, la grandeur des édifices, la richesse des collections, ont fait du Muséum un monument magnifique : mais c'est l'étendue donnée à l'enseignement qui l'a vivifié et l'a rendu d'une utilité générale.

Il y avait au Jardin du Roi trois chaires, à chacune desquelles était jointe une place de démonstrateur. Il y en a treize aujourd'hui ; et des aides-naturalistes sont attachés à chacun des professeurs qui ont besoin d'être aidés dans leurs travaux. Le nombre des leçons que faisait chaque professeur était la moitié de ce qu'il est aujourd'hui. Les professeurs (deux exceptés), et les aides-naturalistes, sont logés au Muséum ; ce qui les met à même de donner la plus grande partie de leur temps à l'établissement, tandis qu'autrefois plusieurs n'y venaient que pour préparer ou pour faire leurs cours. Cette réunion leur offre encore l'avantage de communications réciproques, et c'est là ce qui a donné naissance à la collection des *Mémoires du Muséum*, que le Roi a bien voulu accueillir et dont il a accepté la dédicace.

Le Muséum occupe cent soixante-une personnes dont soixante-deux sont payées à l'année, et quatre-vingt-dix-neuf au mois.

Il entretient des correspondances avec tous les établissemens du même genre ; il leur envoie des objets qui peuvent servir à l'instruction, et il distribue gratuitement chaque année une prodigieuse quantité de graines, de boutures et de greffes.

Si, prenant pour base les frais que coûtait le Jardin du Roi, on évaluait ceux que doit exiger l'entretien du Muséum, d'après l'étendue des objets qu'il embrasse et le nombre des emplois qui y sont établis; on supposerait que ces frais doivent être au moins quatre fois plus considérables; et cependant la dépense du Muséum ne surpasse que d'un tiers ce que coûtaient jadis le jardin et la ménagerie du roi. Cette économie est la suite de son organisation. L'administration qui le régit est essentiellement conservatrice et prévoyante, elle distribue selon les besoins de chaque partie les fonds mis à sa disposition, elle surveille les moindres détails, elle emploie les ouvriers attachés à l'établissement pour faire les réparations au moment où elles sont nécessaires, elle ne donne rien à entreprise et fait exécuter les travaux sous ses yeux, en calculant toujours les dépenses sur les fonds qu'elle a en caisse; enfin elle rend compte au ministre de toutes ses opérations.

Il faut cependant convenir que le Muséum recevant tous les jours des animaux vivans, des arbres étrangers et des collections nouvelles dont la préparation et la conservation nécessitent des frais, il peut arriver que malgré l'économie la plus sévère, une augmentation de secours soit indispensable pour prévenir des pertes qu'il serait dans la suite bien difficile de réparer : mais le gouvernement est trop éclairé pour ne pas proportionner les encouragemens qu'il accorde au Muséum à l'utilité toujours croissante de l'établissement, et aux résultats qu'il est sûr d'en obtenir.

Nous terminerons ce tableau par une considération qui ne sera pas sans intérêt aux yeux de ceux pour qui le spectacle de l'harmonie sociale et de la félicité domestique n'est pas moins touchant que celui de la nature. Au milieu de l'agitation d'une grande ville c'est vraiment une belle chose qu'un établissement où sont réunies cinquante familles vivant en paix, occupées de travaux utiles, contentes de leur sort, attachées au lieu qu'elles habitent pour la vie, et s'enorgueillissant de sa prospérité, soumises volontairement à une hiérarchie qui maintient l'ordre sans blesser l'amour-propre, étrangères aux rivalités de professions comme aux dissensions politiques, et bénissant à la fois le gouvernement qui les protége et l'administration qui les régit. Les savans qui se livrent aux recherches les plus difficiles, aux théories les plus élevées pour pénétrer les secrets de la nature, rapprochent d'eux les ouvriers, et ceux-ci s'éclairant par le reflet des connaissances qui les environnent, jouissent du résultat des travaux qu'on leur fait exécuter. Tous concourent au même but, et c'est ici que se trouvent ensemble les deux sources de bonheur dont parle Virgile

Felix qui potuit rerum cognoscere causas. . . .
Fortunatus et ille deos qui novit agrestes.

DESCRIPTION DU MUSÉUM.

CHAPITRE PREMIER.

JARDIN, ÉCOLES, SERRES.

---

§ I. PROMENADE AU JARDIN.

Les personnes qui désirent voir successivement toutes les parties du Jardin, sans repasser plusieurs fois dans le même endroit, doivent suivre une marche régulière que nous allons indiquer.

Nous supposons qu'on arrive au Jardin par la porte ouverte sur le quai au milieu de la place demi-circulaire qui est vis-à-vis du pont. En entrant on embrasse d'un coup d'œil l'ensemble de l'établissement. En face et à l'autre extrémité, on voit le cabinet d'histoire naturelle qui occupe toute la largeur du Jardin, et paraît s'élever au-dessus de deux enclos dont l'un est la pépinière, et l'autre un vaste bassin carré, creusé en pente jusqu'au niveau de la rivière et garni d'arbrisseaux sur les talus. A droite et à gauche sont les deux grandes allées de tilleuls, et plus loin, d'un côté la ménagerie, qui s'étend jusqu'à la rue de Seine; de l'autre des plantations qui vont jusqu'à la rue de Buffon. On tournera à droite, on entrera dans la grande allée, et l'on arrivera à l'entrée de la cour qui est devant le cabinet. En suivant la grille de fer qui entoure cette cour, l'on se trouvera au commencement de l'allée de tilleuls parallèle à celle qu'on vient de quitter. On aura derrière soi le cabinet, et un peu à droite la maison nommée autrefois l'intendance, et qui fut le logement de M. de Buffon depuis 1773 jusqu'à sa mort (1) : ce sera là notre point de départ. Nous allons faire le tour du Jardin pour examiner tout ce qui se trouvera sur notre passage ; d'abord dans la partie basse qui s'étend du cabinet au bord de la rivière, puis dans la partie élevée qui se compose de deux collines dont l'une porte le nom de labyrinthe, et l'autre celui de petite butte. Nous irons ensuite parcourir la ménagerie que nous considérerons seulement sous le rapport des sites et des plantations, et nous reviendrons sur le quai par l'allée des marroniers, qui sépare le jardin des semis et la ménagerie de la partie plate du Jardin. Cette promenade exigerait à peu près une heure si on ne s'arrêtait nulle part : elle sera beaucoup plus longue; il faudra même la renouveler plusieurs fois, si l'on veut donner quelque attention à ce qu'elle

(1) Cette maison est habitée aujourd'hui par MM. de Lamarck et Van-Spaendonck, professeurs ; et par MM. Lucas, gardes des galeries.

offre de plus instructif et de plus curieux. Nous ne parlerons point en ce moment des parties du jardin qui ont une destination spéciale, comme l'école de botanique, celle de culture, celle des arbres fruitiers, le jardin des semis, les serres, et la ménagerie, considérée comme l'habitation des animaux. Chacun de ces établissemens doit être l'objet d'une visite particulière.

Nous voici donc au haut de la grande allée de tilleuls plantée par M. de Buffon en 1740, sur la lisière méridionale du jardin, parallèlement à celle par laquelle nous sommes arrivés. En suivant cette allée jusqu'au bout, nous aurons à droite, des plantations et un parc clos destiné à diverses cultures ; à gauche, deux parterres séparés par un grand bassin, puis la pépinière, le bassin carré garni d'arbrisseaux, enfin d'autres parterres. Ne nous occupons point de ce qui est à notre gauche, et que nous verrons au retour, mais seulement de ce qui est entre l'allée et la rue de Buffon.

Les quatre premiers carrés entre les parterres et cette rue, sont composés d'arbres de toute espèce et de tout pays qui peuvent passer l'hiver en pleine terre. Ceux qui sont plus rares ou plus intéressans, sont répétés plusieurs fois. On y remarque entre autres un gleditzia ou févier sans épines, envoyé en 1748 du Canada par M. de la Galissonnière, et qui est l'un des plus grands arbres de la plantation; un sophora du Japon, le premier qui ait été cultivé en Europe, où il a pendant long-temps été fort rare (1); le premier acacia venu de l'Amérique septentrionale, que Vespasien Robin qui en était possesseur, planta dans le Jardin du Roi en 1635 : cet arbre avait encore il y a quelques années plus de soixante pieds d'élévation, mais les branches supérieures s'étant successivement desséchées, on a été obligé de le recéper, pour qu'il repoussât du tronc. C'est de cet individu que sont venues les graines qui ont commencé à répandre en France l'un des arbres les plus agréables et les plus utiles; et c'est en mémoire du service rendu par Robin, qui l'a cultivé le premier en Europe, que Linnæus lui a donné le nom de Robinia. On y voyait autrefois un superbe marronier planté en 1656, lors qu'il n'en existait encore qu'un seul en France. Nous en faisons mention parce que la récolte de ses graines a produit la plupart des individus de la même espèce qui font aujourd'hui la décoration de nos parcs. Il a péri dans l'hiver de 1766 à 1767.

Les deux carrés qui sont vis-à-vis et un peu au-

(1) Les graines en furent envoyées à B. de Jussieu par le P. d'Incarville en 1747. Il fleurit pour la première fois en France en 1779. Jusqu'alors on l'avait nommé *Arbor incognita Sinarum.* Il pousse avec beaucoup de vigueur et de rapidité, et réussit même dans les terrains pierreux. Il s'élève de 60 à 80 pieds ; son bois est fort dur : les Chinois tirent de ses fleurs une belle couleur jaune.

dessous du bassin étaient l'école des arbres et arbrisseaux du temps de Tournefort. Lorsque l'école de botanique a été replantée sous M. de Buffon par M. de Jussieu, on y a pris les arbres qu'on ne pouvait se procurer facilement ailleurs, pour les mettre à leur place, et on en a substitué d'autres à ceux qu'on a enlevés. Parmi ceux qui restent on trouve encore un ordre qui rappelle la méthode de Tournefort. On doit y remarquer surtout un genevrier (*juniperus excelsa*, Marsch.), qui a quarante pieds de haut, et quinze pieds jusqu'à la naissance des branches; il fut apporté du Levant et planté au jardin par Tournefort, et c'est probablement le seul qui existe en France. Nous n'avons que l'individu mâle. Ses feuilles froissées entre les doigts, répandent une odeur très-forte.

A l'extrémité de ce carré, et dans le local même où se terminait l'école des arbres de Tournefort, se trouve un café, autour duquel sont des siéges et de petites tables pour ceux qui veulent prendre quelques rafraîchissemens en se reposant à l'ombre des arbres.

Au-dessous du café sont trois carrés entourés d'un treillage en bois. Du vivant de M. de Buffon le terrain qu'ils occupent était un taillis qu'on avait négligé de cultiver, et c'est seulement depuis quelques années que M. Jean Thouin l'a mis dans l'état où on le voit aujourd'hui.

Le premier de ces trois carrés est destiné à la culture des plantes annuelles, qui à cause de la beauté de leurs fleurs, sont recherchées pour l'ornement des jardins; elles y sont séparées par petits compartimens dont chacun est occupé par une espèce, et l'ensemble du parterre est lui-même divisé en quatre parties où les diverses espèces sont placées selon la saison dans laquelle elles fleurissent. Les graines de ces fleurs sont recueillies avec soin pour faire des distributions et répandre ainsi des plantes agréables.

Le second carré est également destiné aux fleurs d'ornement, mais on n'y cultive que des plantes vivaces. Vers la fin de l'automne on donne aux amateurs des racines ou des rejetons de celles qui peuvent être multipliées de cette manière. On prend souvent dans l'un et l'autre de ces deux parterres des modèles pour le cours de dessin de M. Van-Spaendonck (1).

Le troisième carré est destiné au semis des arbres et arbustes de pleine terre; qu'on repique ensuite dans la pépinière, et dont on se sert pour garnir le jardin. On y voit un très-joli massif du pêcher d'Ispahan, dont M. Olivier apporta des noyaux à son retour de Perse en 1780, et dont

(1) On ne cultive point au Muséum les fleurs doubles, les jacinthes, les primevères, etc.; parce qu'on ne veut pas nuire au commerce des jardiniers fleuristes.

M. Thouin a donné l'histoire dans le huitième volume des Annales du Muséum.

A l'extrémité de ce carré se trouve une allée transversale de tulipiers de Virginie, qui fait la limite de l'ancien jardin. A partir de ce point, les tilleuls de la grande allée sont moins élevés, parce qu'ils n'ont été plantés qu'en 1783 (1).

Viennent ensuite quatre carrés, dont chacun a une destination particulière. Le premier, clos d'un treillage, est consacré aux arbres qui conservent leur verdure toute l'année. Ces arbres sont plantés par gradation, les plus grands au nord le long de l'allée, les autres au midi du côté de la rue de Buffon, pour que tous jouissent du soleil autant que cela est possible. On y voit de très-grands épicéa, le pin de Jérusalem (*pinus alepensis*, Desf. Fl. Atl.), de beaux genevriers de Virginie ou cédres rouges, un chêne aux glands doux (*quercus Ballota*, Desf. Fl. Atl.) (2), des houx panachés, le houx de Mahon, etc.

Ce carré est séparé du suivant par une allée de

(1) Le tulipier (*liriodendrum tulipifera*) a été introduit en France vers 1748 par le marquis de la Galissonnière, gouverneur du Canada. C'est un des plus beaux arbres de l'Amérique septentrionale ; dans les forêts où il croît naturellement il s'élève à cent trente pieds et domine les autres arbres ; son tronc a quelquefois plus de vingt pieds de circonférence. Les tulipiers du Jardin ont été plantés il y a vingt-cinq ans par M. Thouin, ils se couvrent de fleurs au mois de juin, et depuis quelques années ils donnent des graines fertiles.

(2) En Espagne on mange ces glands comme des châtaignes.

mélèzes (1); celui-ci également entouré d'un treillage, contient un assortiment des arbres dont on
fait des bosquets d'automne. Ce sont ceux dont
les feuilles ou les fruits se colorent pendant cette
saison. Là se trouve le noyer pacanier (*juglans
olivæformis*, Willd.) (2), le plus grand qui existe
en France; deux gingko biloba (3), les premiers
arrivés dans nos climats, et dont un seul a donné
des fleurs mâles; un beau diospyros ou plaqueminier de Virginie; un *mespylus linearis* qui forme
naturellement le parasol (4); un superbe mûrier
rouge de l'Amérique septentrionale, dont les
fruits sont aussi bons que ceux du mûrier noir,
et qui est surtout remarquable en ce que son
feuillage, plus touffu que celui d'aucun autre arbre

(1) Les mélèzes s'élèvent à cent vingt pieds sur les montagnes, dans
les terrains frais et ombragés, mais ils ne réussissent pas au Jardin du
Roi. Les mélèzes et le cyprès chauve, sont les seuls arbres de la famille
des conifères qui perdent leurs feuilles pendant l'hiver.

(2) Cet arbre, originaire de la Haute-Louisiane, croît abondamment
le long des rivières et dans les marais. Ses noix sont un objet de commerce aux États-Unis; il n'a pas encore fructifié en France.

(3) Grand arbre du Japon très-singulier par son feuillage; ses fruits
gros comme des pommes, contiennent une amande qu'on sert sur les
tables, c'est ce qui l'a fait nommer aussi noyer du Japon. Il fut introduit en Angleterre en 1754 et apporté en France quelques années après
par M. Petigny.

(4) Cet arbre, originaire de l'Amérique septentrionale, n'était pas
connu des botanistes lorsque les graines ont été apportées au Jardin
il y a environ vingt-cinq ans. On l'a multiplié, on en a formé une petite
allée, et il sera bientôt répandu dans les parcs. Son port est entièrement différent de celui des autres espèces du même genre.

que nous connaissions, se conserve jusqu'à la fin de l'automne, et n'est jamais attaqué par les insectes.

Ce carré se termine par une allée d'érables à fruit cotonneux (*acer eriocarpon*, Mich.), arbre qui n'est bien connu que depuis que M. Desfontaines l'a distingué de ses congénères en le décrivant dans les Annales du Muséum, tom. 7.

Le carré suivant est un bosquet d'arbres d'ornement pour l'été. Les plus grands sont toujours au nord, on a cherché à faire contraster entre eux ceux qui diffèrent le plus par le port, par le feuillage, par la forme et la couleur des fleurs. On y remarque des frênes de Caroline, des frênes à fleurs, des noyers noirs de Virginie, des chicots (*gymnocladus canadensis*) (1). Cette plantation est terminée par une allée d'aylantes (2). Tous por-

(1) Cet arbre est dioïque : il est remarquable par ses feuilles deux fois ailées qui ont jusqu'à trois pieds de long sur vingt pouces de large; en hiver lorsqu'il en est dépouillé, ses branches étant en petit nombre, il a l'aspect d'un arbre mort ; c'est ce qui lui a fait donner le nom de chicot. Nous n'avons encore que l'individu mâle.

(2) Les graines de cet arbre furent envoyées de la Chine par le P. d'Incarville en 1751. M. Desfontaines l'ayant vu fructifier pour la première fois chez M. Lemonnier à Versailles, le reconnut pour un nouveau genre de la famille des térébinthes, et il en publia la description dans les Mémoires de l'académie des sciences en 1786 ; il lui donna le nom d'aylante qu'il porte à Amboine, et qui signifie *arbre du ciel ;* on l'avait d'abord désigné sous le nom de *vernis du Japon,* parce qu'on avait cru que les Japonais en tiraient leur beau vernis. Cette dénomination s'est conservée, quoique très-impropre ; elle conviendrait mieux au *rhus vernix,* Linn.

tent d'un côté, sur le tronc, l'impression de la gelée dont ils furent frappés en 1789, à l'époque où la séve avait commencé à se mettre en mouvement.

Le dernier carré est planté d'arbres qui fleurissent au printemps : son étendue était double avant la construction du pont ; on fut alors obligé d'en retrancher une partie pour agrandir le quai. Les arbres qu'on enleva furent transportés vis-à-vis, à l'extrémité de la grande allée correspondante. Parmi ceux qui restent de ce côté se trouvent le le pavia jaune, le pavia de l'Ohio, et le marronier à fleurs rouges, espèce très-remarquable et qui n'était point encore connue il y a deux ans, lorsqu'elle a fleuri au Jardin du Roi.

Arrivés à l'extrémité de ce bosquet, nous nous détournerons un peu de notre route pour en visiter la seconde partie, également composée d'arbres du printemps, greffés de différentes manières et abandonnés à leur croissance naturelle. On y voit des merisiers à fleurs doubles ; un bel individu du coignassier de la Chine, décrit et figuré par M. Thouin dans les Annales du Muséum, tom. 19, lorsqu'il a fructifié pour la première fois en 1811 ; le pommier odorant (*malus coronaria*) de l'Amérique septentrionale, et le pommier à bouquets (*malus spectabilis*) de la Chine. Ce bosquet est défendu de la poussière par un brisant formé de thuyas de la Chine. Il est borné du côté de l'ouest par une allée d'arbres de Judée, qui est la plus jolie du Jardin, lorsqu'au commencement de mai, les feuilles n'étant pas encore développées, toutes les branches sont couvertes d'une innombrable quantité de fleurs.

Revenons maintenant sur la terrasse jusqu'à la porte d'entrée. Nous trouverons en face de cette porte une allée qui va jusqu'au grand bassin carré, et à droite et à gauche de cette allée, des parterres employés à diverses cultures. Ces parterres sont au nombre de huit. Les quatre premiers sont consacrés à la culture des plantes médicinales, dont on fait des distributions gratuites aux pauvres. Elles y sont disposées par bandes, et toutes étiquetées, pour que les herboristes et même les étudians en pharmacie et en médecine puissent les examiner dans tous leurs développemens. Deux de ces carrés sont destinés aux plantes indigènes : les deux autres aux plantes exotiques. On y voit les différentes espèces de rhubarbe, et plusieurs plantes nouvellement introduites, auxquelles on attribue de grandes vertus dans les pays d'où elles viennent, et dont les médecins pourront faire l'essai chez nous avec les précautions convenables.

Les deux parterres suivans, contiennent des doubles des plus belles plantes vivaces de l'école. Comme elles ont plus d'espace, elles peuvent y croître avec plus de liberté, et les élèves en botanique viennent les étudier, et s'exercer à les déterminer d'après les caractères. C'est pour cela qu'on n'y met point d'étiquettes.

Les deux derniers carrés sont un parterre où l'on cultive des fleurs de plate-bande. On a soin de varier les espèces toutes les années, et l'on renouvelle les plantations deux fois pour que le terrain soit également couvert de fleurs depuis le milieu du printemps jusqu'au milieu de l'automne. Cette partie du Jardin offre un coup d'œil agréable. Les graines qu'on y recueille font partie des distributions.

A l'extrémité de ces parterres on trouve le bassin carré qui est entouré d'une grille de fer; en en faisant le tour, on peut voir tous les arbrisseaux dont il est planté. Ces arbrisseaux sont disposés sur les côtés en amphithéâtre, à quatre expositions différentes selon leur nature. Au printemps, et jusqu'à la fin de l'été, ce bassin offre de tous côtés un coup d'œil magnifique, par la quantité de rosiers, de boules de neige, de lilas, de fustets, de fontanésia (1), de staphylea qui le décorent. Plusieurs des arbrisseaux de cette plantation commençant à se dégrader, on l'a coupée

(1) Joli arbrisseau décrit et dédié à M. Desfontaines par M. de la Billardière, qui en a apporté les graines au Jardin du Roi, à son retour de Syrie en 1788.

l'hiver dernier, à rez de terre, ainsi on ne la trouvera pas aussi belle qu'elle l'était en 1820; mais elle le sera beaucoup plus dans les années suivantes. Au fond est un petit étang qui reçoit par infiltration les eaux de la rivière. On avait d'abord destiné ce bassin à la culture des plantes aquatiques; mais elles n'ont pu y réussir. Il serait à désirer qu'on pût creuser un aquéduc qui établît entre ce bassin et la Seine une communication plus facile, ou qu'on se décidât à combler le fond, où l'eau stagnante et non renouvelée devient souvent fétide pendant les grandes chaleurs. On a établi vers le bas, des plates-bandes où l'on cultive des fleurs d'ornement (1).

Après avoir fait le tour de ce carré, on traverse une allée bordée d'un seul côté de *mespilus linearis* et de koelreutéria (2). Ces deux arbres placés alternativement sur une même ligne, contrastent par leur feuillage, par leurs fleurs, et surtout par

(1) Lorsqu'on construira de nouvelles serres, on les placera probablement à la suite de celles qui existent, ce qui obligera de prendre une lisière de terrain dans la partie occidentale de l'école de botanique, et conséquemment de prolonger cette école du côté du midi audelà de ses limites actuelles; alors on comblerait le grand bassin pour y transporter l'école des arbres fruitiers ou celle de culture. Cette translation exigeant des travaux préliminaires, il est possible qu'on s'en occupe le printemps prochain, et que le grand bassin ne réponde plus à la description que nous en avons donnée.

(2) Joli arbre originaire du nord de l'Asie, introduit en France en 1789, et acclimaté dans le jardin des semis du Muséum, doù il s'est répandu chez les amateurs.

le port, l'un ayant les branches étendues horizontalement, et l'autre les ayant réunies en boule.
On entre ensuite dans la pépinière, qui est entourée d'une grille de fer.

C'est là qu'on élève les arbres, arbrisseaux et
arbustes nécessaires pour garnir les différentes
parties du Jardin : on y propage de bouture, de
marcotte, ou de greffe, toutes les espèces intéressantes qui sont nouvellement introduites ou qui
ne sont pas encore répandues dans le commerce,
et l'on en donne de jeunes pieds aux cultivateurs
qui sont en correspondance avec le Muséum.

Parmi les arbrisseaux élevés à la pépinière on
voit avec plaisir le charmant marronier apporté
de l'Amérique septentrionale par A. Michaux,
(*œsculus macrostachya*, Mich. Fl.) qui étale ses
branches et ses longues grappes de fleurs à trois
pieds au-dessus de la terre. On y voit aussi une
plantation de paliurus (1) aussi beaux que ceux qui
croissent dans le midi de la France; des cissus, des
périploca. Au reste ces cultures varient, parce que
chaque année on transplante ailleurs les végétaux
qui sont assez multipliés, pour leur en substituer
d'autres. Au milieu de la pépinière est un rucher

(1) Joli arbrisseau d'ornement dont on peut faire des haies impéné-
trables, parce qu'à l'aisselle de chaque feuille il y a deux épines dont
l'une est droite et l'autre courbe. Virgile en fait mention : *spinis paliurus acutis*. On le nomme vulgairement *porte-chapeau* à cause de ses
fruits qui ont la forme d'un chapeau rabattu.

composé de trente-six ruches, réunies dans un petit pavillon formé d'une charpente en bois, et couvert d'une toile peinte en rouge. Ces ruches sont de diverses constructions, depuis les paniers les plus simples jusqu'aux ruches à feuillets et à celles qui sont garnies en verre pour qu'on puisse voir travailler les abeilles. M. Lasseray qui prend soin de ce rucher, y a fait des observations sur les divers moyens de recueillir le miel sans détruire les mouches; il a même trouvé celui de l'extraire des alvéoles sans altérer les gâteaux de cire.

Le long de la grille du côté du midi, est une plate-bande couverte de terreau de bruyère, et ombragée par les tilleuls de la grande allée. Elle est destinée aux plantes qui exigent de la fraîcheur et des soins particuliers; c'est là qu'on cultive plusieurs arbustes de la famille des bruyères ou des rosages; des azalea, des kalmia, des vaccinium, des rhododendron, des itea, des andromeda, dont il n'est pas possible d'avoir des individus aussi beaux dans l'école de botanique. On y remarque aussi un joli magnolia glauca, l'un des arbrisseaux les plus recherchés à cause du parfum de ses fleurs.

En sortant de la pépinière on se trouve en face de deux parterres, plantés il y a quelques années sous le ministère de M. Chaptal, qui accorda au Muséum les fonds nécessaires pour cette dépense.

Ces deux parterres, entourés d'un treillage, sont employés à la culture, à la multiplication et à la naturalisation des plantes étrangères vivaces et de pleine terre. On y voit une ligne du beau phlomis apporté du Levant par Tournefort, une de diverses espèces de férule dont la tige a dix pieds d'élévation, une de fraxinelles, une de l'aletris d'Abissinie, que l'on a multiplié au Jardin, plusieurs espèces de phlox, deux cheloné nouvellement venus du Mexique (*C. campanulata* et *C. barbata*, etc.). On y voit aussi vers le bas une collection de rosiers à fleurs doubles, qui, sans être aussi nombreuse que celle du Luxembourg, offre cependant les espèces les plus remarquables. Sur les glacis sont des touffes de plantes bulbeuses ou tubéreuses, comme des pivoines, des couronnes impériales, des lis orangés et des martagons de diverses couleurs, des albuca, des amaryllis, etc.

Les planches sont entourées de plantes propres aux bordures que l'on varie d'une année à l'autre, pour les faire connaître et remarquer. Plusieurs des plantes qu'on y a ainsi cultivées pendant deux ans se sont introduites depuis dans les jardins. Ainsi le joli silène apporté de Barbarie par M. Desfontaines, forme maintenant des bordures charmantes dans les parterres du Luxembourg.

Dans la belle saison, on place aux extrémités de ces deux carrés et dans l'intervalle qui les sépare, des arbres en caisse qu'on a retirés de l'orangerie : tels que des grewia, des lentisques, le cassia corymbosa, le célastrus à fleurs nombreuses, des justicia, le kiggelaria d'Afrique, le caroubier, le sterculia à feuilles de platane, ou *tong-chu* des Chinois ; et du côté du cabinet, des myrtes à fleur double, de magnifiques lauriers-roses et des palmistes.

Dans l'intervalle qui sépare ces deux parterres se trouve un large bassin où l'on cultive plusieurs plantes aquatiques, dont quelques-unes sont étrangères, telles que le *saururus cernuus* et le jussiea à fleurs jaunes *jussiæa grandiflora*, Mich.), tous deux de l'Amérique septentrionale. Sur le bord du bassin qui est entouré d'un treillage, on cultive quelques plantes qui aiment l'humidité, et surtout de très-jolies saxifrages.

La construction de ce bassin est extrêmement singulière ; il a la forme d'une coupe portée sur un pied, et l'on en fait le tour en dessous. On pourrait y placer quelques plantes cryptogames qui se développent dans l'obscurité. Les pierres en sont si bien liées, que sous ce chapiteau il y a une humidité continuelle, mais sans que l'eau s'échappe d'aucun côté.

Les carrés dont nous venons de parler sont en face d'un jardin particulier entouré d'une grille de fer ; c'est celui de l'orangerie, où l'on place dans des caisses ou des pots pendant la belle saison toutes les plantes qui, exigeant moins de chaleur que celles de la serre tempérée, ont passé l'hiver dans l'orangerie. On y remarque de beaux yuccas, des phormium ou lin de la Nouvelle-Zélande (1), le laurier amandé du Mississipi, le prunier toujours vert, un magnolier à grandes fleurs, des casuarina (2), des clethra, des plantes du midi de la France, et beaucoup de plantes des Alpes.

Au fond de ce jardin est le bâtiment de l'orangerie dont les murs sont couverts de plantes grimpantes et surtout de la belle bignone de Virginie, qui attire les yeux par ses grands bouquets de fleurs rouges.

(1) Le *phormium tenax*, avec lequel les habitans de la Nouvelle-Zélande fabriquent leurs étoffes, a du rapport avec les aloès. Il est connu depuis le voyage du capitaine Cook. Le Muséum en ayant reçu quelques pieds au retour de l'expédition du capitaine Baudin en donna un à M. Faujas, qui l'ayant multiplié dans son jardin près de Montelimar, le répandit dans les départemens du midi. On le cultive aujourd'hui dans le voisinage de la mer où il réussit fort bien. C'est une acquisition précieuse pour la marine ; parce que les cordes faites avec les fibres de ses feuilles ont une force double de celles de chanvre. Voyez sur la culture et les usages de cette plante les Annales du Muséum, tome 2 et tome 17.

(2) Les casuarina ou filao appartiennent à la famille des conifères. Ils sont entièrement dépourvus de feuilles, comme les éphédra. Leurs rameaux grêles, pendans et articulés, leur donnent un aspect tout particulier. On pourrait les cultiver en pleine terre dans le midi de la France. Leur bois très-dur, très-agréablement veiné et susceptible d'un beau poli, serait fort utile dans l'ébénisterie. C'est à la Nouvelle-Hollande celui qu'on emploie de préférence pour la construction des vaisseaux,

Cette orangerie n'a point de fourneau. Elle est divisée en deux parties dont une seulement est voûtée : les croisées sont de la largeur des trumeaux; on les couvre de paillassons dans les grands froids. Au printemps on voit fleurir les plantes alpines sur l'appui des croisées. Ces plantes, quoiqu'elles soient originaires des régions les plus froides, ne peuvent chez nous passer l'hiver en pleine terre, parce qu'elles n'y sont pas, comme dans leur pays natal, couvertes par la neige depuis les premières gelées jusqu'au retour de la belle saison.

A côté de l'orangerie est un très-petit enclos bien abrité du nord et de l'ouest, où sont des couches et des châssis. On y place quelques plantes délicates qu'on veut faire fleurir ou multiplier de bouture.

En sortant du jardin de l'orangerie, on est à côté de la rampe qui conduit au haut du jardin, c'est-à-dire à la colline qu'on nomme le labyrinthe, et à une autre butte moins élevée.

La colline à laquelle on donne vulgairement le nom de labyrinthe, parce qu'elle est coupée par plusieurs chemins qui rentrent les uns dans les autres, est d'une forme conique. En y montant on trouve d'abord le cédre du Liban, qui donne toutes les années des graines en quantité. C'est le premier qui ait paru en France. Lorsque

Bernard de Jussieu alla en Angleterre avec du Fay en 1734, Collinson, médecin quarke, fort riche et amateur de botanique , avait reçu du Liban un cône de cédre dont les graines avaient levé. Il en donna à Bernard de Jussieu deux individus qui n'avaient que quelques pouces de haut. Ils furent cultivés avec soin : l'un des deux fut placé dans l'ancienne école, et n'existe plus; l'autre est celui qui étend majestueusement ses branches au pied du labyrinthe. C'est de ses graines que sont venus plusieurs de ceux qui sont maintenant répandus dans les parcs. Quoiqu'il soit d'une très-grande hauteur , il serait encore plus élevé si sa flèche n'avait été cassée par un accident : on sait que ces sortes d'arbres poussent par le sommet des branches, et que lorsque le sommet est coupé ils ne croissent plus.

Au-dessous du cédre du côté du midi sont deux pins à pignons remarquables par leur grandeur , et qui donnent l'idée de l'effet que font ces arbres sur les Apennins dont ils couronnent les cimes, et dans les jardins d'Italie , où ils sont cultivés Il y a aussi plusieurs laricio , des pins du Lord, des hemlock-spruce, le baumier de Giléad, beaucoup d'ifs, d'épicéa, de cyprès , et de très-beaux genevriers de Virginie.

En suivant les allées qui montent en spirale et font plusieurs fois le tour de la colline, on trouve

Le Tombeau de Daubenton.   Daubenton's Tomb.

au sommet un joli kiosque entouré de colonnes de bronze et d'une balustrade. De ce point élevé la vue s'étend sur le Jardin, sur toute la partie de l'est, du sud et du nord de Paris, et sur les campagnes éloignées du côté de Montmartre, de Vincennes et de Sceaux.

A mi-côte à l'exposition du levant, entre le kiosque et le cédre, on voit une petite enceinte formée par un treillage : c'est là qu'est le tombeau de Daubenton. Ce patriarche de l'histoire naturelle étant mort au Muséum le 31 décembre 1799, on crut devoir conserver ses cendres dans le lieu où il avait passé sa vie, et auquel il avait rendu de si grands services. Une colonne posée sur divers minéraux, autour desquels sont des fleurs qu'on a soin de renouveler, indique ce monument. On a le projet de placer sur cette colonne le buste en marbre de Daubenton.

En descendant de la butte, du côté qui incline vers le nord, on voit un bel érable de Montpellier ; au-dessous, le plus beau platane qui existe à Paris ; et entre ces deux arbres, sur le penchant du coteau, un châlet où l'on trouve le matin, pendant la belle saison, du laitage et des œufs frais. C'est là que plusieurs de ceux qui viennent passer la matinée à étudier au Jardin vont faire des collations agrestes en respirant sous l'ombrage des arbres un air frais et balsamique. Au-dessous du châlet est un chemin qui fait le tour de la colline, se prolonge le long d'une terrasse élevée au-dessus de la rue du Jardin du Roi, et aboutit à une porte de sortie des galeries d'histoire naturelle.

En revenant à l'est derrière les serres, on sera de nouveau conduit au-dessous des pins à pignon dont nous avons parlé, et l'on se trouvera en face de la petite butte.

Celle-ci forme un carré long, presque en amphithéâtre. Elle est coupée par des allées sinueuses; elle est, comme la précédente, plantée en arbres verts, parmi lesquels on remarque plusieurs espèces de pins, particulièrement celui d'Alep, des sapinettes noires et rouges, des cédres du Liban, des chênes verts, des filaria, de beaux individus du buis de Mahon, un néflier du Japon, un petit massif d'aucuba japonica. Le haut de cette butte forme une esplanade à l'extrémité de laquelle est un point de vue très-pittoresque, qui s'étend sur tout le Jardin jusqu'à la rivière.

Les deux collines dont on vient de parler sont couvertes d'herbe qu'on fauche toutes les années. On y trouve souvent plusieurs plantes étrangères qui viennent des graines de celles qu'on a semées dans l'école, et qui s'y naturalisent. Ainsi nous y avons vu pendant plusieurs années le seigle de Crète, le maceron du Levant, *smyrnium perfolia-tum*, etc.

En descendant de la petite butte, on a en face un grand ovale qui est placé devant l'amphithéâtre et entouré d'un treillage : à gauche quelques logemens de professeurs, dont chacun a un petit jardin particulier ; et plus loin, la porte qui donne sur la rue de Seine : à droite, le jardin des semis, la serre tempérée et la ménagerie.

Ce grand ovale est destiné à recevoir pendant l'été les plus beaux arbres de la Nouvelle-Hollande, du cap de Bonne-Espérance, de l'Asie mineure, des côtes de Barbarie, qui ont passé l'hiver dans la serre tempérée. Ils y sont groupés par masses pittoresques, et les caisses qui les contiennent reposent sur un gazon où l'on place de distance en distance diverses fleurs d'ornement. Ces arbres étant étiquetés nous n'avons pas besoin d'en indiquer le nom. Nous ferons mention des plus remarquables en visitant la serre tempérée où ils passent l'hiver. Nous nous bornerons à dire en ce moment, qu'on ne peut voir nulle part une telle réunion d'arbres étrangers de différente forme et d'un aspect aussi varié.

Au milieu de l'ovale est une très-grande coupe de pierre, autour de laquelle on arrange les arbres les plus élevés, et sur laquelle on place ordinairement dans un vase une plante remarquable par la beauté et l'éclat de ses fleurs.

A côté de la porte de l'amphithéâtre on voit

deux beaux palmistes (1) qui furent envoyés à Louis XIV par le margrave de Bade-Dourlach, au commencement du siècle dernier. Ils avaient alors douze pieds de tige; ils ont actuellement vingt-cinq pieds. Comme ces arbres croissent par le sommet et non par des bourgeons latéraux, qu'il ne se forme pas de nouvelles couches sur le tronc, et qu'ils poussent chaque année de nouvelles feuilles, tandis que les plus anciennes tombent; le nombre des anneaux qui se voient sur la tige indique leur âge, comme les couches concentriques du bois indiquent celui des arbres à deux feuilles séminales.

On est obligé de retenir ces palmistes par quatre cordes qui aboutissent au-dessous du sommet, et sont attachées aux quatre angles de la caisse pour qu'ils ne soient pas cassés par le vent.

En Sicile et en Espagne on n'en rencontre jamais qui soient d'une aussi grande élévation. Il est remarquable que cet arbre croît par la base au-dessous de la colonne, comme par le sommet, tellement que l'impression du premier anneau de feuilles qui était d'abord au niveau de la terre, en est aujourd'hui à plus de deux pieds de distance (2).

(1) *Chamærops humilis*, L., on le nomme aussi palmier éventail.

(2) Ce genre d'accroissement paraît d'abord très-singulier, et nous n'en connaissons pas d'autre exemple; cependant il ne s'écarte point

Nous allons maintenant continuer notre promenade en parcourant la ménagerie, que nous ne considérerons point comme le lieu où l'on élève divers animaux, nous proposant d'y revenir ensuite pour cet objet.

On entre dans la ménagerie par une porte voisine de l'amphithéâtre. A mesure qu'on avance, la diversité des sites, la différente inclinaison des parcs, la variété des plantations, le grand nombre de fabriques curieuses donnent à cette partie de l'établissement l'aspect d'un jardin irrégulier ou jardin anglais. Mais ici l'intérêt est tout autre. Dans la plupart des jardins anglais, où l'on n'a eu d'autre intention que de produire des effets pittoresques et de varier les points de vue, on se demande souvent si les effets obtenus répondent aux frais qu'on a été obligé de faire pour donner du mouvement au terrain. On se lasse bientôt de ce qui n'offre rien d'utile. Ici tout a un but déterminé : les parcs nombreux qui divisent la ménagerie étant destinés à renfermer chacun une es-

des lois ordinaires de la végétation. Le pivot de la racine ayant été repoussé hors de terre par les racines inférieures qui ne pouvaient s'enfoncer, s'est élevé et accru ; les petites racines qui y adhéraient se sont successivement détruites en rendant sa surface raboteuse, et ce même pivot forme aujourd'hui la base ou piédestal de la colonne du palmier. Une chose digne d'attention, c'est que près de la terre il y a un étranglement considérable, comme si l'arbre n'avait plus aujourd'hui la même force de végétation, et n'était soutenu que par des racines partant du centre.

pèce d'animal, leur grandeur est relative au besoin que cet animal a de faire plus ou moins d'exercice ; les arbres sont disposés de manière à lui fournir de l'ombrage ; les fabriques rappellent les habitudes de l'animal auquel elles servent de retraite, et le pays d'où il est originaire. Les inclinaisons du terrain sont calculées pour que ceux qui veulent examiner ou dessiner les animaux puissent les voir de tous les côtés, de bas en haut, dans toutes les positions, et bien éclairés à toutes les heures du jour. Les bassins sont destinés aux oiseaux aquatiques ; un petit ruisseau renouvelle l'eau dans laquelle ils se baignent. Le grand édifice placé au centre renferme les quadrupèdes qui doivent être chauffés pendant l'hiver, et les femelles qui ont des petits qu'elles allaitent et qui ont besoin de soins particuliers. La faisanderie, bien abritée du nord, a devant elle un terrain découvert. Les loges des animaux carnassiers, construites l'année dernière sur un plan très-simple et très-beau, sont exposées au midi, et situées dans le lieu le plus voisin de la rivière, afin qu'on puisse avoir aisément l'eau nécessaire pour les laver, et que cette eau puisse s'écouler par un aquéduc souterrain. Nous reviendrons sur cet objet. Nous avons dû en dire un mot ici pour qu'on n'attribue point à un vain caprice la variété qu'on remarque dans ce beau Jardin.

Lorsqu'on est entré dans la ménagerie, il convient de prendre alternativement les allées à gauche et à droite. On fait ainsi le tour de divers parcs; on passe devant les singes, les oiseaux de proie et la faisanderie, et l'on se trouve vis-à-vis de la rotonde. Alors on avance au delà de cet édifice, on tourne à gauche pour visiter de nouvelles constructions; puis reprenant la direction qu'on avait d'abord suivie, on arrive au bâtiment qui renferme les animaux carnassiers, et l'on revient en passant entre d'autres parcs et en suivant la terrasse qui aboutit à la serre tempérée. Au-dessous de cette terrasse est le jardin de naturalisation qui tient à celui des semis, et qu'on voit parfaitement de ce point. Quand on est parvenu à l'extrémité de la serre tempérée, on descend dans le lieu le plus bas, et l'on revient par un chemin creux au lieu d'où l'on est parti.

En faisant le tour des parcs, on aura pu remarquer que chacun d'eux est entouré d'un treillage qui diffère des autres par le dessin. On aura surtout été frappé de la beauté et de la variété des arbres qui ombragent les allées.

C'est dans cette partie de l'établissement qu'on a rassemblé tous les arbres et tous les arbrisseaux étrangers qui peuvent passer l'hiver en pleine terre. Nulle part un aussi grand nombre d'espèces parvenues à leur grandeur naturelle, ne se trouve dans un espace aussi resserré. Comme le terrain est bon, et que les arbres ont été bien soignés, ils ont pris un accroissement rapide.

Ces arbres n'ont été plantés que successivement depuis 1797, et l'on a lieu de s'étonner de leur grandeur. Il est bon d'avertir que la plupart ont été plantés lorsqu'ils avaient déjà acquis une très-haute taille, qu'on ne les a point étêtés, et qu'on n'en a même retranché qu'un petit nombre de branches, afin de ne point altérer leur port naturel. On a eu soin, en les arrachant en hiver, de n'en point endommager les racines, de conserver même la motte autant qu'on l'a pu, de bien défoncer et de bien préparer le terrain, de les orienter comme ils l'étaient dans le lieu d'où on les a retirés, de les arroser au besoin pendant le premier été; et ils se sont à peine ressentis de la transplantation. C'est une preuve de l'inutilité de couper la tête aux arbres qu'on veut transplanter; et M. Thouin, qui s'est élevé contre cette pratique dans ses cours et dans ses écrits, a donné ici la preuve la plus concluante de la vérité de ses principes.

Les arbres de la ménagerie étant étiquetés, nous n'avons pas besoin d'en donner la nomenclature. Nous nous contenterons de signaler quelques-uns de ceux qui doivent attirer l'attention, soit parce qu'ils sont très-rares, soit parce qu'ils sont ici d'une beauté remarquable.

On y voit le premier mûrier à papier arrivé en France. M. Banks l'avait apporté d'Otaïti, et il l'envoya au Jardin du Roi. Il a été long - temps dans le jardin des semis près du puits ; mais comme il y donnait beaucoup d'ombre, on l'a transplanté dans la ménagerie. Le noyer noir et le noyer cendré (1) qui se couvrent de fruits toutes les années, les diverses espèces de micocouliers, les frênes et les érables d'Amérique, les sorbiers de Laponie, le tilleul argenté, les cerisiers et les pruniers de l'Amérique septentrionale, le poirier à feuilles de saule, les sumacs, les féviers sont ici d'une grandeur remarquable. L'acacia visqueux que Michaux a apporté d'Amérique, et qui est si agréable par son feuillage et par ses fleurs roses qui se renouvellent deux fois l'année, est très-multiplié ;

(1) *Juglans nigra.* Cet arbre croît en plein bois dans les états du Kentucky et de l'Ohio, il y acquiert jusqu'à soixante-dix pieds d'élévation, et six pieds de diamètre. Son bois est d'une couleur très-brune, mais il est compacte et susceptible d'un beau poli : il ne se tourmente point et n'est jamais attaqué par les vers. On en fait de beaux meubles, et on l'emploie dans les constructions navales. C'est un des arbres qu'il serait le plus utile de multiplier en France ; il pousse plus vite et s'élève plus rapidement que le noyer commun, auquel il est préférable excepté pour ses fruits. M. Michaux fils propose d'en faire des pépinières, et de greffer les sujets à huit ou dix pieds de hauteur, avec notre noyer. « Alors, dit-il, on jouirait de tous les avantages que présentent » les deux espèces, sous le rapport de la qualité du bois et de la bonté » des fruits. » Histoire des arbres de l'Amérique septentrionale, tom. 3, p. 164.

Le noyer cendré est aussi un fort bel arbre, mais il est à tous égards inférieur au noyer noir.

et ce sont les individus élevés d'abord au Jardin du Roi qui ont produit ceux qui sont aujourd'hui répandus dans les parcs.

La plupart des arbres de la ménagerie fructifient abondamment. Ils sont ce qu'on appelle des porte-graines, c'est-à-dire, destinés à fournir la récolte des graines qu'on distribue toutes les années aux cultivateurs. Les arbres verts de la famille des conifères sont les seuls qui ne se trouvent point à la ménagerie, parce qu'on les a tous réunis sur les buttes.

On voyait, il y a quelques années, le long des allées qui séparent les parcs, plusieurs arbustes agréables, des spiréa, des chèvre-feuilles, des clématites, etc ; ils y sont plus rares aujourd'hui, parce que les arbres devenus trop grands, les privent du soleil.

Il y a encore dans la ménagerie quelques carrés qui ne sont pas plantés d'arbres ; ils seront bientôt ombragés comme les autres. On en a profité jusqu'ici pour multiplier quelques plantes rares, ou pour faire des expériences : ainsi il y a quelques années qu'on y a cultivé le pastel, pour savoir quelle quantité d'indigo on pourrait en retirer.

Autour des divers parcs, on place des arbustes ou des plantes vivaces qui donnent de belles fleurs, des iris, des millepertuis, etc.

En sortant de la ménagerie, on tourne à gauche,

et l'on passe devant le chemin qui la sépare de la serre tempérée. Au milieu de ce chemin est un puits qui, à l'aide d'une pompe, fournit de l'eau pour remplir les bassins. Les chameaux du Muséum sont continuellement employés à mettre cette pompe en mouvement.

En suivant la terrasse le long de la serre et de la grille occidentale du jardin des semis, on se trouve en face de l'école de botanique, et si l'on veut réserver pour une seconde promenade les autres parties de l'établissement et rejoindre la porte par laquelle on est entré, on suit l'allée des marroniers jusqu'à la terrasse qui est sur le quai. En la suivant, on a à gauche le jardin des semis et celui de naturalisation, puis trois larges fossés ou cours pavées, où l'on place des animaux qui s'y promènent pendant le jour, et se retirent la nuit dans des loges construites sur le côté. On a vu pendant plusieurs années des ours de Berne dans les deux premiers : les tours qu'on leur faisait faire amusaient beaucoup le public; mais un homme atteint de folie s'étant jeté dans le fossé et ayant été tué, on a cru devoir loger ces ours ailleurs. Le troisième de ces fossés renferme des sangliers qui ont plusieurs fois soulevé et amoncelé les grosses pierres du pavé. A l'extrémité de ces cours sont les parcs de la ménagerie; enfin l'emplacement des loges où l'on renfermait les animaux carnassiers avant la construction du bâtiment qu'ils occupent aujourd'hui. A droite on trouve successivement l'école de botanique, une allée de sophora du Japon, entre lesquels on a mis des thuya , qu'on supprimera lorsque les sophora seront parvenus à leur grandeur ; l'école des arbres fruitiers , l'allée des platanes , l'école des plantes d'usage dans l'économie rurale et domestique , l'allée des catalpas de Virginie , l'école de culture , l'allée d'arbres de Judée ; enfin, la portion du bosquet du printemps dont nous avons parlé.

Nous allons maintenant nous occuper de ces diverses parties. Nous parlerons d'abord de l'école de botanique , puis de celle des arbres fruitiers, de celle des plantes d'usage, de celle de culture , du jardin des semis ; enfin de la serre tempérée et des serres chaudes. Chacun de ces objets exige un article à part. Après avoir vu tout ce qui est relatif au Jardin, nous examinerons les collections renfermées dans les cabinets, la ménagerie et la bibliothèque.

§ II. ÉCOLE DE BOTANIQUE.

Cette école entourée d'une grille de fer, s'étend de l'ouest à l'est depuis la rampe qui monte de la partie basse à la partie haute du jardin, jusqu'au carré planté d'arbres fruitiers. Elle est bornée au nord par la serre et par l'allée des marronniers, au sud par l'allée des tilleuls. Sa surface est de 3,064 toises carrées. Des allées longitudinales et transversales la partagent en seize compartimens, qui comprennent cent cinquante-quatre plates-bandes d'inégale grandeur, mais qui ont en général 60 pieds de long sur 5 pieds de large, et sont séparées les unes des autres par des sentiers de 3 pieds. Dans l'allée du milieu, qui est la plus large, sont quatre bassins placés à égale distance, et dont l'eau sert aux arrosemens. Des cinq portes de cet enclos deux sont toujours ouvertes, excepté à l'heure où les jardiniers vont prendre leur repas : cependant on n'y voit jamais que des personnes occupées; le public sent que c'est un lieu réservé pour l'étude.

On a soin d'en éloigner les enfans, non-seulement à cause du dégât qu'ils pourraient faire, mais surtout à cause du danger auquel ils seraient exposés s'ils touchaient à quelques plantes vénéneuses.

L'école de botanique est la partie essentielle et fondamentale du jardin : c'est elle qui établit une correspondance entre toutes les autres parties consacrées à la culture, en fixant d'une manière positive la nomenclature des végétaux et les rapports des espèces. C'est elle qui constate l'état actuel de nos richesses en botanique, et qui assure la propagation de la science en mettant les élèves à même d'étudier les plantes dans tous les périodes de leur accroissement, de les comparer entre elles et avec les descriptions qui en ont été données, et d'observer les changemens qu'elles éprouvent et les phénomènes physiologiques qu'elles présentent selon les saisons, l'heure du jour, l'intensité de la lumière et l'état de l'atmosphère. C'est elle enfin qui facilite le moyen de recueillir successivement les graines à l'époque de leur maturité, et de les étiqueter sans avoir à craindre une méprise, lors même que l'espèce qui les fournit étant dépouillée de ses feuilles, ne peut être distinguée de l'espèce voisine.

Mais les avantages qu'elle présente et les résultats qu'elle produit disparaîtraient bien vite, si le même esprit qui a présidé à sa formation ne présidait à son entretien. Il faut que le professeur qui en a la direction connaisse assez bien

les plantes pour les distinguer aussitôt qu'elles
ont développé leurs feuilles, pour assigner à chacune la place qui lui convient, pour rectifier les
erreurs que commettent fréquemment ceux dont
on reçoit des envois, pour rapprocher les divers
noms donnés à la même plante par différens botanistes, pour séparer les espèces qui ont été confondues sous le même nom et qu'il est nécessaire
de distinguer par un nom nouveau; enfin pour
décrire et publier celles qui sont entièrement inconnues, ou qui n'ont encore paru dans aucun
jardin de l'Europe et dont il n'existe ni description ni figure. Il faut encore qu'il ait une surveillance continuelle : car, malgré le soin qu'on prend
pour la récolte des graines, on voit souvent d'autres plantes pousser à la place de celles qu'on
avait semées, quelquefois des étiquettes sont
déplacées par accident, et la confusion serait
bientôt introduite dans l'école, si le professeur
ne la visitait tous les jours, et s'il n'était frappé
au premier coup d'œil de ce qui dérange l'ordre
qu'il a établi (1).

Ce n'est pas seulement dans le temps des cours
que l'école de botanique est fréquentée par de

(1) Il est nécessaire que le professeur de botanique et le jardinier en
chef soient secondés par un jardinier qui aime les plantes et qui
sache les soigner. Cette place est remplie avec beaucoup de zèle et
d'intelligence par M. Matthieu qui a été formé par M. Jean Thouin,
et chargé pendant plusieurs années du soin de la serre tempérée.

nombreux étudians. Aussitôt que la floraison de
la perce-neige et du bois gentil annonce le réveil
de la végétation, elle est visitée par ceux qui veulent faire de la botanique une étude méthodique,
et chaque jour, quelques fleurs nouvellement épa-
nouies, leur offrent le sujet de nouvelles observations. C'est là, et d'après les leçons du professeur actuel, que se sont instruits plusieurs botanistes aujourd'hui très-connus. Ils y ont appris à
analyser les organes et à distinguer les caractères
sur les plantes vivantes, et se sont ainsi rendus
habiles à reconnaître dans les herbiers ceux des
plantes du même genre qui ne sont point encore
parvenues dans les jardins. Car ni les plantes desséchées, ni les meilleures figures, ne peuvent suppléer à l'étude de la nature vivante.

Il existe peut-être ailleurs une collection de
plantes aussi nombreuse que celle du Jardin du
Roi, surtout si l'on met en ligne de compte les
variétés qu'on prend pour des espèces lorsqu'elles
sont isolées. Mais il n'existe sûrement dans aucun
pays une réunion de végétaux disposés selon l'ordre de leurs rapports naturels, où l'on puisse voir
en même temps les plantes de tous les climats
dont les graines ont pu lever en Europe. En comparant la liste des plantes qui y sont cultivées, avec
les *Species* publiés depuis Linné, on voit ce qui
nous manque encore ; on distingue ce qui est bien

connu de ce qui ne l'est pas, on est à même
d'adresser dans tous les pays des demandes
pour compléter la collection autant qu'il est
possible.

Cette école n'est cependant pas très-ancienne,
et elle n'eût pu être ni aussi riche ni ordonnée
suivant le même plan, avant que la science eût
fait les progrès qu'elle doit aux travaux de Tournefort, à la nomenclature de Linné, aux familles
naturelles de Jussieu. Elle ne fut d'abord qu'une
collection de plantes médicinales, la plupart indigènes. Au retour des voyages de Tournefort,
elle s'enrichit de quelques plantes étrangères,
mais elle n'allait que jusqu'à l'extrémité du mur
de la serre adossée à la petite butte ; et quoiqu'on
en eût écarté les arbres et les arbrisseaux, on ne
pouvait y placer toutes les plantes. Ce fut Buffon
qui, à la sollicitation de M. de Jussieu, en tripla
l'étendue, et l'entoura d'une grille en 1774, et
les végétaux y furent alors disposés dans un ordre
régulier. Cependant le local se trouva bientôt
trop resserré, et elle fut encore augmentée d'un
quart en 1788, lorsque Buffon eut acquis les terrains qui la bornaient du côté de l'est. En 1802,
M. Desfontaines la replanta de nouveau, après
avoir recherché toutes les espèces qui, étant arrivées depuis peu, se trouvaient dispersées dans
les parterres, les serres et le jardin des semis, et

s'en être procuré d'autres qu'il savait exister chez quelques amateurs.

Le Jardin du Roi possède aujourd'hui environ six mille cinq cents espèces de plantes. Celles qui périssent sont remplacées par des acquisitions nouvelles, et comme on en reçoit beaucoup plus qu'on n'en perd, le nombre en augmente chaque année.

Toutes ces plantes ne peuvent être placées constamment dans l'école de botanique; quelques-unes sont trop délicates pour qu'on les expose en plein air, d'autres sont trop rares pour qu'on ne les garde pas avec précaution lorsqu'on n'en a qu'un seul individu. Mais s'il en est un certain nombre qui ne peuvent rester à l'école, toutes y sont portées les jours de leçon, lorsque le professeur traite de la famille à laquelle elles appartiennent.

Les plantes annuelles ne se voient pas toujours à l'école, parce qu'il en est plusieurs dont la durée est très-courte ; on tâche cependant de remédier à cet inconvénient en les semant dans diverses saisons, ce qui fait qu'on les y trouve quelquefois lorsqu'elles ne sont plus dans les champs. Il est aussi des plantes qui croissent naturellement dans les marais, dans les bois, ou sur les coteaux, et qui se montrent rebelles à la culture et périssent promptement dans les jardins ; telles

sont plusieurs pédiculaires et plusieurs orchidées,
On a soin de les renouveler lorsqu'elles disparaissent ; un jardinier étant chargé d'aller les recueillir à la campagne.

Toutes les plantes sont étiquetées : des étiquettes
plus grandes et de couleur rouge indiquent d'a-
bord les classes et les familles ; ensuite vient l'é-
tiquette du genre qui est placée au-dessus de celle
de la première espèce du genre ; enfin les étiquettes des espèces, dont chacune porte sur la
première ligne la lettre initiale du genre et le nom
classique latin, sur la seconde le nom français,
et sur une troisième l'indication du pays où la
plante croît naturellement, et des signes qui marquent si elle est annuelle, vivace ou ligneuse, si
elle est de pleine terre, ou d'orangerie, ou de
serre. Au-dessous de ces signes on voit, sur plusieurs étiquettes, une bande colorée en rouge ou
en vert, ou en jaune, ou en bleu, ou en noir, et
destinée à indiquer si la plante est d'usage dans la
médecine, dans l'économie domestique ou dans
les arts, si elle est recherchée pour l'ornement
des jardins, si elle est vénéneuse.

L'emploi de ces bandes colorées épargne beaucoup de travail aux personnes qui veulent examiner un certain ordre de végétaux d'après un
point de vue particulier. Par exemple, ceux qui
font des recherches sur les plantes médicinales,

ou sur les plantes d'ornement, peuvent se dispenser de s'arrêter à toutes les espèces, et ne fixer
leur attention que sur celles qui les intéressent
spécialement, et qui leur sont désignées par la
couleur de la bande tracée sur l'étiquette.

Ainsi l'on peut, en fréquentant l'école, étudier
successivement, et sous plusieurs rapports, toutes
les familles et tous les genres dont quelques individus sont arrivés en Europe. Un catalogue fait par
M. Desfontaines, et qui a eu deux éditions, offre
la liste de celles qui y sont cultivées, et fait connaître la synonymie de celles qui ont été décrites
sous différens noms. Les plantes qui ne paraissent
à l'école que les jours de leçon, étant indiquées
par l'étiquette qui est à leur place; ceux qui désireraient les étudier à l'époque de la floraison,
peuvent demander au professeur de botanique ou
au jardinier en chef de les leur faire voir.

On rencontre en quelques endroits des plantes
cultivées sur le milieu de la plate-bande, et sans
étiquette. Ce sont celles qu'on a nouvellement
reçues et dont on n'a pu déterminer l'espèce parce
qu'elles n'ont pas encore fleuri, quoique leur
port ait suffi pour en faire connaître la famille
et même pour indiquer le genre auquel elles
doivent appartenir.

Pour suivre les plantes de l'école, on entre par
la porte de l'ouest située au bas de la rampe, et

l'on détourne à droite. Les premières plates-bandes
s'étendent le long de la grille qui est parallèle à
la grande allée. Les plantes y sont disposées sur
deux lignes, à la distance convenable. Elles sont
rangées selon la méthode de M. de Jussieu, dans
laquelle les premiers ordres sont ceux des champignons, des algues et des mousses : on a supprimé
ces familles qui ne peuvent être cultivées, et l'on a
commencé par les fougères dont on possède plus de
cinquante espèces (1); viennent ensuite les naïades,
les aroïdes, les souchets et les graminées, qui commencent vers l'extrémité et forment la seconde
ligne en remontant jusqu'au point d'où l'on est
parti. Le nombre des espèces rangées sur les deux
lignes que nous venons de suivre est d'environ
cinq cent quarante, dont trois cent dix graminées.
La plupart de ces plantes craignant la chaleur,
elles se trouvent bien d'être ombragées par les
arbres de la grande allée.

En quittant cette plate-bande, on tourne à
droite et l'on revient à l'extrémité ouest. Dans
l'angle qui est au-dessous de la serre de du Fay,
commencent les palmiers. On suit toutes les allées
qui séparent les plates-bandes en avançant de

____

(1) Plusieurs des fougères qui se plaisent dans les lieux humides et
ombragés ne se conservent pas long-temps à l'école, et comme il est
très-difficile d'en faire lever les graines, on n'a pas constamment toutes
celles qui sont portées sur le catalogue.

gauche à droite jusqu'au bas de l'école. Les plantes sont sur deux rangs, dans toutes les familles où il y a peu d'arbres; dans celles où les végétaux exigent un plus grand développement et doivent passer l'hiver en pleine terre, comme dans les érables, les rosacées, les amentacées, les conifères, elles occupent le milieu de la plate-bande.

Des espèces de cages ouvertes d'un côté, sont placées sur les plantes qu'il est nécessaire de garantir soit du vent du nord, soit des rayons du soleil, et des cloches de verre sur celles de la zone torride qui exigent une chaleur concentrée.

Les plantes aquatiques, comme les naïades, les nymphéa, quelques renoncules, sont dans des baquets remplis d'eau qu'on renouvelle à mesure qu'elle s'évapore; celles qui se plaisent sur les pierres, comme plusieurs fougères et plusieurs joubarbes, sont placées sur un sol artificiel semblable à celui où elles croissent naturellement.

Après les palmiers, dont nous avons douze à quinze espèces, viennent les joncs, les liliacées, parmi lesquelles sont les aloès, puis les iridées, les orchidées et les hydrocharidées où l'on voit le vallisneria, plante aquatique, célèbre, non par sa beauté, mais par la manière dont s'opère chez elle la fécondation (1). Ici finissent les monocoty-

(1) Le Rhône impétueux, sous son onde écumante,
Durant dix mois entiers, nous dérobe une plante

lédons; leur nombre est au Jardin de onze cents. Nous faisons cette remarque, parce que cette proportion est la même qu'on trouve en comparant, depuis les fougères jusqu'aux arbres verts, le nombre des monocotylédons à celui des dicotylédons dans l'ensemble des végétaux connus sur le globe.

La série des dicotylédons commence par les aristoloches, qui forment une classe particulière. On trouve ensuite les chalefs, les protées, les lauriers, les polygonées où sont les rhubarbes, puis les amaranthes, les labiées, et les solanées, dans lesquelles le seul genre *solanum* comprend plus de soixante espèces. Là se trouvent aussi des datura et des tabacs qui ont récemment été apportés. Plus loin, et vers le tiers de la longueur de l'école, on a pratiqué une banquette garnie de terreau de bruyère, entourée d'un treillage et

Dont la tige s'allonge en la saison d'amour,
Monte au-dessus des flots, et brille aux yeux du jour;
Les mâles, jusqu'alors dans le fond immobiles,
De leurs liens trop courts brisent les nœuds débiles,
Voguent vers leur amante, et libres dans leurs feux,
Lui forment sur le fleuve un cortége nombreux :
On dirait d'une fête où le dieu d'hyménée
Promène sur les flots sa pompe fortunée :
Mais les temps de Vénus une fois accomplis,
La tige se retire en rapprochant ses plis,
Et va mûrir sous l'eau sa semence féconde.

CASTEL, poëme des Plantes, chant 1er.

abritée du côté de l'ouest et du midi, pour les plantes de la famille des bruyères dont la culture exige des soins particuliers.

On arrive ensuite à la grande famille des composées dont les espèces cultivées au Jardin sont au nombre de huit cent cinquante. Presque toutes y sont de la plus belle végétation, et se couvrent de fleurs, surtout en automne. Il n'en est pas de même des rubiacées : cette famille si considérable entre les tropiques, ne présente qu'un petit nombre d'espèces qui, comme le gardenia, l'houstonia, le café, etc., puissent être bien cultivées dans les serres. Vers le milieu de l'école, après les géranium, les malvacées et les magnoliers, et au point où commencent les caryophyllées, on voit une tonnelle garnie de plantes grimpantes : elle couvre une partie du passage souterrain qui conduit au jardin des couches. Plus loin sont les myrtoïdes qui, sur quarante-cinq espèces, en présentent trente arrivées depuis peu de la Nouvelle-Hollande, et recherchées pour la décoration des jardins ; les rosacées auxquelles appartiennent nos plus belles fleurs et nos fruits les plus savoureux ; les légumineuses dont nous avons six cents espèces, parmi lesquelles plusieurs du genre des sensitives, ne nous sont connues que depuis le dernier voyage du capitaine Baudin ; les térébinthes, famille singulière composée d'arbres et d'arbris-

seaux qui se ressemblent tous par l'odeur forte
de leurs feuilles; là se trouve la noix d'acajou, le
pistachier, le manguier, et les sumacs, genre dans
lequel nous devons signaler deux espèces, le *rhus
toxicodendron* et le *rhus radicans*, dont le suc est
si caustique, qu'une seule goutte tombée sur la
peau suffit pour causer une inflammation qui s'é-
tend bientôt à toute la surface du corps. Non loin
de ces plantes ligneuses se présentent, rampant
sur la terre ou grimpant sur un treillage, des
plantes entièrement différentes de celles qui les
précèdent et de celles qui les suivent, et par leur
physionomie et par leurs propriétés : ce sont les
cucurbitacées et les passiflores. La série des végétaux de l'école est terminée par les amentacées
et les arbres verts; deux familles qui réunissent
les plus grands arbres de nos forêts.

Sur la dernière plate-bande, on voit quelques
plantes, comme le sarracenia, le bégonia et le
coriaria ou redoul, dont la place n'est pas encore
bien fixée dans l'ordre naturel.

Nous ne nous arrêterons point à indiquer les
plantes de l'école qu'on ne pourrait trouver ailleurs, parce que toutes sont mentionnées dans le
Catalogue de M. Desfontaines. Nous nous bornerons à dire qu'on y voit un superbe liquidambar
d'Orient, un bel assortiment de gleditzia, parmi
lesquels se trouve celui de la mer Caspienne, un

beau virgilia (1) dont nous devons la connaissance
et l'introduction à M. Michaux fils, et un mimosa
julibrissin ou arbre de soie, qui appelle les regards
par la délicatesse de son feuillage, la couleur et
l'élégance de ses houppes de fleurs. Vis-à-vis du
troisième bassin, et parmi les légumineuses, se
trouve un beau pin lariccio, qui était à sa place
lorsque M. Desfontaines a agrandi l'école, et qu'on
n'a pas osé transplanter. Ces grands arbres sont
d'un effet pittoresque ; ils interrompent la mono-
tonie des plates-bandes. Près d'une des portes qui
donne sur l'allée des tilleuls, il y a deux rosiers
greffés sur églantier dont la tête se couvre de
fleurs de plusieurs espèces à quinze pieds au-dessus du sol.

On supprime de l'école les variétés, à moins
qu'elles ne soient remarquables et constantes.
Comme elles sont très-nombreuses, elles auraient
pris un terrain et exigé des soins qui doivent être
employés à conserver les types primitifs des
espèces.

Dans la belle saison, lorsqu'on a retiré les
plantes de la serre chaude, on les arrange le long
du mur de cette même serre à l'exposition du

(1) Les bourgeons de cet arbre, comme ceux du platane, sont renfermés dans le pétiole de la feuille et ne se montrent qu'après la chute
de celle-ci. C'est à cause de la couleur jaune de son bois que M. Michaux l'a nommé virgilia *lutea*. Voy. Hist. des arbres de l'Amér. sept.,
tom. 3, pag. 266.

midi, sur une banquette qui n'est séparée de l'é-
cole que par un treillage de deux pieds de hauteur. Elles y sont disposées de manière que les
plus petites sont sur le devant et n'empêchent point
de voir celles qui sont plus élevées. Un échantillon
de chacune d'elles est porté à côté de l'étiquette,
à la place qui lui appartient dans l'école (1).

Les démonstrations de botanique se faisaient
autrefois à l'école ; mais le nombre des élèves étant
devenu très-considérable, il était impossible qu'ils
y fussent placés convenablement. La plupart ne
pouvaient entendre, quelques-uns seulement pouvaient voir. On se précipitait sur les plates-bandes
et l'on courait risque de faire beaucoup de dégât.
Aujourd'hui le cours se fait à l'amphithéâtre ;
le professeur y porte un échantillon des espèces
dont il veut parler, et après la leçon, les élèves
viennent eux-mêmes observer les plantes en place.

La botanique est une science si vaste, qu'il n'est
pas possible de l'apprendre dans une année. Ceux
qu'un goût particulier détermine à y consacrer
tous leurs loisirs, et qui se proposent d'en posséder un jour l'ensemble, feront bien de s'instruire

(1) La banquette sur laquelle on doit arranger pendant l'été les plantes
de la serre, sera moins étendue en 1822 qu'elle ne l'était les années
précédentes, parce qu'on a été obligé de prendre un tiers de sa longueur pour l'emplacement de la nouvelle serre construite pendant
l'automne de 1821. Au printemps prochain on cherchera les moyens de
suppléer à ce défaut d'espace.

avec méthode et sans embrasser trop d'objets à la fois. Pendant la première année qu'ils suivront le cours, ils doivent se borner à étudier dans l'école, après chaque leçon, les genres dont le professeur a parlé, en vérifiant sur plusieurs espèces les caractères de la fructification. L'année suivante, ils viendront aussitôt que la végétation commence, et ils examineront toutes les plantes à mesure qu'elles fleurissent, et lorsque leurs graines commencent à mûrir.

Les amateurs qui, sans prétendre approfondir les détails de la science, voudront prendre une idée générale des phénomènes de la végétation et des rapports qui existent entre les végétaux dispersés sur le globe, visiteront l'école avec le plus grand intérêt depuis le commencement du printemps jusqu'à la fin de l'automne. Ils seront frappés de voir chaque plante placée à côté de celle qui lui ressemble le plus, tellement que, sauf quelques interruptions et quelques lacunes, on passe par degrés des liliacées, comme la tulipe et la jacinthe, aux conifères, comme le sapin et le cèdre du Liban. Ils remarqueront quelques familles si naturelles, que l'homme le moins habitué à observer saisit au premier coup d'œil les analogies qui en rapprochent les espèces ; telles sont les liliacées, les labiées, les crucifères ; d'autres où les genres sont réunis par des caractères moins

apparens, comme les nerpruns, les euphorbes, etc.
Ils verront des familles nombreuses, comme les
composées et les papilionacées, d'autres qui sont
bornées à un petit nombre d'espèces, comme les
aristoloches et les millepertuis ; quelques - unes
qui se nuancent avec leurs voisines, comme les
crucifères avec les capparidées; d'autres qui s'en
séparent brusquement, comme les ombellifères
des renoncules, les euphorbes des cucurbitacées;
ils y verront enfin quelques plantes dont le caractère est si tranché, que la place qu'on leur
a assignée dans la série des végétaux, n'a été
déterminée que par des considérations systéma-
tiques : telles sont le réséda, la capucine et le par-
nassia. Ils y observeront aussi des genres dont les
espèces se ressemblent assez pour qu'on ne saisît
pas leur différence si on les trouvait isolées, et
qu'il est cependant utile de distinguer. Ainsi les
asters sont à l'école au nombre de soixante espèces qui se nuancent ; mais ils fleurissent à diverses époques : la plupart sont recherchés pour
l'ornement des jardins ; et c'est leur port et le
temps de la floraison qui doit déterminer le choix.
Ainsi beaucoup de graminées qu'on ne distingue
que par des caractères minutieux, offrent de
grandes différences par la rapidité de leur croissance, ce qui fait préférer les unes aux autres
pour les prairies artificielles.

En parcourant l'école dans diverses saisons, on y voit se succéder les fleurs depuis le daphné jusqu'à l'espèce d'hellébore appelée rose de Noël : et le mois de janvier est le seul où l'on ne puisse trouver des fleurs que dans l'orangerie.

Le rapprochement de toutes les plantes dans un même local, met à même d'observer quelques phénomènes très-curieux : tel est celui de l'épanouissement d'un grand nombre de fleurs à une heure déterminée, les unes s'ouvrant au lever de l'aurore, comme plusieurs cistes; d'autres à midi, comme certains ficoïdes; d'autres au coucher du soleil, comme la belle-de-nuit, les onagres, etc. Quelques-unes même, annoncent le temps qu'il doit faire, comme le souci pluvial et le laitron de Sibérie, dont le premier s'ouvre et le second se ferme le matin lorsqu'il doit faire beau dans la journée.

Le sommeil des feuilles qui se présente sous des formes si différentes, non-seulement entre les plantes de diverses familles, comme les légumineuses et les malvacées, mais encore dans des genres voisins, comme les sensitives et les casses, et dans les diverses espèces d'un même genre, comme les astragales, ne peut être bien observé qu'autant qu'un très-grand nombre d'espèces sont rapprochées dans le même lieu et à la même exposition. Et cependant ces phénomènes sont d'autant plus intéressans et fournissent des caractères d'autant plus essentiels, qu'ils tiennent à la vie des végétaux.

Il en est un peut-être plus curieux encore et qu'on ne peut voir également qu'à l'école de botanique : c'est que plusieurs fleurs répandent leur parfum après le coucher du soleil, comme le *geranium triste*, le *gladiolus tristis*, le *cestrum nocturnum*, quelques giroflées, etc. ; et que presque toutes celles qui ont cette singulière propriété, l'annoncent par leur couleur qui est un mélange de jaune, de rougeâtre et de blanc (1).

Chaque année en parcourant l'école on y remarquera quelque plante nouvellement introduite, et qui doit un jour ajouter de l'agrément à nos parterres. Il serait trop long d'énumérer ici celles qui sont sorties du jardin de Paris. Nous nous bornerons à faire observer que des arbrisseaux qui portent des fleurs éclatantes, comme le *camellia japonica*, et les plantes employées à la décoration des jardins dans les pays étrangers, comme l'*anthemis* ou camomille à grandes fleurs (2),

(1) Voy. Mémoire sur les Crucifères, par M. Decandolle ; dans les Mém. du Mus., tom. 7, pag. 184.

(2) La camomille à grandes fleurs, vulgairement nommée chrysanthème des Indes, est la plante qu'on cultive le plus à la Chine, pour la décoration des jardins, parce que ses différentes variétés offrent toutes les nuances de couleur, excepté le bleu. Elle n'était pas encore connue en Europe, lorsqu'en 1789, M. Blancard, négociant de Mar-

peuvent nous arriver par la voie du commerce : mais que les petites plantes qui ne sont point encore cultivées, ne s'introduiraient jamais chez nous, si les graines n'en étaient recueillies par des naturalistes qui les envoient à l'école de botanique.

Ainsi nous n'aurions pas le réséda envoyé d'Égypte par Granger en 1736, l'héliotrope du Pérou envoyé par Joseph de Jussieu en 1740, le siléné bipartita apporté de Barbarie par M. Desfontaines en 1786, si les graines de ces plantes n'eussent été adressées au professeur de botanique pour les semer à l'école, où on les a d'abord remarquées et d'où elles se sont répandues dans nos jardins.

Nous pouvons en dire autant de la jolie sabline de Mahon, *arenaria balearica* ; de la lopezia du

seille l'ayant apportée de la Chine, en donna des boutures à M. l'abbé Ramatuel. Celui-ci l'envoya au Jardin du Roi en 1791 : elle fut d'abord placée dans l'orangerie, ensuite en pleine terre, et comme elle se multiplie très-facilement, elle fut bientôt répandue dans les jardins : elle a passé en Angleterre en 1795. M. Ramatuel en publia la description en 1792 dans le Journal d'histoire naturelle, tom. 2 ; et il prouva qu'elle différait du *chrysanthemum indicum*. C'est une acquisition précieuse, parce qu'elle fleurit au milieu de l'automne lorsque les autres fleurs disparaissent, et qu'elle résiste même aux premières gelées. Il n'est aucune plante d'ornement qui s'accommode aussi bien des différens climats ; elle réussit dans la Belgique et à l'île de France.

M. l'abbé Ramatuel, à qui le Jardin du Roi doit l'introduction de cette plante, est auteur d'un excellent mémoire sur les bourgeons, dont M. Desfontaines a donné un extrait dans le Journal de physique, tome 42, page 62. Il est mort à Paris en 1793.

Mexique que nous avons reçue d'Espagne il y a quelques années ; du tussilage odorant, trouvé dans les Pyrénées et décrit par M. Villars ; du *cacalia sagitata* que nous avons depuis peu reçu de Java, et de cent autres plantes qui se trouvent actuellement sur le quai aux Fleurs, parce que nous en avons distribué les graines.

En replantant l'école, M. Desfontaines a eu soin d'espacer les plantes de manière qu'on pût y placer les espèces nouvelles qu'on présumait pouvoir bientôt arriver. Déjà plusieurs de ces intervalles sont remplis par les richesses que nous avons reçues, surtout de la Nouvelle-Hollande ; et peut-être ne se passera-t-il pas dix ans sans qu'on soit obligé d'agrandir encore un local qui a déjà été augmenté d'un quart depuis 1788.

§ III. ÉCOLE DES ARBRES FRUITIERS.

L'ÉCOLE des arbres fruitiers contient aujourd'hui plus de onze cents espèces ou variétés d'arbres et arbrisseaux, qui sont disposés dans un ordre méthodique, et placés les uns à côté des autres d'après l'analogie qu'ils ont entre eux.

L'enclos qu'elle occupe est un carré long qui a 40 toises de l'est à l'ouest, entre l'école de botanique et celle des plantes d'usage, et 27 toises et demie du nord au sud, entre l'allée des marroniers et celle des tilleuls. Elle est coupée dans sa longueur par une allée principale, et divisée transversalement en soixante planches de trois pieds et demi de large, séparées par des sentiers de trois pieds. Chaque planche est bordée d'une variété particulière de fraisiers. La distance entre les arbres est de trois à neuf pieds, selon leur grandeur.

Les premières planches sont occupées par les arbres ou arbrisseaux dont le fruit est une baie, comme les groseilliers, les framboisiers, les vignes, les mûriers. Dans la seconde division viennent les arbres à fruit à noyau, comme les cerisiers, les pruniers, les abricotiers. Dans la troisième, les fruits à osselets, comme les néfliers, les azeroliers, les plaqueminiers. Dans la quatrième, les fruits à pepins, tels que les pommiers, les cormiers ou sorbiers, et les fruits juteux, tels que la figue. Dans la cinquième, les fruits dont on mange seulement l'amande qui est renfermée dans une coque osseuse ou cartilagineuse : cette cinquième classe peut se subdiviser en deux, celle où la coque qui contient l'amande est nue, comme dans les pins et les noisetiers, et celle où elle est enveloppée d'un brou, comme dans les noyers et les châtaigniers.

Au bas de la plantation, on voit quelques pêchers en espalier, et d'autres arbres qui ne sont point taillés en quenouille, comme ceux qui précèdent.

Cette école a été plantée en 1792, lorsque M. Roland était ministre de l'intérieur, et M. de Saint-Pierre intendant du Jardin. Pour la former, on obtint du ministre la permission de faire prendre deux individus de chaque espèce dans la fameuse pépinière des Chartreux, et dans celle de Vitry, dont les propriétaires avaient fourni à Duhamel les sujets qu'il a décrits dans son Traité des arbres fruitiers, et les noms qu'ils avaient adoptés pour les désigner. D'où il suit que l'école du Jardin du Roi offre toujours le type des espèces décrites par Duhamel, et peut en certifier la nomenclature.

Les arbres réunis dans cette plantation sont,

pour la plupart, greffés rez terre et taillés en quenouille. On a choisi cette taille, non point comme celle qui est en général la plus avantageuse, mais parce qu'elle économise le terrain, parce qu'elle met à portée de l'œil de l'observateur les bourgeons, les feuilles et les fruits de l'arbre, et parce qu'elle fait pousser des scions plus longs et plus vigoureux; ce qui donne le moyen d'avoir un plus grand nombre de greffes. On a eu pour but de multiplier les espèces, de les répandre et d'en faciliter l'étude; et non d'indiquer comment il faut conduire les arbres pour leur faire produire beaucoup de fruits, et pour les faire durer le plus long-temps possible.

On a envoyé une collection complète des arbres cultivés dans cette école, à Gand, à Strasbourg, à Vienne en Autriche, etc., où l'on a établi des écoles d'arbres fruitiers sur le même modèle, dans le même ordre et avec les mêmes noms; ce qui est non-seulement utile pour propager les espèces, mais pour en rendre la nomenclature uniforme dans tous les pays: car les mêmes fruits ont été jusqu'ici désignés par des noms différens dans les diverses contrées et par les divers cultivateurs; et malgré les descriptions qu'on trouve dans les livres, il est souvent difficile de décider si l'espèce qu'on possède est ou n'est pas celle qui est ailleurs désignée sous le même nom.

Il y a peu d'espèces remarquables qui ne se trouvent aujourd'hui dans l'école du Muséum. Lors de la première plantation on n'avait que celles dont Duhamel a donné l'histoire; on s'en est depuis procuré beaucoup d'autres qui, n'existant que dans les pays étrangers, ou dans certains cantons fort éloignés de la capitale, étaient presque entièrement ignorées. Le nombre en est à peu près double de ce qu'il était d'abord, et chaque année elle s'enrichit de quelque acquisition nouvelle. Ce qu'elle possède est bientôt communiqué aux cultivateurs, et quoiqu'elle n'existe que depuis vingt-neuf ans, elle a déjà répandu dans nos jardins et nos vergers plusieurs espèces qui étaient auparavant fort rares et à peine connues.

Le coup d'œil que présente cette plantation est extrêmement curieux pour ceux qui ne font que la parcourir, et très-instructif pour ceux qui veulent étudier. On y voit toutes les variétés rapprochées les unes des autres selon leurs affinités, ce qui donne le moyen de les comparer. Les fruits des différentes saisons s'y succèdent depuis le mois de mai jusqu'au mois de novembre, ils y ont disparu dans certaines variétés tandis qu'ils ne sont pas encore mûrs dans d'autres. On peut en hiver y étudier les caractères qui font distinguer les variétés par la couleur du bois et la forme des boutons; connaissance très-nécessaire aux cultivateurs, puisque c'est après la chute des feuilles que se font les plantations.

On n'a point encore imprimé le catalogue de cette collection, parce qu'on attend d'avoir certifié la nomenclature en usage dans tous les pays. Mais un catalogue manuscrit, correspondant à des numéros placés au pied des arbres, est entre les mains du jardinier de l'école, et ce jardinier nomme à tous ceux qui le demandent les arbres qu'ils ne connaissent pas.

Les personnes qui veulent avoir des greffes, peuvent s'adresser à M. Thouin, professeur de culture, en lui désignant les espèces qu'elles désirent, soit par un nom connu, soit par le numéro qu'elles portent à l'école.

Parmi les espèces rares ou nouvellement introduites, on remarque aujourd'hui dans cette plantation un très-bel individu du diospyros kaki ou plaqueminier du Japon, dont les fruits, de la grosseur d'une pomme d'api, sont fort recherchés dans ce pays; un très-beau bibacier ou néflier du Japon (*mespilus japonica*), qui passe l'hiver en pleine terre et donne de bons fruits; le pin de Monteray, envoyé de la Californie lors du voyage de La Peyrouse, et dont les amandes sont encore meilleures que celles du pin à pignons; le cognassier du Japon et le poirier du mont Sinaï, espèces curieuses; de beaux noisetiers du Levant, etc.

On sent bien que l'école des arbres fruitiers ne peut être indistinctement ouverte au public. Elle est séparée du reste du jardin par un treillage de huit pieds d'élévation : mais on n'en refuse l'entrée à aucune des personnes qui désirent la visiter pour leur instruction.

§ IV. ÉCOLE DES PLANTES D'USAGE DANS L'ÉCO-
NOMIE DOMESTIQUE, ET DANS LES ARTS.

Cette école qui fait suite à celle des arbres fruitiers, est limitée au nord par l'allée des marroniers, au midi par celle des tilleuls, au levant par
celle des catalpas, au couchant par celle des platanes. Elle est entourée d'un treillage en bois de
trois pieds de hauteur. Sa forme est un carré de
36 toises 4 pieds de long, sur 3o toises et demie
de large. Dans l'intérieur sont deux grandes allées,
l'une qui la partage dans sa longueur, l'autre qui
en fait le tour. Les deux carrés longs traversés par
l'allée du milieu, sont divisés chacun en vingt-
trois planches de 6 pieds de large, qui sont elles-
mêmes divisées en petits compartimens d'une
toise. Ces carrés au nombre de cinq cent cin-
quante-deux, sont destinés à recevoir autant d'espèces ou de variétés de plantes économiques.

Ces plantes ne sont point rangées selon une méthode de botanique, mais par ordre de propriétés,
pour que les cultivateurs puissent les étudier
d'après le but qu'ils se proposent. Elles sont distribuées en trois groupes principaux.

La première division comprend les plantes utiles à la nourriture de l'homme.

La seconde, celles qui sont propres à nourrir les bestiaux.

La troisième, celles qui sont employées dans les arts.

Une étiquette particulière au commencement de chaque bande, indique l'usage des végétaux qui y sont cultivés.

Chacun de ces groupes comprend plusieurs sections. Ainsi le premier se compose des céréales, des semences farineuses, des plantes potagères, des semences oléifères ; et chacune de ces sections est encore divisée d'après les parties de la plante qui sont les plus recherchées. Ainsi dans les plantes potagères on distingue celles dont on mange les racines, comme la patate, le topinambour, la scorsonère ; celles dont on fait cuire les feuilles, comme les choux, les épinards et l'oseille ; celles dont on mange les calices ou les fleurs, comme l'artichaut, le chou-fleur, la capucine, ou les fruits, comme les courges et les melons ; celles dont les semences aromatiques sont employées pour assaisonnement, comme l'anis, la corriandre, etc. ; enfin celles qu'on mange en salade, comme la laitue, la chicorée, la mâche. Dans les plantes propres aux arts on distingue les textiles, comme le lin et le chanvre, et les tinctoriales, comme la garance et le pastel : dans les plantes pour la nourriture des bestiaux ; les fourrages qui appartiennent aux graminées, ceux qui appartiennent aux légumineuses, et les herbes de pâturage.

Enfin une dernière section est réservée aux plantes qui ont quelque usage particulier, comme le tabac, le houblon, la cardère, etc.

Dans une école de botanique il faut que les plantes soient isolées pour qu'on puisse mieux étudier leurs caractères distinctifs, mais dans le but qu'on s'est proposé ici il faut qu'elles soient disposées par petits massifs, comme elles doivent l'être dans les champs ou les jardins : il serait à désirer que ces massifs eussent une étendue quadruple, ou du moins double de celle qu'on leur a donnée, mais le local ne l'a pas permis.

La conduite de cette école exige des précautions particulières, on est obligé d'alterner les cultures pour ne pas mettre plusieurs années de suite les mêmes plantes dans le même terrain. Ainsi l'on commence par un des deux bouts de l'école, et deux ans après par l'autre bout, ce qui conserve toujours le même ordre en changeant les espèces de place. On est obligé aussi de se procurer fréquemment de nouvelles graines, parce que les variétés dégénèrent lorsqu'elles sont pendant quelques années cultivées dans le même local, et que les diverses variétés étant placées près les unes des autres, il peut arriver qu'elles se fécondent mutuellement, ce qui produit des espèces mixtes, et fait perdre le type primitif.

Les semis dans cette école se font à trois époques selon la nature des plantes; à la fin de l'automne, au commencement du printemps et au commencement de l'été. A mesure qu'elles mûrissent on en recueille les graines pour les distribuer aux cultivateurs.

On en fait annuellement vingt mille sachets dont l'étiquette indique non-seulement le nom de la plante, mais encore l'époque à laquelle il faut la semer, le terrain qui lui convient et son principal usage.

L'école de culture ne présente point aux yeux un aspect aussi agréable qu'un parterre de fleurs; mais elle a un caractère singulier par les teintes variées des divers carrés, et par la différence de hauteur des plantes qu'ils contiennent. Ces compartimens offrent en petit l'image d'une vaste campagne, ou d'une ferme expérimentale, où l'on aurait destiné un champ particulier à chacun des végétaux herbacés qui sont utiles à l'homme et qui peuvent croître dans nos climats. L'agriculteur et le jardinier y apprennent à connaître les plantes qui sont cultivées de préférence dans divers cantons dont elles font la richesse; celui qui s'occupe d'un objet particulier, y trouve rapprochées sur des planches voisines, toutes les plantes tinctoriales, toutes les plantes textiles, toutes celles enfin qui se suppléent pour une certaine destination.

Parmi les plantes sorties de cette école, on peut citer le lin de la Nouvelle-Zélande, les patates de Pensylvanie, qui sont aujourd'hui répandues dans le midi de la France, le cresson de Para (1), le *tetragonia expansa* (2), le *claytonia cubensis* (3), etc.

Cette école est la seule de ce genre qui existe en Europe. Lorsqu'on en eut arrêté le plan, peu de temps après la nouvelle organisation du Muséum, on fut obligé d'exaucer le terrain de huit pieds pour le mettre au niveau de l'école des arbres fruitiers. On remplit le fond de décombres, et l'on couvrit le sol d'un pied de bonne terre.

On sent bien que la culture de cette école exige des soins et des procédés variés selon la diversité des plantes ; nous n'entrerons à ce sujet dans aucun détail. Nous nous bornerons à renvoyer pour en connaître la conduite, l'organisation et l'utilité, au mémoire que M. Thouin a inséré dans les Annales du Muséum, tome 2, page 142.

(1) *Spilanthus oleracea.* Lorsqu'on s'en frotte les gencives, il excite la salivation et dissipe souvent les douleurs de dents.

(2) Be légume, apporté de la Nouvelle-Zélande par sir J. Banks.

(3) Plante potagère que nous devons à M. Bonpland.

§ V. ÉCOLE DE CULTURE.

Cette école, située vers le bas du jardin, et séparée de celle des plantes économiques par l'allée des catalpas de Virginie, a été créée en 1806, et c'est la première et peut-être la seule qui ait été formée en Europe. Elle est destinée à mettre sous les yeux ce qui est relatif à la culture des végétaux, à offrir des modèles des diverses pratiques employées pour leur éducation et leur multiplication, et à confirmer ou rectifier par l'expérience les notions que nous avons sur la physique végétale. Quoique son étendue ne soit pas aussi considérable que l'exigerait un pareil établissement, et que la surface en soit horizontale, aucune partie du jardin ne présente un aspect aussi curieux et aussi varié.

Sa forme est un carré long, de 35 toises du levant au couchant, et 30 du nord au sud. Elle est entourée d'un treillage de 4 pieds d'élévation, encadrée intérieurement par une allée de 4 pieds de large, et traversée dans sa longueur par une allée de 6 pieds. L'espace qu'elle occupe est divisé en quarante-huit planches, qui ont de 3 pieds à 6 pieds de largeur selon leur destination.

Pour que cette école fût distribuée d'après un plan méthodique et régulier, on a divisé en quatre classes les objets sur lesquels on voulait donner des exemples. La première comprend ce qui est relatif au moyen de faire naître les végétaux ; la seconde, ce qui tient à leur conservation; la troisième, les moyens de les multiplier ; la quatrième, les usages auxquels on emploie, dans les campagnes et les jardins, la réunion de plusieurs végétaux vivans.

On a été obligé de placer les exemples de la troisième classe avant ceux de la seconde, pour que les boutures et les marcottes, qui craignent les rayons du soleil, se trouvassent ombragées par l'allée des catalpas, et par les arbres des plantations.

Comme il n'y a qu'un seul moyen de faire naître les végétaux, tandis qu'il en est plusieurs de les conserver et de les multiplier, l'ensemble des classes que nous venons d'indiquer a été partagé en dix sections, dont chacune occupe plus ou moins de planches, selon le nombre des exemples qu'elle exige. Voici l'ordre dans lequel ces divisions se suivent :

1° *Les semis*, en pleine terre, sur couche, sous châssis, en pot, dans l'eau, sur d'autres végétaux, et les pratiques qui facilitent la levée des graines, et en assurent le développement.

2° *Les boutures* et les divers procédés qui en facilitent la reprise, lorsque les végétaux ne sont pas disposés à pousser des racines de leurs branches.

3° *Les marcottes* et les soins qu'elles exigent.

4° *Les greffes* de différentes sortes, et les essais, presque toujours infructueux, qu'on a faits pour la réussite des greffes hétéroclites (1).

5° *Les plantations* et les divers moyens d'en assurer le succès ; moyens variés selon la nature des arbres, le pays duquel ils sont originaires, l'époque à laquelle ils entrent en séve.

6° *La manière de tailler* les arbres, soit pour les faire durer long-temps, soit pour leur donner la forme qu'on désire, soit pour leur faire porter des fruits plus gros, plus savoureux, ou en plus grande quantité.

7° *La taille* et la conduite de la vigne, soit en plants isolés, soit en berceau, soit en espalier.

8° *Les haies*, divisées en haies de défense, haies greffées, haies simples et doubles, haies de fourrage.

(1) Ces expériences faites avec beaucoup de soin, et répétées de toutes les manières, ont du moins servi à prouver que les arbres qui n'ont entre eux aucune analogie, ne peuvent être greffés les uns sur les autres, et que tout ce qu'on a écrit, depuis Columelle jusqu'à nos jours, sur les moyens de se procurer par la greffe des espèces hybrides et des fruits extraordinaires, est dénué de fondement.

17.

9° *Les palissades*, divisées en trois espèces : les palissades de printemps, celles d'été, celles d'hiver.

10° *Les fossés ;* manière de les construire , d'en revêtir et d'en décorer les talus, et de les garnir de haies pour leur défense.

Le choix des modèles dont nous venons d'indiquer la séric , présente les divers procédés applicables à la culture des végétaux selon le but qu'on se propose, et les expériences les plus propres à nous éclairer sur les phénomènes de la végétation. On ne sentira cependant toute l'utilité de ces différens modèles qu'autant qu'on les examinera avec attention, qu'on les comparera dans tous les détails, et qu'on pourra se faire expliquer comment plusieurs d'entre eux sont parvenus au point où on les voit. Mais la distribution de ces mêmes modèles et la manière dont ils sont groupés offrent dans l'ensemble un aspect aussi agréable par les contrastes, qu'il est instructif par les rapprochemens.

Ainsi dans les planches destinées à la taille des arbres, on voit à côté l'une de l'autre les tailles en quenouille, en boule, en buisson, en vase, en éventail, en espalier, et l'arcure (1) par laquelle on

(1) On a été obligé de renoncer à ce procédé : le premier résultat qu'on en obtient est une fécondité surprenante ; mais dès la seconde année les branches arquées s'épuisent, et l'arbre lui-même ne tarde pas à dépérir.

fait produire plus de fruits aux arbres, en en cour-
bant les branches en demi-cercle, et détournant
ainsi le cours de la séve. On y voit aussi la manière
de hâter la maturité des fruits, et de les empêcher de couler, en enlevant au printemps un
anneau d'écorce sur la branche qui doit les porter, ou bien en interrompant le cours de la séve
par des ligatures.

Dans les planches où sont les modèles de greffes,
on voit plusieurs arbres unis par le haut de leur
tronc, de manière qu'une seule tête est nourrie
par quatre ou cinq pieds qui sont à l'entour.
D'autres greffes présentent les branches de plusieurs arbres courbées en cerceau et réunies les
unes aux autres par leur sommet, de manière à
former un berceau couvert par des guirlandes
de fleurs et de fruits. Quelques arbres portent
sur le même pied autant d'espèces de fruits qu'il
y a de branches principales : de jeunes sujets venus de graines semées dans l'année et n'ayant
encore que quinze à dix-huit pouces de hauteur,
ont reçu la greffe d'un arbre adulte et en nourrissent et font mûrir les fruits. On y voit enfin
des greffes par lesquelles on est parvenu à donner
au tronc et aux branches des arbres une forme
singulière, qui les rend propres à fournir des courbes naturelles très-solides pour certains ouvrages
de charpente.

Les exemples de palissades , de haies et de fossés revêtus de diverses plantes sur les bords, offrent également un coup d'œil très-curieux.

Quoique la plantation de cette école ait été commencée il y a seize ans, c'est seulement depuis un petit nombre d'années qu'elle attire les regards, et qu'elle paraît répondre au but qu'on s'était proposé. Plusieurs des parties qui la composent ne présentaient d'abord rien d'intéressant, parce que ni les berceaux, ni les arbres greffés , ni ceux auxquels on avait voulu donner par la taille une forme particulière n'avaient encore acquis leur développement : elle est aujourd'hui à peu près ce qu'elle doit être et l'on ne saurait imaginer dans un aussi petit espace, un jardin dont l'effet soit plus pittoresque.

On y voit près de l'entrée, des berceaux ou cabinets de verdure formés par la greffe de deux lignes d'arbrisseaux revêtus de feuillage au sortir de terre , et dont les branches réunies en voûte sont tellement touffues, que le moindre rayon de soleil ne peut y pénétrer : plus loin, des arbres en pyramide très-élevés , et d'autres en vase dont les branches ont dix-huit pieds de circonférence : vers le bas, des palissades de genévrier du vert le plus brillant et qui ont vingt pieds de hauteur : enfin des fossés bordés d'une haie vive , et dont les talus, garnis de petites plantes couvertes de fleurs, présentent à l'œil sur un plan incliné une mosaïque extrêmement agréable.

M. Thouin, professeur de culture, qui a formé cette école et qui en a seul la direction, y fait une partie de ses leçons. Il peut ainsi montrer aux élèves les exemples de tous les procédés dont il leur a parlé, et leur en faire remarquer les résultats sur la nature vivante.

Ceux qui ne peuvent suivre les cours de M. Thouin, et qui veulent visiter l'école de culture pour leur instruction, et non comme un objet de curiosité, doivent lire les mémoires que ce professeur a insérés dans les Annales du Muséum, et dans lesquels il a expliqué tous les procédés des semis, des boutures, des marcottes et des greffes dont les exemples sont à l'école. Ils y trouveront le résultat d'un grand nombre d'expériences dont quelques-unes ne sont pas d'une utilité immédiate pour augmenter les produits de la végétation, mais qui toutes sont propres à résoudre des questions de physique végétale, et donnent sur cette science des notions fécondes en conséquences, non-seulement pour la théorie mais encore pour la pratique (1).

(1) M. Thouin a confié le soin de cette école et de celle des arbres fruitiers, à M. Dalbret, jardinier qu'il a lui-même instruit dans la taille des arbres et dans les pratiques de culture, et qui est en état de donner aux personnes qui lui sont adressées par les professeurs, les explications qu'elles désirent.

Ce jardin qui seul entretient, accroît et renouvelle nos richesses en botanique, n'existe que depuis 1786. Le terrain qu'il occupe avait été acquis l'année précédente par Buffon, qui en confia l'ordonnance à M. Thouin. Ce professeur en a publié, dans les tomes 4 et 6 des Annales du Muséum, une description détaillée. Nous y renvoyons ceux de nos lecteurs qui voudront connaître l'usage de toutes les parties dont il est composé, et s'instruire en même temps des divers procédés employés pour semer avec méthode, pour faire lever, et pour conduire jusqu'au moment de la transplantation les végétaux de tous les climats. Nous croyons devoir nous borner ici à faire remarquer l'ordre dans lequel tout y est distribué, et le but qu'on s'est proposé dans cette distribution.

Le jardin des semis a 885 toises carrées (ou 3362 mètres carrés) de surface. Il est enfoncé d'environ 10 pieds au-dessous du sol de l'ancien jardin, et de niveau avec le jardin de naturalisation qui, formé en même temps et placé à son extrémité orientale, n'en est séparé que par un mur de clôture. Il est borné au nord par la serre tempérée, au couchant par la colline plantée d'arbres verts, au sud par l'allée des marroniers. Cette situation le met parfaitement à l'abri des vents du nord et de l'ouest.

En suivant au dehors le mur qui soutient les terres au-dessous desquelles il est situé, on en voit parfaitement la distribution, et l'on reconnaît même la plupart des plantes qui y sont en fleur.

La porte d'entrée est au bout de la terrasse de 200 pieds de long qui occupe le devant de la serre tempérée. Pendant la belle saison cette terrasse garnie des arbres et arbrisseaux qui ont passé l'hiver dans la serre, offre un coup d'œil superbe, et dont on jouit lorsqu'on se promène dans l'allée des marroniers.

Près de la porte et à droite est un escalier par lequel on descend dans le jardin. Au mur qui soutient la terrasse est adossée dans toute sa longueur une ligne de huit châssis dans lesquels sont encaissées des couches chaudes, où l'on place les semis des graines venues des pays chauds. Cette ligne est interrompue dans son milieu par une petite serre. Les encaissemens de chaque côté de la serre sont au nombre de quatre : ils sont en fer et couverts par des châssis vitrés, inclinés et mobiles sur des crémaillères, de sorte qu'on les ouvre à volonté pour donner de l'air aux plantes. Au-dessous de ces huit encaissemens, et sur la même ligne, il y en a huit autres en maçonnerie, où l'on place sur couche les plantes bulbeuses ou tubéreuses du cap de Bonne-Espérance et des climats analogues : ces derniers ne sont couverts de châssis que pendant l'hiver. A l'extrémité de la ligne des couches est un escalier qui remonte sur la terrasse, et qui correspond à celui par lequel on est entré.

Le long du mur qui soutient les couches garnies de liliacées, d'iridées et de narcisses, est une petite allée, à droite de laquelle sont deux lignes de couches simples destinées aux semis des plantes de la zone tempérée. Elles ont 6 pieds de largeur et 25 toises de longueur. Leur hauteur lorsqu'elles sont nouvellement construites est de 2 pieds 6 pouces, qui se réduisent à 10 pouces lorsqu'elles se sont affaissées. Elles peuvent contenir ensemble cinq mille pots qui y sont arrangés dans l'ordre des numéros du catalogue des semis. Cette double ligne de couches simples, dont une partie est quelquefois couverte de châssis vitrés, est coupée dans son milieu par l'allée transversale qui est vis-à-vis de la petite serre.

Au-dessous de ces couches et dans une direction contraire, c'est-à-dire du nord au sud, sont trente-sept planches de longueur inégale, et larges de 5 pieds. Les vingt-neuf premières sont destinées aux semis des plantes annuelles dont la végétation s'accomplit en quelques mois, et qu'on ne sème que lorsque la terre est déjà imprégnée de chaleur. On s'en sert aussi pour repiquer quelques plantes annuelles qui ont levé dans les pots et dont on veut recueillir les graines.

Les huit planches suivantes sont des couches froides pour la transplantation, les séparations et les repiquages des jeunes plants qu'on a nouvellement obtenus en semant les graines des arbustes et des plantes vivaces qui sont originaires des zones froides et tempérées : les pots qui contiennent ces jeunes plantes y sont enfoncés dans le terreau, et l'on prend les précautions nécessaires pour les abriter du soleil dans les premiers jours. Lorsque la reprise est bien assurée, on transporte ces plantes soit dans la serre tempérée soit dans les parterres.

Après toutes ces planches viennent deux banquettes à l'exposition du couchant : ce sont des couches sourdes destinées à recevoir des pots de semis dont les graines n'ont pas levé dans l'année, pour qu'elles puissent se développer les années suivantes.

A l'est de ces banquettes est une plantation de thuyas fort élevés ; entre ces thuyas et le mur de clôture est un espace où l'on a construit une petite cabane : c'est là que se place le jardinier en chef avec ses aides pour faire les semis. A droite et à gauche on dépose dans des abris, diverses choses nécessaires à la culture, comme outils, paillassons, cloches, etc.

En revenant de l'est à l'ouest, dans un sentier qui est à dix pieds du mur de terrasse, on suit une ligne de couches sourdes sur lesquelles on place les pots où sont semées la plupart des plantes des pays froids et quelques-unes des pays tempérés, dont les graines sont très-fines. Ces couches sont garanties du soleil du midi par le feuillage des marroniers de l'allée. Aux deux extrémités de ces couches sont quelques vases remplis d'eau pour les semis des plantes aquatiques.

Le long du mur est une plate-bande qui reçoit pendant quelques heures les rayons du soleil à son lever et à son coucher, et qui en est absolument abritée dans le milieu du jour. C'est là qu'on sème et qu'on élève pendant leur jeunesse les arbustes et les grandes plantes vivaces des régions les plus froides.

Cette plate-bande est partagée dans son milieu par un passage souterrain et voûté qui conduit à l'école de botanique ; et les deux parties de la banquette à droite et à gauche du passage sont composées de terres différentes qu'on a préparées pour les plantes auxquelles elles sont destinées.

On voit ici de très-jolies fougères du nord, des veratrum, des ombellifères, des daphnés, des gentianes et des géranium des Alpes.

· Lorsqu'on est arrivé à l'extrémité de cette plate-bande, on trouve le long du mur de la terrasse qui est à l'ouest un amphithéâtre composé de cinq gradins, chacun de dix pouces de haut et d'un pied de large, et partagés dans leur longueur en compartimens de 8 pieds 10 pouces. Cet amphithéâtre est exposé au nord-est, et ne reçoit le soleil que jusqu'à dix heures du matin. Avant de le construire on a creusé dans l'emplacement qu'il devait occuper un fossé qu'on a enduit d'un mortier impénétrable à l'eau; on a rempli ce fossé de bonne terre; on a placé au-dessus les gradins, qui sont en planches de chêne soutenues par des poteaux; et chaque gradin a été couvert de terreau de bruyère. Cette construction conserve l'humidité en empêchant que l'eau des arrosemens ne se perde dans le sol dont le fond est sablonneux.

C'est sur ces gradins qu'on sème et qu'on élève les plantes des régions polaires et celles qui croissent sur les montagnes au pied des neiges. Elles y réussissent fort bien : presque toutes sont de petite taille, et se couvrent au printemps de très-jolies fleurs. On en porte toujours un pied à l'école, mais elles n'y durent pas long-temps, tandis que sur les gradins elles conservent leur fraîcehur jusqu'à l'époque de la maturité des graines. On peut y voir aussi élégantes que dans leur sol natal le *moehringia muscosa*, la violette à fleurs jaunes (*viola biflora*), des androsacés, des primevères et des saxifrages des Pyrénées, la soldanelle des Alpes, l'absinthe des glaciers, les épilobes, les siléné, et les renoncules qui croissent naturellement près des neiges, des saules nains, et quelques autres arbustes du Groënland et du Haut-Canada.

A l'extrémité de ces gradins on trouve l'escalier par lequel on remonte sur la terrasse.

Nous avons dit que la ligne de châssis et de couches appuyée contre le mur de la terrasse couverte d'arbrisseaux, était coupée dans son milieu par une petite serre vitrée. Cette serre n'y est placée que depuis trois ans. Elle appartenait à M. Delaunay, sous-bibliothécaire du Jardin, amateur fort instruit, et auteur d'un ouvrage très-répandu intitulé l'Almanach du bon Jardinier ; elle lui servait à cultiver quelques plantes agréables. A sa mort elle a été acquise par le Muséum. On s'en sert pour faire des élèves des plantes de la Nouvelle-Hollande et du Cap, qu'on n'ose pas, dans leur première jeunesse, placer dans la serre tempérée où elles n'auraient pas assez de chaleur.

Vis-à-vis de cette serre et au milieu de l'allée transversale qui partage le jardin du nord au sud est un bassin qui communique à un puits. Malheureusement l'eau de ce puits est tellement séléniteuse qu'elle encroûte les racines, et qu'on est obligé d'envoyer chercher de l'eau à la rivière pour les plantes un peu délicates. On cessera de s'en servir lorsqu'on aura fait arriver au Muséum de l'eau du canal de l'Ourcq. Entre le bassin et le puits sont plusieurs auges en pierre destinées à des plantes aquatiques.

La description succincte que nous venons de donner du jardin des semis suffit pour faire juger de la variété des travaux qu'il exige et de l'intérêt qu'il présente.

Nous n'avons pas besoin d'ajouter que chaque année on y découvre des plantes non encore décrites, et venues de graines envoyées sans nom par des voyageurs. On prend tous les soins possibles pour les conserver et les multiplier ; on en transporte d'abord quelques individus dans le jardin de naturalisation, et sitôt qu'on en a obtenu des graines, on les distribue aux botanistes et aux cultivateurs.

La direction de ce jardin est exclusivement confiée à M. Jean Thouin, jardinier en chef, qui y donne ses soins pendant toute l'année, et particulièrement à l'époque des semis. Il ne s'en repose sur qui que ce soit pour cette opération délicate, et il a soin de visiter chaque jour les pots pour savoir si quelque graine a levé , et pour arracher les mauvaises herbes. C'est lui aussi qui préside à la préparation des diverses terres , et qui fait porter chaque plante à la place qui lui convient.

Lorsque M. Jean Thouin fait les semis, il met dans chaque pot en même temps que la graine, un numéro gravé sur une plaque de plomb : ce numéro renvoie à un catalogue où se trouve le nom de la plante lorsqu'elle est connue , et dans le cas où elle ne l'est pas, le pays d'où elle vient, le nom de celui qui l'a envoyée, et l'époque à laquelle on l'a reçue. On a soin d'ajouter sur le catalogue la date du jour où la graine a été semée. On sent que ces détails minutieux exigent beaucoup de soins, un goût particulier pour les plantes, et une grande habitude des diverses pratiques de culture.

Le jardin des semis est, comme nous avons dit, la pépinière où l'on prend ce qui doit peupler toutes les autres parties, où l'on multiplie et renouvelle nos richesses végétales. Mais il présente sous les rapports de la science un autre genre d'utilité qu'on ne saurait trouver ailleurs : c'est que c'est là , et là seulement, qu'on peut faire des observations méthodiques et suivies sur la germination des graines et comparer les plantes dans le premier période de leur développement. On sait que l'évolution de la radicule , de la plumule et des cotylédons, fournit les caractères les plus importans pour la classification des végétaux et pour la détermination des rapports naturels : ces caractères peuvent sans doute être aperçus par la dissection des graines , mais ils sont bien plus apparens lorsque ces graines germent et que toutes leurs parties se développent successivement. C'est alors qu'on peut voir comment la vie se distribue, et quels sont les premiers phénomènes que produit son action : phénomènes de la plus haute importance pour la physiologie végétale. Or tout cela ne peut être saisi que dans un lieu où les plantes de tous les climats et de toutes les familles sont semées les unes à côté des autres. Alors leur rapprochement facilite la comparaison.

Aussi est-ce dans ce jardin des semis que M. Mirbel a fait sur l'évolution des graines et sur leurs caractères les belles observations qu'il a consignées d'abord dans les Annales du Muséum, et qu'il a reproduites avec de nouveaux développemens dans ses Élémens de botanique et de physiologie végétale.

Cependant ce jardin n'est point ouvert au public, le jardinier en chef et les professeurs de culture et de botanique en ont seuls la clef. On sentira facilement que cette précaution est indispensable pour que l'ordre des pots et celui des numéros qui les accompagnent ne soient jamais dérangés; pour qu'une plante souvent unique, et qui ne fait que de naître, ne soit point touchée; pour qu'on ne donne jamais mal à propos de l'air à celles qui dans certains momens ont besoin d'une chaleur concentrée. Mais les personnes instruites qui veulent visiter cette partie de l'établissement, soit pour observer la première germination des graines, soit pour y voir des plantes qui y sont en fleur, soit pour examiner s'il n'y a pas levé quelque espèce nouvelle, obtiennent toujours la permission de M. Jean Thouin qui les fait accompagner par un jardinier, et qui souvent a la complaisance de les accompagner lui-même pour leur donner les explications qu'elles peuvent désirer. Ce qu'on peut remarquer ici comme dans toutes les autres parties de l'établissement et qui ne se trouve peut-être nulle autre part en Europe, c'est qu'on n'y cache rien, et qu'on se plaît à communiquer sans réserve tout ce qui peut servir à l'instruction des hommes studieux et aux progrès des sciences. Mais pour atteindre ce but il faut agir avec prudence et prendre toutes les précautions possibles pour la conservation des objets qu'il serait difficile de remplacer si on venait à les perdre.

§ VII. JARDIN DE NATURALISATION.

Nous avons dit qu'à l'est du jardin des semis il
y en avait un autre sur le même niveau, et dans
lequel on entrait par une porte placée au milieu
du mur de clôture derrière l'allée des thuyas. Cet
enclos est, comme le précédent, enfoncé de 10
pieds au-dessous de l'allée des marroniers et des
terrains de la ménagerie ; sa largeur est à l'entrée la même que celle du jardin des couches,
mais il se rétrécit en allant vers l'est ; sa longueur
est de 22 toises.

La face qui se présente au levant et qui est abritée du nord et de l'ouest par les murs, et par
la palissade des thuyas, est destinée à recevoir
pendant l'été la plupart des arbres et arbustes de
la Nouvelle-Hollande qui ont passé l'hiver dans la
serre tempérée. Lorsque les métrosidéros, les
mélaleuca, les leptospermum, les eucalyptus,
les banksia, les embothrium sont en fleur, cette
partie du jardin présente un coup d'œil très-in-
téressant et très-agréable.

Le long des murs qui l'entourent des trois autres
côtés et qui ont 15 pieds d'élévation, on place di-

vers arbres ou arbustes selon l'exposition qu'ils exigent. Ainsi, au midi, on voit des pistachiers, des jujubiers, des grenadiers, l'*ephedra altissima* (1) apporté de Barbarie par M. Desfontaines, un lagerstrome de Chine (2), un très-beau chêne aux glands doux venu d'Espagne, des câpriers, etc. : au nord, des arbrisseaux et des plantes vivaces des pays froids, des spirea de Sibérie, plusieurs orchidées, quelques fougères.

Ce jardin est coupé transversalement dans son milieu par deux allées de thuyas qui sont fort rapprochés, et sous lesquels on élève en pots les plantes qui croissent dans les forêts les plus épaisses, et qui ont besoin d'être cultivées à l'ombre.

Au devant de ces allées est un puits et un bassin dont l'eau sert aux arrosemens. Près de ce puits est un mûrier à papier qu'on a laissé à cette place, parce que c'est un rejeton de celui qui nous fut envoyé par sir Joseph Banks et qu'on a transporté dans la ménagerie.

Le reste du jardin est divisé en plates-bandes destinées à la culture des plantes vivaces de pleine

(1) Arbrisseau dépourvu de feuilles, mais dont les rameaux grêles, pendans, et toujours verts, forment des touffes très-épaisses ; il monte sur les autres arbres, et les couvre de sa verdure.

(2) *Lagerstroemia indica*, Lin. Arbrisseau cultivé à la Chine, dans les Moluques et dans les Indes orientales, à cause de la beauté de ses fleurs.

terre les plus intéressantes et les plus rares, à
celles qui ont été nouvellement introduites, et
surtout à celles qui ne sont pas encore connues,
qu'on cultive dans un lieu séparé pour les observer à toutes les époques de leur développement,
et pour en recueillir les graines. Lorsque ces
plantes sont bien déterminées on les transporte
dans les parterres.

L'aspect de ce jardin vu de l'allée des marroniers ou de la terrasse qui le borne du côté de la
ménagerie, est extrêmement pittoresque par la
beauté et la variété des plantes étrangères qu'il
renferme, et qui toutes élevées dans un bon terrain, et débarrassées par le sarclage du voisinage
des herbes qui s'emparaient d'une partie de leur
nourriture, développent en liberté le luxe de
leur végétation et l'éclat de leurs fleurs.

Les botanistes qui voudraient examiner de plus
près quelques-unes des plantes qui s'y trouvent,
doivent s'adresser à M. Jean Thouin.

La grande serre tempérée construite sur les dessins de M. Molinos, architecte du ministère de l'intérieur, a été commencée en 1795 et terminée en 1800 : sa longueur est de 200 pieds, sa largeur de 24 pieds, sa hauteur jusqu'au sommet de la voûte de 27 pieds. Les croisées au nombre de dix-sept ont 9 pieds et demi de large et près de 12 pieds de haut, sans y comprendre la partie cintrée qui ne s'ouvre pas, et qui a plus de 3 pieds. Elles posent sur une banquette en pierre de taille de 19 pouces, et sont séparées l'une de l'autre par une colonne. La porte d'entrée qui est à l'ouest a 10 pieds de largeur et 24 pieds d'élévation, pour qu'on puisse aisément faire entrer et sortir les arbres ; une porte latérale sert pour le service journalier.

Sur le mur du fond, vis-à-vis la sixième et la douzième croisée sont deux grands poêles avec des tuyaux de chaleur ; mais on n'y fait du feu que lorsque le thermomètre descend au dehors à quatre degrés au-dessous de zéro. Comme la façade est au midi, que la plus grande partie de sa surface est occupée par des vitres, et que les croisées fer-

Cathelineau del. E. Aubert sculp.

La Serre tempérée. The Green-house.

ment parfaitement, il suffit du moindre rayon de soleil pour entretenir une douce chaleur. On se garantit du froid des nuits par des paillassons qui garnissent les croisées en dehors, et par des contrevents en bois dans l'intérieur.

La construction des croisées est remarquable. Les fenêtres étant fort lourdes, elles auraient perdu leur aplomb si elles eussent pesé sur les gonds. On a prévenu cet inconvénient en plaçant les gonds en haut et en bas au quart de leur largeur, de manière qu'elles roulent sur deux pivots. Le mouvement est si doux qu'il suffit de les pousser du doigt pour les ouvrir, sans éprouver aucune résistance. Alors en s'appliquant contre le mur extérieur, elles y trouvent un loquet qu'elles abaissent, et qui en se relevant les maintient dans la même position, sans qu'elles puissent jamais être dérangées par le vent.

Les arbres qu'on abrite dans la serre tempérée sont originaires, les uns de l'Asie mineure, de la Grèce, de la Floride, et autres contrées de l'hémisphère boréal dont la température est à peu près celle du midi de l'Espagne : les autres viennent de climats aussi froids que celui de la France, par exemple de la terre de Diemen et de la Nouvelle-Zélande; et cependant ils périraient si on les laissait passer l'hiver en pleine terre. Nous croyons devoir expliquer ce phénomène dont la raison n'est pas généralement connue : et ceci nous donnera l'occasion de faire remarquer que l'utilité d'une grande serre tempérée ne se borne pas à favoriser les progrès de la science en nous faisant connaître des végétaux étrangers, ou à satisfaire notre curiosité par la vue de plantes magnifiques différentes de celles qui croissent autour de nous ; mais qu'elle peut rendre service à l'agriculture et embellir nos jardins en naturalisant dans notre pays des plantes agréables et des arbres étrangers.

On a souvent parlé d'acclimater les arbres des pays chauds en les accoutumant peu à peu à une température plus froide. Ce qu'on peut obtenir par ce moyen est renfermé dans des limites bien étroites. Un arbre que six degrés de froid font périr dans son pays natal, ne s'accoutumera jamais à en supporter dix chez nous. L'oranger, l'olivier, le figuier, sont cultivés en France depuis des siècles, et cependant ils ne résistent point à un hiver rigoureux, et presque tous les orangers et les oliviers sont morts en Provence dans l'hiver de 1820.

Les arbres qui ne réussiraient pas d'abord chez nous et qu'on peut espérer d'y naturaliser, sont ceux qui ne supportent pas nos hivers parce que c'est en automne qu'ils entrent en séve, et que c'est pendant les mois d'hiver qu'ils fleurissent.

Ainsi les eucalyptus, les banksia, les casuarina, croissent à la terre de Diemen où il fait aussi froid qu'en France; mais ils fructifient pendant les mois de janvier, février, mars et avril, qui correspondent à l'été et à l'automne de leur pays natal. Lorsqu'on en apporte des individus chez nous, ils conservent la même habitude, ils suivent les mêmes périodes pour le développement de leur végétation, et la gelée les fait périr. Mais en les cultivant dans une vaste serre tempérée on parvient à en obtenir des graines fécondes, et ces graines semées à une époque favorable donnent des individus dont quelques-uns entrent en séve au printemps ; alors on peut sans crainte les élever en pleine terre. Ce changement n'a pas toujours lieu dans la première génération ; mais en continuant la multiplication par semis, on est à peu près sûr du succès.

Nous citerons un exemple pour prouver ce que nous venons de dire. La belle-de-nuit à longues fleurs, aujourd'hui si commune dans nos jardins qu'elle parfume au coucher du soleil, fut en 1760 introduite au Jardin du Roi par M. Lemonnier, qui l'avait reçue du Mexique; elle fleurit au commencement de l'hiver, et l'on fut obligé de la renfermer dans la serre chaude. On en recueillit des graines qui donnèrent des pieds que l'on conserva dans l'orangerie : les graines de ceux-ci en donnèrent qui fleurirent au commencement de l'été, et c'est depuis cette époque qu'elle passe l'hiver dans nos jardins.

Les superbes dahlia du Mexique dont M. Cavanilles envoya des racines au Jardin du Roi au commencement de 1802, furent placés à la fin de l'hiver dans une serre chaude et sous châssis à une température de quinze degrés ; cependant ils poussèrent fort tard et ne fleurirent qu'à la fin de l'automne. On les a multipliés de graine, et on est parvenu à les faire fleurir en été et à en obtenir de très-belles variétés qui n'exigent plus aucun soin. M. Thouin avait annoncé ce résultat, mais il ne se flattait pas qu'on y parvînt en si peu de temps (1).

Nous ajouterons que les melaleuca et les métrosidéros, qu'on a élevés de graines, fleurissent plus tard que ceux qui nous ont été d'abord apportés de la Nouvelle-Hollande.

Ces observations nous portent à croire que notre serre tempérée enrichira un jour le sol de la France de plusieurs plantes agréables, et de plusieurs arbres utiles pour la marine et pour l'ébénisterie.

On place les caisses dans cette serre au mois d'octobre ; on les en retire au mois d'avril ou au

(1) Voyez le mémoire sur les *dahlia*, Ann. du Muséum, tom. 3, p. 420.

commencement de mai, et elle se trouve alors entièrement vide. Vers le mois de mars elle offre un coup d'œil admirable, parce que la plupart des arbres qu'elle renferme sont alors en fleur ; et que plusieurs d'entre eux sont plus grands qu'aucun de ceux de la même espèce qu'on puisse voir en Europe. On ne saurait se faire une idée de l'élégance et de la beauté des mimoses ou sensitives de la Nouvelle-Hollande, dont les unes sont couvertes de longs épis et les autres de houppes de fleurs diversement colorées (1). A ces mimoses se mêlent les *sophora microphylla* et *tetraptera* (2), des casses à fleur jaune, des sparmannia (3), des pittosporum (4), des camphriers, des

(1) Il y a dans la serre tempérée seize espèces de mimoses arborescentes de la Nouvelle-Hollande ; celle en panache, *m. lophanta,* et celle en grappe, *m. botricephala* sont les plus belles, du moins par leur feuillage ; celles à feuilles simples, comme le floribunda, l'armata, le sophora, sont admirables lorsqu'elles sont en fleur. On peut espérer que les unes et les autres seront un jour cultivées en pleine terre dans les départemens du midi. Quelques mimoses sont du nombre des arbres qu'on emploie à la Nouvelle-Hollande pour les constructions navales et civiles.

(2) Tous deux originaires de la Nouvelle-Zélande, introduits d'abord en Angleterre en 1772 par sir Joseph Banks.

(3) Charmant arbrisseau originaire du cap de Bonne-Espérance, introduit en France et cultivé au Jardin du Roi au commencement de ce siècle. Il est constamment couvert de superbes bouquets de fleurs depuis le commencement d'octobre jusqu'à la fin de mai. Nous sommes fondés à croire qu'en le multipliant de graine on retardera sa floraison. Il sera alors l'un des plus beaux ornemens de nos jardins.

(4) *Pittosporum undulatum,* Vent. II. Cels; et *Pittosporum Tobira,* Hort. Kew. Le premier est un arbrisseau dont les fleurs ont l'odeur

lauriers de Madère, des banksia, des hakea, des mélaleuca, des visnea, etc., et les deux palmistes dont nous avons déjà parlé. Au devant de ces arbres qui déploient librement leurs branches à vingt pieds au-dessus du sol, et dont quelques-uns atteignent la voûte, sont des plantes ligneuses, des coronilles orientales, des indigotiers, une très-belle collection de géranium ou pélargonium, etc. Sur la tablette qui est au devant des croisées, on voit, comme dans l'ancienne orangerie, des pots où sont diverses plantes alpines qui fleurissent vers le mois de février.

Au commencement de mai les arbres les plus remarquables de cette serre sont placés dans le rond qui est en face de l'amphithéâtre : on y voit des métrosidéros, des mélaleuca, des eucalyptus, des leptospermum, des banksia, des mimosa (1).

du jasmin ; sa tige contient un suc qui, suintant à travers l'écorce, devient concret et se présente sous la forme d'une poussière résineuse. Il nous a été apporté de Ténériffe par Riedlé. Le second est un arbre cultivé à la Chine à cause de la prodigieuse quantité de fleurs très-parfumées dont il se couvre en été. Il n'est connu en Europe que depuis quelques années.

(1) Les eucalyptus, les banksia, les mimosa et les casuarina sont les plus grands arbres de la Nouvelle-Hollande, et ils y sont employés pour la construction et la mâture des vaisseaux. M. de la Billardière et M. Péron ont vu à la terre de Diemen, des eucalyptus qui avaient 160 à 180 pieds d'élévation, et dont le tronc avait 25 pieds de circonférence. Les sauvages creusent ces troncs avec le feu pour se faire des retraites, et cela n'empêche pas qu'ils ne continuent de végéter. Voyez la Billardière, Voyage à la recherche de la Peyrouse, t. 1, p. 131. — Péron, Voyage des découvertes, t. 1, p. 232. Freycinet, *idem*, p. 45.

Les doubles des mêmes individus, et ceux qui ne sont pas très-grands, sont rangés dans le parterre qui tient aux semis, le long d'un mur exposé au levant et bien garanti du nord et de l'ouest. Les autres arbrisseaux et les plantes vivaces sont disposés en amphithéâtre sur la terrasse qui est au devant de la serre, et la garnissent dans toute sa longueur. Derrière la serre du côté du nord et adossés contre le mur, sont au rez de chaussée des ateliers pour le Muséum, et au-dessus des logemens de jardiniers et un laboratoire, où l'on arrange toutes les graines qu'on a recueillies pour en faire des distributions.

Quoique cette serre soit fort grande et fort belle, sa construction pourrait être plus avantageuse pour le développement de la végétation. Il est à regretter qu'elle ne soit pas éclairée par le haut comme par la façade ; dans plusieurs des arbres qu'elle renferme, les branches qui sont vis-à-vis des croisées, sont couvertes de fleurs ; mais celles qui s'élèvent au-dessus, ou qui sont tournées du côté du mur, en sont entièrement dépourvues. On peut remarquer aussi, qu'en dirigeant tous leurs rameaux vers la lumière, les jeunes arbres perdent leur forme naturelle ; ce changement est peu de chose dans l'oranger, mais il est très-sensible dans les mimoses, les eucalyptus, etc.

§. IX. SERRES CHAUDES.

Il y a au Jardin cinq serres chaudes qui ont chacune une destination particulière. Nous allons les visiter successivement, en commençant par la plus grande qui est placée le long de la partie supérieure de l'école, et abritée du nord par la petite butte.

On y entre par une porte qui est vis-à-vis de l'allée des marroniers. On trouve d'abord une petite cour où sont rangées dans la belle saison les plantes les plus curieuses de la serre. A gauche une autre cour encore plus petite et fermée, où sont des couches et des châssis pour quelques plantes précieuses, qui dans leur première jeunesse exigent beaucoup de chaleur et des soins particuliers; et un cabinet, où le jardinier de la serre se tient pour faire les rempotages.

Cette serre est divisée en trois parties, ou plutôt elle est composée de trois serres distinctes, disposées en amphithéâtre et adossées les unes aux autres. La supérieure, ou celle du fond, à laquelle on monte par un escalier placé en dehors est fermée de deux portes, entre lesquelles est un

Les Serres chaudes.

The hot-houses.

tambour. La seconde n'en est séparée que par un châssis vitré. Le sol de celle-ci est de cinq pieds plus bas, et le toit en est moins élevé. On y entre de plain-pied par le petit cabinet. La troisième serre n'a pas l'étendue des autres. Pour la placer au devant de la précédente, on a été obligé de prendre la moitié de la banquette qui s'étendait entre l'école et le mur des serres, et sur laquelle on arrangeait pendant l'été les plantes qu'on avait retirées des serres. Elle communique par un escalier intérieur avec la précédente, et elle a une porte ouverte dans l'école de botanique.

Les toits des trois serres dont nous venons de parler sont en verre : on les couvre de paillassons soit pendant les grands froids, soit lorsqu'on craint un orage, et quelquefois lorsque le soleil est trop ardent.

La partie supérieure fut construite par Buffon en 1788, sur l'emplacement où se faisaient auparavant les semis pour lesquels on venait de disposer un nouveau local. Elle a 125 pieds et demi de long, 12 pieds 4 pouces de large, et 15 pieds de haut, et le milieu est garni d'une couche de tannée dans laquelle les pots sont placés. Elle est chauffée par quatre poêles. Elle fut d'abord destinée à recevoir une centaine d'arbres fruitiers (1)

______

(1) Des anones, des sapotilliers, des goyaviers, des longaniers, des manguiers.

des tropiques qui avaient été envoyés au Jardin ; ces arbres devaient y être placés non dans des caisses, mais sur le sol même, dans l'intention de les faire fructifier et d'en recueillir les graines pour propager et naturaliser les espèces qui pourraient être cultivées dans le midi de la France. Depuis cette époque, il nous est arrivé des pays chauds un si grand nombre de plantes, qu'on a été contraint de ménager dans cette serre assez d'espace pour les loger ; on a en conséquence renoncé à y cultiver des arbres en pleine terre et à leur donner ainsi tout le développement qu'ils peuvent acquérir.

On trouve dans cette serre un grand nombre de végétaux fort rares et de la plus grande beauté. Nous nous contenterons de citer deux grands baquois ou *pandanus odoratissimus*, dont le tronc renflé vers le haut, et sillonné en spirale par l'impression des anciennes feuilles, pousse près de sa base des jets qui vont s'enraciner autour de lui, et le soutiennent comme des arcs-boutans (1) ; le ravenala (2), de la famille des bananiers, très-

(1) Ses fleurs mâles sont recherchées à cause de leur odeur ; on en met un petit faisceau dans les appartemens pour les parfumer, et on les vend en Égypte pour cet usage.

(2) Le ravenala s'élève à la hauteur des palmiers ; son tronc nu est couronné par des feuilles qui ont 6 à 10 pieds de longueur, sur 2 pieds de large, et qui sont disposées en éventail. Les Madegasses le nomment l'arbre des voyageurs, parce que les gaines des pétioles de ses feuilles forment un réservoir, toujours rempli d'une eau fraîche et limpide.

utile aux habitans de Madagascar qui se servent de ses feuilles pour couvrir leurs maisons, et font de la farine avec ses graines, après avoir retiré de l'huile de la pellicule bleue qui les recouvre; le *strelitzia* du Cap, plante de la même famille, nouvellement introduite, et dont la fleur, en partie écarlate, en partie d'un beau bleu, a une forme si singulière qu'on ne peut la comparer à aucune autre; le *caryota urens*, espèce de palmier de l'Inde extrêmement rare, dont les feuilles pinnées ont des folioles triangulaires, découpées à leur bord; le *littæa*, arbrisseau de la famille des narcisses, récemment apporté d'Italie par M. Bosc, et qu'on avait d'abord pris pour un *yucca*, parce que ses feuilles longues, étroites et pendantes ont comme celles de l'*yucca filamentosa* des fils blancs sur leurs bords; des pimento, ou toute-épice, espèce de myrte de la Jamaïque, qui doit son nom à l'odeur et à la saveur de ses feuilles et de ses rameaux; des *psydium* ou goyaviers; des *eugenia jambos* ou jamrose, dont le fruit est parfumé; l'individu mâle du *brucea ferruginea* l'Hér. (1), apporté par Bruce de son voyage d'Abissinie; l'olivier à feuilles échancrées dont M. du Petit-Thouars a fait

---

(1) M. de Lamarck, qui l'a décrit le premier, lui avait donné le nom de *brucea anti-dysenterica*, parce que dans le pays où il croît, ses feuilles sont regardées comme un spécifique contre la dyssenterie, et que Bruce lui-même en avait fait usage avec succès.

un genre sous le nom de *noronhia*, arbre superbe
qui croît dans l'Inde et à Madagascar, où l'on en
mange les fruits ; le mahogoni ou bois d'acajou ;
des *cecropia* et des *cocoloba*, arbres des Antilles
très-remarquables par la grandeur de leurs feuilles,
qui dans le premier sont en bouclier, minces et
argentées en dessous, et dans le second épaisses, co-
riaces, et d'un vert sombre; (1) le litchy de la Chine,
dont les fruits du plus beau rouge sont excellens
à manger ; le *citharexylum* ou bois guitare, ainsi
nommé parce qu'on prétend que son bois est propre à la fabrication des instrumens de musique;
le *sterculia fetida*, grand arbre des Indes orientales, à feuilles digitées, dont les fleurs ont une
odeur insupportable, mais dont les graines sont
employées à faire de l'huile ; le *sapium* des Antilles, aussi vénéneux que le mancenillier ; le
gardenia thunbergia, espèce à fleurs plus belles
et plus odorantes que celle qu'on a jusqu'à présent cultivée sous le nom de jasmin du Cap ;
des roseaux de la canne à sucre violette d'Otaïti,
espèce ou variété qui a l'avantage d'être beaucoup plus hâtive que celle de l'Inde ; des *be-
gonia* auxquels la forme et la couleur de leurs

---

(1) Le *cocoloba uvifera* porte aux Antilles le nom de raisinier, parce
que ses fruits qui sont des drupes arrondis, d'une saveur très-agréable,
forment des grappes parfaitement semblables aux grappes de raisin,
quoique d'un volume plus considérable.

feuilles donnent un port fort singulier ; enfin de superbes figuiers de l'Inde , parmi lesquels on doit remarquer le *ficus elastica* , dont le lait donne de la gomme élastique , et le *ficus macrophylla* qui nous rappelle le souvenir du jardinier Riedlé, l'un des voyageurs qui ont procuré au Muséum le plus de plantes vivantes : Riedlé attachait tant de prix à cet arbre , qu'il avait trouvé à Timor, qu'en mourant il pria ses compagnons de voyage de ne rien négliger pour le conserver et le faire arriver en bon état au jardin du Muséum.

Cette serre est chauffée par quatre fourneaux ; on a soin que le thermomètre de Réaumur y marque toujours au moins douze degrés. Elle est partagée en deux dans sa largeur par une cloison vitrée. La partie au-dessous est nommée serre Baudin , parce qu'elle fut construite en 1798, pour loger les plantes apportées par le jardinier du Muséum, Riedlé, qui avait accompagné ce capitaine dans son voyage à Porto-Rico, à Saint-Thomas, etc. Elle est destinée à des arbustes et des plantes des tropiques. On y fait des boutures sous châssis , on y cultive les plantes herbacées les plus curieuses , et l'on y soigne dans leur première jeunesse beaucoup d'arbrisseaux qu'on transporte dans la serre supérieure, lorsqu'ils sont parvenus à une certaine grandeur. Cette serre dépasse un peu celle qui est au-dessus, elle a 140 pieds de long, 9 pieds et demi de large, 11 pieds de hauteur. Elle est chauffée par trois poêles. Les plantes n'y sont point rangées dans le milieu, mais des deux côtés. A gauche le long des vitraux est une tablette sur laquelle on met les liliacées, les narcisses et les orchidées qui demandent beaucoup de lumière. Au-dessous, dans un encaissement de 15 pouces de hauteur et qui est rempli de tannée, sont d'abord les boutures sous châssis, puis des pots contenant des plantes de la zone torride, qui ne s'élèvent pas beaucoup ; de l'autre côté on voit une banquette semblable, et des gradins où sont rangés les arbustes et les plantes d'une plus haute taille.

On remarque entre autres dans cette serre, le xylophylla, arbrisseau singulier, en ce que ses fleurs très-nombreuses sont situées dans les dentelures qui bordent les feuilles ; des *crinum* et des *pancratium* qui, lorsqu'ils sont en fleur, répandent l'odeur la plus suave ; de superbes amaryllis, comme la belladone et la grenésienne; des orchidées au nombre desquelles est la vanille ; des aroïdes, telles que la colocase, l'*arum pictum* et le *pothos crassinevia ;* de jolies sensitives, et le sainfoin oscillant des bords du Gange, ainsi nommé parce que des trois folioles qui composent sa feuille, deux sont toujours en

mouvement ; des banisteria, des bignones (1),
des grenadilles qui serpentent le long de la cloison, et forment des guirlandes sous le toit; deux
de ces grenadilles, *passiflora quadrangularis* et
passiflora princeps (2), sont admirables par la
grandeur et l'élégance de leurs fleurs, qui sont
solitaires et bigarrées de diverses couleurs dans le
premier, rouges et en longues grappes dans le
second.

Parmi les arbres et arbrisseaux qui n'ont pas
encore fleuri, parce qu'ils sont trop jeunes, et
qu'on garde dans cette serre en attendant que
l'étendue de leurs branches et la hauteur de leurs
tiges exigent un local plus vaste, on peut citer
comme dignes d'attention : le tamarin, dont il
serait difficile de trouver ailleurs un aussi bel individu ; le sablier, *hura crepitans*, dont le fruit
est dans tous les cabinets; le *tamnus elephanti-
pes*, apporté de la Cafrerie, par M. Delalande,
et qui est si remarquable par l'énorme tubercule
ciselé et mamelonné duquel partent les tiges; le
carolinea princeps ou pachirier, que M. Bonpland

(1) *Bignonia unguis-cati.*

(2) Le *passiflora quadrangularis* a une telle force de végétation, qu'il
pousse dans l'année des tiges de 5o pieds de long ; ses fleurs durent
peu, mais elles se renouvellent pendant plusieurs mois; il nous a
donné l'année dernière des fruits de la grosseur d'un petit melon. Ces
fruits sont bons à manger. Le *passiflora princeps* ne nous est connu
que depuis trois ans. Il a été donné au Jardin par M. Cels, qui l'avait
reçu d'Angleterre.

nous a apporté de Schœnbrunn, et le *carolinea insignis* venu de graines envoyées du Brésil par M. Auguste de Saint-Hilaire, deux arbres superbes et par leurs grandes feuilles digitées, et par leurs fleurs qui ont jusqu'à dix pouces de diamètre, et renferment une innombrable quantité d'étamines; le baobab du Sénégal (*adansonia baobab*), que M. Perrottet a apporté de Cayenne, où il lui a été remis par M. Poiteau : quoiqu'il ait déjà 7 pieds de hauteur, et qu'il soit très-vigoureux, nous n'espérons pas le voir fleurir ; mais il excite la curiosité, parce qu'au Sénégal son tronc acquiert 25 à 30 pieds de diamètre, et que, d'après le calcul d'Adanson, il peut vivre au moins quatre mille ans; enfin l'*araucaria* ou pin du Chili, que nous avons également élevé de graines envoyées par M. de Saint-Hilaire. Il a déjà trois pieds de haut et va bientôt passer dans l'orangerie : quand nous en aurons reçu de nouvelles graines, nous essaierons de le propager dans le midi de la France, où il pourra, s'il y réussit aussi bien que dans son pays natal, offrir un jour les arbres les plus propres à la mâture des vaisseaux.

On entretient constamment dans cette serre une chaleur de quinze degrés, et plusieurs des plantes qu'elle renferme y passent l'année entière parce qu'on n'ose les exposer dans leur jeunesse à l'humidité et à la fraîcheur des nuits.

On place sur la tablette des poêles, quelques liliacées et quelques cactus qui ont besoin de beaucoup de sécheresse.

A l'extrémité de cette serre est encore un cabinet vitré, correspondant à celui qui est à l'entrée. Ce petit cabinet offre une retraite très-commode lorsque le peintre attaché au jardin vient dessiner quelque plante qui est en pot dans la serre.

Les botanistes visitent cette serre avec beaucoup d'intérêt, parce qu'on y voit chaque année des plantes nouvelles, venues de graines recueillies par des voyageurs dans les régions équatoriales. Ainsi nous en avons eu beaucoup l'année dernière qui ont été envoyées de l'Inde par M. Leschenault, du Brésil par M. A. de Saint-Hilaire ; et déjà nous en avons vu lever plusieurs des graines apportées par M. Freycinet et par M. Delalande. Parmi ces plantes il en est qui sont arrivées depuis quelques années et qui cependant ne sont point indiquées dans le catalogue imprimé, parce que le professeur de botanique ne peut les déterminer que lorsqu'elles ont fleuri ; mais un catalogue manuscrit indique au moyen d'un numéro, l'époque à laquelle on les a reçues, le lieu d'où elles viennent, et le nom de celui qui les a envoyées.

C'est depuis le mois de novembre jusqu'au mois d'avril que ces serres sont entièrement garnies. Au mois de mai on en retire presque toutes les plantes pour transporter un individu de chacune à la place qui lui est assignée dans l'école, et pour disposer les autres sur une banquette le long du mur en face de l'école, de manière qu'on peut facilement les voir et les étudier. Quelques-unes sont aussi placées dans les petites cours qui sont aux deux bouts.

Le soin de cette serre est depuis vingt-deux ans confié à M. Richer. Ce jardinier, fort instruit dans le genre de culture dont il est chargé, fait voir les serres aux personnes qui lui sont adressées par les professeurs de l'établissement. Comme il a des relations avec tous les amateurs et les pépiniéristes qui cultivent des plantes rares, il va s'informer chez eux s'ils ont reçu quelques espèces nouvelles, et il se les procure en leur donnant en échange, avec l'autorisation de M. Thouin, d'autres plantes qui leur manquent.

La troisième partie a été construite à la fin de l'été dernier 1821, pour renfermer la belle collection que nous venions de recevoir de l'Inde et de Cayenne. On l'a nommée serre Philibert, parce que ce capitaine de vaisseau avait pris sur son bord M. Perrottet, jardinier du Muséum, qui après avoir recueilli la plupart des plantes dont elle est garnie (1), les a toutes soignées pendant la tra-

(1) Plusieurs des arbres cultivés à Cayenne, et particulièrement ceux

versée, et les a apportées au Muséum dans le plus bel état de végétation.

Cette serre a 75 pieds de long sur 12 de large, et 10 de hauteur. Elle est chauffée par deux fourneaux. Il est remarquable que depuis sa construction, la partie de la serre Baudin à laquelle elle est adossée est devenue meilleure. La plupart des plantes qu'elle renferme n'étaient point au Jardin du Roi, plusieurs même n'avaient encore paru dans aucun jardin de l'Europe. La collection était composée de quatre-vingt-cinq caisses contenant cinq cent trente-quatre individus de 6 pouces à 6 pieds d'élévation, et cent cinquante-huit espèces différentes. Nous citerons comme les plus intéressantes, l'arbre à pain sauvage (*artocarpus incisa*), et la variété obtenue par la culture, dont le fruit, qui ne contient point de graines, est la nourriture ordinaire des habitans des îles de la mer du Sud (1).

Le jacquier (*artocarpus integrifolia*), dont le fruit tuberculeux a la forme d'un melon, et jus-

à épicerie, ont été remis à M. Perrottet par M. Poiteau, auteur de plusieurs mémoires insérés dans nos Annales, et qui a succédé à feu M. Martin dans la place de directeur des cultures des habitations royales à la Guiane française.

(1) Les pieds d'arbre à pain sans graines, que M. Perrottet vient de nous apporter de Cayenne, sont des rejetons d'un individu que nous avions envoyé dans cette colonie en 1797, et que M. Martin, alors directeur des pépinières, y avait multiplié.

qu'à deux pieds de longueur. Comme il est rempli de grosses graines, il n'est pas aussi bon que celui de l'arbre à pain ; mais on le mange dans les Moluques.

Le betel (*piper betel*), dont les Indiens font, avec la noix d'arec et un peu de chaux, une préparation qu'ils mâchent continuellement.

L'arec (*areca faufel*), arbre de la famille des palmiers, dont les fruits sont un objet de commerce dans l'Inde.

Le *cyclantus bifolius*, que M. Poiteau croit être un nouveau genre de palmiers ; et plusieurs autres palmiers que nous ne connaissions que par les descriptions d'Aublet.

Des cocotiers.

Un raphia de Madagascar (*raphia pedunculata*, Pal. de Beauv.), qui donne le sagou, et dont les feuilles sont employées à faire des tissus.

Un rotang dont les feuilles ailées sont terminées par le pétiole prolongé en un filament garni d'aiguillons longs d'un pouce, et placés à distance comme les folioles.

Le muscadier (*myristica aromatica*).

Le *virola sebifera* de Cayenne, arbre voisin du précédent et dont les graines contiennent une substance dont on fait des chandelles.

Plusieurs variétés de cannellier, dont une, envoyée de Ceylan à Manille où M. Perrottet l'a prise, est par sa saveur et son parfum très-supérieure à celle qu'on cultivait à Cayenne.

Le *quassia amara*, arbre de l'Inde dont le bois d'une excessive amertume est employé en médecine.

Le *couroupita guianensis*, grand arbre qui est pendant presque toute l'année couvert de fleurs et de fruits. Ses fleurs sont belles et odorantes; ses fruits ont la grosseur et la forme d'un boulet de canon, et c'est sous ce nom qu'ils sont connus dans les cabinets.

Le *carapa guianensis*, arbre qui s'élève à 80 pieds, et dont les graines sont employées à faire de l'huile.

Le cacao.

L'*omphalea diandra*, arbrisseau de la famille des euphorbes, dont les rameaux grimpans s'élèvent au-dessus des plus grands arbres et retombent ensuite jusqu'à terre, et dont les fruits renferment des amandes bonnes à manger.

Le *genipa americana*, arbre de l'Amérique méridionale, dont les fleurs ont une odeur agréable, et dont les fruits contiennent un suc d'un violet foncé qui sert à la teinture.

Le butonic (*barringtonia speciosa*, Forst.), arbre des Indes orientales, de la famille des myrtes, remarquable par son port, par la grandeur et par la beauté de ses fleurs. Ses fruits sont connus dans les cabinets sous le nom de *bonnets carrés*.

Le *morinda umbellata*, arbre de l'Inde dont la racine est employée à teindre en jaune.

Le *nerium tinctorium* (ou *wrightia*, Brown), arbre des Indes orientales analogue au laurier-rose, et dont les feuilles donnent une fécule semblable à l'indigo, et employée aux mêmes usages.

Le mabolo, (*cavanillea philippensis*, Lam. Ill.), dont on mange les fruits aux Philippines.

Un arbrisseau non encore connu qui paraît être un cookia, et qui par l'odeur de toutes ses parties est semblable à la badiane ou anis étoilé de la Chine, dont les graines sont employées à faire des liqueurs.

Enfin beaucoup d'autres plantes qui n'ont pas encore paru dans nos jardins, et dont on ne pourra déterminer le genre ou du moins l'espèce que lorsqu'elles auront fleuri.

Par leur construction et leur disposition en amphithéâtre, les serres que nous venons de décrire sont bien préférables à celles que nous allons bientôt visiter ; cependant elles ne répondent ni à la grandeur ni à la beauté de l'établissement. La serre Buffon ayant été bâtie il y a 35 ans, a souvent besoin de réparations. Comme elle n'a que 15 pieds de hauteur, on est obligé d'élaguer les branches et de retrancher la cime des arbres qui sont dans des caisses, et plusieurs d'entre eux ne peuvent y fructifier. Les serres Baudin et Philibert sont très-bonnes ; mais où placer les arbres qu'elles contiennent lorsqu'ils auront acquis plus de développement ? Il faudrait que la serre supérieure eût 25 pieds d'élévation, et que les caisses y fussent arrangées de manière que le pied des arbres fût au niveau du sol. Ce serait le seul moyen de conserver, de multiplier et de rendre utiles pour les progrès des sciences les richesses végétales que les voyageurs nous apportent à grands frais des régions équatoriales. Le jardin du Muséum ne doit pas offrir moins de ressources que celui de Schœnbrunn. Dans un établissement aussi vaste, aussi varié, les diverses constructions ne peuvent être faites toutes à la fois ; mais nous ne devons pas douter qu'on continuéra de s'en occuper comme on l'a fait depuis plusieurs années, et le ministre, en demandant un plan pour de nouvelles serres, nous a fait espérer qu'on en commencerait bientôt l'exécution.

En sortant des serres Buffon, Baudin et Philibert par l'extrémité à l'ouest, on traverse une cour, on suit un couloir qui passe à côté de la petite butte, et l'on arrive à l'une des deux serres construites par du Fay, dont l'entrée est au haut de la rampe qui conduit de la partie supérieure à la partie inférieure du jardin.

Cette serre qu'on nomme serre des arbrisseaux, a 75 pieds de long, 9 pieds de large, et 16 pieds de hauteur. Au moyen de deux fourneaux placés par derrière, on y entretient pendant l'hiver une chaleur de huit degrés. Elle est destinée à la culture des grands arbrisseaux des tropiques, qui y sont plantés dans des caisses rangées sur des gradins les unes au devant des autres. On y voit de très-grands individus du *sideroxylon atrovirens*, et du *schotia speciosa* (1), l'*erithryna corallodendron*, ou arbre de corail des Antilles, auquel on a donné ce nom à cause du rouge éclatant de ses fleurs et de ses graines; le *globa nutans*, plante de la famille des balisiers, nouvellement introduite en France et très-recherchée à cause de ses belles grappes de fleurs.

La seconde serre de du Fay a les mêmes dimensions que la précédente : elle a aussi deux fourneaux; mais on se contente de ne pas y laisser descendre la température au-dessous de six degrés. Elle est destinée aux plantes grasses, la plupart originaires d'Afrique, telles que les aluès, les cierges, les grandes joubarbes, les agaves, les euphorbes. On y remarque l'euphorbe des Canaries, dont on est obligé de soutenir avec des cordes les rameaux étalés et dépourvus de feuilles,

(1) Arbrisseau du cap de Bonne-Espérance, d'un très-bel effet lorsqu'il est couvert de ses fleurs en grappe et de couleur écarlate, qui naissent sur le bois comme dans l'arbre de Judée.

et qui par cette raison et à cause de sa grandeur ne sort jamais de la serre; l'*aloe ferox* dont la tige est très-élevée ; le *cactus monstrosus* dont la tige verte et mamelonnée ressemble par sa forme à une masse de stalactite. Les plantes de cette serre, excepté un individu qu'on porte à l'école, sont dans la belle saison rangées sur une terrasse qui se trouve ainsi décorée des aloès, des cierges et des opuntia ou raquettes. Nous avons l'espèce qui nourrit la cochenille, mais l'insecte qu'on nous avait envoyé avec la plante a péri depuis trois ans, et nous croyons qu'il n'existe plus en Europe.

En sortant de cette serre on en trouve une fort petite et fort étroite avec un seul fourneau. Elle est garnie de gradins sur lesquels on place pendant l'hiver le genre nombreux des ficoïdes, et autres plantes analogues venant du cap de Bonne-Espérance. Il suffit que la température n'y baisse pas au-dessous de trois degrés.

Après la serre des ficoïdes et à droite, est une serre enfoncée et adossée à la montagne. C'est la plus ancienne du Jardin : elle a été construite en 1714 du temps de Vaillant ; et on l'a nommée serre du Cafier, parce que c'est là que fut élevé le premier pied de café envoyé du Jardin de Leyde à Louis XIV, et dont les graines ont fourni les pieds qui ont peuplé les Antilles. Elle est destinée aux plantes les plus délicates de l'Inde et d'autres contrées de la zone torride , qui y sont disposées sur une couche de tannée , placée dans le milieu de manière qu'on en fait le tour. Sa longueur est de 34 pieds, sa largeur de 14, sa hauteur de 15. Elle est chauffée par un seul fourneau , et l'on y entretient constamment une chaleur de douze degrés. La toiture est en verre dans la moitié de sa largeur.

Quoique cette serre ne soit pas fort grande, c'est celle qui offre le coup d'œil le plus pittoresque, parce que les arbres et arbrisseaux placés au milieu ont des formes singulières , et contrastent entre eux par la variété de leur feuillage.

On voit dans cette serre un très-beau *cycas circinalis*, apporté de l'île de France par Joseph Martin, arbre d'une forme très-singulière et dont la moelle est employée à faire une espèce de sagou qui sert de nourriture aux habitans de Madagascar ; des *plumeria* ou frangipaniers ; des *hibiscus tiliaceus*; le *spaendoncea tamarindifolia,* apporté d'Abissinie par Bruce ; des palmiers dattiers ; un *aletris fragrans* qui a 12 pieds de haut, chose remarquable dans la famille des liliacées ; ses fleurs en pyramide répandent une odeur délicieuse pendant la nuit ; un beau *pandanus* et un *dracœna marginata* de Madagascar : presque tous ces arbres passent l'année entière dans la serre.

Le mur du fond est tapissé de deux espèces de graminées arborescentes (1).

En avant et sur des tablettes placées le long des vitraux est une nombreuse collection de stapelia, plantes dont les fleurs et les tiges sont extrêmement singulières, et qui seraient plus généralement cultivées par les curieux, si elles n'avaient une odeur très-désagréable.

Nous arrivons enfin à la dernière serre adossée à la montagne. Elle est composée de trois parties dont les deux premières construites en 1717 , sous l'intendance de Fagon et à la sollicitation de Vaillant, portent le nom de serre du cierge ; parce qu'elles sont séparées par un grand cierge du Pérou, au-dessus duquel on a construit une lanterne vitrée de 4o pieds de haut.

La troisième partie, qui est à l'extrémité, a été ajoutée après la mort de Buffon, et on lui a donné le nom de serre Saint-Pierre, parce qu'elle a été terminée en 1792, sous l'administration de ce dernier intendant du Jardin : elle est, comme nous le verrons bientôt, d'une construction différente des deux autres auxquelles elle est réunie.

La porte d'entrée de la serre est en face du cierge dont la case forme un cabinet particulier

(1) L'une d'elles n'a pas encore fleuri ; l'autre est le *panicum latifolium* dont les tiges creuses fournissent aux sauvages de l'Amérique les tuyaux de pipe , ou calumets , qu'ils s'offrent réciproquement en signe d'amitié.

où l'on se contente d'entretenir cinq degrés de chaleur.

Ce cierge, dont les racines occupent peu d'espace, est dans une terre qu'on n'arrose point ; il pompe sa nourriture dans l'air atmosphérique par la seule succion de son écorce. Il a déjà 4o pieds d'élévation, et l'on peut être sûr qu'il n'atteint jamais cette hauteur dans son pays natal, où ses rameaux qui sont articulés seraient brisés par les vents. Il se couvre toutes les années de fleurs qui se fanent en vingt-quatre heures, mais qui se succèdent pendant un mois. Ces fleurs ressemblent beaucoup à celles d'un autre cierge originaire des Antilles, nommé *cactus grandiflorus*, mais elles ne sont point aussi belles et n'ont pas le même parfum (1).

La partie à droite du cabinet renferme des arbrisseaux des tropiques, cultivés dans des vases ou des caisses qui occupent le milieu de la serre, et d'autres plantes disposées en amphithéâtre sur

(1) Ce cierge fut, en 1700, envoyé à M. Fagon par M. Hotton, professeur de botanique à Leyde. Il fut planté au Jardin du Roi n'ayant que 4 pouces de hauteur et 2 pouces de diamètre. Il devint bientôt si grand, qu'en 1713, sa tige s'élevant au-dessus de la serre dans laquelle il était placé, on fut obligé d'en brûler le sommet avec un fer rouge pour arrêter son accroissement. Cela ne l'empêcha pas de pousser des jets latéraux. En 1717, M. A. de Jussieu en donna la description et la figure dans les Mémoires de l'académie des sciences. Il avait alors 23 pieds de hauteur et 7 pouces de diamètre. On prit ensuite le parti de construire autour de lui une cage vitrée qu'on exhausse à mesure qu'il grandit.

des gradins le long des vitraux. On y remarque entre autres, de beaux *dracæna draco*, ou sang-dragon des Canaries.

La partie à gauche est aussi garnie d'arbris-seaux, parmi lesquels on distingue de très-beaux pieds du *dracæna reflexa* de l'île de France.

Ces deux parties de la serre sont voûtées, elles ont chacune 40 pieds de long, 9 ou 10 de large, et 11 de hauteur. Les deux fourneaux sont placés par-derrière, et les tuyaux de chaleur passent sous le plancher.

La troisième partie, ou serre Saint-Pierre, est couverte en verre comme la serre Buffon ; elle a 36 pieds de long, 10 de large, 12 de hauteur. Elle n'a aussi qu'un fourneau ; mais elle est plus chaude que les précédentes, parce que les pots y sont placés dans une couche de tannée.

On voit dans cette serre le cycas de l'Inde, *cycas circinalis*, et celui du Japon, *cycas revoluta* (1) ; des crinum, des pancratium, des dianella, des pitcairnia ; un theophrasta, arbre très-rare dans les serres et fort remarquable, en ce que ses longues feuilles verticillées forment au sommet du tronc une touffe qui a la forme d'un vase ; le *chàmærops histrix* ; le *sabal adansonii,*

(1) Les Japonais mangent ses fruits, et retirent de son tronc un sagou très-nourrissant. Ils attachent tant de prix à cet arbre, qu'il est expressément défendu de le transporter hors du pays.

20.

ou palmier nain des marais ; le *rhapis flabelli-formis*, ou palmier éventail de la Chine ; l'aloès à bords rouges de l'île de Bourbon ; le latanier de la Chine. A droite de la porte d'entrée, il y a dans une caisse un pied de *passiflora alata*, dont les rameaux étendus sous le toit ont cinquante pieds de longueur, et sont pendant huit mois de l'année chargés de fleurs moins grandes, mais d'ailleurs très-semblables à celles du *passiflora quadrangularis*. C'est encore dans la même serre qu'a fleuri et fructifié il y a trois ans une nouvelle espèce de cierge dont la fleur d'une couleur changeante et glacée d'or, est par sa forme et son éclat l'une des plus belles que l'on connaisse. M. Desfontaines, qui l'a décrite et figurée dans les Annales du Muséum, lui a donné avec raison le nom de *cactus speciosissimus*.

Dans la belle saison, les plantes retirées de la serre que nous venons de décrire, sont placées le long du mur et sur la terrasse qui est entre cette serre et celle des ficoïdes en face de la serre du cafier.

L'Amphithéâtre vu de côté.   Side View of the Amphitheatre.

CHAPITRE II.

§ I. GALERIE DE BOTANIQUE (1).

AU-DESSUS de la salle d'administration, et au premier étage, sont les galeries de botanique. On voit dans l'angle de l'escalier un tronc de palmier parfaitement cylindrique, de 12 pieds de hauteur et 10 pouces de diamètre, entouré d'une liane très-forte, dont les tiges aplaties, épaisses de 2 pouces, sont naturellement entre-greffées de manière à former un grillage. Ces tiges n'ont produit aucune impression sur le tronc, parce que l'accroissement du palmier (qui est monocotylédon), ne se fait point par couches concentriques. La pression d'une telle liane aurait causé des bourrelets dans tout arbre à deux feuilles séminales.

(1) Nous commençons la description des différentes collections par celle de la galerie de botanique, parce qu'il nous paraît convenable de placer à la suite les uns des autres les objets qui ont entre eux le plus d'analogie. Or, la collection des plantes sèches est le complément de celles qu'on vient de voir dans l'école et dans les serres. Nous passerons ensuite au grand cabinet, où nous verrons d'abord la minéralogie, puis la zoologie; de là nous nous rendrons au cabinet d'anatomie, puis à la ménagerie. Nous terminerons par la bibliothèque.

A côté de ce tronc qui nous a été envoyé de Cayenne, en est un autre semblable et venu du même pays, mais coupé à dix-huit pouces de hauteur : le palmier est plus petit; mais la liane qui l'entoure est beaucoup plus épaisse. Cette liane est une espèce de figuier.

Plus haut, à côté de la porte d'entrée, est un tronc de chamærops, garni depuis la base jusqu'à la cime, de larges écailles, formées par la base des pétioles dont la partie inférieure est restée adhérente au tronc après la chute des feuilles.

En entrant, on tourne à droite et l'on passe successivement dans trois salles qui communiquent l'une à l'autre par une ouverture cintrée pratiquée dans le milieu. La première est la salle des bois, la seconde est celle des herbiers, la troisième celle des fruits : vis-à-vis de la porte d'entrée est une petite pièce qui sert de supplément à la salle des herbiers; enfin à gauche de la même porte est une autre salle partagée dans son milieu par une cloison; et dont la dernière moitié est un cabinet de travail.

Parcourons ces différentes pièces. La salle des bois est éclairée par deux fenêtres, l'une au levant, l'autre au couchant, et garnie d'armoires vitrées dans toute sa longueur. Les trois premières armoires, c'est-à-dire les plus rapprochées de la fenêtre à droite, contiennent des échantillons qu'on a plus particulièrement choisis pour le cours de botanique. Ce sont divers exemples d'épiderme, d'écorce, de racines, de tiges, d'épines, de trachées, de moelle, de greffes, de bourrelets, de plaies, de broussins, et différentes coupes pour montrer l'organisation du bois. On y remarque une racine de *polypodium barometz*, Lin., ou agneau de Scythie (1); de beaux échantillons du liber ou écorce du bois à dentelle, les uns en rubans tenant au bois, les autres séparés; des tiges du *bauhinia anguina*, Roxb., dont la forme sinueuse ne se rencontre peut-être que dans cette seule plante (2); des troncs de *hura crepitans* et de *zanthoxylum*, qui ont de très-gros aiguillons; des tiges de cierge de huit pouces de dia-

(1) La racine, ou plutôt la base de la tige de cette fougère s'élève horizontalement au-dessus de la terre, et comme elle est revêtue d'un duvet soyeux très-épais, elle a la forme d'un petit agneau. C'est ce qui a fait raconter tant de fables sur ce végétal, qui, disait-on, se nourrissait des plantes dont il était entouré. Les échantillons qu'on voit dans les cabinets viennent du nord de la Chine. La plante n'a pas encore paru dans les jardins.

(2) Les tiges de cette singulière plante sont des bandes qui se courbent ou se creusent en une suite d'arcs, de manière que chaque portion a la forme d'un S, et la tige entière celle d'une suite d'S placés les uns au bout des autres. Ces bandes ligneuses ont depuis 1 pouce jusqu'à 6 pouces de largeur, et depuis 3 lignes jusqu'à 1 pouce d'épaisseur selon leur ancienneté. Les vrilles et les feuilles naissent sur la convexité des arcs, et la plante monte jusqu'au sommet des plus grands arbres. C'est le naga-mu-valli, de van Rheede, *hortus malabar.*, tom. 8, tab. 5o et 5i.

mètre, couvertes de leurs longues épines en faisceau ; un morceau de bois dans l'intérieur duquel
on trouve l'impression de ce qui avait été écrit
sur l'écorce en 1750. Les lettres et les chiffres se
voient encore sur l'écorce ; mais il n'y en a pas la
moindre trace sur les couches intermédiaires qui
se sont formées entre l'écorce et le bois. On y
voit aussi une corne de cerf sortant d'un tronc
d'arbre dans lequel elle a été enveloppée lorsqu'il était encore jeune.

Les trois armoires suivantes, jusqu'à l'arcade,
contiennent une collection des bois de l'Amérique septentrionale, apportée par M. Michaux fils,
qui a donné l'Histoire des arbres de cette contrée.

Les échantillons sont bien conservés, et tous
étiquetés avec certitude. Cette collection, la plus
complète qui existe en ce genre, est d'autant plus
intéressante, que tous les arbres dont elle se
compose pourraient être cultivés en France, et
que plusieurs d'entre eux seraient extrêmement
utiles pour divers ouvrages de menuiserie et d'é-
bénisterie. Le bois du noyer noir, celui de l'érable
rouge et de l'érable à sucre, sont aussi beaux et
aussi susceptibles de poli que ceux de l'Inde. Tous
les morceaux appartiennent à des arbres qui
avaient acquis leur grosseur moyenne, et plusieurs sont des planches de 8 pouces de largeur,
sur 18 de hauteur. Il en est dont on a conservé

l'écorce, lorsqu'elle offre des caractères particuliers.

De l'autre côté de l'entrée jusqu'à la fenêtre, au couchant, sont quatre armoires. Les deux premières sont réservées pour les monocotylédons; elles renferment des troncs et des coupes de palmiers, de baquois, d'yucca, de fougères arborescentes, de bambous, de rotang, de papyrus, etc., destinés à montrer la différence qui existe entre leur organisation et celle des arbres à deux feuilles séminales. On y verra un tronc de *xanthorrea resinosa*, arbre de la famille des asphodèles, qui donne une résine analogue au bray sec, et qui pourrait lui être substituée pour les usages de la marine (1); son bois, de couleur rouge et revêtu d'une écorce très-épaisse, est remarquable en ce qu'il paraît avoir des rayons médullaires très-prononcés, tandis que, lorsqu'on l'examine attentivement, on y reconnaît l'organisation des autres monocotylédons.

La troisième contient des échantillons de bois indigènes. Ce sont des planches de 6 pouces sur 8, et des coupes transversales.

Dans la quatrième, on voit une collection de bois de Cayenne propres à l'ébénisterie, étiquetés avec les noms qu'ils portent dans le commerce :

(1) V. le Voyage de découvertes aux Terres australes, par M. Freycinet, p. 41.

cette collection a été donnée au Muséum, par M. Jacob, ébéniste.

Les quatre armoires vis-à-vis, entre la fenêtre et le passage qui conduit à la seconde salle, renferment une collection des plus beaux bois étrangers employés dans l'ébénisterie et la marqueterie, avec les noms qu'on leur donnait autrefois. Cette collection faisait partie de l'ancien cabinet. La plupart de ces bois sont remarquables par leur couleur; il y en a plusieurs qui viennent de la Chine, et sur lesquels est écrit le nom chinois.

Des six armoires qui sont vis-à-vis celles dont nous avons parlé d'abord, les deux premières contiennent une collection des bois de Porto-Rico et de Saint-Thomas, apportée par Riedlé, jardinier du Muséum, au retour de son voyage avec le capitaine Baudin. Il y a presque toujours une coupe transversale et une longitudinale. On connaît le nom des arbres qui ont fourni les échantillons; mais les bois ayant été avariés dans la traversée, ces échantillons sont très-imparfaits.

L'armoire à côté renferme cent sept échantillons de bois de Cayenne, envoyés par M. Duclerc (1). Ce sont des planches de 5 pouces sur 3, polies d'un côté et brutes de l'autre. Tous sont

(1) M. Duclerc est aujourd'hui administrateur des domaines du Roi à la Guadeloupe.

nommés et partagés en séries de bois de charpente, bois de construction, bois d'ébénisterie, bois de teinture, etc.; ce qui rend cette collection extrêmement précieuse. Le bas de cette armoire et les deux armoires suivantes, contiennent d'abord des bois des îles de France et de Bourbon, dont les échantillons sont de la plus grande beauté; puis des morceaux de bois de divers pays et de différentes formes, remarquables soit par leur texture, soit par leur rareté, soit par leur usage. Enfin, dans la dernière armoire, celle qui est voisine de la fenêtre, on voit une nombreuse collection de toutes sortes de bois, apportée de Portugal, et donnée au Muséum en 1808 par M. Serrurier, frère du maréchal.

Cette collection serait plus utile si les échantillons étaient plus grands ; ils ont la forme de livres in-16, et n'ont que 4 pouces sur 3.

Les bois étrangers renfermés dans les armoires, ne portent pas tous le nom de l'arbre auquel ils appartiennent, parce qu'il n'est pas toujours possible de les déterminer à la seule inspection, et qu'on ignore souvent à quel nom systématique répond le nom sous lequel ils sont connus dans le commerce. Quand les voyageurs envoient des échantillons de bois, il est à désirer qu'ils y joignent un rameau de l'arbre en fleur, pour qu'on puisse reconnaître le genre et l'espèce.

La salle des herbiers, qui suit celle des bois, est garnie d'une boiserie formant des cases de 10 pouces de hauteur, 11 pouces de large, 17 à 18 pouces de profondeur. Ces cases sont au nombre de trois cent quarante-quatre dans la partie de la salle qui est à droite de l'entrée, et de deux cent cinquante-six dans la partie à gauche. Des stores qu'on élève et qu'on baisse à volonté les garantissent de la poussière.

Les trois cent quarante-quatre à droite, renferment l'herbier général, qui est composé d'environ vingt-cinq mille espèces de plantes. Il y a ordinairement plusieurs échantillons de chaque espèce, soit parce qu'on n'a pas toujours des fleurs et des fruits sur le même échantillon, soit parce qu'on a eu soin de conserver un individu de la même plante recueilli dans différens pays. On a rapproché de l'espèce bien connue les variétés et les espèces très-voisines, qui n'en sont pas encore assez bien distinguées pour qu'elles soient décidément considérées comme espèces particulières.

Le fond de cet herbier est composé de l'ancien herbier de Vaillant, où toutes les plantes étaient étiquetées de sa main, avec la synonymie des auteurs connus de son temps, et l'indication du lieu où la plante avait été recueillie. Il y avait aussi dans cet herbier plusieurs plantes envoyées à Vaillant par des botanistes et étiquetées de leur main. Les écritures étant connues, lorsque ceux qui ont envoyé des plantes les ont publiées dans leurs écrits, on a un synonyme incontestable.

M. Desfontaines a joint à chacune de ces plantes sur une étiquette particulière, le nom systématique moderne le plus sûr et le plus connu. Les échantillons ont été comparés avec ceux des herbiers de M. de Lamarck et de M. de Jussieu.

Lorsque les botanistes qui publiaient des monographies de genres ou de familles sont venus visiter l'herbier du Muséum pour compléter leur travail, M. Desfontaines les a invités à joindre aux échantillons des plantes qui n'avaient point encore été décrites, les noms par lesquels ils les avaient désignées dans leur ouvrage. Ainsi plusieurs échantillons sont des types originaux, correspondans aux descriptions données par M. de Candolle dans les deux premiers volumes de son *Regnum vegetabile;* par M. Dunal dans la monographie des solanum ; par MM. Bonpland et Kunth dans celle des mélastomes ; par MM. Mertens, Aghart et Lamouroux dans celles des fucus , etc.

L'herbier de Vaillant étant autrefois arrangé selon la méthode de Tournefort, et renfermé dans des boîtes, n'était pas d'un usage commode. M. Desfontaines entreprit, en 1797, de le disposer dans l'ordre des familles naturelles, avec des étiquettes de genre , et d'y intercaler les autres plantes que possédait le Muséum. Il y joignit donc la magnifique collection que Commerson avait faite pendant son voyage autour du monde , et pendant son séjour aux îles de France et de Bourbon ; celle que Dombey avait apportée du Pérou et du Chili ; les plantes recueillies dans les îles de la mer du Sud, que Forster avait données à Buffon ; puis un herbier envoyé de l'Inde par Macé, un de Cayenne par Martin ; un de Madagascar par Chapelier ; un des Antilles rapporté par les botanistes qui avaient accompagné le capitaine Baudin , à Saint-Thomas et à Porto-Rico ; un de Saint-Domingue , donné par M. Poiteau ; un de Java, donné par M. Leschenault ; un de Perse , d'Égypte et du Levant , que MM. Olivier et Bruguière avaient fait pendant leur séjour dans ces contrées.

Le voyage à la Nouvelle-Hollande nous ayant procuré un grand nombre de plantes nouvelles , elles ont été également réunies à l'herbier général, qui a été encore enrichi par les dons que nous ont faits un grand nombre de voyageurs et de botanistes étrangers , et principalement M. Robert Brown.

Comme il est essentiel que l'herbier général ne soit pas trop volumineux, on a réservé les doubles des plantes qu'on a reçues , pour faire des herbiers particuliers. Ainsi nous en avons un de la Nouvelle-Hollande, un de Cayenne, un des Antilles, un du Cap, un de l'Inde, un des îles de France et de Bourbon, un d'Égypte, un du Levant, etc. Ces herbiers, utiles pour connaître les plantes qui croissent dans tel ou tel pays, le sont surtout aux personnes qui travaillent à des monographies. On ne saurait se permettre d'analyser les plantes du grand herbier, qui doivent être conservées intactes : mais les doubles qu'on a mis à part, peuvent en cas de besoin offrir des échantillons que le professeur permet d'examiner en détail, soit pour les décrire, soit pour les dessiner. Ces doubles servent aussi à faire des échanges.

Nous avons encore d'autres herbiers spéciaux, desquels nous n'avons pris que les doubles pour les joindre à l'herbier général. Ce sont ceux qui servent de type à un ouvrage imprimé : tel est celui de Michaux père, où l'on voit toutes les espèces décrites dans sa *Flora boreali americana;* celui de M. Michaux fils, qui offre les échantillons des arbres de l'Amérique septentrionale, dont il a donné l'Histoire ; celui des plantes de la Tauride et du Caucase, décrites par M. Marshall, et qui nous ont été apportées par son collaborateur M. Stevens ; celui des plantes de France, que M. de Candolle nous a donné pour servir de type

à la nouvelle édition de la Flore française (1) ;
tel est enfin celui dont M. de Humboldt a fait présent au Muséum, qui renferme toutes les espèces
recueillies dans son grand voyage, et publiées
de concert avec lui par M. Bonpland, dans les
Plantes équinoxiales, et par M. Kunth dans le
Nova genera et species, etc. Cet herbier est d'environ quatre mille plantes, dont les trois quarts
sont nouvelles.

Nous avons conservé religieusement l'ancien
herbier de Tournefort, dans l'ordre où il était
disposé, par respect pour la mémoire du fondateur de la botanique en France, et parce qu'on
y trouve étiquetées de sa main ou de celle de Gun-
delsheimer, presque toutes les plantes qu'il avait
recueillies dans son voyage au Levant, et qui ne
sont indiquées que par une phrase dans le *Corollarium institutionum rei herbariæ.*

Les plantes uniques de ces divers herbiers,
qu'on n'a pas cru devoir transporter dans l'herbier général, sont pour le moins au nombre de
six mille, ce qui, réuni à celles du grand herbier,
fait plus de trente mille espèces bien distinctes.
De l'aveu de tous les botanistes qui ont visité les
principaux cabinets d'histoire naturelle de l'Eu-

______

(1) Au moment où nous écrivons, nous n'avons pas encore reçu ce
dernier herbier ; mais M. de Candolle nous a écrit qu'il l'avait com-
plété et arrangé, et qu'il nous le ferait passer au premier jour.

rope, il n'existe nulle part une collection aussi nombreuse ; et cependant elle s'accroît tous les jours, et par les envois des voyageurs, et par les échanges (1).

Dans cette même salle qui a quatre croisées, deux à l'est et deux à l'ouest ; l'un des trumeaux est occupé par une belle collection de champignons imités en cire, donnée au Muséum par S. M. l'empereur d'Autriche ; l'autre par des modèles de fruits étrangers en cire ou en plâtre. Au plafond sont attachées des feuilles de *corypha umbraculifera*, qui ont 15 pieds de diamètre.

(1) Dans l'année 1821, nous avons reçu : 1° un herbier de huit cents plantes, que M. d'Urville a recueillies sur les bords de la mer Noire, et dont il vient de publier le catalogue avec la synonymie des espèces connues, et la description de celles qui ne l'étaient pas ; 2° un de douze cents plantes de la Russie orientale, donné par M. Fischer, directeur du jardin de botanique de Gorenki près Moscou, soigneusement étiquetées avec les noms qu'elles portent dans les descriptions qu'il en a publiées ou dans le catalogue imprimé ; 3° un herbier de trois cents plantes des bords du golfe de Saint-Laurent, recueillies et données par M. de la Pylaie ; 4° un de la Martinique envoyé par M. A. Plée ; 5° un des Philippines et de la Guiane apporté par M. Perrottet ; 6° un de la Cafrerie par M. Delalande ; 7° de belles plantes du Brésil envoyées par le P. Leandro di Sacramento ; 8° enfin les plantes que M. Gaudichaud a recueillies pendant son voyage avec le capitaine Freycinet, et qui ont été données au Muséum avec toutes les autres collections d'histoire naturelle, par le ministre de la marine, M. le baron Portal. Les plus intéressantes de ces plantes seront décrites et figurées par M. Gaudichaud dans la relation du voyage que doit publier M. Freycinet. Nous attendons cette année des collections non moins considérables de l'Inde, du Sénégal, de la Guiane et du Brésil.

La dernière salle, qui est celle des fruits, a cinq croisées au nord, et vingt armoires vitrées, dont quatre dans les trumeaux. Douze de ces armoires renferment des fruits desséchés ou conservés dans l'esprit-de-vin; les autres, diverses productions du règne végétal dont on fait usage dans la médecine ou dans les arts. Les fruits sont disposés selon la méthode que M. de Jussieu a adoptée pour la série des ordres naturels (1).

Pour suivre l'ordre de la collection, il faut en entrant se diriger à droite vers l'angle de la fenêtre, et faire le tour de la salle.

Les deux premières armoires sont destinées aux fruits des palmiers et d'autres végétaux monocotylédons. On y remarque de beaux cocos des Maldives (2), dont un a quatre lobes, et un en-

(1) Les fruits de la même famille se trouvent toujours dans la même armoire : mais les espèces et les genres ne sont point placés les uns à la suite des autres selon l'ordre d'affinité, parce qu'il a fallu avoir égard au volume des objets pour ménager l'espace, et pour les arranger de manière à ce qu'on pût les bien voir.

(2) Ce fruit a été anciennement nommé ainsi, parce qu'on le trouvait flottant sur la mer aux environs des Maldives, et que le souverain de ces îles s'en attribuait la propriété : on en faisait des vases qu'on vendait fort cher, et l'on se livrait sur son origine aux conjectures les plus bizarres. Ce fut en 1768 que Commerson découvrit aux îles Séchelles l'arbre qui le produit : il le nomme *lodoïcea*. M. de la Billardière en a donné, dans les Annales du Muséum, tome 9, une description, faite aux îles Séchelles par M. Lillet, à laquelle il a joint ses propres observations : et il lui a conservé le nom de *lodoïcea* en y joignant l'épithète *Sechellarum*.

veloppé de son brou, chose assez rare dans les cabinets, et les chatons mâles de cet arbre, qui sont de la grosseur du bras; le *doum*, ou palmier de la Thébaïde, diverses espèces de coco; de très-beaux *pandanus* de l'Inde; des *lontarus*; des spadices de *xanthorrea resinosa*; un grand régime de maripa; des cycas; des nélumbo, etc. Les deux armoires à côté renferment des fruits de la famille des lauriers, parmi lesquels on distingue la noix muscade parfaitement conservée avec son macis, et d'autres espèces analogues non moins curieuses, et employées également à des usages économiques. Viennent ensuite de superbes fruits de diverses espèces de banksia, qui ont été achetés en Angleterre, et qui avaient servi de modèle aux belles figures données par White, dans son Voyage à la Nouvelle-Galles. Enfin des fruits très-remarquables et très-rares de la famille des bignones, des apocynées et des sapotilliers; tels que des cerbera, des strychnos, le *nerium tinctorium* de l'Inde, l'*omphalocarpum*, de M. Palissot de Beauvois, etc.

Les huit armoires placées à droite et à gauche de l'entrée, vis-à-vis des fenêtres, renferment toute la suite de la collection des fruits. Les quatre premières offrent les familles qui suivent les sapotilliers jusqu'aux légumineuses inclusivement. Plusieurs fruits de rubiacées, de savonniers, d'o-

rangers (1), de malvacées, de tiliacées, de myrtoïdes, appellent l'attention par leur forme et
leur grosseur. On y remarquera surtout : le *feronia
elephantum*, Roxb. ; des bombax, ou coton de Ma-
hot ; l'*ochroma lagopus* ; des baobab, ou pain-de-
singe ; des capsules à cinq loges séparées par des
membranes, renfermant des graines entourées
d'un coton très-fin que les Indiens réservent
pour faire les coussins qu'ils placent sous les statues de leurs dieux (2) ; des fruits de sterculia
balanghas, composés de leurs cinq capsules ouvertes et garnies de leurs graines ; l'espèce de
cacao décrite par M. Bonpland ; le *carolinea insignis* ; le bertholletia, dont les graines étaient anciennement connues sous le nom de châtaignes
du Brésil, sans qu'on eût la moindre notion de
l'arbre qui les produit, avant le voyage de
MM. Humboldt et Bonpland qui en ont donné la
description (3) ; différens fruits de lecythis, qui
ressemblent à un vase dont le couvercle se sépare,
ce qui a fait donner à ceux d'un gros volume le nom

(1) M. Poiteau nous a donné les orangers qu'il a décrits dans son
ouvrage ; ils occupent le bas de la première armoire.

(2) Ce fruit nous a été envoyé de Pondichéry par M. Leschenault.
Les Indiens le nomment konna-marum ; il appartient à un nouveau
genre dont on trouve des espèces dans l'Inde et dans l'Amérique méridionale, et que M. Kunth a décrit sous le nom de *cochlospermum*.

(3) M. Bonpland n'avait pas vu les fleurs ; M. Poiteau les a observées,
et vient de nous les rapporter en herbier et dans l'esprit-de-vin : elles sont
semblables à celles des lecythis, et prouvent l'affinité des deux genres.

de marmite de singe ; le couratari de la Guiane ; le butonica, qui a la forme d'un bonnet carré.

Les fruits de légumineuses, qui occupent la partie inférieure de la troisième armoire et toute la quatrième, sont en très-grand nombre : on y verra les gousses de l'*eperua falcata*, du *bauhinia racemosa*, de l'*hymenæa verrucosa*; celles du moringa, ou noix de ben, qui diffèrent de toutes les légumineuses, en ce qu'elles sont à trois valves ; et celles du *mimosa scandens*, et du *mimosa entada* qui ont 4 à 5 pieds de longueur, quoiqu'elles soient sorties d'une fleur extrêmement petite ; enfin, diverses graines d'une couleur éclatante, et qu'on emploie pour faire des colliers ou d'autres ornemens.

Les deux armoires à gauche de l'entrée, contiennent des fruits de la famille des orties, de celle des térébinthes et de celle des cucurbitacées.

On y voit une collection de noix recueillies en Amérique sur toutes les espèces de noyers connus, et rapportées par M. Michaux fils ; ces noix sont présentées dans tous les états par les coupes qu'on en a faites, et rangées avec beaucoup d'ordre : on y voit aussi une collection de courges, donnée par M. Duchêne qui avait fait un beau travail sur cette famille (1) ; des noix d'acajou avec le brou charnu sur lequel elles sont implantées ; des

(1) Les dessins de M. Duchêne ont été acquis pour la bibliothèque du Muséum.

pommes de mancenillier ; le sablier (*hura crepitans*), qu'on est obligé d'entourer d'un fil de fer pour qu'il n'éclate pas ; l'*ambora*, qui montre le passage entre la figue et la mûre ; le jacquier, et les fruits de toutes les espèces d'arbre à pain, desséchés et conservés dans l'eau-de-vie, etc.

L'armoire suivante renferme une collection de cônes de pins et de sapins, dont la plupart ont été recueillis dans l'Amérique septentrionale, par M. Michaux ; et de beaux échantillons de l'*araucaria*, ou pin du Chili, apportés par Dombey.

La dernière armoire du même côté, est destinée aux fruits qui appartiennent aux genres non encore classés dans les familles naturelles, et que les botanistes nomment *incertæ sedis*, et à ceux qui ayant été envoyés par des voyageurs, sans qu'on ait pu savoir de quelle plante ils proviennent, ne sont pas encore bien connus.

Ici se termine la collection des fruits. On n'y a fait entrer que ceux d'une certaine grosseur et qui ne peuvent être conservés dans l'herbier ; les petites graines exigeraient un nombre prodigieux de bocaux, et conséquemment beaucoup d'espace, et ne pourraient être vues qu'autant qu'on ouvrirait les bocaux dans lesquels elles seraient renfermées. M. Thouin en possède une collection très-nombreuse, et qu'on se propose de réunir dans cette même salle ; mais il faudra pour cela l'arranger dans un meuble à tiroirs, où chaque espèce occupera une case particulière.

Les fruits de la collection sont étiquetés, et l'on a eu soin d'indiquer la figure de Gaertner, pour tous ceux qui ont été décrits par ce savant carpologiste. On trouve souvent, dans le bocal ou dans le carton où ils sont placés, des notes données par les voyageurs, sur les usages auxquels ils sont employés dans le pays où ils ont été recueillis (1).

Les huit armoires suivantes, dont quatre jusqu'aux fenêtres et quatre dans les intervalles, renferment l'ancien droguier du Jardin du Roi, avec les additions qui y ont été faites.

Dans la première sont les racines, dans la seconde, les écorces ; dans la troisième, les feuilles et les fleurs, etc., qui appartiennent à la matière médicale ou à l'économie domestique, soit en France, soit dans les pays étrangers ; dans la qua-

(1) La collection des fruits s'est récemment accrue dans une proportion encore plus considérable que celle des plantes en herbier ; parce que depuis les belles observations de Gaertner, les botanistes voyageurs mettent plus d'importance à se les procurer. M. Freycinet nous en a apporté beaucoup. M. Leschenault, M. Poiteau et M. Plée nous en ont envoyé de très-rares, le premier, de l'Inde, le second, de la Guiane, le troisième, de la Martinique ; et plusieurs amateurs d'histoire naturelle, qui en possédaient de fort curieux, ont bien voulu les donner au Muséum. Nous avons soin de mettre sur les étiquettes des divers objets, le nom de la personne qui en a enrichi la collection.

trième, on a réuni quelques objets de curiosité, comme de belles tiges de graminées (1), des spathes de palmier, un régime de sagus, du guy sur une branche de chêne, de la toile non tissue, fabriquée dans les îles de la mer du Sud, etc.

Les deux premières armoires entre les fenêtres, renferment les gommes et les résines employées dans la médecine et dans les arts; la troisième, diverses préparations de végétaux, comme les indigo, les cachou, les parfums, des bougies faites avec la cire du *myrica cerifera,* une fiole du poison avec lequel les indigènes de Java empoisonnent leurs flèches; la dernière est destinée à des substances végétales qui ne sont pas bien connues.

La plupart des objets dont nous venons de parler sont dans des bocaux : un grand nombre viennent de la Chine; ceux qui composaient l'ancien droguier du cabinet, conservent les noms qu'ils portaient du temps de Vaillant et de Geoffroy; on y a joint le nom classique moderne. Sur une des tables qui occupent le milieu de la salle, est un vase de 19 pouces de haut, et de 18 pouces de diamètre, formé d'un tronc de palmier creusé dans son milieu; ce vase nous a été donné par M. Maugé, qui l'avoit acquis à Porto-Rico, lors de son voyage avec le capitaine Baudin.

_____

(1) *Arundo sagittata,* Persoon ; *Gynerium,* Humb. et Bonpl.

Nous avons dit qu'à gauche de la porte d'entrée des galeries, est une salle coupée en deux par une cloison. Le fond de la première partie est garni de cases où l'on garde l'herbier de Tournefort. A côté de la fenêtre sont deux régimes de *sagus farinacea* de 6 pieds de haut, et tout couverts de fruits (1). On y trouve aussi des troncs de palmiers et de fougères, et des coupes de bois qu'on n'a pu placer dans les armoires, et qui présentent quelque chose d'intéressant : par exemple, une tranche d'un orme abattu en 1784, sur laquelle on observe, en comptant les couches annuelles, que celle qui répond à l'année 1709, a été presque détruite par l'effet de la gelée.

Le cabinet de travail qui est à la suite, est garni d'armoires vitrées qui renferment des fleurs et des fruits parfaitement conservés dans une liqueur spiritueuse, et une collection de *gnaphalium* et de *xeranthemum* ou immortelles du Cap, formant des bouquets et conservés secs dans de grands bocaux de verre. On y voit aussi deux cadres où sont des échantillons de la filasse retirée des diverses plantes textiles (monocotylédones et dicotylédones), cultivées au Jardin du Roi.

Les galeries de botanique ne sont point ouvertes au public, parce qu'elles n'offrent rien

(1) L'un nous a été envoyé de l'Inde depuis plusieurs années ; l'autre nous a été donné par M. Fulchiron.

qui puisse intéresser les personnes qui n'ont aucune notion de l'histoire naturelle. Des herbiers dans des cases, des morceaux de bois les uns revêtus de leur écorce, les autres en petites planches pour en montrer la texture ; des fruits desséchés, ou conservés dans l'esprit-de-vin, sont des objets très-précieux pour l'étude, mais qui ne frappent pas d'abord les yeux. Il en est de ce cabinet, comme de celui d'anatomie comparée ; mais s'il n'y a pas de jour où le public soit introduit, il n'en est aucun où les galeries ne soient ouvertes aux amateurs qui veulent les visiter, et les personnes qui désirent faire des recherches sur des genres ou des espèces, ou comparer leurs herbiers avec ceux du Muséum, y trouvent toutes les ressources possibles. Les monographies et les ouvrages descriptifs de botanique, publiés depuis quelques années, offrent la preuve de l'empressement qu'on met au Muséum à communiquer tout ce qu'on possède, et à donner toutes les explications qui peuvent favoriser les progrès de la science.

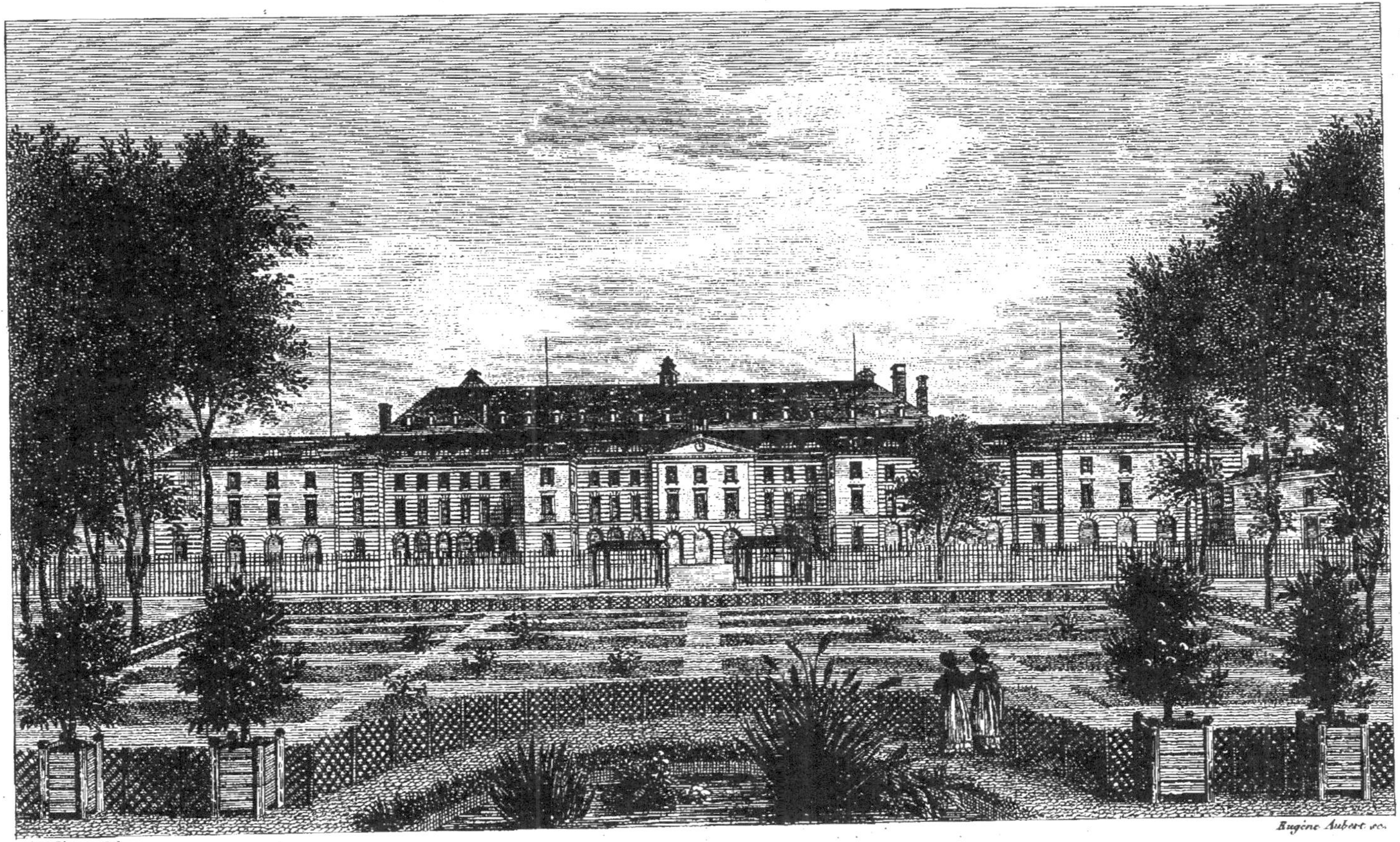

Les Galeries d'Histoire Naturelle. The Galleries of Natural History.

CHAPITRE III.

CABINET D'HISTOIRE NATURELLE.

§ I. COUP D'ŒIL SUR L'ENSEMBLE DE L'ÉDIFICE.

———

Dans la notice historique qui forme la première partie de cet ouvrage, nous avons dit comment le cabinet d'histoire naturelle était devenu un monument remarquable par les travaux que Buffon avait fait exécuter et par la continuation de ceux qu'il avait entrepris; et comment on fut obligé de l'agrandir d'un tiers en 1808, quoiqu'on en eût retiré les collections d'anatomie et de botanique, pour lesquelles on avait construit des cabinets à part. Il serait inutile de revenir sur ces détails; nous nous bornerons à faire connaître son état actuel et la distribution des objets qu'il renferme.

L'édifice auquel on donne le nom de Cabinet, ou Galeries d'histoire naturelle, et dont une salle est destinée à la bibliothèque, a 60 toises de longueur. Il est exposé au levant du côté du jardin, dont il est séparé par une cour et une grille de fer. La

façade, qui a trente-trois croisées au premier étage
et trente-trois au second, est divisée en trois parties qui ont chacune onze croisées. La partie du
milieu qui a de chaque côté un petit pavillon en
avant-corps, formait autrefois le logement de l'intendant et le cabinet. L'aile au midi où se trouve
la bibliothèque a été presque en entier bâtie par
Buffon. La partie qui s'étend du second pavillon
jusqu'à la butte, est celle qui a été ajoutée en 1808.
Pour la construire on a supprimé la porte du
jardin et l'escalier du cabinet qui étaient vis-à-vis
de la grande allée. La porte par laquelle on entre
aujourd'hui de la rue dans le jardin est ouverte
sur la portion de la cour qui est au midi de l'édifice, en face de la maison qu'habitait Buffon :
celle du cabinet et l'escalier ont été placés à l'autre extrémité, dans l'angle qui se présente au
midi et qui tient au corps-de-garde et au bâtiment de l'orangerie. Un second escalier occupe
le premier pavillon : c'est celui qui conduit à la
bibliothèque, et par lequel on monte aux galeries
les jours où elles ne sont point ouvertes au public (1).

Le rez de chaussée se compose d'abord d'un

---

(1) Le cabinet d'histoire naturelle est ouvert au public les mardi et
vendredi depuis trois heures jusqu'à six en été, et depuis trois heures
jusqu'à la nuit en hiver. Il est ouvert de onze heures à deux, les lundi,
mercredi et samedi, à ceux qui ont des cartes d'étudians, ou qui se
présentent avec un billet signé de l'un des professeurs.

petit appartement au midi, qui est le logement du portier ; ensuite de plusieurs pièces dont les portes et les fenêtres garnies de barreaux de fer, s'ouvrent sur la cour. La plus grande de ces pièces renferme les modèles des divers outils, et de quelques machines employées pour l'agriculture. C'est là que M. Thouin fait ses leçons. Les autres servent de magasin pour divers objets qui ne peuvent être placés dans les galeries. Ces salles sont plus basses à mesure qu'on avance vers la butte, parce que le sol s'élève de ce côté ; tellement que la voûte qui est à 12 pieds au-dessus du sol du côté du midi, n'en est qu'à trois pieds du côté du nord. Dans l'intervalle des portes grillées on a placé de gros troncs de bois pétrifié.

Au milieu de la façade, au haut de l'édifice, est une très-belle horloge dont on voit le mouvement, parce qu'elle occupe la place d'une croisée, et qu'elle est entre deux glaces.

Les croisées du second étage sont une simple décoration, cet étage étant éclairé par le haut.

L'intérieur du cabinet se compose de six salles au premier étage, sans y comprendre la bibliothèque située à l'extrémité, et de cinq au second.

Le premier étage est consacré à la géologie, à la minéralogie, et à la collection des reptiles et des poissons. Le second est destiné aux quadrupèdes, aux oiseaux, aux insectes, aux co-

quilles, etc. Une partie des châssis à tabatière de
forme demi-circulaire qui l'éclairent par le haut,
s'élèvent et s'abaissent pour donner de l'air à volonté, et des stores couvrent les armoires pendant le temps où le cabinet n'est pas ouvert. Ce
deuxième étage, dont le milieu est une galerie fort
longue, a une porte de sortie, qui s'ouvre sur la
terrasse élevée le long de la rue pour soutenir
les terres de la butte.

Nous allons entrer par le grand escalier qui est
à côté du corps-de-garde, et parcourir toutes les
salles, en commençant par celles de géologie.
Ceux qui entreraient par le petit escalier, et qui
voudraient suivre l'ordre que nous indiquons,
tourneraient à droite, et traverseraient les salles
de minéralogie pour arriver à l'autre extrémité.

§ II. COLLECTION DE GÉOLOGIE.

En entrant on voit sur le palier de l'escalier, à
côté de la porte, un très-gros prisme basaltique articulé provenant de la Tour, département du Puy-
de-Dôme, donné par feu M. Desmarest, de l'académie des sciences. Ce prisme est surmonté d'une
belle pyramide de cristal de roche, de deux pieds
et demi de diamètre à sa base, et qui a été trouvée dans le Valais. A côté sont deux prismes ba-
saltiques articulés provenans de la chaussée des
géans dans le comté d'Antrim en Irlande, et
d'autres prismes irréguliers apportés de Saint-
Sandoux, département du Puy-de-Dôme.

Ces divers objets annoncent que nous allons
trouver au premier étage la collection de géologie. Cette collection occupe en effet les trois
premières salles des galeries.

La salle d'entrée, à laquelle on peut aussi donner
le nom de *petite salle des fossiles,* renferme les débris de *végétaux* et d'*animaux invertébrés* que
l'on trouve enfouis dans une grande partie des
couches de la terre. Ces débris qui appartiennent

presque tous à des *espèces* perdues, sont classés géologiquement, c'est-à-dire d'après l'ancienneté des terrains au milieu desquels on les rencontre ; la plupart sont accompagnés de la *roche* qui leur servait de matrice.

On voit aussi dans cette première salle plusieurs séries de roches destinées à faire connaître la constitution spéciale de différens points du territoire français ; elles y sont déposées provisoirement ; elles passeront dans la troisième salle aussitôt que le Muséum aura à sa disposition assez de végétaux ou d'animaux invertébrés fossiles sur gangue pour remplir les armoires qu'elles occupent.

Les *végétaux fossiles* sont placés dans les armoires qu'on voit à gauche et en face de soi, lorsqu'on entre dans la salle ; ils se présentent rangés dans l'ordre des terrains auxquels ils appartiennent, et dont ils concourent à caractériser l'époque. Quoique leur réunion sous ce point de vue soit récente, on y remarque déjà des échantillons intéressans parmi lesquels nous nous contenterons de citer : 1° la série des grands végétaux herbacés qu'on trouve exclusivement dans les anciennes couches de grès et de schiste grossier, qui accompagnent la houille ou charbon de terre proprement dit.

2° Un gros tronc de bois dicotylédon qui a été

changé en silex après avoir été criblé de trous de tarets, dont les vides ont été également remplis par la matière siliceuse ; il vient de Maestricht.

3° Une grande plaque de grès quartzeux couverte de différentes empreintes de feuilles ; elle a été trouvée près du Mans, par M. Ménard de la Groye, qui en a fait hommage au Muséum.

4° Un énorme tronc de palmier parfaitement reconnaissable aux écailles dont il est environné, et qui sont les restes des pétioles de chaque feuille ; il a été trouvé à Vailly près de Soissons, par M. Menat, pharmacien, qui en a fait don à l'établissement.

5° Deux belles empreintes de feuilles de chamærops, données par M. A. Brongniart et provenantes des carrières des environs d'Aix, dans le département des Bouches-du-Rhône.

6° Enfin une suite nombreuse d'empreintes de feuilles sur le calcaire moderne qu'on trouve à Monte-Bolca, sur les confins du Véronais et du Vicentin en Italie.

Les *animaux invertébrés fossiles* sont placés dans les armoires que l'on voit à droite en entrant dans la salle. Ils sont divisés en trois sections, savoir : celle des *zoophytes* ou animaux rayonnés, celle des *animaux articulés* et celle des *mollusques*. Chaque section est subdivisée d'après l'ancienneté des terrains auxquels les échantillons se rapportent ; c'est-à-dire que l'on voit successivement figurer à chaque section les espèces qui caractérisent, soit les terrains intermédiaires, soit les terrains secondaires, soit les terrains tertiaires. Cette distribution purement géologique, est ici d'autant mieux motivée, que beaucoup d'individus dépendans de la première et de la troisième section et remarquables par leur isolement et leur belle conservation, ont été intercalés dans la grande collection des zoophytes et des mollusques vivans, qu'on verra bientôt au second étage des galeries (1). C'est dans cette collection qu'il faut aller en étudier les genres et les espèces, lorsqu'on veut les connaître indépendamment de toute considération relative à la géologie.

Voici maintenant quels sont les objets les plus remarquables de chaque section :

Parmi les zoophytes.

1° Une belle tige d'encrinite provenante du calcaire secondaire des environs de Brunswick.

2° Plusieurs polypiers et plusieurs échinites appartenans au terrain de craie des environs de Maestricht, et qui ont été figurés et décrits dans l'ouvrage de feu M. Faujas de Saint-Fond, sur les carrières de cette ville.

____

(1) M. de Lamarck a cru devoir rapprocher les espèces fossiles, des espèces vivantes, dans la collection qui sert de type à son histoire complète des animaux invertébrés.

Parmi les animaux articulés :

1° Plusieurs beaux échantillons de trilobites (genre ogygie de M. A. Brongniart), venant des ardoisières d'Angers.

2° Un individu complet d'un trilobite (genre calymène de M. A. Brongniart), venant de Dudley en Angleterre, et donné par M. A. de Humboldt.

3° Plusieurs individus de trilobite (genre calymène), trouvés dans le schiste intermédiaire de la Hunaudière, dans le département de la Loire-Inférieure, par M. Regley, aide-naturaliste, et donnés par lui.

4° Un limule très-reconnaissable , échantillon précieux et connu depuis long-temps d'après les descriptions de Walch et de Knorr. Il a été trouvé dans le calcaire secondaire de Pappenheim ; on en peut voir une bonne figure dans l'ouvrage que MM. Brongniart et Desmarest viennent de publier sur les crustacés fossiles.

5° Une grande langouste contenue dans le calcaire tabulaire de Monte-Bolca.

Parmi les mollusques :

1° Plusieurs hyspurites et orthocératites d'un gros volume , et provenantes des anciennes couches calcaires, soit du lac Érié , dans les États-Unis d'Amérique, soit du revers septentrional des Pyrénées.

2° Des radiolithes en partie silicifiées et des dicérates recueillis dans les couches calcaires peu anciennes de l'île d'Aix, département de la Charente-Inférieure, par M. Dorbigny, correspondant du Muséum.

3° Des nautilithes et des ammonites dont le test a conservé son éclat nacré. Ils proviennent des terrains argillo-sablonneux antérieurs à la craie. La plupart ont été donnés par M. Crow et viennent de l'île de Sheppy en Angleterre.

4° Le moule d'une ammonite gigantesque dont on ignore la localité, mais qui provient vraisemblablement de la partie inférieure des terrains de craie.

Enfin dans les autres armoires qu'on voit au fond de la salle à droite, on trouve les séries de roches suivantes, qui n'y ont été placées que provisoirement, ainsi que nous l'avons déjà dit, et qui sont destinées à compléter la collection géographique, dont le développement a été commencé dans la troisième salle. Ce sont savoir :

1° Les principales roches du terrain tertiaire qui constitue le sol des environs de Paris. On sait que ce terrain a été l'objet d'une monographie complète publiée par MM. Cuvier et Brongniart.

2° Différentes roches des environs de Nantes, de Rennes et de Paimpol, données par M. Dubuisson de Nantes et par M. Regley; parmi ces dernières on remarquera les vieilles laves découvertes à Treguier, par M. Regley, en 1821.

3° Une belle suite des roches des environs de Cherbourg, de Caen et du Havre, recueillie et donnée par M. Constant Prevost.

4° Une série de roches des environs d'Aix et de Marseille, recueillie par M. Fontanier, voyageur naturaliste du Muséum. On y voit un gros échantillon de calcaire compacte assez moderne renfermant des scories, et qui a été rapporté de la montagne volcanique de Beaulieu par M. Ménard de la Groye.

5° Un assez grand nombre d'échantillons provenans des filons de plomb argentifère des environs de Vienne dans le département de l'Isère; ils sont dus à M. le vicomte Héricart de Thury.

6° Des laves du département de l'Ardèche données par feu M. Faujas de Saint-Fond, parmi lesquelles on distingue un prisme de basalte, contenant dans son centre un fragment de granit fritté par la chaleur, et divers fragmens de la pierre calcaire secondaire de Villeneuve-de-Berg, altérée par le contact d'un filon basaltique.

7° Enfin une suite nombreuse des laves, des tufas, des pépérinos et des autres roches qui constituent les départemens du Cantal et du Puy-de-Dôme. On la doit aux soins de M. de vicomte Héricart de Thury et à ceux de M. Lucas fils, garde adjoint des galeries du Muséum.

La seconde salle, dite *grande salle des fossiles*, renferme dans son pourtour la riche et grande série des *animaux vertébrés fossiles*. Elle contient en outre une *collection* générale et méthodique des *différens terrains* qui composent la croûte minérale de la terre. Cette dernière collection est rangée dans deux grands corps de tiroirs à deux faces, ayant chacun environ 6 mètres et demi ou 20 pieds de longueur et qu'on voit isolés au milieu de la pièce.

Nous allons d'abord examiner tout ce qui concerne les fossiles de cette salle, afin que cet examen complète celui qu'on aura eu occasion de faire dans la salle d'entrée. On aura ainsi passé en revue la totalité des débris organiques de l'ancien monde, en commençant par les plus simples et en finissant par les plus composés (1).

(1) Presque tous les animaux qu'on voit ici ont existé antérieurement à la dernière révolution qui a changé la surface du globe. La plupart d'entre eux sont des espèces perdues ; plusieurs ne peuvent se rapporter à aucun des genres que nous connaissons : ils appartiennent à différentes époques, et plus ces époques sont reculées, moins ils ressemblent à ceux qui existent aujourd'hui.

C'est la présence des corps organisés fossiles qui, conjointement avec la superposition des couches hétérogènes, démontre l'ancienneté relative des terrains ; et qui donne sur la théorie de la terre et sur les changemens opérés successivement à sa surface, des notions positives, indépendantes de tout système.

Il n'y a point d'êtres organisés dans les terrains primitifs : les ma-

Les vertébrés fossiles sont partagés en quatre grandes sections : les poissons, les reptiles, les oiseaux et les mammifères.

La première section, celle des poissons, est subdivisée d'après l'ancienneté des terrains auxquels leur gissement se rapporte. Elle occupe toutes les armoires que l'on aperçoit à gauche

drépores, les coquilles, quelques crustacés, quelques poissons, paraissent d'abord dans les terrains intermédiaires ; d'autres coquilles, d'autres poissons et des reptiles, appartiennent à une seconde période de formation ; de nouvelles familles de coquilles, de poissons et de reptiles, se montrent dans la troisième période ; elles sont accompagnées de reptiles, d'oiseaux et de mammifères dont les genres sont perdus : les mammifères dont les espèces sont voisines des espèces vivantes, comme les éléphans, les rhinocéros et les ours, ne se trouvent que dans les terrains d'alluvion qui ont été formés par le dernier cataclysme diluvien.

Le nombre prodigieux des débris d'une même espèce d'animal, la disposition par bancs et la conservation de certaines coquilles, portent à croire qu'il y a eu plusieurs siècles d'intervalle entre les diverses révolutions.

On ne voit dans toutes les formations dont nous venons de parler aucun ossement humain ; ce qui ne prouve point que l'homme n'existait pas sur la terre lors de la dernière catastrophe qui a donné aux continens leur forme actuelle, mais qu'il n'habitait pas les lieux qui ont été engloutis par les eaux, ou que sa prévoyance et son industrie lui ont fourni les moyens de chercher ailleurs une retraite.

C'est à la fin de la dernière série et seulement dans les terrains meubles et les tourbières, qu'on voit paraître quelques espèces analogues à nos animaux domestiques, telles que le bœuf, le cheval et le lapin.

Il est à remarquer que les plantes fossiles dont nous ne pouvons déterminer les espèces, paraissent appartenir à des genres et même à des familles qui ne se trouvent plus dans nos climats. Ainsi l'on rencontre des troncs de palmier dans les environs de Paris, et des troncs de fougères arborescentes dans les anciennes houillères des pays du nord.

lorsqu'on entre dans la salle. C'est par les dernières armoires du fond qu'il faut en commencer l'examen. Voici les objets qu'on rencontrera successivement.

1° Plusieurs poissons fossiles des schistes-ardoises intermédiaires du Plattenberg, dans les environs de Glaris en Suisse ; ce sont les plus anciens vestiges de cette classe que l'on ait encore découverts dans le sein de la terre.

2° Un assez grand nombre de poissons dont le squelette est rempli de mercure sulfuré. Ils sont extraits des grès houillers qui renferment les mines de mercure du Palatinat. Ils ont été découverts et recueillis par M. Beurard.

3° Des icthyolithes des mines de houille de Saarbrück. Leur gangue est formée de ce fer carbonaté compacte argilifère, qu'on exploite si avantageusement dans le pays de Saarbrück et surtout en Angleterre pour le service des hauts fourneaux.

4° D'assez belles empreintes sur le schiste marno-bitumineux cuprifère du Mansfeldt et de la Thuringe.

5° Quelques poissons d'un gros volume qui ont été découverts en France dans l'espèce de calcaire secondaire qu'on nomme calcaire à gryphites. On remarquera une espèce d'*elops* qui vient de Grandmont près de Beaune, dans le département de la Côte-d'Or, et une espèce de carpe envoyée d'Elbe, département de l'Aveyron, par M. Pacat.

6° Des dents de squales (poissons vulgairement nommés requins), et des portions de palais de raies qui proviennent des terrains de craie.

7° Des empreintes diverses venant d'Aichstaedt en Franconie, du mont Liban en Syrie et des terrains tertiaires des environs de Paris.

8° Des empreintes sur un bitume feuilleté qu'on nomme dusodile. Elles ont été données par M. de Humboldt, et ont été recueillies près de Rott à trois lieues de Bonn, sur la rive droite du Rhin.

9° Enfin la suite magnifique des poissons fossiles de Monte-Bolca, rassemblée par les soins de M. le comte Gazola, de qui le gouvernement l'acquit pour le Muséum en 1798. Elle est composée de plus de quatre cents individus, parmi lesquels on compte un assez grand nombre d'espèces différentes. Elle a été décrite et figurée dans le grand ouvrage intitulé *Ittiolitologia veronese*, imprimé à Vérone en 1796, format grand in-folio.

Les ossemens fossiles des quadrupèdes, des oiseaux et des reptiles occupent toutes les armoires vitrées au nombre de douze, en face des fenêtres. L'espace n'ayant pas permis de les distribuer d'une manière géologique, ils sont rangés d'après l'ordre suivi par M. Cuvier dans son grand ouvrage sur les ossemens fossiles, où l'on trouve la description et la figure de presque tous les morceaux qui forment cette collection.

En commençant par la première armoire à côté de la porte qui conduit aux salles des minéraux, on voit des mâchelières d'éléphans fossiles, nommés *mammouths* par les Russes, déterrées en diverses contrées du globe et principalement en France. Les plus remarquables par leur grandeur sont peut-être celles que l'on a trouvées en creusant le canal de l'Ourcq dans la forêt de Bondy, et qui ont été données au Muséum par M. Girard, ingénieur des ponts et chaussées. On doit aussi remarquer celles de l'Amérique du nord, envoyées par M. Jefferson, et celles du Mexique données par M. de Humboldt.

L'armoire suivante contient des défenses, des portions de mâchoires et des os longs d'éléphans fossiles provenans aussi de différens pays

Le morceau le plus étonnant de cette armoire est sans contredit la portion de défense trouvée près de Rome par MM. le duc de la Rochefoucauld et Desmarest, que l'on est tenté de prendre au premier coup d'œil pour un tronc d'arbre. On ne remarque cependant pas sans un grand intérêt le bocal qui contient du poil et de la peau de l'éléphant trouvé il y a quelques années avec sa chair et sa peau dans les glaces à l'embouchure de la Lena, et recueillis par M. Adams.

En continuant l'inspection des armoires de gauche à droite et de haut en bas pour chacune d'elles, on voit encore des ossemens fossiles d'éléphans, et parmi eux une partie inférieure de fémur trouvée depuis peu dans le Bog ou Hypanis, et donnée par M. le chevalier Raynaud. Cet os annonce que l'individu auquel il a appartenu devait avoir 14 pieds de haut.

Les dessins exposés sur les premières armoires de poissons fossiles, et qui représentent une tête d'éléphant de Sibérie avec sa mâchoire inférieure, doivent être mentionnés ici. C'est un présent de l'Académie impériale de Pétersbourg, qui les a fait faire pour l'ouvrage de M. Cuvier sur les os fossiles.

On voit ensuite les débris d'un autre grand animal appelé improprement mammouth par les Anglo-Américains, et auquel M. Cuvier a donné le nom de *mastodonte*. Le plus grand nombre des morceaux a été envoyé au Muséum par M. Thomas Jefferson alors président des États-Unis. Au-dessus de l'armoire qui les contient se trouve une boîte vitrée qui renferme également des os de grands mastodontes, et notamment une très-belle défense due aussi à la libéralité de M. Jefferson, et un fémur des bords de l'Ohio rapporté par M. de Longueil en 1740.

Viennent ensuite des dents de diverses espèces

de mastodontes plus petites que la précédente, et qui ont été trouvées non-seulement dans le nouveau, mais aussi dans l'ancien continent. Celles de l'Amérique viennent toutes de la partie méridionale, et sont dues à Dombey et à M. de Humboldt; les autres proviennent des diverses parties de l'Europe et principalement de France. Parmi ces dernières on en voit qui ont été trouvées à Simorre, département du Gers, et que l'on employait autrefois pour faire ce que l'on nommait des turquoises occidentales.

Puis une collection d'ossemens fossiles d'hippopotame provenans presque tous du Val d'Arno supérieur, et rapportés en 1810 et 1813 par M. Cuvier. Les deux fémurs sont très-remarquables par leur belle conservation. Ce qui ne l'est pas moins, ce sont des débris de plusieurs espèces d'hippopotames beaucoup plus petits que le précédent, que l'on voit dans deux boîtes vitrées à la suite des os dont nous venons de parler. Une de ces espèces a été trouvée entre Dax et Tartas, département des Landes; la seconde vient d'un banc calcaire près de Blaye, département de la Charente, elle est due à M. Jouannet; la troisième de Saint-Michel de Chaisine, département de Maine-et-Loire, et a été donnée par M. Dubuisson, conservateur du cabinet de Nantes.

On voit ensuite des dents et des ossemens de

chevaux, la plupart trouvés en France avec des os d'éléphans et de rhinocéros.

A la suite de ces os de chevaux sont placés ceux de rhinocéros, dont plusieurs ont également été déterrés en France; tels sont, une portion considérable de crâne trouvée dans les environs de Figeac, donnée par M. Delpon, et différens os des environs d'Abbeville que l'on doit à M. Traullé et à M. Baillon. La tête entière d'un brun noirâtre et qui vient de Sibérie, est un don de M. Buckland, professeur à l'université d'Oxford. Ce qu'il y a surtout à remarquer, c'est une boîte vitrée contenant des os de rhinocéros d'une très-petite taille, qui ont été trouvés à une assez grande profondeur; on les doit à M. le baron de Tours, maire de Moissac. Deux dessins de têtes de rhinocéros de Sibérie, envoyés également par l'Académie de Pétersbourg, sont placés sur les premières armoires des poissons à côté de ceux de l'éléphant.

Ensuite on voit des ossemens d'un genre voisin de celui des tapirs, et auquel M. Cuvier a donné le nom de *lophiodon*. Ils sont dans plusieurs boîtes vitrées, dont chacune contient les diverses espèces provenantes d'un même lieu.

On voit par l'inspection de ces boîtes que ce nouveau genre comprend déjà un grand nombre d'espèces, et que jusqu'à présent on n'en a trouvé qu'en France. C'est à M. Bollinat que l'on doit celles qui ont été déterrées aux environs d'Argenton, dans le département de l'Indre; et à M. Hammer, professeur d'histoire naturelle à la faculté de Strasbourg, celles de Buchsweiler, département du Bas-Rhin. Le fémur et les côtes encore incrustés dans la pierre calcaire que l'on voit dans une boîte vitrée placée au-dessus des armoires, ont été donnés par M. Boirot-Desserviers, médecin des eaux de Néris : ils viennent de Gannat en Bourbonnais, et sont probablement d'un très-grand lophiodon, ainsi qu'un autre fémur trouvé en Auvergne, et donné par M. Lacoste.

Après ces lophiodons on voit dans trois boîtes vitrées des dents et autres os de tapirs gigantesques trouvés également en France. Les uns viennent de Chevilly près d'Orléans, et ont été donnés par M. Rousseau d'Étampes; les autres recueillis au Carla-le-Comte, département de l'Arriége, par M. Lourde-Seillans, ont été envoyés par le baron de Mortarieu, préfet du département. Ensuite les débris de l'antracotherium, découvert depuis peu dans les mines de charbon de terre de Cadibona, nouveau genre d'animal, toujours de cette même famille des pachydermes, qui semble avoir fait plus de pertes à elle seule que toutes les autres ensemble. Ils ont été envoyés par M. Laffin et par M. Borson de Turin.

C'est ici que commence la série extrêmement

curieuse des ossemens fossiles que l'on rencontre dans les carrières à plâtre des environs de Paris, et que M. Cuvier a reconnus provenir d'animaux de genres perdus et différens de tous ceux que l'on connaît vivant actuellement sur la surface de la terre. Cette série contenue dans plusieurs armoires se continue encore dans des boîtes vitrées placées au-dessus d'elles. On voit d'abord des têtes ou fragmens de têtes et de mâchoires des diverses espèces du genre palæotherium, celles du genre anoplotherium, puis celles des genres adapis et cheropotame, ensuite les morceaux qui contiennent les os des pieds de ces mêmes genres, puis leurs os longs et enfin les os de leur tronc. On doit remarquer au-dessus des armoires des portions considérables de squelettes d'*anoplotherium commune*, cet animal si singulier par la grandeur de sa queue, du *palæotherium magnum* et du *palæotherium minus*, encore incrustés dans le plâtre qui leur sert de gangue (1).

(1) Les méthodes que M. Cuvier a introduites dans l'anatomie comparée, l'ont mis à même de démontrer à quel genre appartient un os isolé, quoique cet animal n'ait point d'analogue vivant. Lorsqu'il établit le genre anoplothérium, ce fut d'après des os épars provenans de divers individus qu'il détermina la forme générale et les caractères distinctifs : peu de temps après on découvrit le squelette presque entier qu'on voit au-dessus des armoires, et ce squelette se trouva parfaitement conforme à la description qu'il en avait donnée.

Les végétaux fossiles n'offrent pas les mêmes moyens de détermination ; parce que la forme des feuilles d'une plante inconnue ne peut

A la suite des os, des genres que nous venons
de nommer et qui appartiennent tous à la famille
des pachydermes, on voit des os de carnassiers,
de didelphes, de rongeurs, et pour ne point séparer les fossiles de nos carrières à plâtre, les
ossemens d'oiseaux, de tortues, de crocodiles et
de poissons qui s'y trouvent pêle-mêle avec ceux
des mammifères. Puis enfin les palæotherium
étrangers au sol de Paris, et dont la plupart
viennent des environs d'Orléans.

Après ces os des carrières des environs de Paris
se voient les ossemens de ruminans et de rongeurs que l'on rencontre soit dans les terrains
meubles, soit dans les brèches osseuses des bords
de la Méditerranée. Parmi ceux des terrains
meubles plusieurs viennent des environs d'Abbeville et ont été recueillis par M. Traullé et par
M. Baillon, correspondant du Muséum. D'autres
viennent d'Amérique. Parmi ces derniers on doit
remarquer le modèle en plâtre d'une partie du
crâne d'un aurochs, qui devait être d'une grandeur
prodigieuse : ce modèle a été envoyé au Muséum
par M. Peale. C'est ici le lieu de parler des deux
têtes d'élan gigantesque, des tourbières d'Irlande,

faire présumer les caractères de la fructification : on distingue seulement si elle doit être classée parmi les monocotylédons ou parmi les
dicotylédons. C'est une chose assez singulière que les plantes fossiles
qu'on trouve dans les terrains les plus anciens, paraissent toutes appartenir à la série des monocotylédons.

que l'on voit au-dessus de chaque porte de cette salle, dont l'une a été donnée par l'administration du Muséum britannique, l'autre par M. le colonel Thornton, et de la tête d'un très-grand bœuf, placée au-dessus des dernières armoires, qui a été trouvée dans les tourbières d'Arpajon, et donnée par M. le comte Dumanoir.

On remarquera comme un fait très-curieux que les brèches osseuses de Gibraltar, de Cette, de Nice, de Corse, de Pise, de Naples, de Romagnano dans le Vicentin, de Dalmatie, de l'île de Cerigo, contiennent toutes les mêmes ossemens et ont toutes le même aspect, ce qui fait présumer qu'elles ont été formées en même temps et de la même manière, quoique à de grandes distances l'une de l'autre.

Plus loin sont les ossemens fossiles de carnassiers que l'on rencontre gisant par terre et recouverts quelquefois seulement d'une couche assez mince de stalactites dans les cavernes d'Allemagne, de Hongrie et d'Angleterre. On voit que la plupart de ces os sont du genre de l'ours, et que l'espèce était d'une plus grande taille que celles qui vivent actuellement. Les autres carnassiers de ces cavernes, moins nombreux, appartiennent aux genres des chats, des hyènes et des loups.

On voit aussi près de ces os deux canines de tigre trouvées, l'une à Paris en creusant un puits, et donnée par M. de Bourienne, et l'autre à Abbeville, et envoyée par M. Baillon ; ce qui démontre qu'au temps où les éléphans et les rhinocéros habitaient nos contrées, les grandes espèces de carnassiers, qui empêchent leur trop rapide propagation, y vivaient également, comme aujourd'hui les tigres et les lions accompagnent ces énormes animaux en Afrique et en Asie.

Viennent ensuite les modèles en plâtre de divers os des extrémités de ce grand animal du genre des paresseux que l'on trouve en Amérique, dans des cavernes de la Virginie analogues à celles d'Allemagne, et auquel M. Jefferson, qui l'a fait connaître le premier, a imposé le nom de *méga-lonix*. On les doit à M. Peale de Philadelphie.

Puis, des ossemens de lamantins et de phoques trouvés presque tous dans le département de Maine-et-Loire, et dus à M. Renou, professeur d'histoire naturelle ; quelques-uns viennent de l'île d'Aix, et ont été donnés par M. Fleuriau de Bellevue.

Plus loin on voit divers os de cétacés recueillis en divers endroits. Les morceaux les plus remarquables sont : 1° une tête d'une petite espèce de baleine qui paraît différer beaucoup de celles qui existent actuellement, et qui a été trouvée sur la plage de Sos, département des Bouches-du-Rhône on la doit à M. Raimond Gorse, ingénieur des ponts et chaussées; 2° une autre petite tête, aussi de baleine, mais différente de la précédente, déterrée dans les fouilles faites pour le bassin d'Anvers et qui fut envoyée au Muséum par M. le comte Dejean, alors sénateur; 3° enfin, un énorme radius de baleine ou de cachalot trouvé en creusant le canal de Caen, et envoyé par M. Roussel, professeur d'histoire naturelle dans cette ville. Plusieurs des vertèbres ont été recueillies dans le bassin d'Anvers et données par M. Le Chanteur, inspecteur des mines, et par M. Ducos; celle qui se fait remarquer par le plus grand diamètre a été trouvée depuis peu à Paris en creusant les fondations d'une maison : on la doit à M. de Férussac.

Ici finissent les mammifères. La série des autres vertébrés commence par quelques ossemens d'oiseaux trouvés dans les carrières de pierre calcaire de Chaptuzat et de Gannat, dus les uns à M. le comte de Chabrol, préfet de la Seine, et les autres à M. Boirot, médecin.

Plus loin on voit les ossemens de tortues que l'on rencontre dans les carrières de calcaire de Maëstricht; une partie est due à feu M. Faujas, professeur de géologie au Muséum, et l'autre a été acquise à la vente de son cabinet.

Viennent ensuite des vertèbres de différentes espèces de crocodiles que l'on trouve dans les roches des bords de la Manche appelées Vaches-Noires, et qui appartiennent à des espèces à museau étroit, semblables à peu près au crocodile du Gange.

Puis des vertèbres et différens autres os du grand animal de Maëstricht, classé par M. Cuvier parmi les monitors, et dont la tête, un des plus beaux débris des créations anciennes que l'on ait découverts jusqu'à présent, se voit dans une boîte vitrée au-dessus de l'armoire qui les contient. Ces divers os de Maëstricht ont presque tous été figurés dans l'ouvrage de M. Faujas sur la montagne de Saint-Pierre.

A la suite de ces ossemens de reptiles que l'on peut classer dans les genres actuellement existans ou du moins dans des genres peu éloignés, se voient : 1° les restes de ces animaux singuliers que les Anglais nomment tantôt proteo-saurus et tantôt ichtyo-saurus, et qui paraissent avoir tenu chez les reptiles le rang que les cétacés tiennent chez les mammifères, c'est-à-dire qu'ils étaient des reptiles essentiellement nageurs et faits pour vivre uniquement dans l'eau, ce que l'on voit à leurs extrémités aplaties comme les mains ou nageoires des dauphins. La plupart des morceaux ont été acquis à Londres à la vente de M. Bulloch, quelques-uns ont été donnés par M. Buckland. 2° Enfin, dans deux petites boîtes vitrées, des modèles en plâtre du reptile volant appelé par M. Cuvier *ptérodactyle*, que l'on n'a encore trouvé que dans les carrières d'Aichstaedt et qui tenait parmi les reptiles la place que les chauve-souris occupent parmi les mammifères; ils ont été envoyés de Munich par M. Soemmering.

Telle est l'analyse rapide de la collection des ossemens fossiles d'animaux vertébrés. Chacun prévoit qu'une collection de ce genre est susceptible d'augmentations presqu'indéfinies, et que la place qu'elle occupe maintenant sera bientôt insuffisante; mais comme l'ordre actuel sera conservé et que tous les morceaux nouveaux seront soigneusement étiquetés, il sera facile, quelque augmentation qu'elle reçoive et quelque espace qu'elle occupe, de faire accorder la description de son état présent avec son état futur.

Cet important examen des fossiles de toute espèce étant terminé, nous nous arrêterons moins long-temps à *la collection des terrains* qui est contenue dans les deux corps de tiroirs qui sont au milieu de la salle.

Cette collection est destinée à représenter la structure de la croûte solide du globe, telle que les connaissances actuelles nous permettent de la concevoir. Elle ne date que de 1821 ; aussi est-elle loin d'être complète. L'espace ayant manqué pour la développer, il a fallu la renfermer dans des tiroirs et se contenter de placer dans les cages vitrées qui couvrent les deux meubles, un petit nombre d'échantillons d'un gros volume et dont la réunion peut être considérée jusqu'à un certain point comme une table des matières, indiquant les objets qui sont au-dessous et qu'on ne peut pas voir habituellement. Lorsque les deux meubles seront remplis ils contiendront environ dix mille échantillons d'un beau format (3 pouces et demi sur 4 pouces et demi); c'est plus qu'il n'en faudrait pour garnir les tablettes d'une salle aussi vaste que celle où nous sommes. Les deux meubles tiennent donc lieu d'un très-grand emplacement.

Les terrains, ou en d'autres termes, les différentes tranches qui par leur superposition constituent la croûte solide de la terre, figurent dans la collection dont il s'agit, dans l'ordre que leur assigne leur ancienneté relative. Chacun d'eux est représenté par sa roche dominante et par ses principales roches subordonnées, auxquelles on a réuni quelques-uns des débris organiques fossiles les plus abondans ou les plus remarquables, lorsque le terrain en renferme. On a en outre placé à la suite de chaque roche susceptible de contenir des débris organiques, tous les individus de végétaux, d'animaux articulés et de mollusques fossiles qui étaient trop petits pour figurer avec avantage sur les tablettes des armoires de la salle d'entrée. Enfin on n'a pas négligé de compléter le tableau de chaque terrain en ajoutant à ceux qui en étaient susceptibles, les échantillons des filons métallifères ou stériles qu'on y rencontre le plus fréquemment.

En faisant le tour des cages vitrées, on pourra prendre une idée de la collection dont nous venons d'indiquer sommairement la composition et l'objet. On devra commencer par l'extrémité voisine de la porte d'entrée.

On verra d'abord les matériaux des terrains primitifs; ce sont des roches entièrement formées de parties minérales cristallisées, dures en général, susceptibles pour la plupart de recevoir un beau poli et ne contenant jamais de débris organiques; elles servent de gîte aux métaux précieux et aux pierres fines.

On trouvera immédiatement après les matériaux des terrains intermédiaires dont la connaissance n'est pas moins importante, puisqu'ils sont presque aussi riches en métaux et en masses polissables que les précédens, et que de plus on y voit figurer les produits volcaniques des premiers âges du monde, et les vestiges des premiers êtres organisés.

Vient ensuite la nombreuse série des roches qui composent les terrains secondaires proprement dits. Elle offre des matières de transport et de sédiment plus reconnaissables que celles des terrains intermédiaires, quoique consolidées et cimentées d'une manière presque aussi parfaite. Elle est pauvre en métaux, mais abondante en débris fossiles; cependant on n'y trouve pas encore de vestiges de mammifères. Elle renferme les mines de houille, les principales mines de soufre et les mines de sel gemme les plus considérables. Les produits volcaniques du moyen âge du globe, s'y montrent dispersés sous différentes formes.

Les roches des terrains tertiaires arrivent après. Les matières de sédiment et de transport qui les composent, sont en général imparfaitement cimentées et d'une consistance très-variable; beaucoup sont encore meubles, à l'exception des minerais de fer dits improprement d'alluvion, on n'y trouve plus de métaux exploitables. On y rencontre des marnes, des argiles, des terres à foulon, des terres à poteries, des pierres à chaux communes et des matériaux de construction faciles à mettre en œuvre à cause de leur peu de dureté ; mais il n'y existe plus de masses remarquables pour la variété et l'éclat de leurs couleurs, et pour la vivacité du poli qu'elles peuvent recevoir. Les seules roches qui fassent exception, appartiennent aux produits volcaniques de cette période.

Les matériaux des terrains modernes terminent

la collection. On y voit figurer : 1° les galets, les sables, les limons et les débris fossiles du grand atterrissement diluvien; 2° les produits divers des alluvions auxquelles la mer, les fleuves, les torrens et les sources incrustantes donnent journellement naissance; 3° les détritus organiques qui se mêlent ou qui alternent avec ces produits, tels que la tourbe et les conglomérats de coquilles ou de madrépores provenans d'animaux dont les espèces sont actuellement vivantes; 4° les déjections si variées qui proviennent soit des volcans brûlans actuels, soit des volcans qui se sont éteints depuis que le dernier cataclysme diluvien a donné aux continens leur relief actuel. On remarquera sans doute avec intérêt parmi les laves de cette dernière époque une plaque de scorie du Vésuve, portant le nom de Dolomieu; la matière en a été arrachée avec de longues tenailles sur les flancs du courant de lave de 1805 et moulée alors qu'elle était encore incandescente. On verra aussi différens exemples des incrustations salines ou sulfureuses qui tapissent l'intérieur des cratères. Ils complètent la collection des terrains que nous allons quitter pour passer dans la troisième salle.

Cette salle porte le nom de *salle des roches*. Elle est principalement destinée à contenir une *collection systématique* des roches classées d'après leur composition et leur contexture. On y voit en outre les premiers élémens d'une *collection géographique*, ainsi qu'une réunion d'échantillons, soit de géologie, soit de minéralogie proprement dite, qui ont été taillés et polis. Nous commencerons notre examen par la *collection géographique* des roches.

Cette collection ne date que de 1821; elle a pour objet d'offrir, pour ainsi dire, le texte de quelques-unes des données spéciales dont on est parti pour ordonner la collection des terrains que nous avons vue dans la salle précédente. Elle se compose de séries de roches qui proviennent de localités en général fort éloignées les unes des autres, et qui représentent la constitution particulière de ces différens points de la surface du globe. Lorsque ces séries seront plus complètes et plus nombreuses, on pourra les considérer comme autant de témoins attestant l'exactitude du rôle qui aura été assigné à chaque terrain dans la structure de la croûte solide de la terre; elles sont au reste dispersées dans le pourtour de la salle, et disposées suivant les emplacemens qu'on a eus à sa disposition pour les exposer. En commençant par les armoires qui sont situées à droite en entrant, et dont elles occupent à quelques exceptions près les parties inférieures, on trouvera successivement, savoir :

1° Des roches du Groënland, recueillies et données par M. Giesecke, professeur de géologie à Édimbourg.

2° Des roches des îles de Saint-Pierre et Miquelon, près du banc de Terre-Neuve, envoyées par M. de la Pilaye.

3° Une suite assez nombreuse de roches provenantes des provinces septentrionales des États-Unis d'Amérique, envoyée par M. Milbert, correspondant du Muséum.

4° Des échantillons recueillis aux Antilles par divers observateurs, et notamment à la Guadeloupe, par M. L'Herminier, directeur du Jardin de naturalisation de cette colonie.

5° Quelques beaux échantillons des environs de Rio-Janeiro, au Brésil, provenans de l'expédition de M. le capitaine Freycinet. On y a joint une superbe table élastique de quartz en roche, venant de la province de Minas-Geraës, et qu'on doit à la libéralité de M. Bouch.

6° Des suites plus ou moins détaillées, mais toutes importantes, recueillies dans les îles voisines du cap de Horn et dans celles de l'océan Pacifique, par les naturalistes de l'expédition de M. de Freycinet.

7° Un nombre assez considérable de roches rapportées de la Nouvelle-Hollande par l'expédition de M. de Freycinet, au milieu desquelles on a intercalé celles que Péron avait prises dans le même pays.

8° Quelques échantillons de Manille et de Sumatra, dus aux soins les uns de M. Perrottet et les autres de MM. Duvaucel et Diard, voyageurs naturalistes du Muséum.

9° Une petite suite faite dans les montagnes de Rajemahal, sur les bords du Gange, par M. de Saint-Yves, correspondant du Muséum.

10° Une suite plus nombreuse destinée à faire connaître la constitution des montagnes du pays de Nazam et d'Hyderbad, gouvernement de Madras. Elle a été donnée par M. Milne Ricketts, membre du conseil suprême du Bengale.

11° Des laves de l'île de Bourbon, données par divers observateurs et en particulier par M. Desétangs.

12° Des échantillons de la Cafrerie et du cap de Bonne-Espérance, rapportés par M. de Lalande, aide-naturaliste du Muséum.

13°. Des laves de Ténériffe, dues à différens observateurs.

14° Une suite intéressante des roches d'Écosse et du nord de l'Angleterre, donnée par M. le docteur Boué.

15° Quelques-uns des matériaux des îles Shetland, recueillis par M. Wilson et offerts par M. Lucas.

16° Une série remarquable des anciens produits volcaniques des îles de Féroë et des accidens qu'ils renferment ; elle a été donnée par le prince Christian de Danemarck pendant le séjour que S. A. R. a fait à Paris en 1822.

17° Plusieurs échantillons du royaume des Pays-Bas, réunis par MM. de la Jonkaire et de Basterot.

18° Une suite des vieilles laves du Kaiserstuhl en Brisgaw, recueillie par M. Eckel de Strasbourg.

19° Une intéressante série des terrains calcaires des environs de Vienne, rapportée et donnée par M. Constant Prevost.

20° Quelques échantillons de Hongrie, qui faisaient partie d'un riche envoi de minéraux proprement dits qui a été adressé au Muséum en 1816, de la part de S. M. l'empereur d'Autriche ; on y a réuni une centaine de beaux morceaux venant de la même contrée, dont M. le professeur Zipser de Neusohl a récemment fait hommage.

21° Des roches diverses anciennement ramassées par Olivier sur les côtes du Bosphore et dans l'archipel de la Grèce.

22° Plusieurs séries très-nombreuses et très-instructives rapportées de la Sicile, des îles de Lipari, des îles Ponces, de Naples, des environs de Rome, du Padouan, du Vicentin et du Véronais, par M. Lucas fils. On y a réuni un certain nombre de gros échantillons provenans des mêmes contrées, et qui ont été donnés par Dolomieu et par Spallanzani.

23° Plusieurs échantillons polis venant du Piémont et qui sont dus à M. le comte Daru.

24° Une magnifique série de roches primordiales et intermédiaires de l'île de Corse. Tous les morceaux sont polis et semblent rivaliser par la richesse et la variété de leurs couleurs.

Nous ne quitterons pas la collection géographique des roches, sans faire remarquer combien il est à désirer qu'elle puisse prendre bientôt une extension proportionnée à son objet. On doit espérer ce résultat lorsqu'on pense au zèle et à la libéralité de ce grand nombre de personnes qui cultivent maintenant l'étude de la géologie jusque dans les contrées les plus éloignées.

La *collection systématique* des roches dont nous avons maintenant à parler, est placée dans la partie supérieure des armoires qui règnent le long de la salle sur la droite en entrant. Elle est divisée en deux sections : l'une est formée des échantillons d'étude que l'on voit exposés sur une ligne horizontale de gradins qui s'étendent dans toute cette partie de la salle, et qui partagent la hauteur de chaque armoire en deux parties à peu près égales ; ces échantillons ont à peu près le même format. La seconde section contient, soit les gros échantillons que l'on n'a pu intercaler dans la série d'étude, à cause de la disproportion de leur volume, soit les morceaux taillés et polis qui sont destinés à montrer l'emploi que l'on fait dans les arts des différentes espèces de roches; elle occupe toute la partie supérieure des armoires.

La collection est classée d'après la seule considération des caractères que chaque espèce de roche emprunte de sa composition, de sa contexture et de son origine, et abstraction faite du rôle que chaque espèce peut jouer dans la constitution de la croûte solide de la terre; son but est de fournir les moyens de reconnaître les roches alors même qu'elles sont hors de leur position originaire; sa distribution méthodique a été tracée par M. Haüy.

Cette distribution méthodique comprend cinq classes, dont on pourra successivement examiner les matériaux en commençant par l'extrémité de la salle et en portant alternativement son attention sur les gradins de chaque armoire et sur les tablettes supérieures.

On remarquera dans la première classe, celle des substances terreuses et salines : 1° le pegmatite qui, sous le nom vulgaire de pétunzé, fournit la matière de la couverte de la porcelaine, et dont la décomposition produit la terre nommée kaolin qui sert à faire le corps de cette précieuse poterie ; 2° le porphyre ordinaire ; 3° la syénite qui forme les roches des cataractes du Nil, et dont on a taillé les obélisques d'Égypte ; 4° le granit ordinaire qui compose les dernières couches qui nous soient accessibles dans les profondeurs de la terre ; 5° le phtanite dont on fait les pierres de touche ; 6° le talc ollaire qui sert en plusieurs contrées à fabriquer des marmites et autres vases pour les usages domestiques.

Dans la seconde classe, celle des substances combustibles, on distinguera : 1° les variétés si diverses de la houille ; 2° l'espèce de bois fossile dont la bijouterie a su tirer un parti avantageux sous le nom de jais ou jayet.

On verra dans la troisième classe, celle des substances métalliques, les échantillons des principales roches métallifères dont on extrait le fer, le cuivre, le plomb, l'étain et le zinc.

La quatrième classe renferme les roches d'origine ignée, suivant beaucoup de géologues, et d'origine aqueuse suivant les autres. Ces roches offrent un problème, à la solution duquel on pourra s'exercer en comparant leurs caractères à ceux des matériaux qui figurent dans les classes précédentes et dans la suivante qui est la dernière.

Cette dernière classe est celle des roches volcaniques incontestables ; on y voit figurer non-seulement les substances vitreuses et scorifiées qui revêtent les surfaces inférieures et supérieures des courans de lave, mais encore les matières qui constituent la masse interne de ces courans; matières qui en se coagulant avec plus de lenteur que celles de la superficie, donnent naissance à des agrégats d'un aspect pierreux, et tellement semblables aux roches cristallisées des terrains anciens, qu'il faut être averti pour éviter la méprise.

Nous terminerons l'examen de cette salle en attirant l'attention sur les objets d'art qui ont été provisoirement réunis dans les cinq armoires qu'on trouve à gauche en entrant.

On remarque sur la première tablette, c'est-à-dire celle qui règne à la partie supérieure des cinq armoires, quatre grands vases en laves du Vésuve, une grande et belle coupe en cristal de roche limpide, un grand plat en serpentine verdâtre et un miroir en obsidienne noire, ce miroir est analogue à ceux dont se servaient les Péruviens avant la conquête par les Espagnols.

Sur la seconde tablette on distingue plusieurs coupes en agate, en calcédoine et en jaspe de différentes couleurs, une coupe en cristal de roche limpide, une autre en fluate de chaux violet, deux autres en jade verdâtre, un vase en jade de même couleur, enfin un petit vase en lapis-lazuli.

On voit sur la troisième tablette une nombreuse

suite de petites plaques de jaspe, d'agate et de calcédoine. On trouve sur le premier plan une colonnade en améthyste, de petites coupes en agate, en calcédoine, en chrysoprase, en améthyste, et plusieurs pierres fines taillées, telles que diamans, rubis d'Orient ou corindon rouge, saphir d'Orient ou corindon bleu, péridot, etc.

Sur la quatrième tablette on remarque au milieu d'une seconde série de plaques polies analogue à la précédente, une nombreuse réunion de cabochons et de pierres à facettes dont le cristal de roche diversement coloré forme en général la matière. On a sur le premier plan plusieurs échantillons de pierres fines artificielles provenant de la fabrique de M. Douault-Vieland, joaillier, qui en a fait don au Muséum.

Des objets très-variés par la forme et par la matière, sont exposés sur la cinquième et sur la sixième tablette ; nous nous contenterons de signaler un beau coffre en succin ou ambre jaune, plusieurs grandes plaques de marbre ruiniforme de Florence, différens casse-têtes de sauvages, une coupe en jaspe rouge, et une grande cuillère en jade verdâtre que l'on regarde à juste titre comme un morceau rare et précieux.

Le caractère le plus saillant que nous offrent les minéraux comparés aux êtres des deux autres règnes, est le défaut d'organisation, et l'absence de ce mouvement interne qui, dans les animaux et les végétaux, contribue au développement et à la conservation de l'individu. Considérés dans leur état de perfection, ils n'ont qu'une simple structure, qui consiste dans un arrangement symétrique de particules toutes semblables entre elles, d'où résulte à l'extérieur une configuration régulière, analogue à celle des solides géométriques.

La diversité des formes dont une même substance est susceptible, établit un nouveau contraste entre les minéraux et les êtres organiques. Dans les végétaux, par exemple, les divers individus d'une même espèce portent l'empreinte d'un modèle commun, sur lequel ils semblent avoir été travaillés : au milieu de quelques variations légères et accidentelles, le type primitif subsiste toujours. Le même minéral au contraire se présente souvent sous une multitude de formes différentes, toutes également régulières, et qui n'ont quelquefois aucun trait de ressemblance entre elles. Mais cette singulière métamorphose, soumise à des lois simples, et dont on peut calculer tous les effets, se borne à modifier l'aspect extérieur de la substance, sans nuire au mécanisme de sa structure interne, laquelle est uniforme et constante dans l'ensemble des variétés.

Telle est l'action de ces lois, auxquelles la nature est assujettie, que quand rien ne la trouble, elle tend à produire les formes les plus simples, et les mieux caractérisées par leur régularité et leur symétrie. Cette opération est ce qu'on nomme *la cristallisation*, et les corps réguliers auxquels elle donne naissance sont appelés *cristaux*. Mais il est rare que des circonstances locales et des causes perturbatrices n'agissent pas pour interrompre ou déranger sa marche ordinaire : aussi ne produit-elle souvent que des formes incomplètes et irrégulières, de simples ébauches dans lesquelles on voit la forme primitive se dégrader insensiblement, des agrégations confuses de feuillets ou d'aiguilles, de fibres ou de grains, et enfin des masses tout-à-fait compactes.

Toute collection de minéralogie doit offrir la série des espèces distribuées méthodiquement, et chaque espèce celle de ses variétés dans l'ordre de leur plus grande perfection. La collection du Muséum présente le tableau du règne minéral sous-divisé en quatre grandes classes, d'après la méthode adoptée par M. Haüy. La première classe est celle des substances *acidifères*, c'est-à-dire qui renferment un acide : ce sont les *sels* de l'ancienne minéralogie. La deuxième classe comprend les substances *terreuses* ou les *pierres*. La troisième offre la réunion des diverses substances inflammables, et la quatrième celle des substances métalliques. Les armoires qui renferment cette collection, portent chacune un numéro ; elles sont divisées en tablettes, et présentent en outre, à hauteur d'appui, des gradins, où l'on a placé sur des socles en bois les échantillons qui composent *la collection d'étude*, ou l'ensemble des minéraux distribués par classes, ordres, genres, espèces et variétés. Ces échantillons se suivent sans interruption dans une même armoire, à partir du degré le plus bas, de manière qu'en passant d'une armoire à l'autre, le premier échantillon de celle-ci vient immédiatement après le dernier échantillon du degré supérieur, dans la précédente. Au-dessus et au-dessous des gradins et sur les tablettes, des morceaux remarquables par leur volume ont été mis en relation avec les espèces des gradins, auxquelles ils se rattachent. Ce sont ceux qui montrent ces mêmes espèces dans leurs différentes associations avec d'autres substances minérales, et qui rappellent les diverses localités où elles ont été observées. Ces morceaux étant généralement d'inégale grosseur, et offrant d'ailleurs plus ou moins d'intérêt, il était impossible de suivre exactement à leur égard l'ordre prescrit par la méthode : aussi les pièces d'un volume considérable ont-elles été placées dans le bas des armoires, tandis que les échantillons rares et précieux pour l'étude ont été mis en vue, et que l'on a presque toujours relégué sur les tablettes supérieures les morceaux qui méritent moins d'attention.

La collection de minéralogie occupe les deux salles qui sont à la suite de celles de géologie : pour l'examiner avec ordre nous traverserons la première salle ; nous entrerons dans la seconde, et nous commencerons par l'armoire placée à l'extrémité dans l'encoignure de la croisée. Cette première armoire renferme plusieurs instrumens destinés à l'épreuve des caractères minéralogiques, entre autres le *gonyomètre*, dont on se sert pour mesurer les inclinaisons mutuelles des faces des cristaux. En quittant cette armoire pour aller à gauche, on aperçoit entre les croisées plusieurs châssis renfermant de petits modèles en bois, dont les uns servent à expliquer la structure des cristaux d'après la théorie découverte par M. Haüy, et les autres représentent toutes les variétés de formes régulières observées dans la nature. Au-dessous de ces modèles sont des plateaux polis, les uns de porphyre rouge, d'autres d'une forme arrondie, et qui présentent des dessins assez réguliers. Ceux-ci sont généralement connus sous la dénomination de *jeux d'Helmont*. Ce sont des pierres calcaires mélangées d'argile, et colorées par le fer, dont on fait de petites tablettes, propres au revêtement des consoles.

Revenons dans la première galerie qui renferme les deux premières classes de minéraux, savoir les *sels* et les *pierres*, et commençons par les armoires qui sont à notre droite, en suivant l'ordre de leurs numéros.

La série des espèces nous offre en premier lieu les substances calcaires, c'est-à-dire celles qui contiennent une quantité plus ou moins considérable de chaux. A leur tête est la *chaux carbonatée*, dont les nombreuses modifications occupent presque en entier les cinq premières armoires. C'est la substance la plus abondante de toutes celles qui existent à la surface du globe. On remarque d'abord sur le gradin d'étude la suite des variétés cristallisées, dont chacune a un nom qui la caractérise. Quelques socles restés à vide, et portant néanmoins des étiquettes, servent à marquer la place de celles des variétés connues, qui manquent encore dans la collection. Au-dessous du gradin d'étude, dans la 1re armoire, les regards sont attirés par un gros cristal transparent, nommé *spath d'Islande*, qui a la propriété de faire paraître doubles les objets qu'on regarde à travers. On a placé derrière lui un papier, sur lequel est son nom, que l'on voit double comme s'il avait été écrit une seconde fois au-dessous de lui-même. Ce morceau remarquable par son volume et par sa limpidité, a près de 2 décimètres (environ 7 pouces) d'épaisseur. On distingue aussi sur les tablettes divers groupes de cristaux fort intéressans, entre autres la chaux carbonatée primitive, de Ratieborztiz en Bohême, la même en cristaux métastatiques, du Derbyshire, donnée par M. Heuland, minéralogiste allemand, auquel la collection du Muséum est redevable d'un grand nombre de morceaux, tous remarquables par leur fraîcheur et par leur volume; et la variété équiaxe, d'Andreasberg au Harz. Les deux armoires suivantes nous offrent la continuation des formes géométriques de la chaux carbonatée. On remarquera dans la 2e au-dessus du gradin d'étude, un beau cristal de la variété *continue*, et dans la 3e au-dessous du même gradin, un superbe échantillon de la variété soustractive, donné par M. Heuland.

Vient ensuite (4e *armoire*) la série des corps irréguliers, parmi lesquels nous distinguerons : la chaux carbonatée fibreuse , dont le fond est satiné, et présente des reflets ondés analogues à ceux des étoffes moirées ; elle sert dans la bijouterie.

La variété lamellaire , connue plus généralement sous le nom de *marbre de Paros*, et que les sculpteurs anciens employaient pour représenter les personnages célèbres dans l'histoire ou dans la fable.

La chaux carbonatée *saccharoïde*, ainsi nommée à cause de sa ressemblance avec le sucre. C'est le marbre statuaire des modernes ; on en a sous les yeux de beaux morceaux provenans de la fameuse carrière de Carrara en Italie.

La chaux carbonatée grossière , ou la *pierre à bâtir* des Parisiens.

La variété dite *pierre de liais*, dont le grain est plus fin , et que l'on réserve pour les ouvrages de sculpture.

La chaux carbonatée *crayeuse*, ou la substance appelée vulgairement *craie*, avec laquelle on fait le blanc d'Espagne.

Enfin, la pulvérulente, qui est plus généralement connue sous le nom de *farine fossile*.

Au-dessus du gradin d'étude est la *pierre lithographique*, découverte il y a quelques années à

Châteauroux, département de l'Indre, et dans laquelle on a reconnu toutes les qualités de celle de Bavière, que l'on employait primitivement au même usage. On peut voir dans l'armoire du bas un échantillon de cette dernière, venant d'Ingolstadt.

La série des variétés de chaux carbonatée (4ᵉ et 5ᵉ *armoires*), se termine par les diverses modifications auxquelles on a donné le nom de *concrétions*. Ce sont celles qui résultent de l'infiltration d'un liquide chargé de particules calcaires, à travers les voûtes des cavités souterraines. A mesure que les gouttes qui restent suspendues à ces voûtes se dessèchent, les particules pierreuses abandonnées à elles-mêmes se réunissent en un tube, qui s'allonge par des dépôts successifs, à la manière des aiguilles de glace que nous voyons se former l'hiver aux bords de nos toits. On donne à ce genre de concrétion le nom de *stalactite*. Une partie du liquide en tombant de la voûte sur le sol, y forme d'autres dépôts, ordinairement mamelonnés : ce sont les *stalagmites*. Quelquefois ces dépôts, en prenant de l'accroissement, vont joindre les stalactites qui pendent aux voûtes, et forment par la suite d'énormes colonnes. On en voit de semblables dans la grotte d'Auxelle, département du Doubs, d'où l'on a tiré la belle stalactite qui est placée dans cette salle entre les croisées ; mais

de toutes les grottes de ce genre, la plus célèbre
est celle d'Antiparos dans l'Archipel; Tournefort
en la visitant s'imagina que les pierres végétaient
à la manière des plantes. Il en rapporta cette belle
concrétion qui est dans le bas de la quatrième
armoire. L'albâtre calcaire avec lequel on faisait
anciennement des vases et des statues, et dont on
peut voir ici plusieurs échantillons, est le résultat de dépôts successifs de chaux carbonatée,
dont les couches forment des ondulations plus
ou moins sensibles, et présentent, après le poli,
des zones de différentes couleurs.

Lorsqu'une eau chargée de particules calcaires
séjourne dans une cavité de peu d'étendue, ces
particules incrustent les parois de cette cavité,
et les tapissent de cristaux ; c'est ce que l'on a
nommé une *géode*. Le gradin de la quatrième armoire nous en offre une dont l'intérieur est garni
de cristaux appartenans à la variété métastatique.

Quelquefois le liquide dépose les particules
qu'il tient suspendues à la surface des différens
corps organiques, et les revêt d'une enveloppe
pierreuse sous laquelle ils conservent les traits
principaux qui les caractérisent. C'est cette variété
de chaux carbonatée nommée *concrétionnée in-
crustante*, qui nous présente ces branchages,
ces nids d'oiseaux que l'on a placés dans le bas de
la cinquième armoire. On voit à côté d'eux une

incrustation d'un blanc de lait, offrant le portrait de Galilée, et qui provient des bains de Saint-Philippe en Toscane.

En reportant les yeux sur le gradin d'étude, nous remarquerons la variété nommée *quarzifère inverse,* que l'on nomme vulgairement *grès cristallisé de Fontainebleau,* mais qui n'est dans la réalité qu'une chaux carbonatée mélangée de particules sablonneuses. Ses cristaux forment souvent des groupes d'un volume très-considérable, tels que nous en voyons sur les tablettes de cette même armoire.

La chaux carbonatée *bituminifère,* c'est-à-dire mêlée de bitume, est celle qui fournit les marbres appelés *marbres noirs de Dinant, de Namur,* et que l'on emploie pour le carrelage des églises.

(6ᵉ *armoire.*) Autre espèce nommée *arragonite,* dont on voit dans le bas un bloc considérable, donné par M. Lacoste de Plaisance, professeur à Clermont-Ferrand. La plus remarquable de ses variétés est celle qui est désignée sous le nom de *coralloïde,* et dont la blancheur égale souvent celle de la neige ; c'est une stalactite dont les rameaux contournés s'entrelacent, et qui était connue anciennement sous la dénomination impropre de *flos ferri.* On en voit de très-beaux groupes venant d'Eisenerz en Styrie.

La troisième espèce est la *chaux phosphatée :*

on distinguera (7e *armoire*), sa variété *terreuse*, venant de l'Estramadure, où elle est employée dans la construction, et dont la poussière projetée sur un charbon ardent, répand une belle lueur phosphorique.

Vient ensuite (8e *armoire*), la *chaux fluatée*, substance généralement connue dans les arts sous le nom de *spath fluor*, et qui est remarquable par la diversité des teintes dont ses cristaux sont ornés. Parmi les formes régulières qu'elle affecte le plus communément, on distinguera celle du cube, qui est nettement prononcée sur un grand nombre d'échantillons. Les plus beaux groupes de la collection viennent du Derbyshire et du Northumberland, deux provinces d'Angleterre, et sont dus à la générosité de M. Heuland. On voit sur les tablettes supérieures un morceau de la variété *concrétionnée*, qui est composée de bandes ou de zones comme les albâtres calcaires, et que l'on travaille en Angleterre pour en faire des plaques et des vases de différentes formes. On se sert aussi, pour la gravure sur le verre, de l'acide contenu dans cette substance, en raison de la propriété corrosive dont il jouit.

La *chaux sulfatée*, que l'on voit dans l'armoire suivante (9e), est le minéral appelé vulgairement *gypse* ou *pierre à plâtre*; le plâtre n'est en effet qu'un mélange de cette substance avec la chaux carbonatée, et ce mélange existe quelquefois tout formé dans la nature, comme à Montmartre. Cette colline est presque entièrement composée de gypse ; on y trouve communément la variété nommée *lenticulaire*, à cause de sa forme arrondie comme celle d'une lentille, et dont on voit ici de beaux groupes sur les tablettes inférieures. Ce sont ces groupes que l'on désignait autrefois par les noms de *gypse en crêtes de coq*, *gypse en rose*. Les lames minces et transparentes que l'on détache de ces lentilles se nomment vulgairement *pierres spéculaires* et *miroirs d'âne*. Les anciens se servaient de ces lames au lieu de vitres ; au rapport de Pline, le temple de la Fortune, qui était bâti de cette pierre, n'avait pas de fenêtres, et n'était éclairé que par la lumière qui passait à travers les murs.

On distingue aussi sur les tablettes la variété *laminaire* blanche, de Sicile, remarquable par ses beaux reflets nacrés ; la variété *fibreuse* d'un blanc luisant et soyeux, dont on fait des ouvrages de bijouterie ; la *niviforme*, qui a l'aspect de la neige pressée et réduite en pelote ; enfin la variété *compacte*, ou l'*albâtre gypseux* ; c'est la substance qui sous le nom d'*albâtre*, a servi de terme de comparaison pour désigner la couleur blanche. On l'emploie pour faire des statues et des vases d'ornement.

(10ᵉ *armoire.*) La *chaux anhydro-sulfatée* ne nous offre qu'une variété remarquable, c'est la *lamellaire* d'un bleu céleste, qui porte le nom de marbre de Würtemberg. On en voit une belle plaque polie, dont S. M. le roi de Würtemberg a fait don au Muséum.

La *chaux nitratée* est cette matière qui se forme journellement sur les parois des murs humides, et qu'on obtient en lessivant les vieux plâtres pour la fabrication du salpêtre.

La *chaux arséniatée*, qui vient après, et dont le nom indique la présence de l'arsenic, n'est connue que des minéralogistes. On l'a appelée *pharmacolithe*, c'est-à-dire pierre empoisonnée. Elle doit au cobalt la teinte de rose que ses mamelons présentent communément.

La *baryte sulfatée*, qui occupe à elle seule les deux armoires suivantes (11ᵉ *et* 12ᵉ *armoires*), est après la chaux carbonatée l'espèce la plus abondante en formes régulières. Le gradin d'étude en présente un assez grand nombre dont la plupart viennent des départemens du Puy-de-Dôme et du Cantal. On distingue sur une des tablettes supérieures un beau morceau de la *variété primitive,* de Czarles en Transylvanie. Cette espèce est remarquable par sa grande pesanteur spécifique; c'est le *spath pesant* de l'ancienne minéralogie. La variété *radiée* a été connue pendant long-temps sous la dénomination de *pierre de Bologne*, parce que c'est en calcinant cette pierre qu'on préparait le phosphore qui a porté le nom de cette ville.

(13ᵉ *armoire.*) La *baryte carbonatée* que l'on trouve principalement en Angleterre est un poison pour les animaux ; aussi est-elle connue dans le pays sous le nom de *pierre contre les rats.* Les formes régulières de cette substance sont très-rares. On peut voir sur le gradin d'étude un beau groupe de cristaux terminés par des pyramides à six faces.

(14ᵉ *armoire.*) La *strontiane sulfatée* et la *strontiane carbonatée* que l'on voit dans cette armoire, n'offrent d'intérêt qu'au minéralogiste. On distingue dans l'armoire du bas un beau groupe de cristaux de la première espèce, remarquable par son volume ; il pèse 10 kilogrammes (20 livres), c'est un présent de Dolomicu. De superbes échantillons de la même substance, en cristaux limpides et en masses concrétionnées, sont distribués sur les tablettes : ils ont été recueillis en Sicile par M. Lucas fils, dont le dernier voyage a enrichi la collection du Muséum d'une multitude d'objets rares et précieux. La variété *compacte*, en masses grises, est assez commune à Montmartre. La *magnésie sulfatée* est employée dans la médecine comme purgatif ; elle a été désignée sous les noms de *sel amer*, *sel d'epsom*, *sel de sedlitz*, etc. La *magnésie boratée* n'est d'aucun usage dans les arts; mais ses cristaux sont remarquables par la propriété d'acquérir la vertu électrique lorsqu'on les soumet à l'action de la chaleur.

(15e *armoire*:) Dans la quinzième armoire est la *silice fluatée alumineuse*, ou la substance appelée communément *topaze*; elle fournit à la bijouterie la matière de plusieurs pierres précieuses, qu'il ne faut pas confondre avec celle que les lapidaires nomment improprement *topaze orientale*, et qui se rapporte à l'une des espèces de la seconde classe. Ce défaut d'accord entre la nomenclature dictée par la science, et celle qui est en usage parmi les artistes, provient de la tendance qu'ils ont à réunir sous une dénomination commune des substances dont les couleurs se ressemblent, quoique cette analogie d'aspect ne serve souvent qu'à masquer des différences réelles de composition, et que d'ailleurs la même espèce soit susceptible d'offrir accidentellement dans ses individus la série des teintes les plus diversifiées. Déjà nous avons observé une semblable variation de couleurs dans les nombreuses modifications du spath-fluor; la topaze nous en fournit un nouvel exemple non moins remarquable. On voit en effet sur le gradin d'étude plusieurs échantillons de couleur jaune , et à côté un cristal bleu de la variété *quindécioctonale ,* ayant 16 lignes d'épaisseur, et pesant à peu près 4 onces 2 gros ; sur la tablette immédiatement inférieure , un cristal jaune roussâtre , strié longitudinalement ; un autre de couleur rouge , nommé vulgairement *rubis du Erésil* , et une topaze incolore du même pays, taillée en forme de brillant coupé , et donnée par M. le professeur Geoffroy Saint-Hilaire. Cette dernière variété est celle que les lapidaires portugais nomment *goutte d'eau* , et *pierre de la nouvelle mine.* Au-dessus et au-dessous du même gradin, les yeux se portent sur divers groupes de cristaux d'un jaune un peu pâle , et remarquables par leur volume.

La plupart des pierres que l'on débite sous le nom de *rubis du Brésil,* et celles que l'on appelle dans le commerce *topazes brûlées ,* ne sont autre chose que des topazes d'un jaune roussâtre que l'on a exposées à l'action du feu , pour remplacer leur couleur naturelle par une belle teinte de rouge de rose.

La *potasse nitratée* que l'on voit dans la même armoire est ce sel appelé *nitre* ou *salpétre ,* que l'on emploie dans la fabrication de la poudre à tirer, laquelle est un mélange d'environ six parties de nitre, d'une partie de charbon , et d'une partie de soufre.

L'*eau-forte* se retire de cette substance : c'est pour cela qu'on lui donne aussi le nom d'*acide nitrique.*

A la suite de la potasse nitratée viennent les espèces qui ont pour base la soude, et dont la plus importante est la *soude muriatée* ou le *sel commun,* si connu par ses usages dans l'économie domestique. La forme cubique est celle que ses cristaux affectent communément, comme on peut l'observer sur plusieurs groupes que renferment les tablettes supérieures de la 15ᵉ armoire. A côté se voit un cristal d'un beau bleu indigo, venant d'Ischel dans la Haute-Autriche. La suite des variétés de la même espèce se continue dans l'armoire suivante (16ᵉ *armoire*). Au-dessous du gradin est le *sel rouge* de Cardona en Catalogne ; plus bas on aperçoit un bel échantillon de *soude muriatée limpide,* provenant de la célèbre mine de Wieliczka en Pologne, l'une des plus importantes salines que l'on connaisse. Cette mine, qui produit annuellement 120,000 quintaux de sel, s'étend à plus de 900 pieds de profondeur, et a près de deux lieues d'étendue en tous sens.

Une quantité considérable de soude muriatée est tenue en dissolution par les eaux de la mer et de certains lacs, dont on l'extrait par l'évaporation ; on lui donne alors le nom de *sel marin ;*

mais il ne diffère point du sel gemme que l'on trouve à l'état de cristaux dans la nature.

La soude muriatée, fournit par sa décomposition l'acide muriatique qui se débite dans le commerce, et que l'on fait servir avec tant d'avantage à l'art de la teinture et au blanchîment des toiles.

La *soude boratée*, qui vient après, est la substance appelée communément *borax* ou *tinkal*, qui nous arrive des Indes orientales par le commerce, et que l'on purifie avant de l'employer dans les arts, où elle sert pour les soudures des métaux, et l'application de l'or sur les bijoux.

La *soude carbonatée* a été connue anciennement sous le nom de *natron*, et s'obtenait par l'évaporation des eaux de certains fleuves ou lacs, surtout en Égypte, où elle existe en grande abondance. En Europe, on la rencontre sous la forme d'une efflorescence à la surface du sol ou sur les parois des vieux murs ; et on la retrouve en grande quantité dans les cendres de plusieurs végétaux. On l'emploie à la fabrication du verre, et à la composition du savon solide ; on en fait usage aussi dans la médecine.

(17ᵉ *armoire.*) L'*ammoniaque muriatée*, que l'on voit dans l'armoire 17, est plus connue sous le nom de *sel ammoniac*. On la trouve parmi les produits des volcans ; nous en avons sous les yeux un échantillon sous forme de concrétion, et provenant du Vésuve. On l'extrait aujourd'hui des matières animales en putréfaction, et on l'emploie dans les arts pour l'étamage et la soudure des métaux.

Sous la dénomination d'*alumine sulfatée alcaline*, se trouve ici l'*alun*, cette substance si précieuse pour l'art de la teinture, où elle sert à fixer les couleurs sur les étoffes, et à leur donner plus de solidité. Elle ne se rencontre dans la nature qu'en petite quantité et sous la forme de filamens auxquels on a donné le nom d'*alun de plume*. On voit ici un bel échantillon de cette variété fibreuse que le célèbre Tournefort a rapporté de l'île de Milo en 1703. L'alun qui se débite dans le commerce s'obtient en lessivant les substances qui en sont imprégnées, ou se compose à l'aide de celles qui en contiennent les principes. C'est ainsi qu'a été formé ce beau groupe demi-transparent, qui est dans le bas de cette armoire, et qui provient de la fabrique de M. Curaudau. La plupart des variétés que nous offre le gradin d'étude, sont également des produits de la cristallisation artificielle.

L'espèce suivante, l'*alumine fluatée alcaline*, nommée aussi *cryolithe*, n'est d'aucun usage dans les arts, et n'a d'intérêt que pour le minéralogiste, surtout à cause de sa rareté. Les tablettes voisines du gradin d'étude nous présentent une suite extrêmement précieuse de morceaux de cryolithe, de différentes variétés, tous remarquables par leur volume, et qui ont été rapportés du Groënland par M. Giesecke, professeur de minéralogie à Dublin. Ce savant a passé près de huit années à explorer avec un zèle infatigable cette contrée encore neuve pour le naturaliste, et qui lui a offert une abondante récolte de productions variées, dont il a bien voulu enrichir la collection du Muséum.

(18ᵉ et 19ᵉ *armoires.*) Nous voici arrivés à la seconde classe de minéraux, celle des pierres, ou des substances terreuses. Leurs produits se font généralement remarquer par la beauté de leurs couleurs et la vivacité de leurs reflets ; et c'est parmi cette division que se rangent ces pierres si rares et si recherchées, que l'art transforme en objets de parure et d'agrément. En premier lieu se présente sous le nom de *quarz*, une des espèces les plus répandues dans la nature, et dont les modifications sont les plus nombreuses et les plus diversifiées. Nous examinerons d'abord cette substance dans son plus grand état de pureté, et telle que nous l'offre l'ensemble de variétés qui porte ici la désignation particulière de *quarz hyalin.* La première, qui est transparente et cristallisée, est généralement connue sous le nom de *cristal de roche.* On en voit de beaux échantillons sur les tablettes de cette armoire, et dans celles qui l'avoisinent. La forme la plus commune de ces cristaux est celle d'un solide à six pans, terminés par deux pyramides à six faces. Le Muséum possède un fragment provenant d'un pareil cristal, et que l'énormité de son volume n'a pas permis de placer dans cette galerie; il a été apporté du Valais, et pèse plus de huit cents livres; c'est celui qu'on voit sur l'escalier en entrant dans la première salle de géologie. Un groupe de semblables cristaux, également remarquable par son volume, est placé dans celle-ci, près de l'une des fenêtres; ils ont près de trois décimètres de longueur, et forment une masse d'environ trois cent vingt-cinq livres; ils viennent de Fischbach en Valais. Le quarz hyalin incolore, ou cristal de roche, est employé pour la garniture des lustres; on en fait aussi des vases de différentes formes.

Cette substance n'est pas toujours limpide comme dans les cristaux que nous venons d'observer; elle est souvent colorée par d'autres matières qui ne lui enlèvent pas entièrement sa transparence, et elle reçoit alors des dénominations particulières en raison des diverses teintes qui la modifient. A la suite du quarz hyalin incolore, on voit sur le gradin d'étude le cristal de roche violet, nommé vulgairement *améthyste*; le cristal rose, ou *rubis de Bohême;* le quarz hyalin bleu ; le quarz hyalin jaune, ou la *topaze d'Inde ;* le quarz hyalin d'un brun jaunâtre, ou la *topaze enfumée ;* le quarz hyalin vert-obscur ; le quarz hyalin hémathoïde, d'un rouge sombre, ou l'*hyacinthe de Compostelle.*

Le cristal de roche irisé, que l'on voit dans la 19ᵉ armoire, doit son nom aux couleurs d'iris, réfléchies par une lame d'air qui se trouve interposée dans une fissure.

On remarquera sur les tablettes des armoires que nous visitons, des échantillons précieux de toutes les variétés précédentes, entre autres des masses de cristal de roche de Madagascar, de beaux morceaux de quarz lamellaire rose de Sibérie, un cristal de quarz hyalin brun noirâtre, du même pays, complet et ayant près de 12 pouces de longueur. Dans le bas de la 18ᵉ armoire est une magnifique géode de quarz hyalin violet, d'Oberstein, donnée par M. Brard, ancien aide-naturaliste au Muséum. La variété nommée *aéro-hydre,* qu'on voit dans l'armoire suivante, renferme une goutte d'eau qui ne remplit qu'en partie une cavité tubulée, de manière que la bulle d'air qui occupe le vide, monte et descend pendant les mouvemens de la pierre, comme dans le niveau d'eau.

(20ᵉ *armoire.*) Ici commence la série des échantillons qui présentent la matière du quarz ou du cristal de roche diversement modifiée. On leur donne en général le nom d'*agathes*. La plupart sont des corps concrétionnés : quelques-uns cependant offrent encore la forme primitive du quarz. On distingue parmi eux la *calcédoine*, qui est d'un blanc laiteux avec une transparence nébuleuse ; la *cornaline*, d'un rouge de cerise ; la *saphirine*, d'un bleu tendre ; la *sardoine*, d'une couleur orangée ; la *prase* et le *plasma*, qui présentent différentes teintes de vert. D'autres variétés sont composées de bandes de diverses nuances, tantôt parallèles et tantôt circulaires ; elles portent les noms d'*agathe rubannée* et d'*agathe onyx*. Les artistes les travaillent, ainsi que les précédentes, pour en faire des boîtes, des vases, des cachets et des plaques d'ornement. Dans l'armoire du bas, est une simple agathe onyx en calcédoine, des environs d'Oberstein. Deux variétés, qui ont moins d'apparence, se recommandent par leurs usages : ce sont l'*agathe pyromaque*, ou la *pierre à fusil*, et l'*agathe molaire*, ou la pierre dont on fait les meules.

(21e *armoire*.) A la suite des agathes viennent les quarz résinites, qui ont le luisant de la résine, et les jaspes qui sont opaques, et dont la cassure est toujours terne. On remarque parmi les premiers l'*hydrophane*, qui a la propriété de devenir transparent lorsqu'on le plonge dans l'eau ; le *girasol*, qui a des reflets rougeâtres et quelquefois d'un jaune d'or ; et le *quarz-résinite opalin*, ou l'opale ordinaire, qui est si recherchée tant pour la beauté que pour la diversité de ses couleurs. Les variétés de jaspes reçoivent, comme les agathes, des dénominations variées, en raison de leurs teintes. L'une des plus rares est le jaspe sanguin, dont le fond, d'un vert plus ou moins obscur, est parsemé de taches d'un rouge foncé. On voit dans la même armoire plusieurs échantillons qui portent le nom de *quarz pseudomorphique xyloïde*. Ces corps, qu'on appelle vulgairement *bois pétrifié*, étaient originairement des troncs d'arbres ou des racines, dont la substance a été remplacée par celle du quarz. Cette substitution a eu lieu par degrés, de manière que les particules pierreuses se logeaient successivement dans les petites cavités occupées auparavant par celles du bois, à mesure que ces dernières les abandonnaient, et de là vient que l'apparence du tissu végétal a été conservée. La plupart des variétés proviennent du bois commun, et sont marquées de zones concentriques, qui répondent à celles que l'on voit sur la coupe transversale d'un arbre. D'autres, et en particulier le magnifique tronçon que l'on aperçoit dans l'une des armoires du bas, sont originaires du bois de palmier, dont l'organisation toute différente est retracée par ce fond blanchâtre ou jaunâtre parsemé de petites taches noires.

(22ᵉ *armoire.*) Les substances qui viennent à la suite du quarz, sont celles qui fournissent les pierres les plus rares après le diamant, et les plus recherchées pour leur éclat et pour leur dureté. La première est le *zircon,* dont le gradin d'étude offre une belle série de cristaux. Les pierres précieuses dont ce minéral fournit la matière, sont le *jargon de Ceylan,* qui est d'un jaune verdâtre, ou d'un jaune souci, et l'*hyacinthe* d'un rouge ponceau mêlé de brun.

(23ᵉ *armoire.*) L'armoire suivante nous offre le corindon qui de toutes les espèces minérales est la plus féconde en pierres précieuses. Ce que les lapidaires nomment *rubis, topaze* et *saphir* d'Orient, ne sont que des variétés de cette substance dont l'une est rouge, une autre jaune, et la troisième d'un bleu indigo. On voit dans la collection d'étude, des cristaux prismatiques et pyramidaux de ces différentes couleurs, et à la suite, des morceaux taillés en cabochons et qui proviennent de cristaux semblables. L'un d'eux est miparti de rouge et de jaune, en sorte qu'il est rubis et topaze tout à la fois, ce qui prouve bien que la couleur n'est qu'accidentelle dans ces sortes de pierres, et ne peut servir à faire distinguer leur véritable nature. A côté des variétés transparentes dont nous venons de parler, on en voit d'autres qui sont plus ou moins opaques et dont le tissu est très-lamelleux, ce qui leur a fait donner le nom d'*harmophane*. On les appelait autrefois *spath adamantin*. Une dernière variété moins remarquable en apparence, est le corindon granulaire, qu'on nomme vulgairement *émeril*, et dont la cassure est matte et compacte. Il sert à polir diverses substances telles que les métaux et les glaces. Après le corindon vient la *cymophane*, dont l'éclat est très-vif, et la couleur d'un jaune verdâtre : dans la langue des lapidaires, elle porte les noms de *chrysobéryl*, et de *chrysolithe orientale*. Le *spinelle*, qu'on voit à la suite, fournit au commerce deux variétés de rubis, qu'on nomme *rubis spinelle*, et *rubis balais*, et qui ne diffèrent entre elles que par le ton de leur couleur.

(24ᵉ *armoire.*) L'émeraude est encore une des substances que l'on recherche pour les transformer en objets d'ornement. Les pierres précieuses qui se rapportent à cette espèce sont l'émeraude dite du Pérou, et le béryl ou l'aigue-marine ; on voit sur le gradin un beau cristal d'émeraude de Santa-Fé, offrant la variété primitive. L'émeraude du Pérou est la plus estimée : elle est d'un vert pur et foncé. Le béryl est bleu-verdâtre, ou d'un jaune miellé. On voit au-dessous du gradin de longs cristaux cylindroïdes, qui se rapportent à cette variété, et qui viennent de Sibérie. On trouve en France des émeraudes opaques d'un volume considérable, et qui n'ont aucun prix aux yeux des amateurs : tel est cet énorme cristal qui est placé dans l'armoire du bas, et qui a été tiré de la colline de Barat, près de Limoges.

A la suite de l'émeraude vient la cordiérite, qui comprend au nombre de ses variétés le *saphir d'eau* des lapidaires. Le nom de *cordiérite* est un hommage rendu au savant distingué qui professe la géologie dans cet établissement, et à qui l'on doit la première description exacte de cette substance.

L'euclase, que l'on voit dans la même armoire, a été rapportée du nouveau continent par Dombey, naturaliste voyageur du Muséum. Cette substance n'est remarquable que par son extrême rareté. Elle est d'un vert assez agréable et prend assez bien le poli. Mais la grande facilité avec laquelle elle se divise, s'oppose à ce qu'elle puisse être travaillée comme objet d'ornement.

Le grenat, qui se fait distinguer par le volume et la netteté de ses cristaux dodécaèdres, fournit au commerce différentes pierres précieuses, savoir le grenat *syrien*, qui est d'un rouge mêlé de violet ; le *grenat de Bohéme*, d'un rouge vineux mêlé d'orangé, et la *vermeille*, dont la couleur est le rouge ponceau.

Nous passerons rapidement sur les différentes substances qui terminent la seconde classe (25ᵉ *armoire*), parce que la plupart sont inconnues aux personnes étrangères à la science, et ne sont presque d'aucun usage dans les arts.

Le feldspath, qu'on voit (26ᵉ *armoire*), mérite cependant de fixer un moment l'attention par les belles variétés qu'il présente, au nombre desquelles est la *pierre de Labrador*, ou le feldspath opalin, dont les reflets irisés peuvent être comparés à ceux qui ornent les ailes des plus beaux papillons; la *pierre de lune*, ou le feldspath nacré, qui présente un fond blanchâtre d'un beau bleu céleste; l'*aventurine*, parsemée de points jaunâtres sur un fond incarnat, ou de points blanchâtres sur un fond vert; et enfin la *pierre des amazones*, ou le feldspath vert, dont la surface offre, sous certains aspects, des reflets satinés. On voit un bel échantillon de cette variété sur la première tablette au-dessus du gradin d'étude. Le kaolin ou feldspath décomposé, est d'un grand usage pour la fabrication de la porcelaine.

Plusieurs variétés de la tourmaline (27ᵉ *armoire*), sont travaillées par les lapidaires. Cette substance est surtout remarquable par la propriété qu'elle a de devenir électrique lorsqu'on la chauffe, c'est-à-dire de pouvoir attirer les corps légers qu'on lui présente. On aperçoit au-dessous du gradin un superbe échantillon de la variété aciculaire rouge, dite *sibérite*.

L'amphibole et le pyroxène, dont les nombreuses modifications garnissent cette armoire, n'offrent d'intérêt qu'au minéralogiste, à cause du rôle important qu'elles jouent dans la structure du globe terrestre. On distinguera sur l'une des tablettes supérieures le beau groupe de cristaux de pyroxène, de la variété quadrioctonale, donné par M. Muthuon, ingénieur des mines de France. Dans l'armoire du bas (*n*° 28), est un magnifique échantillon d'amphibole soyeux, du Saint-Gothard.

Le lazulite, qu'on voit dans la 29ᵉ *armoire*, est plus connu sous le nom de *lapis lazuli*, ou simplement de *lapis*. Celui qui est d'un bleu pourpré est recherché par les artistes, qui le travaillent en forme de plaques. On en extrait aussi cette belle couleur nommée *bleu d'outremer*, qui produit de si grands effets sur la toile, et qui est peu susceptible d'altération. Plusieurs des minéraux qui suivent sont sans usage, et méritent peu de fixer l'attention. On remarquera cependant quelques échantillons d'un gros volume, tels que ceux de stilbite rouge et d'analcime blanchâtre, donnés au Muséum par M. Lucas fils.

Le mica, dont on voit de grandes lames dans l'armoire du bas (*n° 30*), a été nommé *verre de Moscovie*, parce qu'on l'emploie en Russie au lieu de verre pour en garnir les fenêtres. A côté du mica est l'asbeste, dont la variété filamenteuse a été connue des anciens sous les noms d'*amianthe* ou de *lin incombustible*. Ils la filaient et en faisaient des nappes, des serviettes, qu'ils jetaient au feu quand elles étaient sales, et elles en sortaient plus blanches que si elles avaient été lessivées. Ils en enveloppaient les cadavres qu'ils brûlaient et dont ils voulaient recueillir les cendres. On voit sur l'une des tablettes quelques échantillons de toile d'amianthe, qu'on a fabriquée en Italie.

Le talc, qui vient ensuite, offre aussi plusieurs variétés intéressantes par leurs usages, telles que le talc ollaire, ou la *pierre de Côme*, dont on fait des vases que l'on façonne au tour ; la *terre de Vérone*, d'une couleur verte, qui est employée dans la peinture à l'huile pour les paysages ; et le talc lamellaire, ou *talc de Venise*, dont la poudre a la propriété de rendre la peau lisse et luisante. On la colore avec la plante appelée *carthame*, et on la débite sous le nom de *rouge* pour le teint.

Avant de quitter cette salle, on remarquera entre les croisées un superbe vase de porphyre fragmentaire des Vosges, et deux groupes énormes de cristaux prismés de quarz incolore. La

salle suivante contient les substances inflammables et les métaux. Reprenons l'ordre des numéros des armoires, en commençant par le n° 32,
placé dans l'encoignure à droite. Les premières
substances qui s'offrent à nous sont les combustibles non métalliques. D'abord le soufre, que
l'on trouve à l'état *natif*, c'est-à-dire pur, dégagé
de toute combinaison. On remarquera de superbes groupes de cristaux translucides, et une belle
suite de variétés données par M. Lucas fils, et
qu'il a rapportées de son dernier voyage en Sicile et en Italie.

(33ᵉ *armoire*.) Le diamant, qui vient après, se
trouve placé parmi les combustibles à côté de
l'anthracite ou du charbon minéral, parce qu'il
a comme lui la propriété de brûler sans laisser
de résidu, et que les expériences les plus pré-
cises ont prouvé que le diamant n'était que du
charbon pur. On voit au-dessous du gradin d'é-
tude une série de diamans, les uns bruts et les autres taillés : les formes régulières des premiers
sont l'ouvrage de la cristallisation. Dans la même
armoire sont placées les différentes variétés de
bitume solides et liquides. On remarquera comme
l'une des plus curieuses celle qui porte le nom
de *bitume élastique*, et qui vient d'Angleterre.

(34ᵉ *armoire*.) La houille, communément appelée *charbon de terre*, est l'un des minéraux les

plus précieux par leurs usages. On sait que le sol de la France est couvert d'un grand nombre de mines de ce combustible, que l'on exploite avec avantage.

Le jayet ou jais, est d'un noir plus vif que celui de la houille. On le polit, et on en fait différens ouvrages, parmi lesquels ceux qui entrent dans la parure sont employés de préférence pour le deuil. Le *succin*, ou l'ambre jaune, a été fort en usage pour faire de petits meubles d'agrément ; aujourd'hui on le travaille à la manière des pierres précieuses. Les curieux recherchent principalement les morceaux semblables à ceux que l'on a placés ici, et qui renferment dans leur intérieur des insectes que la matière du succin, encore fluide, a saisis et enveloppés, sans que leur forme en ait été altérée.

C'est à la 33ᵉ armoire que commence la classe des substances métalliques. Leur utilité dans les arts est trop généralement sentie, et leurs propriétés sont trop connues pour qu'il soit besoin de faire ressortir par de longues descriptions, l'intérêt que doivent nous offrir ces matières, source de nos principales richesses. Nous nous bornerons à les parcourir rapidement, en notant seulement ici les objets les plus dignes de notre attention.

Le platine, qui se présente le premier, est le

moins fusible de tous les métaux ; il prend un poli parfait et un éclat assez vif ; on ne l'a encore trouvé que sous la forme de paillettes ou de petits grains, tels que ceux que nous avons sous les yeux. On a fabriqué avec le platine des chaînes de montre, des tabatières, des miroirs de télescope, des creusets et de petits instrumens à l'usage du minéralogiste.

L'*or* ne s'est encore rencontré dans la nature qu'à l'état natif. On le trouve cristallisé régulièrement au Brésil, comme l'attestent ces beaux échantillons dont M. Geoffroy de Saint-Hilaire a enrichi la collection du Muséum. Le plus souvent il existe sous forme de ramifications à la surface de pierres de peu d'apparence, et dont le fond est un quarz grossier, blanc ou jaunâtre. Il est disséminé en paillettes dans les sables de plusieurs de nos rivières, telles que le Rhône, l'Arriége, etc. On remarquera dans la 36e *armoire* une énorme pépite d'or, qui a été donnée au cabinet du roi par M. le comte de Lacépède ; elle pèse 5 hectogrammes (1 livre 4 gros).

L'argent natif existe, comme l'or, sous forme de filamens contournés ou de rameaux divergens à la surface de certaines pierres. Lorsqu'on le retire du sein de la terre, il a son éclat naturel ; mais il se ternit bientôt au contact de l'air, et sa surface se recouvre d'un enduit sale et noirâtre qui le dépare. On voit dans l'armoire du bas un bel échantillon d'argent natif du Mexique, rapporté par Dombey.

(37ᵉ *armoire.*) Ici sont les différentes combinaisons de l'argent avec le soufre, l'antimoine et les acides carbonique et muriatique. On aperçoit au-dessus du gradin une masse considérable d'argent sulfuré de Bohême ; et au-dessous du même gradin un beau groupe de cristaux d'argent antimonié sulfuré.

(38ᵉ *armoire.*) Le mercure s'offre rarement à l'état natif ou de *vif-argent*, comme on le voit ici. Il est plus ordinaire de le trouver à l'état de *cinabre* ou de combinaison avec le soufre. La 39ᵉ *armoire* renferme une suite intéressante de morceaux de mercure sulfuré, qui proviennent des fameuses mines d'Almaden en Espagne, et d'Idria dans le Frioul.

(40ᵉ *armoire.*) Le plomb est l'un des métaux qui présentent dans leurs combinaisons les formes et les couleurs les plus variées. On remarquera surtout ces beaux groupes de cristaux cubiques, qui appartiennent au plomb sulfuré ou à la galène, et qui ont été donnés au cabinet par M. Heuland. Dans l'armoire suivante, sous une cage de verre, est une variété rare de plomb carbonaté en cristaux aciculaires d'un blanc éclatant. (42ᵉ *armoire.*) Plusieurs morceaux de plomb

molybdaté lamelliforme, de Bleiberg en Carin-
thie, et de plomb phosphaté vert, du Brisgau.

Après avoir jeté un simple coup d'œil sur les
échantillons de mines de nickel, (43ᵉ armoire)
métal qui n'est d'aucun usage dans les arts,
arrêtons-nous aux deux armoires qui contiennent
la collection des mines de cuivre, lesquelles présentent des variétés de couleurs extrêmement
agréables. Nous remarquerons principalement
plusieurs morceaux de cuivre natif ramuleux, des
monts Ourals en Sibérie; les belles pyrites de
cuivre du Bannat; et par-dessus tout ces magnifiques concrétions de cuivre carbonaté vert, connues vulgairement sous le nom de *malachite*, que
l'on polit, et dont on fait des tables, des revête-
mens de cheminée, et autres ouvrages d'un grand
prix. Dans la 47ᵉ *armoire*, où commence la série
des mines de fer, on aperçoit sur la tablette
placée immédiatement au-dessous du gradin,
une nombreuse collection de pierres, dont l'origine sera long-temps encore pour nous un mys-
tère inexplicable. Ce sont les *aérolithes*, ou
pierres tombées de l'atmosphère, sur la formation
desquelles les savans ont hasardé tant de systèmes.
Il est bien constant aujourd'hui qu'il tombe de
temps en temps de l'atmosphère, et cela dans les
divers pays du monde, des pierres qui non-seulement diffèrent de toutes celles que nous connais-

sons, mais qui ont encore entre elles une analogie d'aspect et de composition très-remarquable.

Parmi les nombreux échantillons de mines de fer, qui garnissent les six armoires suivantes, nous distinguerons sur les tablettes inférieures de grosses masses de fer oxidulé compacte. Ce sont les corps que l'on appelle improprement *pierres d'aimant*, et qui fournissent les aimans naturels que l'on débite dans le commerce. De belles variétés de fer oligiste méritent d'attirer les regards par les reflets irisés et les teintes vives qui décorent leur surface. Elles viennent de la fameuse mine de l'île d'Elbe, qui était exploitée même du temps des Romains. On voit dans la 51e armoire plusieurs échantillons de fer sulfuré, plus connu sous le nom de *pyrite martiale*. On en faisait autrefois des entourages de pierres, et des bijoux taillés à facettes, auxquels on donnait la dénomination de *marcassites*.

La 54e *armoire* renferme divers morceaux d'étain oxidé, qui proviennent de la mine découverte il y a quelques années en France aux environs de Limoges. Le zinc, que l'on voit dans l'armoire suivante, est un métal qu'on n'emploie guère que dans les alliages. Il y a en France plusieurs mines de zinc oxidé, que l'on appelle plus ordinairement *pierre calaminaire*, à cause de son mélange avec des substances terreuses. La limaille de zinc est d'un grand usage dans les feux d'artifice, qui lui doivent leurs étoiles brillantes et leurs plus beaux effets.

Le bismuth, qui est placé dans la 56ᵉ *armoire*, ne sert également que dans les alliages qu'on en fait avec diverses substances métalliques, auxquelles il communique sa fusibilité et donne en même temps plus de dureté.

Le cobalt s'emploie pour colorer le verre en bleu, et pour peindre l'émail et la porcelaine. C'est avec ce métal qu'on prépare le *bleu d'azur*, connu aussi sous le nom de *bleu d'empois*.

(57ᵉ *armoire*.) L'*arsenic* est un métal connu pour l'un des poisons les plus terribles. On le débite à l'état natif sous le nom de *poudre pour tuer les mouches*. A l'état de sulfure, il présente deux variétés de couleur, qui sont employées utilement dans la peinture; l'une est le *réalgar*, d'un rouge mêlé d'orangé, et l'autre l'*orpiment*, d'un beau jaune citrin.

Le *manganèse* est d'un grand usage dans les manufactures de verre blanc et de glaces. L'*antimoine*, qu'on voit à la suite, fournit à l'art de guérir plusieurs médicamens dont le plus connu est l'émétique. Il sert aussi dans la fonte des caractères d'imprimerie et dans la composition des miroirs métalliques. On remarquera dans la

58e *armoire* de beaux échantillons d'antimoine sulfuré en aiguilles d'un rouge mordoré, et en filamens soyeux très-déliés.

L'urane, le molybdène, le titane, le schéelin, le tellure et le chrôme, dont les modifications garnissent le reste de cette armoire et la suivante, sont des métaux peu connus et presque sans usage, à l'exception du dernier qui a été découvert par M. Vauquelin, et que l'on emploie avec succès pour peindre la porcelaine et pour la coloration du verre.

Ici se termine la collection des minéraux proprement dits, l'une des plus précieuses que l'on puisse citer pour le grand nombre de morceaux de choix qu'elle possède, et pour l'ordre qui règne dans la distribution de toutes ses parties. Nous rappellerons que ces morceaux ont été classés et dénommés d'après la méthode de M. Haüy, et nous ajouterons que l'on est encore redevable à ce savant professeur de la plupart des échantillons qui composent la collection d'étude (1).

(1) Ceux qui désireraient voir plus en détail la collection dont nous venons d'indiquer les principales richesses, peuvent la suivre avec le deuxième volume du *Tableau méthodique des espèces minérales*, que M. Lucas fils a publié en 1813. Ils y trouveront la description de tous les morceaux qui y existaient à cette époque.

En montant à l'étage supérieur du cabinet par le grand escalier à droite, on entre dans les salles qui renferment la collection zoologique. Les trois premières et celle qui est à l'extrémité, contiennent les mammifères, qui sont rangés d'après la méthode de M. Cuvier. La galerie intermédiaire est occupée par les oiseaux et les animaux sans vertèbres. Le nombre des mammifères est aujourd'hui d'environ quinze cents individus appartenans à plus de cinq cents espèces.

La première salle renferme la famille des singes : entre les deux fenêtres est une armoire où sont rangées cinq espèces du genre orang (1). La première, placée sur la tablette supérieure, est le chimpansé (*simia troglodytes*, Lin.), originaire du Congo et de Guinée. Ce singe avait été amené vivant à Paris, chez M. de Buffon; il s'y était fait remarquer par sa douceur et par son

______

(1) Le mot *orang* signifie *être raisonnable* en langue malaise, il a été donné à ces singes à cause de leur ressemblance avec l'homme.

adresse à marcher sur deux pieds, à servir à table, à s'asseoir et à manger à notre manière.

La seconde espèce qui suit immédiatement est l'orang-outang (*simia satyrus*), originaire des contrées les plus orientales de l'Asie. Cet individu qui a aussi vécu à Paris, avait des mouvemens très-lents, que la longueur disproportionnée de ses bras privait de toute grâce ; son naturel était doux, mais taciturne et mélancolique ; son intelligence quoique assez grande, ne nous a pas paru aussi développée que les voyageurs se sont plu à le dire ; elle ne paraît pas supérieure à celle du chien.

Sur la seconde tablette, est le gibbon cendré (*simia leucisca*). Le plus grand des trois individus a été envoyé de Java par M. Diard : on ne connaît encore rien des habitudes de cette espèce, ainsi que de celles qui suivent et qui ont été envoyées de Sumatra par M. Duvaucel. L'une d'elles, qui remplit la troisième tablette , est le gibbon noir (*simia lar*) ; cinq individus , chacun d'un pelage différent, en montrent les variétés.

Dans le bas de l'armoire est le singe à doigts réunis (*simia syndactyla*, Raffles). Cette espèce est nouvelle. Outre le caractère si remarquable des doigts des pieds réunis jusqu'à l'avant-dernière phalange, la nudité du cou et le gonflement en forme de goître dont il est susceptible, doit faire penser que les habitudes de ce singe sont aussi curieuses que nouvelles dans l'histoire des animaux.

Revenons maintenant à la série d'armoires qui est à gauche en entrant dans cette même salle. Elle renferme le genre si nombreux des guenons. Ces singes, originaires des parties chaudes de l'ancien monde, sont pour la plupart vifs et pétulans. Le patas (*simia rubra*), du Sénégal, est sur la tablette supérieure ; à côté de lui le mangabey (*simia fuliginosa*), que Buffon a cru de Madagascar, mais qui vient du Sénégal. La même tablette est remplie par les différentes sortes de guenons connues vulgairement sous le nom de singes verts. Toutes ont vécu dans notre ménagerie, et ces singes n'ont été bien décrits et ne sont bien connus des naturalistes que depuis les travaux de M. Frédéric Cuvier. Sur la seconde tablette on voit le malbrouck (*simia faunus*), et ses différentes variétés qui viennent du Bengale : sur la troisième, la mone (*simia mona*) la diane ou le rolowai (*simia diana*) ; le moustac (*simia cephus*) ; l'ascagne (*simia petaurista*) ; le hocheur (*simia nictitans*) ; tous ces singes, d'un naturel très-doux, et agréablement variés en couleurs, sont de Guinée. A la droite de la troisième tablette est le douc (*simia nemœus*), grande et belle espèce originaire de la Cochinchine. On avait cru long-temps que cette espèce manquait de callosités aux fesses ; mais un jeune individu récemment acquis par le Muséum, prouve qu'elle a ce caractère commun à tous ses congénères. Sur la même tablette est le nasique ou kahau (*simia nasica*), qui se fait remarquer par l'excessif allongement de son nez : cette guenon est commune à Bornéo, où elle vit en troupe sur les arbres ; son cri est *kahau;* son nez croît avec l'âge. Les espèces qui sont sur la quatrième tablette viennent de Java et de Sumatra : voisines par leurs rapports, de l'entelle et de la maure (*simia entellus, simia maura,* Geoff.), elles sont nouvelles et sont dues aux recherches de MM. Diard et Duvaucel. Les macaques sont au bas de cette armoire ; un des plus remarquables par la longue crinière qui entoure sa face, est l'ouanderou de Buffon (*simia silenus*). Après les macaques on voit le magot (*simia inuus*), originaire de Barbarie; il s'est naturalisé en Espagne sur le rocher de Gibraltar ; c'est un des singes les plus communs et les plus faciles à instruire. Un des individus du Muséum est remarquable par sa grande taille.

Sur le côté opposé à la fenêtre, sont les singes à face allongée et que l'on appelle par cette raison *singes cynocéphales.* Le plus grand et le plus redoutable d'entre eux, est le babouin chevelu (*simia porcaria*), qui habite en troupe les mon-

tagnes boisées du cap de Bonne-Espérance.
Nous possédons les deux sexes et les différens
âges de cette espèce, depuis le voyage au Cap
de M. Delalande. Sur les tablettes inférieures,
sont les différens âges d'une autre espèce voisine de celle-ci par les couleurs et les mœurs
également brutales et féroces ; c'est le papion
(*simia sphinx*) de Guinée.

Dans le bas est le mandrill (*simia maimon*, et *S.
mormon*, L.) , des mêmes contrées que le précédent. Ce singe féroce, et si redouté des peuplades
nègres, est un des animaux les plus hideux et les
plus extraordinaires par les couleurs rouges et
bleues pourprées dont ses parties nues sont colorées : sa taille est à peu près celle de l'homme.

Dans le coin à droite de cette armoire on voit le
singe noir sans queue, des îles Soloo. Il a été donné
au Muséum par M. Dussumier, qui a également
enrichi les autres collections zoologiques d'un
grand nombre d'espèces aussi rares que curieuses.

Vis-à-vis de la porte il y a deux armoires : sur la
tablette supérieure de la première, on a placé les
espèces d'alouates ou hurleurs (*stentor*, Geoff.)
Ces singes des contrées équatoriales de l'Amérique, sont ainsi nommés parce qu'ils font re-
tentir les forêts de leurs cris effroyables.

Sur la seconde tablette plus de quinze individus
du saï et du sajou (*simia apella* et *S. capucina*) ,

montrent les variétés nombreuses que l'âge et probablement la localité, produisent dans ces petites espèces.

Sur la troisième tablette, le sajou cornu et le sajou à face blanche, se font remarquer par leur figure singulière ; et le saïmiri (*simia sciurea*), ainsi que ses petits congénères, par leur face arrondie, et par l'élégance de leur forme. Dans le haut de la seconde armoire on a distribué les diverses espèces du genre atèle établi par M. Geoffroy. Ces animaux, à membres longs et grêles, et à queue prenante, sont susceptibles des attitudes les plus variées, ainsi que l'indiquent les diverses préparations qu'on en a faites.

Au-dessous sont les sakis ou singes de nuit, auxquels leur queue touffue et les longs poils dont leur corps est couvert, donnent un aspect particulier. L'un des plus remarquables est le capucin de l'Orénoque, ainsi nommé à cause de sa longue barbe. M. de Humboldt, qui l'a le premier décrit après l'avoir observé vivant en Amérique, lui a donné le nom de *simia chyropotes*, de deux mots grecs qui signifient main et boisson ; parce que, lorsqu'il veut boire, il prend de l'eau dans le creux de sa main et la verse dans sa bouche, en ayant grand soin de ne pas mouiller sa barbe (1).

(1) L'individu que l'on voit ici est celui que M. de Humboldt avait observé pendant son voyage à l'Orénoque.

Sur la troisième tablette de cette armoire sont rangées les nombreuses espèces des ouistitis; très-petits singes, d'une forme agréable, de différentes couleurs, faciles à élever et très-recherchés en Europe à cause de leur gentillesse.

Enfin, dans le bas des deux armoires, on voit les makis, dont les différentes espèces se rapprochent des singes par leurs mouvemens et leurs habitudes, et s'en éloignent par leur museau allongé comme celui des renards. Tous sont originaires de Madagascar et des îles voisines. Le mococo (*lemur catta*), le vari (*lemur macaco*), et le maki rouge (*lemur ruber*, Péron), sont les espèces les plus remarquables. Elles produisent facilement dans nos ménageries. A côté est un animal que Sonnerat a fait connaître; c'est l'indri, que les habitans de Madagascar dressent comme un chien pour la chasse. Il diffère de ceux de la même famille en ce qu'il a deux incisives de moins à la mâchoire inférieure, et qu'il n'a point de queue.

Cette armoire est terminée par les loris du Bengale, par le galago du Sénégal, qui a de grandes oreilles; enfin par les tarsiers (*lemur spectrum*, Pall.), originaires d'Amboine : tous ces animaux ont des mouvemens très-lents et mènent une vie nocturne : les deux derniers ont les tarses allongés, ce qui fait paraître leurs pieds de derrière d'une longueur disproportionnée.

En passant à la seconde salle, on voit dans les deux armoires placées à droite et à gauche de la porte, les différens genres de la famille des chauve-souris, animaux si singuliers par la forme de leur nez et de leurs oreilles, par la longueur de leurs doigts, et surtout par leurs ailes membraneuses. Plusieurs espèces se groupent en peloton, et restent engourdies tout l'hiver (1). Les plus grandes, qui appartiennent au genre roussette, sont placées sur la corniche. Dans le haut de l'armoire sont les phyllostomes, qui ont les lèvres et la langue garnies de verrues, à l'aide desquelles ils sucent le sang des grands quadrupèdes, même sans les réveiller lorsqu'ils sont endormis. L'espèce la plus redoutable est le vampire (*vespertilio spectrum*, Lin.), qui, dans plusieurs contrées de l'Amérique méridionale, est très-nuisible aux habitations des colons, en ce qu'il fait périr le bétail.

Au-dessous des chauve-souris, sur les planches inférieures de l'armoire à gauche, sont placés les hérissons, les tanrecs et les différentes espèces de taupes.

(1) C'est M. Geoffroy-Saint-Hilaire qui, dans les Annales du Muséum, t. 8 et 15, a le premier publié un travail complet sur cette famille, qu'il a divisée en seize genres, et dont il a fait connaître plusieurs espèces nouvelles. Les genres qu'il a établis diffèrent non-seulement par des caractères anatomiques, mais par les formes extérieures et par les habitudes. Nous en avons plus de quatre-vingts espèces au cabinet.

La première des six armoires qui couvrent le mur à gauche, renferme les ours. Ceux des montagnes d'Europe se retirent dans des antres ou se construisent des cabanes où ils passent l'hiver dans un état d'engourdissement. L'espèce la plus grande, et la plus célèbre par les récits exagérés que les voyageurs ont faits de sa voracité, est l'ours maritime, ou ours polaire, dont le pelage est blanc. Il habite les bords de la mer Glaciale, et poursuit les phoques et autres animaux marins, qu'il saisit à la nage ou lorsqu'ils viennent respirer à la surface de l'eau ; il reste enseveli sous la neige depuis le mois d'octobre jusqu'au mois de mars, et la femelle met bas à cette époque. C'est de tous les quadrupèdes celui qui craint le plus la chaleur. L'individu qu'on voit ici a vécu à notre ménagerie ; pour le rafraîchir on jetait sur lui jusqu'à quatre-vingts seaux d'eau par jour. A côté de cet ours du nord est une espèce de l'Inde, qui se nourrit de miel. Cette espèce, que M. Leschenault vient de nous rapporter des montagnes des Gates, n'avait pas été bien observée jusqu'à présent, et on l'avait rangée parmi les paresseux. A la suite des ours on a placé les ratons, qui ne diffèrent extérieurement des ours que par la petitesse de leur taille et la longueur de leur queue (1).

(1) Ces animaux habitent l'Amérique ; on les nomme vulgairement laveurs, parce qu'ils ont l'habitude de tremper leurs alimens dans l'eau.

Sur les premières tablettes de la 2e *armoire* on voit les coatis au long nez; les blaireaux, dont le poil est employé pour faire des brosses douces; et le ratel du Cap (*viverra mellivora*), qui n'est bien connu que depuis que M. Delalande l'a rapporté du Cap. Sur la quatrième tablette se trouve le glouton du nord, *rossomaque* de Russie, animal qui chasse la nuit, et dont la fourrure est estimée.

Les tablettes inférieures sont occupées par la famille des belettes et des martres, dont nous avons dix-neuf espèces : la plus célèbre par la richesse de sa fourrure est la zibeline qui habite les montagnes glacées du nord de l'Europe et de l'Asie. On entreprend de pénibles voyages pour en faire la chasse l'hiver au milieu des neiges; et c'est en allant à la recherche des zibelines, qu'on a découvert les contrées orientales de la Sibérie. L'individu qu'on voit ici est un présent fait à Buffon par l'impératrice de Russie (1).

Dans le haut de la 3e *armoire* sont les loutres d'Europe et d'Amérique. La plus remarquable est la loutre de mer (*mustela lustris*), dont le pelage noirâtre a l'éclat du velours. Les Anglais et les Russes vont chercher cet animal au nord de la mer Pacifique, pour vendre sa peau

---

(1) Tous les animaux de cette famille ont une odeur plus ou moins infecte ; de là les noms de putois et de moufette donnés à deux des genres dont elle se compose.

à la Chine et au Japon. Dans cette même armoire et dans la suivante sont les diverses variétés de chiens (1), et les deux espèces de loup d'Europe.

La 5ᵉ *armoire* contient treize espèces de renards : le renard noir de l'Amérique septentrionale, le renard bleu et l'isatis, sont les plus recherchés pour la beauté de leur fourrure.

Sur la première tablette de la 6ᵉ *armoire* on voit les hyènes, dont une espèce (*hyena picta*), nouvellement connue des naturalistes, a été indiquée par les voyageurs sous le nom de chien chasseur des Hottentots.

Au-dessous des hyènes sont les phoques, animaux amphibies dont les différentes espèces ont été vulgairement nommées veau marin, lion marin, éléphant marin; celle qui a les oreilles saillantes et dont Péron a fait le genre otarie, est appelée ours marin (2). Sur la corniche de la même armoire on a placé le morse, vulgairement nommé vache marine ou bête à la grande dent (3).

(1) Le plus beau de tous nous a été envoyé du midi de la France par M. le baron Laugier.

(2) Les phoques sont des animaux très-doux, très-intelligens et qui s'attachent à l'homme. V. *Péron, Voyage*, t. 2, p. 32, et le Mém. de M. Fr. Cuvier, *Ann. du Mus.*, t. 17.

(3) Cet animal atteint quelquefois 20 pieds de longueur. On va le chercher dans la mer Glaciale, parce que sa chair donne beaucoup d'huile, que sa peau sert à faire des soupentes de voiture, et que l'ivoire de ses défenses est employé dans les arts, quoiqu'il soit très-inférieur à celui de l'éléphant.

Dans l'armoire avancée qui termine ce côté de la salle, on a rangé les civettes et les genettes. La plus grande est la civette qu'on élève en Abissinie, parce qu'elle fournit le parfum dont elle porte le nom (1). La seule espèce qui se trouve en France est la genette commune, dont la fourrure est un objet de commerce dans les Pyrénées. Au bas de l'armoire est un animal voisin des civettes, qui nous a été envoyé vivant de Pondichéry, par M. Leschenault, et dont M. Fr. Cuvier a fait un genre sous le nom de paradoxure. On le nomme dans le pays martre des palmiers, parce qu'il se tient ordinairement sur ces arbres.

Pour ne pas interrompre l'ordre de la classification, il faut de suite passer dans la troisième salle, dont la 1ʳᵉ *armoire* à gauche renferme le genre des mangoustes. Il y en a dix espèces au cabinet; l'une d'elles est l'ichneumon, si célèbre par le culte que lui rendaient autrefois les Égyptiens. Nous la devons aux savantes recherches de M. Geoffroy Saint-Hilaire.

Les autres armoires du même côté de cette salle, renferment vingt-trois espèces du genre chat (*félis*), qui comprend les lions, les tigres, les léopards, les lynx, etc.; la plupart de ces animaux ont vécu à notre ménagerie, et plusieurs y

---

(1) Cette matière odorante est sécrétée par deux glandes situées au fond d'une poche, entre l'anus et l'origine de la queue.

ont fait des petits. Les plus remarquables sont le lion et la panthère d'Afrique, le tigre de l'Inde, le guépard, que les Indiens dressent pour la chasse; le caracal, qui est le vrai lynx des anciens ; le jaguar et le cougouar d'Amérique; le lynx d'Europe ou loup cervier des fourreurs, et le chat cervier des États-Unis. A côté de la lionne on voit trois petits lionceaux qui sont nés dans notre ménagerie, où ils ont vécu jusqu'à l'époque de la dentition.

A la suite des chats vient la nombreuse famille des marsupiaux ou animaux à bourse (*didelphis*), qui comprend les sarigues, les kanguroos, etc. Nous en possédons trente-trois espèces (1).

En passant au côté droit, on voit dans les trois premières armoires les animaux à bourse de

(1) Les femelles de ces animaux présentent un phénomène bien remarquable, c'est que leurs petits naissent à l'état de fœtus, et lorsqu'ils n'ont encore que le germe des membres et des organes extérieurs. Ils sont reçus alors dans une poche que la mère a sous le ventre, et qui est formée par la peau de l'abdomen repliée autour des mamelles. Ces petits y saisissent la mamelle par instinct, ils y sont préservés d'accidens et s'y retirent même lorsqu'ils commencent à pouvoir marcher. Dans plusieurs espèces, lorsqu'ils sont devenus trop grands pour que la poche puisse les contenir, ils se placent sur le dos de leur mère, et s'y tiennent, pendant qu'elle court, en roulant leur queue autour de la sienne, comme on peut le voir ici dans la marmose et dans le crabier. Le sarigue à oreilles bicolores (opossum des Anglo-Américains), est à peu près de la taille d'un chat ; ses petits au moment de la naissance ne pèsent qu'un grain, ils restent dans la poche attachés à la mamelle jusqu'à ce qu'ils soient gros comme des souris. Une singularité des sarigues c'est qu'ils ont cinquante dents , nombre le plus grand qu'on ait observé chez les quadrupèdes; ils nichent sur les arbres et chassent la nuit.

l'ancien monde. Les plus grands d'entre eux sont les kanguroos de la Nouvelle-Hollande. Ces animaux ont les pattes de devant très-courtes, et les tarses extrêmement allongés; singulière conformation qui les oblige à se tenir presque toujours sur les pieds de derrière, en s'appuyant sur leur queue comme sur un troisième pied, et à marcher par bonds sans se servir des pieds de devant. Presque toutes les espèces que nous possédons sont dues aux recherches de MM. Péron et Lesueur. Le kanguroo à poil rouge et laineux, vient des montagnes Bleues, et nous a été apporté par MM. Quoy et Gaimard, chirurgiens de l'expédition commandée par le capitaine Freycinet.

Près d'eux on voit les dasyures, les peramèles et les phalangers, genres établis par M. Geoffroy Saint-Hilaire. Parmi les phalangers on remarquera plusieurs espèces de la Nouvelle-Hollande, qui ont la peau des flancs étendue entre les pattes comme les écureuils volans. Une d'elles est à peine de la taille d'une souris.

Les rongeurs, au nombre de cent espèces, occupent les trois armoires suivantes. Les plus dignes d'attention sont les castors, qui vivent en société au Canada sur le bord des fleuves. Ils coupent des arbres avec leurs dents, et construisent des digues pour que l'eau se maintienne toujours à la même hauteur : ils se bâtissent ensuite des huttes à deux étages, dont l'inférieur, qui est sous l'eau, leur sert de magasin, et le supérieur, d'habitation pendant l'hiver ; leur industrie paraîtra plus étonnante si l'on examine leur conformation. Ils sont aujourd'hui moins nombreux qu'autrefois, parce qu'on leur fait la guerre pour avoir leur fourrure. La substance employée en médecine sous le nom de *castoreum*, se trouve dans deux glandes qu'ils ont sous le ventre. Après les castors nous ferons remarquer le loir, fameux par ses longues hibernations; le hamster, si nuisible par la quantité de blé qu'il enfouit dans son trou qui a quelquefois plus de sept pieds de profondeur ; le chinchilla, dont la fourrure est si précieuse; l'alactaga, espèce de gerboise, donnée au Muséum par M. Gamba; et la gerboise du Cap, rapportée par M. Delalande.

Près de ces animaux sont vingt-trois espèces d'écureuils, parmi lesquels on distingue les polatouches ou écureuils volans (*pteromys*), auxquels la peau des flancs, élargie en membrane et s'étendant entre les pattes de devant et celles de derrière, donne la faculté de se soutenir quelques instans en l'air, et de sauter d'un arbre à l'autre. Vient ensuite l'aye-aye de Madagascar, ainsi nommé à cause de son cri. Cet animal unique dans les collections d'Europe et d'une conformation singulière, a été découvert par Sonnerat.

Après ces animaux on voit sur les tablettes inférieures le genre des porcs-épics, si remarquables par les longs piquans annelés de noir et de blanc dont leur corps est couvert. Nous en avons quatre espèces dont une du Brésil (*histrix prehensilis*) a la queue prenante, et se tient souvent sur les arbres.

Les nombreuses espèces et variétés de lièvres et de lapins occupent plusieurs tablettes de l'avant-dernière armoire. L'ordre des rongeurs est terminé par les cochons-d'Inde (*anœma*, Fr. Cuv.), dont l'aperea du Brésil est le type sauvage.

La dernière armoire de cette salle est remplie par les paresseux (*bradypus*), qui sont en tête de l'ordre des édentés. L'unau (*bradypus didactylus*), et l'aï (*bradypus tridactylus*), sont les deux espèces connues dans ce genre extraordinaire. Ces animaux de l'Amérique méridionale, ont les membres de devant beaucoup plus longs que les postérieurs, en sorte que pour marcher ils sont obligés de se traîner sur les coudes; leur bassin est trop large pour qu'ils puissent rapprocher les genoux; leur poil est gros et cassant. Ils ne font qu'un petit qu'ils portent sur le dos. Ils vivent sur les arbres qu'ils dépouillent de leurs feuilles; et l'on assure que lorsqu'ils veulent aller d'un arbre à un autre ils se laissent tomber à terre pour s'épargner la peine de descendre. Lorsqu'ils dorment ils se tiennent assis, et croisent leurs pattes de devant autour de leur tête qui est courbée sur la poitrine. On a donné cette attitude à l'un de ceux qui sont sur la tablette du milieu.

En rentrant dans la seconde salle on voit dans l'armoire à gauche de la porte, les tatous d'Amérique, couverts d'une peau garnie d'écussons durs, cornés, et réunis sur la partie antérieure et postérieure du corps en forme de bouclier. Sur le milieu du dos, ces écussons sont rangés par zones transversales, mobiles l'une sur l'autre, et permettent ainsi à l'animal de se rouler en boule à la manière des hérissons. Les trois tablettes inférieures portent les pangolins, originaires de l'Inde, où ils représentent pour ainsi dire les tatous ; mais leur corps est couvert d'écailles imbriquées : ils se roulent en boule en repliant leur queue sous leur ventre dont la peau est nue.

La 1re *armoire* en suivant du même côté de cette salle, renferme les fourmiliers : ces animaux ont le museau très-long et terminé par une bouche sans dents, d'où sort une langue filiforme, susceptible de s'allonger beaucoup : ils introduisent cette langue dans les nids de fourmis et de termites, et ils l'en retirent couverte de ces insectes qui s'y sont attachés à cause de la viscosité dont elle est enduite. La plus grande de ces espèces, toutes originaires d'Amérique, est le tamanoir (*myrmecophaga jubata*) (1). A côté des fourmiliers est placé l'oryctérope du Cap, vulgairement nommé cochon de terre, parce qu'il habite dans des trous qu'il creuse avec une extrême facilité. Dans le bas de cette armoire on voit le rhinocéros bicorne d'Afrique ; le tapir d'Amérique et une autre espèce du même genre qui a été envoyée au Muséum, de la presqu'île de Malaca, par MM. Diard et Duvaucel.

Dans la 2ᵉ *armoire* on a placé deux genres de quadrupèdes qui diffèrent beaucoup de tous les autres. Ce sont l'ornithorinque dont le museau large et aplati offre la plus grande ressemblance avec le bec d'un canard ; et l'échidné, qui a le museau allongé, et terminé par une petite bouche comme celle des fourmiliers, et dont le corps est couvert de piquans semblables à ceux des hérissons. Nous avons deux espèces de chaque genre de ces singuliers animaux. Ils habitent les rivières et les marais de la Nouvelle-Hollande, près du port Jackson (2).

(1) Ces animaux ne font qu'un petit qu'ils ont l'habitude de porter sur le dos.

(2) M. Blumenbach ayant en 1800 , fait connaître le premier de ces animaux qu'il nomma *ornithorhynchus paradoxus,* et M. Home ayant ensuite décrit les échidnés, M. Geoffroy Saint-Hilaire forma de ces deux genres un ordre particulier sous le nom de monotrêmes. Ce professeur les ayant de nouveau examinés, s'est convaincu qu'ils doivent former

Les quatre armoires qui suivent, renferment dix-neuf espèces de l'ordre des pachydermes. Le cheval arabe, le cheval baskir couvert de ses longs poils, le zèbre, le couagga, s'y font remarquer par la beauté de leur forme ou la variété de leurs couleurs. Les diverses espèces de sangliers ont été placées entre les jambes de ces grands quadrupèdes : l'on doit citer parmi elles les pécaris d'Amérique, qui ont sur le dos une ouverture glanduleuse d'où sort une humeur fétide.

Dans la dernière armoire on a placé les cétacés connus vulgairement sous le nom de souffleurs. Un fœtus de baleine, le marsouin, un très-grand dauphin de mer, et le dauphin du Gange, espèce très-rare qui nous a été envoyée par MM. Diard et Duvaucel, sont les animaux de cet ordre les plus remarquables dans la collection du Muséum.

On a été obligé, à cause de la grandeur de leur taille, de placer dans le milieu de la salle l'éléphant mâle et femelle qui ont vécu à la ménagerie du Jardin du Roi ; le rhinocéros unicorne de l'Inde, qui a vécu à celle de Versailles ; le

une classe intermédiaire entre les mammifères et les oiseaux. Les monotrêmes s'écartent en effet des mammifères par le défaut de mamelles et par la génération ovipare ; ils s'en rapprochent par les principales données des autres systèmes organiques.

rhinocéros bicorne de Sumatra, et l'unicorne de Java, que l'on doit aux recherches de MM. Diard et Duvaucel ; enfin, le rhinocéros bicorne d'Afrique et l'hippopotame qui ont été tués au Cap et rapportés par M. Delalande.

Après avoir traversé la galerie où les oiseaux sont rangés, on entre dans la salle qui contient l'ordre des ruminans. On voit d'abord au milieu de cette salle, comme dans la seconde, les grands animaux qu'on ne pouvait placer dans les armoires. Ce sont : 1° la girafe (*camelopardalis*), qui vit dans les déserts de l'Afrique méridionale. C'est le plus élevé de tous les animaux, car sa tête atteint à 18 pieds de hauteur. Nous possédons le mâle depuis le voyage de M. Levaillant : la femelle nous a été récemment apportée par M. Delalande. 2° Le buffle (*bos bubalus*), originaire des Indes, d'où il a été amené en Égypte, puis en Grèce et en Italie pendant le moyen âge. 3° L'aurochs (*bos urus*), des forêts marécageuses de la Lithuanie et du Caucase, que l'on a regardé, mais à tort, comme le type sauvage de nos grandes bêtes à cornes (1). 4° Le chameau à deux bosses (*camelus bactrianus*), originaire du centre de l'Asie, et le chameau à une seule bosse ou dromadaire :

(1) A côté de l'aurochs on a placé une vache sans cornes, et un taureau, de race à demi sauvage, qui vit en Provence dans les plaines de la Camargue, et qui a été donné au Muséum par M. le baron Laugier,

deux espèces qui sont complétement à l'état domestique, et qui sont le seul moyen de communication entre les peuples séparés par des déserts.
5° L'élan (*cervus alces*), qui vit en petites troupes dans les forêts marécageuses du nord des deux
continens; son bois, élargi en lames triangulaires,
croît avec l'âge jusqu'à peser 5o ou 6o livres.

Faisons maintenant le tour de la salle en commençant par l'armoire qui est à droite près de la
croisée. On y voit un petit chameau né dans notre
ménagerie, où il n'a vécu que trois jours. A côté
de lui est la vigogne, animal sauvage du Pérou,
dont la laine fauve et d'une finesse admirable, est
employée pour la fabrication des plus beaux draps,
elle nous a été donnée par M. le baron Larrey.
Au-dessous est le lama : c'était la seule bête de
somme du Pérou lors de la conquête; il n'est
maintenant employé que pour le service des
mines. A côté du lama on voit le musc (*moschus
moschiferus*), remarquable par les longues canines qui sortent de sa mâchoire supérieure; il
se trouve au Thibet, au Tonquin, et dans d'autres
contrées de l'Asie. Le parfum si connu sous le
nom de musc, est fourni par cet animal : on le
retire d'une poche que le mâle a sous le ventre.
Après le musc, on voit le chevrotain pygmée
(*moschus pygmœus*), le plus élégant et le plus
petit de tous les ruminans.

La seconde armoire renferme le cerf commun et une espèce d'un tiers plus grande (*cervus canadensis*), originaire du nord de l'Amérique. Au devant d'eux sont les différens âges du muntjac de Java et de Sumatra, que nous devons à MM. Diard et Duvaucel. Ces voyageurs nous ont envoyé des mêmes contrées le cerf hippelaphe, qui n'était connu que par la description d'Aristote ; il est dans la 3ᵉ armoire, avec l'axis ou cerf du Gange (*cervus axis*), dont le pelage est agréablement moucheté.

Dans la 4ᵉ *armoire* on voit le cerf de la Louisiane ou de Virginie, dont les individus, les uns rouges, les autres bruns, montrent les différences de couleur de la même espèce selon la saison. Dans le bas de la même armoire est le cerf blanc de Cayenne, que nous devons à M. Poiteau. Le daim et ses variétés blanches et noires sont placés dans la 5ᵉ *armoire*. A côté d'eux on voit le renne mâle et sa femelle ; celle-ci a été donnée au cabinet par M. le maréchal duc de Trévise, qui l'avait reçue vivante de Stockholm (1). Au devant des rennes se trouve le chevreuil (*cervus capreolus*), dont la chair est si estimée.

La tablette supérieure de la 6ᵉ *armoire* porte

(1) Le renne habite les contrées glaciales des deux continens ; il est célèbre par sa légèreté, par la facilité qu'il a de se nourrir en broutant les lichens cachés sous la neige, et surtout par les services qu'il

les espèces de cerfs d'Amérique, connus sous le nom de cerfs à dague. La première est le *guazoubira*, qui vient des pampas de Buenos-Ayres, et qui a été donné au Muséum par M. Baillon. La seconde est le cerf rouge de Cayenne, dont nous avons deux races de taille différente. Le bubale ou vache de Barbarie, et le caama du Cap, occupent le bas de cette armoire, et c'est par eux que commence le genre nombreux des antilopes, dont il y a vingt-deux espèces au cabinet.

La 7ᵉ *armoire* renferme la gazelle (*antilope dorcas*), espèce célèbre par l'élégance de ses formes et la douceur de son regard. Elle vit en troupes innombrables dans tout le nord de l'Afrique. C'est la pâture ordinaire des lions et des panthères.

La 8ᵉ *armoire* qui est de l'autre côté de la porte, contient le steen-bock, le duiker ou chèvre plongeante du Cap, ainsi nommée parce qu'elle s'élance tête baissée dans les fourrées où elle vit par petites troupes; le sauteur de pierre; le griesbock dans ses différens âges; et l'antilope laineuse de M. Cuvier. Toutes ces espèces sont dues au voyage de M. Delalande.

rend aux habitans des régions voisines du pôle. Les Lapons en ont de nombreux troupeaux qu'ils conduisent l'été sur les montagnes et qu'ils ramènent l'hiver dans les plaines. Ils se nourrissent du lait et de la chair de ces animaux, ils se vêtent de leur peau, et ils en font leurs bêtes de somme et de trait.

Le pasan de Buffon (*antilope oryx*) est dans la 9e *armoire*. Sa taille, sa couleur, ses cornes droites et annelées, et la direction à rebrousse des poils du dos et du cou, concordent exactement avec la description que les anciens nous ont laissée de la licorne (1). A côté du pasan on voit l'algazel de Buffon, originaire du Sénégal ; l'antilope bleue du Cap, et le guévei (*antilope pygmœa*), charmant animal qui n'a que 9 pouces de hauteur, et qui est d'une agilité surprenante. Il habite les contrées les plus chaudes de l'Afrique.

Dans la 10e *armoire* sont placées les deux plus grandes espèces d'antilope. Leur taille égale presque celle d'un cheval. Ce sont l'osanne (*antilope equina*) de l'Inde, et le condoma (*antilope strepsiceros*) du Cap. A côté d'elles est le gnou (*antilople gnu*); très-singulier par sa forme, qui semble composée de parties empruntées à différens animaux. Il a le corps, la croupe et la queue d'un petit cheval, et sur le cou une crinière redressée ; ses cornes rapprochées ressemblent à celles du buffle de la Cafrerie ; son mufle aplati est entouré de poils saillans ; une seconde

____

(1) M. Cuvier pense que la description de la licorne des anciens a été faite d'après un pasan qui avait perdu une de ses cornes ; ou bien d'après un dessin où l'animal, représenté de profil, ne laissait voir qu'une corne.

crinière noire descend sous sa gorge et sous son fanon ; et ses pieds ont la légèreté de ceux du cerf. Il habite les montagnes au nord du Cap, où il paraît assez rare. L'individu qu'on voit ici a vécu à la ménagerie.

Le nylgau (1) de l'Inde (*antilope picta*), et le chamois d'Europe (*antilope rupicapra*), sont dans la 11ᵉ *armoire*, avec les différentes variétés de chèvres qui remplissent aussi la 12ᵉ. Parmi ces variétés se trouve celle qui fournit la laine avec laquelle on fabrique les schalls de Cachemire. On trouve encore dans cette 12ᵉ *armoire* l'égagre (*capra ægagrus*), qui habite en troupe sur les montagnes de Perse, où elle est connue sous le nom de *paseng*, et qui paraît être la souche de toutes les variétés de nos chèvres domestiques (2). Après l'égagre vient le bouquetin, qui vit sur les sommets des hautes montagnes, et qui est remarquable par la grandeur de ses cornes.

La 13ᵉ *armoire* renferme les diverses races de moutons, dont le mouflon de Corse et de Sardaigne est peut-être la souche sauvage. Au-dessous est le mouflon d'Afrique (*ovis tragelaphus*),

---

(1) Ce mot est composé de deux mots persans, *nyl* qui signifie bleu, et *gau* qui signifie bête à cornes.

(2) C'est dans les intestins de l'égagre qu'on trouve la concrétion nommée égagropyle ou bézoard oriental.

auquel une longue crinière pendante sous le cou, et une autre qui forme des manchettes autour de chaque poignet, donnent un aspect très-singulier. Cette espèce habite les contrées rocailleuses de la Barbarie et de la haute Egypte.

Dans le haut de la 14ᵉ *et dernière armoire* on voit une race de moutons originaire de la Perse et de la Tartarie. Ces moutons ont la queue élargie et transformée en un double lobe de graisse du poids de quinze à vingt livres. (1)

Sur les tablettes inférieures on a placé les bœufs. Le zébu ou bœuf bossu de l'Inde, est le plus remarquable de ce genre, par la petitesse de sa taille et par la loupe de graisse qu'il porte sur le dos.

Ici se termine la collection des mammifères.

La grande famille des ruminans, que nous venons de voir, est celle qui est le plus utile à l'homme. Plusieurs des animaux qu'elle comprend ont été réduits à l'état de domesticité, à une époque antérieure aux temps historiques, et ils ont produit des variétés dont on a peine à reconnaître le type primitif.

(1) A cette race appartienent le mouton d'Astracan, et le mouton de la haute Égypte à queue très-courte, qui a été donné au Muséum par S. A. S. monseigneur le duc d'Orléans.

En sortant de la salle des ruminans, on rentre dans la galerie où se trouvent les oiseaux. Les espèces rapprochées d'après leurs rapports naturels, forment les genres et les sous-genres dont M. Cuvier a donné les caractères dans le premier volume de son *Règne animal.* Pour éviter la perte d'espace que la différente taille des oiseaux de deux genres analogues eût causée dans les armoires, on a souvent été obligé de s'écarter de l'ordre suivi pour la distribution des genres dans l'ouvrage de M. Cuvier : mais on y renvoie par des banderoles placées au devant de chaque groupe. Ces banderoles sont portées sur des quilles noires : d'autres quilles, de couleur rouge, indiquent les subdivisions des genres. Au support de chaque oiseau est attachée une étiquette qui est au moins en trois lignes. La première ligne offre le nom français avec l'indication d'une figure. Pour tous les oiseaux décrits par Buffon, on a préféré le nom qu'il avait donné à l'espèce, et la

28.

planche enluminée où il l'avait représentée. Les beaux ouvrages de MM. Levaillant et Vieillot, et la riche collection des planches coloriées de MM. Laugier et Temminck, ont servi à déterminer les espèces que Buffon n'avait pas connues. Le nom latin écrit à la seconde ligne est celui qui est donné à l'oiseau dans l'édition du *Systema naturæ*, par Gmelin, ou dans l'auteur qui l'a décrit depuis. La troisième ligne fait connaître le pays d'où vient l'individu, et le nom du voyageur qui l'a rapporté, ou de la personne qui en a fait don au Muséum.

La collection d'oiseaux comprend plus de six mille individus appartenans à plus de deux mille trois cents espèces différentes. Presque tous sont dans le plus bel état de conservation, et l'on est parvenu à les préparer de manière qu'ils ne s'altèrent point. Il n'existe nulle part une collection plus considérable, et cependant elle n'est formée que depuis un petit nombre d'années. A la mort de Buffon elle ne comprenait que huit cents espèces : elle s'est enrichie successivement par l'achat du cabinet de M. Levaillant, par la réunion du cabinet du stathouder, dont la possession nous a été confirmée lorsque nous avons donné en échange une collection des doubles que nous avions dans toutes les parties de l'histoire naturelle ; enfin elle s'est accrue chaque année par les envois que les voyageurs nous ont faits de différens pays.

Mais ce qui donne un prix infini à cette collection, c'est qu'elle est essentiellement appropriée à l'étude, par la distribution méthodique des genres et des espèces, par le rapprochement des mâles et des femelles, et par celui des variétés.

Un grand nombre d'oiseaux, ceux surtout qui se distinguent par la beauté de leurs couleurs, ont un plumage tout différent, selon l'âge et quelquefois selon la saison. Aussi le même oiseau a-t-il été souvent décrit et dessiné plusieurs fois sous des noms différens. Ce n'est qu'à force de recherches qu'on est parvenu à rassembler les diverses variétés et à déterminer les passages de l'une à l'autre. On verra fréquemment sur les tablettes dix à douze individus qui se suivent, et qui présentent à l'examen les mêmes caractères essentiels, mais dont les couleurs sont entièrement différentes. Outre que les mâles et les femelles ne se ressemblent pas, le même oiseau est tout autre à un an, à deux ans, à trois ans, et selon qu'il a été tué en été ou en hiver. C'est ce qu'on peut observer dans la collection qui fixera désormais le type des espèces.

Venons maintenant à la description succincte de ce qu'elle offre de plus remarquable.

La galerie qui la renferme est divisée en cinquante-sept armoires, garnies de tablettes en gradins, arrangées de manière à ce que les objets soient vus aussi bien qu'il est possible. Si l'on a pris soin de ménager l'espace, on s'est encore plus attaché à éviter toute confusion.

On commencera par l'armoire à gauche en sortant de la salle des ruminans, et l'on fera le tour de la galerie en allant de gauche à droite.

Dix espèces du genre vautour occupent les deux premières armoires. Sur la tablette la plus élevée de la première sont les différens âges du roi des vautours (*vultur papa*). Cet oiseau habite l'Amérique méridionale : il est remarquable par son beau plumage, et surtout par le mélange de jaune et de rouge dont sont colorées les parties nues de sa tête et de son cou. Mais ces couleurs perdent leur éclat après sa mort (1).

Dans la 2ᵉ *armoire*, sur la seconde tablette, on a placé le percnoptère d'Égypte, ou poule de Pharaon, oiseau répandu dans tout l'ancien continent : il suit en grandes troupes les caravanes, et dévorant tout ce qui meurt, il purifie

______

(1) La raison qui l'a fait nommer roi des vautours, mérite d'être rapportée. Lorsqu'un couple, composé du mâle et de la femelle qui vivent toujours ensemble, vient s'abattre sur une proie que dévoraient une bande nombreuse d'aura, espèce qu'on voit sur la seconde tablette de la seconde armoire, ceux-ci s'enfuient laissant le roi des vautours et sa femelle achever tranquillement leur repas.

le pays des cadavres qui l'infecteraient. Les anciens Égyptiens le respectaient, et maintenant encore quelques dévots musulmans font des legs pour en nourrir un certain nombre.

Au-dessus des percnoptères est le vautour fauve, que la finesse de son odorat conduit à plusieurs lieues de distance vers la proie qui convient à sa voracité.

Au bas de l'armoire est le læmmer-geyer, ou vautour des agneaux, ou gypaëte des Alpes (*vultur barbarus*), le plus grand des oiseaux de proie de notre continent; il a jusqu'à 10 pieds d'envergure. Il vit solitaire sur les rochers escarpés des montagnes de Suisse; il enlève les moutons, les chèvres, les chamois, on dit même qu'on l'a vu quelquefois attaquer des enfans.

Les armoires suivantes, depuis la 3ᵉ jusqu'à la 10ᵉ, renferment les nombreuses espèces d'oiseaux de proie diurnes, que Linnæus a réunies sous la dénomination générale de *falco*.

Les aigles, au nombre de six espèces, commencent cette série. L'aigle royal, le plus grand et le plus courageux de tous, est le premier. Il chasse dans les montagnes les chèvres, les chevreuils et autres quadrupèdes de cette taille; et c'est seulement lorsqu'il est pressé par la faim, qu'il se rabat sur les animaux morts. Viennent ensuite les orfraies ou aigles pêcheurs, qui vivent sur les bords de la mer ou près des grands lacs; et le balbusard, qui dépeuple les viviers.

Dans la 5ᵉ *armoire* on voit la grande harpie d'Amérique ; sa taille est supérieure à celle de l'aigle commun, et c'est un des oiseaux qui a le plus de force dans les serres et dans le bec. Les quadrupèdes nommés *paresseux* font sa nourriture ordinaire : il n'est pas rare qu'il enlève des faons; mais la brièveté de ses ailes le rend moins destructeur, en diminuant la rapidité de son vol. A côté se trouve le bateleur d'Afrique (*falco ecaudatus*), de tous les oiseaux de ce genre celui qui a la queue la plus courte. Enfin le messager ou secrétaire du Cap (*falco serpentarius*), l'un des oiseaux de proie les plus remarquables par la longueur et par la force de ses jambes (1) ; il habite les sables brûlans de l'Afrique et il poursuit à la course les serpens et autres reptiles venimeux dont il fait sa nourriture (2).

Dans la 6ᵉ *armoire* sont l'autour mâle et femelle, et l'épervier qu'on dressait autrefois pour la chasse, et dont le mâle, d'un tiers plus petit que la femelle, était nommé tiercelet. On y distinguera l'épervier chanteur, le seul des oiseaux

(1) Quand il est jeune il se traîne sur le ventre. On le voit ici dans les diverses positions qu'il prend selon l'âge.

(2) Cette espèce, acclimatée dans nos colonies équatoriales, y rendrait les plus grands services en les dépeuplant des reptiles dangereux dont elles sont infectées.

de proie qui ait une voix agréable. Les buses, les milans, les bondrées, les soubuses, occupent les 7ᵉ et 8ᵉ *armoires*. Ces oiseaux chassent les uns aux insectes, les autres aux reptiles. La soubuse ou l'oiseau Saint-Martin femelle mérite une attention particulière ; les Égyptiens l'adoraient et l'embaumaient après sa mort : et l'on voit à côté d'elle des plumes parfaitement conservées, retirées d'une momie que M. Geoffroy Saint-Hilaire a rapportée d'Égypte. La bondrée huppée nous a été envoyée de Java par M. Leschenault.

Dans la 9ᵉ *armoire* on voit le faucon ordinaire et le gerfaut (*hierofalco*) , oiseaux célèbres par leur docilité et par la rapidité de leur vol, et dont le premier a donné son nom à un art particulier , celui de dresser les oiseaux de proie à fondre sur le gibier, à le saisir sur la terre ou dans les airs , et à le rapporter à leur maître. Cette chasse était fort en usage dans le moyen âge. Le faucon et le gerfaut habitent les pays du nord, où ils nichent sur les rochers.

Dans cette même armoire on voit encore le plus petit des oiseaux de proie ; c'est le hobereau moineau (*falco cærulescens*), de Sumatra.

La 10ᵉ *armoire* qui avance et qui forme une séparation dans la galerie, contient le hobereau et les différens âges de la crécerelle d'Europe. C'est là que se termine la famille des oiseaux de proie diurnes, dont nous avons cent vingt espèces au cabinet.

Les *armoires* 11 et 12 renferment trente-quatre espèces d'oiseaux de proie nocturnes. Le grand duc, le chat-huant ou moyen duc, la chouette, l'effraie, le petit duc ou scops, habitent l'Europe. Parmi les espèces étrangères, les plus remarquables sont le grand hibou d'Amérique, le hibou du Cap et le hibou aux pieds nus (*strix Leschenaultii*, Temm.) Ce dernier a été découvert par M. Leschenault, qui nous l'a envoyé de Pondichéry.

Les *armoires* 13 et 14 contiennent la belle et nombreuse famille des perroquets, que l'on divise en kakatoès, loris, aras, perroquets et perruches. Les kakatoès ont sur la tête une huppe qu'ils abaissent ou redressent à volonté ; le plumage du plus grand nombre est blanc, celui des loris est rouge. Les aras sont recherchés à cause des couleurs éclatantes et variées dont ils sont parés (1). Le vert est la couleur ordinaire des perruches et des perroquets proprement dits. Il y a cependant des exceptions ; le perroquet d'Afrique nommé jacot, qui apprend si facilement à parler, a le corps d'un gris cendré et la queue

(1) Il y en a un tout noir : c'est l'ara à trompe de Levaillant. M. Geoffroy Saint-Hilaire le nomme ara microglosse, à cause de la petitesse de sa langue, dont il supplée les fonctions par le larynx qu'il fait sortir hors du bec.

rouge. Celui des Moluques que Buffon a nommé perroquet à face bleue moucheté, est de diverses couleurs (1). Tous grimpent sur les arbres en s'aidant de leur bec (2). L'espèce la plus anciennement connue en Europe est la perruche d'Alexandre (*psitaccus Alexandri*), ainsi nommée parce qu'elle fut apportée de l'Inde par ce conquérant.

Sur les deux premières tablettes de la 15e *armoire* sont les diverses espèces de toucans, si remarquables par leur énorme bec, qui peserait plus que tout le reste du corps, s'il n'était d'une substance celluleuse ; ils sont originaires des contrées équatoriales de l'Amérique ; ils se nourrissent habituellement de fruits et d'insectes ; la structure de leur bec les empêche de mâcher leur nourriture, et quand ils l'ont saisie, ils la jettent en l'air pour l'avaler plus aisément. Les plumes brillantes qui couvrent leur poitrine étaient autrefois employées à faire des espèces de broderies.

Sur la troisième tablette sont les torcols (*yunx*), petits oiseaux qui doivent leur nom à l'habitude

(1) On dit que ces couleurs sont accidentelles, et produites par une opération connue sous la dénomination de *tapirer*. On arrache quelques plumes et l'on frotte la peau nue de l'oiseau avec le sang d'une espèce de grenouille nommée *rana tinctoria*. Les plumes qui repoussent changent alors de couleur.

(2) La perruche ingambe de Levaillant, que nous avons reçue de la Nouvelle-Hollande, est remarquable par la longueur de ses jambes. Elle est la seule qui coure à terre et qui cherche sa nourriture dans les herbes. Aussi Illiger en a-t-il fait un genre particulier.

qu'ils ont de tourner leur cou en différens sens. Les pics sont placés sur les tablettes inférieures. Ce sont les oiseaux auxquels le nom de grimpeurs convient le mieux ; ils se portent dans toutes les directions sur l'écorce des troncs d'arbre, qu'ils frappent de leur bec long et aplati, et sous laquelle ils saisissent les larves d'insectes, à l'aide de leur langue armée d'épines recourbées et susceptible de s'allonger beaucoup.

Les différentes espèces de coucous occupent les tablettes supérieures de la 16e *armoire*. Le coucou d'Europe, ainsi nommé à cause de son cri, est célèbre par la singulière habitude qu'il a de pondre ses œufs dans le nid des autres oiseaux insectivores. Ceux-ci prennent soin de l'éducation du jeune coucou avec autant de soin que de leurs propres petits, même lorsque son introduction dans le nid a été précédée de la destruction de leurs œufs. Parmi les espèces étrangères nous citerons le coucou bleu de Madagascar, envoyé par M. le baron Milius, le coucou cuivré du Cap, le coucou doré et le coucou klaas, à cause de la beauté de leur plumage.

Sur la sixième tablette sont des oiseaux qu'on a séparés des coucous pour en faire un genre particulier. Sparmann, qui les a observés au Cap, leur a donné le nom d'*indicateurs*, et voici sur quoi cette dénomination est fondée. Ces oiseaux, qui se nourrissent de miel, volent au loin pour chercher les nids d'abeilles sauvages, et, lorsqu'ils en aperçoivent, ils poussent des cris, en dirigeant leur vol vers les arbres où ces nids se trouvent; ils servent ainsi de guides aux habitans et leur épargnent de pénibles recherches. Nous avons quatre espèces de ce genre : les deux premières ont été apportées par M. Levaillant, les deux autres par M. Delalande.

Les tablettes inférieures de cette armoire sont couvertes par les barbus (*bucco*, Lin.), ainsi nommés à cause des faisceaux de barbes roides qu'ils ont à côté du bec, et par les couroucous, oiseaux solitaires qui ne volent que pendant le crépuscule. Plusieurs espèces de ces deux genres attirent l'attention par la beauté de leurs couleurs. Les trois plus brillantes sont le barbu à face bleue (*bucco cyanops*, Cuvier), le couroucou à ventre rouge de Sumatra, et le couroucou narina du midi de l'Afrique : les deux premiers ont été envoyés par M. Duvaucel, le troisième a été apporté par M. Delalande.

Dans la 17ᵉ *armoire* on voit le genre nombreux des pies-grièches. Ces oiseaux vivent en famille : l'attachement qu'ils ont pour leurs petits leur donne un tel courage, qu'une femelle à peine de la taille d'un merle, ne craint pas de se mesurer avec la corneille pour défendre sa couvée, et que souvent elle sort victorieuse du combat. La pie-grièche grise (*lanius excubitor*), de la grosseur d'une grive, reste toute l'année en France; la rousse, et l'écorcheur (*lanius collurio*), nous quittent l'hiver. Cette dernière, la plus petite de toutes, chasse aux insectes, et les attache aux épines des buissons pour les retrouver au besoin. Elle imite naturellement la voix des autres oiseaux.

Parmi les espèces étrangères les plus remarquables par la beauté de leurs couleurs, sont le bacbakiri (*turdus zeylonus*) du Cap; la pie-grièche bleue de Madagascar, et la pie-grièche à gorge rouge ou pie-grièche perrin (*lanius gutturalis*, Daud., Ann. du Mus.), de la côte d'Angola. Les vanga sont des espèces de pies-grièches à bec comprimé. Les plus curieuses sont le blanchot du Sénégal, le vanga huppé de Java et de Sumatra, et le vanga rayé du Brésil. Les cassicans, qui se placent naturellement auprès des pies-grièches, sont des oiseaux criards de la Nouvelle-Hollande et de la Nouvelle-Guinée. Une des espèces, le calibé, a des couleurs si brillantes qu'on l'avait rangée parmi les oiseaux de paradis (*paradisæa viridis*); une autre (*coracias strepera*) a la voix si forte, qu'on l'a appelée le réveilleur; elle est de la Nouvelle-Hollande ainsi que le musicien ou flûteur (*coracias tibicen*), dont la voix est extrêmement agréable.

Au-dessous des pies-grièches sont placées les brêves, oiseaux de l'Inde, parés des plus belles couleurs. Buffon n'en avait connu que deux espèces, il y en a maintenant six au cabinet. Deux des plus belles, la brêve à ventre rouge et la brêve à tête noire, nous ont été données par M. Dussumier, qui les a rapportées des Philippines.

Après les brêves viennent les fourmiliers (*myothera*), qui leur sont analogues et qui les remplacent en Amérique ; ils vivent sur les énormes fourmilières des bois et des déserts de cette partie du monde ; leur plumage est d'une couleur brune ; leur voix est extrêmement sonore. Nous en possédons vingt-sept espèces. La plus grande est le roi des fourmiliers, qui a la taille d'un merle et qui vit isolée dans les forêts de Cayenne.

La 18ᵉ *armoire* renferme les merles (1) (*turdus*), dont nous avons cent soixante espèces. A côté du merle commun (*turdus merula*), qui est en tête, on voit sa variété blanche ; puis le merle couleur de rose du midi de la France, qui rend service aux pays chauds en détruisant les sauterelles ; vient ensuite le moqueur (*turdus poly-*

___

(1) Les merles et les grives sont du même genre ; on donne le nom de merles aux espèces dont la couleur est uniforme, et l'on appelle grives celles dont le plumage est marqué de petites taches noires ou brunes.

glottus) , oiseau célèbre par l'étonnante facilité qu'il a d'imiter le ramage des autres oiseaux et même toutes les voix qu'il entend.

Au-dessous sont rangées les grives; la plus grande est la drenne (*turdus viscivorus*) , qui mange les baies du gui, et propage cette plante parasite en en semant les graines sur les branches des arbres (1). La plus petite est le mauvis qui arrive en grandes troupes vers le temps de la maturité du raisin, et qui, lorsqu'elle s'est engraissée dans les vignes, est un mets très-délicat (2).

De tous les oiseaux de ce genre nombreux, celui qui attire le plus les regards, c'est le merle azuré de Java. Il a le ventre noir comme du velours, et le dos d'un bleu d'outremer. Ce bel oiseau nous a été envoyé par MM. Diard et Duvaucel. On remarquera aussi le merle à ventre blanc (*turdus leucogaster*) du Sénégal, dont le dos est du plus beau pourpre, et le merle de la Nouvelle-Guinée, connu vulgairement sous le

(1) La litorne (*turdus pilaris*) diffère peu de la drenne, mais la variété blanche est fort rare ; celle qu'on voit ici fut donnée à Buffon par Louis XVI , qui l'avait tuée à la chasse.

(2) Les Romains faisaient beaucoup de cas de cette espèce, qu'ils nommaient *turdus*, et qu'on appelle encore tourdre dans le midi de la France ; Horace, en parlant des présens qu'on peut faire à quelqu'un dont on veut capter l'héritage, dit :

. . . . *Turdus*
Sive aliud privum dabitur tibi; devolet illuc
Res ubi magna nitet domino scne.

nom de pie de paradis; oiseau admirable par la magnificence de son plumage : sa queue est trois fois plus longue que le corps; sa tête est surmontée d'une double huppe ; sa gorge et sa poitrine brillent de couleurs à reflets métalliques.

On a placé dans cette armoire la lyre (*mœnura magnifica*, Shaw), qui habite les cantons rocailleux de la Nouvelle-Hollande. La queue de ce singulier oiseau est composée de trois sortes de plumes; douze de ces plumes, fort longues, à barbes effilées et très-écartées, en forment la partie principale; les deux du milieu, encore plus longues que les autres, sont roides et garnies de barbes d'un seul côté; les deux extérieures sont courbées en S comme les branches d'une lyre. La femelle ne présente point le même caractère : l'un et l'autre ont la taille du faisan.

Sur les deux dernières tablettes de cette armoire sont placés les martins (*gracula*) ; l'espèce la plus commune (*paradisea tristis*, Gm.), est célèbre par le service qu'elle a rendu à l'île de France en y détruisant les sauterelles. Près des martins sont les loriots, qui ont le plumage d'un beau jaune, et dont les diverses espèces se distinguent par quelques autres teintes répandues sur une petite partie de leur corps. Le loriot de France construit son nid très-artistement, en le suspendant à l'extrémité des plus longues branches des arbres.

Dans la 19ᵉ *armoire* on a rangé sur la première tablette les espèces d'un genre établi par M. Cuvier sous le nom de, philedon : ces espèces dont chacune diffère des autres par quelque singularité remarquable , sont réunies par un caractère commun, celui d'avoir la langue terminée par un pinceau de poils. Le philedon à pendeloques (*corvus paradoxus*, Lath.) a deux caroncules charnues qui lui pendent sous la gorge. Le philedon à cravate (*merops Novæ-Hollandiæ*, Brown), porte sur la gorge deux petits bouquets de plumes frisées , dont la couleur blanche se détache fortement sur le vert du corps. Le philedon moine (*merops monachus*, Lath.) et le philedon corbicalao, qui, de même que les deux précédens , sont originaires de la Nouvelle-Hollande, portent un tubercule sur le bec, et ont pendant leur vie les parties nues de la tête et du cou colorées d'un beau bleu.

Au-dessous des philedons on voit les becs-fins (*motacilla*), famille très-nombreuse, reconnaissable à son bec droit et menu, et qui comprend les traquets , les rubiettes, les fauvettes , les roitelets, les hochequeues , les bergeronnettes , etc. Nous en avons cent soixante-douze espèces au cabinet. La plus renommée, non pour la beauté de son plumage, mais pour le charme de sa voix, est le rossignol. Parmi les espèces étrangères, le traquet élégant (*motacilla superba*), le traquet à face bleue (*motacilla cyanea*), et le traquet queue gazée (*motacilla malachura*, Lath.), tous trois de la Nouvelle-Hollande, nous paraissent devoir appeler l'attention, les deux premiers par la beauté de leurs couleurs, le troisième par la délicatesse des plumes effilées de sa queue.

Parmi les espèces indigènes nous nous contenterons de citer les plus intéressantes, ce sont : 1° le motteux, qui suit les laboureurs dans les champs, pour se nourrir des vers que la charrue met à découvert dans les sillons. 2° Le rouge-gorge, qu'on voit souvent pendant l'hiver se réfugier dans les habitations et y demander l'hospitalité. Dans quelques provinces cette espèce se réunit en bandes si nombreuses, qu'elles couvrent le ciel comme un nuage. 3° La fauvette des roseaux (*motacilla salicaria*), qui attache son nid à trois tiges de roseaux, de manière qu'il s'élève ou s'abaisse avec la surface de l'eau sur laquelle il repose. 4° La fauvette d'hiver, ou traîne-buisson (*motacilla modularis*), seule espèce qui nous reste pendant l'hiver et qui égaye un peu cette saison par sa voix agréable ; elle niche deux fois par an, et se nourrit de grain à défaut d'insectes. 5° Le roitelet (*motacilla regulus*) ; c'est le plus petit des oiseaux d'Europe ; il pèse 67 grains , et son cœur, gros comme un petit pois, en pèse 4 à 5. Ce joli petit oiseau fait son nid en boule dans les sapins ; l'ouverture du nid est sur le côté, il pond huit à dix œufs de la grosseur d'un pois.

Sur l'avant-dernière tablette sont les hoche-queues, ainsi nommés à cause du mouvement continuel de leur queue, et qu'on appelle aussi lavandières parce qu'ils vivent au bord des eaux. Près d'eux on voit les bergeronnettes, qui suivent les moutons dans les pâturages, se perchent sur leur dos, et cherchent dans leur laine les insectes qui s'y trouvent. Dans le bas de l'armoire sont les farlouses (*anthus*), connues dans nos provinces méridionales sous le nom de bec-figues. Une des espèces étrangères les plus remarquables est la farlouse à cravate, ou l'alouette senti-nelle, qui vit au Cap parmi les troupeaux.

Dans la 20ᵉ *armoire* on a placé les drongos (*edo-lius*), dont nous avons huit espèces, qui viennent les unes d'Afrique, les autres des pays qui bordent la mer des Indes. Quelques-unes ont un ramage comparable à celui du rossignol. La plus remar-quable est le drongo à raquettes, qui a les deux plumes extérieures de la queue trois fois plus longues que les autres, et dépourvues de barbes, excepté vers le bout, où ces barbes forment une palette.

Les cotingas (*ampelis*), sont placés au-dessous des drongos. Ces oiseaux habitent les contrées humides de l'Amérique méridionale. Pendant la saison des amours le plumage des mâles se colore de pourpre et d'azur; ils sont généralement gris le reste de l'année. Quelques espèces à bec fort et pointu, se nourrissent d'insectes; celles qui ont le bec faible et déprimé, mangent des baies. Parmi les dix-sept espèces que nous avons au cabinet, les plus belles sont l'ouette (*ampelis carnifex*); le pompadour (*ampelis pompadora*); le cordon bleu (*ampelis cotinga*); le cotinga pourpre (*coracias militaris*, Sh.); le cotinga blanc (*ampelis carunculata*), qui a une caroncule sur la tête. Le cotinga averano (*ampelis variegata*), qui a le plumage vert pendant la première année, et gris cendré lorsqu'il est adulte, est remarquable par le faisceau de caroncules charnues qui lui pendent sous la gorge.

La nombreuse famille des gobe-mouches, qu'on a divisée en plusieurs genres, et dont nous avons cent cinquante espèces, occupe les tablettes inférieures de cette armoire. Les espèces qui ont le bec large et très-déprimé, appartiennent au genre moucherolle (*muscipeta*, Cuv.); celles à bec plus étroit au genre (*muscicapa*, Cuv.); le gobe-mouche de Lorraine (*muscicapa atricapilla*), qui niche dans les troncs d'arbres , présente le même phénomène que les cotingas. Le mâle est pendant l'hiver d'un gris uniforme, mais vers le temps des amours, une partie de son plumage devient d'un beau noir, et l'autre du blanc le plus pur. Parmi les espèces étrangères, les plus jolies sont le gobe-mouche oranor de Java, le gobe-mouche à ventre rouge et l'azurou , tous deux de Timor. Quelques moucherolles de Madagascar , de l'île de France , du cap de Bonne-Espérance et des Indes, ont les plumes de la queue très-longues, ce qui les a fait nommer moucherolles de paradis. Une espèce de Cayenne , qu'on a mal à propos réunie aux todiers (*todus platyrhyncos*) , est remarquable par son bec élargi en forme de cuiller. Sur la dernière tablette de cette armoire on voit plusieurs oiseaux , qui par leur rareté et leur beauté, sont bien dignes de fixer l'attention. Tels sont : 1° une espèce voisine des cotingas (*coracias scutata*, Lath.), que M. d'Azara a décrite sous le nom de pie à gorge ensanglantée. 2° Le céphaloptère (*cephalopterus ornatus*, Geoffr. , Ann. du Mus. , XIII, pl. 15) , dont la base du bec est garnie de plumes relevées qui forment sur sa tête un large panache. 3° Le gymnocéphale capucin (*corvus calvus*) , que les nègres de Cayenne appellent l'oiseau mon père. Il a la tête couverte de plumes dans sa jeunesse, et nue dans un âge avancé. Les individus pris jeunes sont fort rares dans les collections. 4° Deux espèces d'un genre nouvellement décrit par M. Horsfield, sous le nom d'*eureylamus*, envoyées de Java par MM. Diard et Duvaucel. 5° Le coq de roche de Cayenne, si remarquable par la belle couleur orange du mâle adulte, tandis que les jeunes mâles sont bruns comme les femelles. 6° Une espèce nouvelle du même genre, que M. Cuvier a nommée *rupicola smaragdina* à cause de sa couleur d'un vert d'émeraude ; cette espèce qui nous a été envoyée de Java par MM. Diard et Duvaucel est d'autant plus intéressante, que celles qu'on connaissait sont d'Amérique.

Dans le haut de la 21ᵉ *armoire* sont un grand nombre d'espèces du genre tyran. Ces oiseaux d'Amérique ont les habitudes des pies-grièches, et leur courage est encore plus surprenant, car les femelles défendent leurs petits contre les aigles, et savent éloigner de leur nid tous les oiseaux de proie. Le tyran à bec en cuiller (*lanius pitangua*), du Brésil, le tyran jaune de Cayenne (*lanius sulfuraceus*), et plusieurs autres espèces ont le plumage du corps d'un jaune soufre, et une huppe rouge sur la tête. Au-dessous des tyrans sont les euphones, des contrées chaudes d'Amérique. Une des espèces communes dans les

Antilles est appelée le musicien (*pipra musica*), parce qu'elle fait entendre les sept notes de la gamme. Après les euphones viennent les tangaras, oiseaux d'Amérique, très-agréablement variés en couleur. Les plus jolies espèces sont le *tangara septicolor* de Cayenne, le *tricolor* du Brésil, le diable enrhumé, le syacou, l'archevêque, l'évêque, le tangara rouge du Mississipi, le tangara écarlate du Brésil, et le bec d'argent de Cayenne. Ils vivent dans les bois à peu près comme nos moineaux, et se nourrissent également de grains, de baies et d'insectes.

Au-dessous des tangaras on voit les manakins (*pipra*), petits oiseaux qui vivent d'insectes dans les forêts de l'Amérique équinoxiale; ils ont tous des couleurs brillantes: celui à longue queue (*pipra caudata*, Sh.), fait entendre un cri semblable à l'aboiement d'un chien de moyenne taille. Après les manakins on a placé les mésanges: ces oiseaux, d'un naturel très-vif, sont sans cesse suspendus aux branches des arbres, occupés à fendre l'écorce pour chercher des larves d'insectes, ou à casser les graines dures dont ils se nourrissent; leurs nids sont garnis de duvet; ils pondent jusqu'à seize ou dix-huit œufs. La mésange charbonnière, la nonnette, la mésange bleue, la mésange à longue queue, sont de France; les autres sont étrangères. A côté des mésanges est le remiz ou la penduline (*parus pendulinus*) : ce petit oiseau du midi de l'Europe construit son nid en forme de bourse avec le duvet des chatons de saule ou de peuplier, et le suspend aux branches flexibles des arbres aquatiques. Une autre espèce, du cap de Bonne-Espérance, fabrique le sien avec du coton, et après lui avoir donné la forme d'une bouteille, elle établit au dehors une petite cupule pour que le mâle puisse s'y reposer. Dans le bas de cette armoire on voit les engoulevens, au nombre de dix-neuf; ils ont le plumage léger et mou des oiseaux de nuit, et leur bec est si fendu qu'ils peuvent engloutir les plus gros insectes. Ils ne volent que le soir. La femelle dépose ses œufs à terre ou sur une pierre, et ne les couve que très-peu de temps. Une espèce d'Amérique (*caprimulgus grandis*), est de la taille d'un hibou. Une d'Afrique (*capr. longipennis*), est remarquable par une plume deux fois plus longue que le corps, qui naît près du poignet de chaque aile et n'a de barbes qu'à l'extrémité.

La 22ᵉ *armoire* contient d'abord le genre nombreux des hirondelles, dont nous avons vingt-sept espèces. La première est le martinet (*hirundo apus*), celui de tous les oiseaux qui est le mieux conformé pour le vol; mais il a les pieds si courts et les ailes si longues, que lorsqu'il est à terre il ne peut se relever; aussi passe-t-il la plus grande partie de sa vie en l'air; et lorsqu'il se repose sur les arbres ou sur les murs, il se laisse tomber pour reprendre son vol. Les hirondelles qui suivent le martinet ont les pieds comme les autres passereaux, et peuvent se poser à terre. Tout le monde connaît l'hirondelle de fenêtre, qui nous quitte en automne et revient chaque printemps au nid qu'elle avait précédemment occupé. Nous en avons une variété blanche. Près d'elle est placée l'hirondelle de rivage, qui fait son nid dans les berges le long des eaux. Cette espèce ne nous quitte point l'hiver, mais elle s'enfonce sous la vase et y reste engourdie jusqu'au retour de la belle saison. Parmi les hirondelles étrangères on remarquera la salangane (*hirundo esculenta*), petite espèce qui habite l'archipel des Indes. On la voit ici à côté de son nid qu'elle construit sur les falaises les plus élevées, avec du frai de poisson et avec d'autres substances gélatineuses ramassées sur l'eau de la mer. Ces nids sont un objet de commerce, on en fait des envois considérables à la Chine et au Japon, où on les regarde comme un mets très-agréable et très-restaurant. Au-dessous des hirondelles sont placées les alouettes, à commencer par l'alouette des champs dont nous avons une variété blanche. Plus bas sont les étourneaux, qui volent en grandes troupes et rendent service aux

bestiaux en détruisant les insectes qui les tour-
mentent. Les cinq tablettes inférieures de cette
armoire sont remplies par la famille des cassiques
dont nous avons trente-quatre espèces, les unes
de la taille d'un corbeau, les autres de celle d'un
merle. Ce sont des oiseaux d'Amérique qui vivent
en troupes comme nos étourneaux, et dont la
plupart sont vivement colorés de jaune, de
rouge et de noir. Leurs nids qu'on voit dans
deux cadres placés sur la corniche, méritent une
attention particulière. Ils sont faits avec des brins
d'herbe, de forme ovale, au nombre de six à
douze à la suite les uns des autres, et réunis par
un tube dans lequel ils ont leur ouverture. Ce
sont autant de chambres disposées le long d'un
corridor. Le tube fortement attaché par son
extrémité supérieure à une branche d'arbre,
flotte librement dans tout le reste de sa longueur
qui est quelquefois de 4 à 6 pieds. Il n'est ouvert
qu'à son extrémité inférieure : c'est par-là que
chaque couple monte dans la galerie pour entrer
dans l'appartement qui lui est destiné. Ces nids
suspendus et sans cesse balancés par les vents,
mettent les cassiques à l'abri des serpens qui
leur font la guerre (1).

(1) L'habitude de vivre plusieurs familles ensemble dans des nids
qui se communiquent, a fait donner à ces oiseaux le nom de répu-
blicains.

La 23ᵉ *armoire* contient la nombreuse famille des bruans et des moineaux, qu'on a subdivisée en plusieurs genres. Nous en avons plus de sept cents individus appartenans à cent cinquante espèces. Les bruans (*emberiza*), sont placés sur la première tablette. C'est à ce genre qu'appartient l'ortolan, qui est un mets recherché. Les moineaux proprement dits (*pyrgita*, Cuv.), occupent les trois tablettes suivantes; l'un des plus jolis est le pape (*emberiza ciris*, Lin.) de la Nouvelle-Orléans. Quatre individus montrent les diverses couleurs que prend cet oiseau à différens âges. Les linottes sont sur les 5ᵉ, 6ᵉ, 7ᵉ et 8ᵉ tablettes. A ce groupe appartiennent le chardonneret, la linotte des vignes (*fringilla cannabina*); le sizerin (*fringilla linaria*); le serin des Canaries (*fringilla canaria*) (1). Les veuves sont après les chardonnerets : les longues plumes de leur queue leur donnent un aspect particulier; elles viennent toutes d'Afrique. Sur les tablettes 9ᵉ, 10ᵉ, 11ᵉ, 12ᵉ, 13ᵉ et 14ᵉ, on a placé les nombreuses espèces de gros-bec (*coccothraustes*, Cuv.). Sur la quinzième tablette est le bouvreuil avec ses petits congénères. Tous ces oiseaux vivent de grains, et sont recherchés pour la douceur de leur voix, la beauté de leurs couleurs et leur facilité à s'apprivoiser. Les becs-

____

(1) Cette espèce s'accouple avec plusieurs de ses congénères, et produit souvent des mulets féconds.

croisés (*loxia curvirostra*, Lin.), qui habitent les forêts de pins du nord des deux continens, sont dans le bas de cette armoire. Celui d'Europe est très-familier ; il saisit sa nourriture avec sa patte et la porte à son bec à la manière des perroquets ; il niche et couve pendant le mois de janvier. Le dur-bec du nord (*loxia enucleator*), et les colious du Cap sont sur la même rangée : ces derniers vivent en troupe, et dorment suspendus aux branches des arbres la tête en bas et pressés les uns contre les autres. Le dernier oiseau de cette tablette est le pique-bœuf (*buphaga africana*), ainsi nommé parce qu'il retire de la peau des bœufs les larves d'insectes qui s'y logent, et dont il fait sa nourriture.

Dans la 24ᵉ *armoire* se trouvent les rolliers, qui sont assez semblables aux geais par la forme, mais dont les couleurs sont plus vives. Nous en avons sept espèces. Le mainate de Java (*gracula religiosa*), est sur la seconde tablette ; on dit que c'est de tous les oiseaux celui qui imite le mieux la voix humaine. A côté des mainates sont les geais. Les troisième et quatrième tablettes sont occupées par une suite magnifique des oiseaux de paradis (*paradisæa*), dont nous avons neuf espèces. Ces oiseaux vivent à la Nouvelle-Guinée et dans les îles voisines. Comme leurs plumes sont employées à faire des panaches, des aigrettes et divers ornemens pour la parure des femmes, les naturels, du pays les vendent fort cher, et il est bien difficile de se procurer des individus qui ne soient pas mutilés ; aussi a-t-on cru pendant long-temps qu'ils manquaient de pieds et même d'ailes, et qu'ils vivaient toujours en l'air, soute·nus par les plumes qui parent leurs flancs, et qui sont d'une longueur extraordinaire. Le noir de velours, le vert d'émeraude, le bleu de saphir, le rouge le plus vif, éclatent sur le plumage de ces oiseaux (1).

Les tablettes inférieures de cette armoire sont garnies par les diverses espèces de pies et de corbeaux. Nous nous contenterons de citer la pie bleu-de-ciel du Paraguay, et la pie acahé du Brésil, dont les couleurs sont très-belles et très-agréablement distribuées : cette espèce nous a été envoyée par M. Auguste de Saint-Hilaire.

La 25ᵉ *armoire* renferme les oiseaux auxquels on a donné le nom de ténuirostres, à cause de la finesse de leur bec qui est très-long et plus ou moins arqué. Cette famille a été partagée en trois grands genres : les huppes (*upupa*) ; les grimpereaux (*certhia*), et les colibris (*trochilus*). Nous

---

(1) M. Regnault de la Susse, qui a vu des oiseaux de paradis vivans chez le gouverneur des Philippines, nous a dit qu'ils n'avaient point de voix, qu'ils étaient dépourvus d'intelligence, et qu'ils se nourrissaient de baies.

avons huit espèces du premier genre, soixante-quatre du second, et cinquante-trois du troisième. Deux genres qui appartiennent à une autre division, occupent le bas de l'armoire. On a placé les colibris sur les tablettes du milieu, afin qu'ils fussent plus à portée de l'œil. Entrons dans quelques détails.

Sur la première tablette on voit : 1° les craves, oiseaux des Alpes et des Pyrénées, qui nichent dans les fentes des rochers les plus élevés ; leur bec et leurs pieds rouges contrastent avec la couleur noire de leur plumage ; 2° les huppes, ainsi nommées parce qu'elles ont la tête parée d'une double rangée de plumes qu'elles redressent à volonté; elles vivent d'insectes, et pondent dans des trous d'arbres ou de murailles ; 3° le promérops du Cap et les épimaques de la Nouvelle-Guinée. L'épimaque promefil, dont la poitrine est du plus beau bleu d'acier bruni, et dont les plumes des flancs sont allongées comme dans les oiseaux de paradis, est un des oiseaux les plus rares et des plus beaux de la collection. Sur la seconde tablette sont rangées les espèces de grimpereaux ou picucules d'Amérique. Ces petits oiseaux ressemblent aux pics par leurs habitudes, et ils ont comme eux les plumes de la queue roides et usées par le bout. Les oiseaux-mouches et les colibris couvrent les 3ᵉ, 4ᵉ et 5ᵉ tablettes.

Ils excitent la curiosité par leur extrême petitesse, par la beauté de leurs couleurs et par l'élégance de leurs formes. On en voit plusieurs dont le corps n'a pas un pouce de longueur, et qu'on a placés à côté de leur nid. Le colibri topaze, le grenat, le rubis topaze, le rubis, le saphir, le saphir émeraude, ont l'éclat des pierres précieuses dont ils portent le nom. Tous les colibris habitent l'Amérique ; ils voltigent rapidement autour des fleurs, dont ils sucent le nectar en introduisant dans les corolles leur langue divisée en deux filets, et susceptible de s'allonger comme celle des pics ; ils prennent aussi de petits insectes. Le huppe-col de Cayenne, le huppe-col blanc du Brésil, ont des couleurs moins vives, mais leur taille surpasse à peine celle d'un frelon. Les souï-mangas (*cinnyris*), qui représentent dans l'ancien monde les oiseaux-mouches du nouveau continent, remplissent les trois tablettes suivantes ; ils sont aussi brillans que ces derniers, mais moins célèbres parce qu'ils ne sont pas d'une aussi petite taille. Le souï-manga malachite, le souï-manga éclatant, offrent les couleurs les plus vives. Le souï-manga rouge ou l'héorotaire (*certhia vestiaria*) des îles Sandwich, est couvert de plumes écarlates, que les insulaires emploient à faire des manteaux auxquels ils mettent un très-grand prix.

Parmi les sucriers, qui sont sur les neuvième et dixième tablettes, nous ferons remarquer : 1° le sucrier des Antilles qui vit dans les plantations de cannes à sucre. Il grimpe le long des tiges de cette plante, et se nourrit des insectes qu'il prend sous les aisselles des feuilles ; 2° le guitguit (*certhia cœrulea*), et le grimpereau bleu (*certhia cyanea*), du plus bel outremer ; 3° le fournier (*merops rufus*), ainsi nommé parce que son nid, qu'il construit en terre sur les buissons, est couvert comme nos fours. Ce nid se voit au bas de l'armoire. Les grimpereaux de muraille sont sur la onzième tablette. Ils habitent le midi de l'Europe, mais ils s'avancent quelquefois vers le nord, et l'individu qui a les ailes déployées a été tué dans le Jardin du Roi. Les guêpiers sont rangés sur la douzième tablette, tous sont parés des plus belles couleurs. Nous nous bornerons à citer : 1° celui qui vit en Europe et dans toute l'Afrique depuis l'Égypte jusqu'au cap de Bonne-Espérance (*merops apiaster*) ; il vole avec rapidité et poursuit les abeilles, les guêpes et autres insectes ; il niche dans des trous qu'il creuse le long des berges ; 2° celui à tête lilas, très-bel oiseau qui nous a été récemment envoyé de Sumatra par M. Duvaucel. A côté des guêpiers sont les motmots, qui semblent les remplacer en Amérique ; ils vivent solitaires, nichent dans des trous, et se nourrissent d'insectes et de petits oiseaux.

Passons à la 26ᵉ *armoire.* Sur les cinq tablettes supérieures on voit trente-quatre espèces de martins-pêcheurs (*alcedo*), qui appartiennent également à l'ancien et au nouveau continent. Ces oiseaux ont tous le plumage nuancé de vert et de bleu. Les uns vivent sur le bord des eaux et se nourrissent du poisson qu'ils saisissent en plongeant; les autres habitent les bois et chassent aux insectes. Le bas de l'armoire est rempli par les calaos (*buceros*), grands oiseaux d'Afrique et des Indes, extrêmement remarquables par la grosseur et la forme de leur bec. Dans quelques espèces ce bec est surmonté d'une proéminence redressée ou même arquée qui change de forme et s'accroît avec l'âge, et qui devient aussi grosse que le bec lui-même.

Sur la première tablette de la 27ᵉ *armoire*, sont les touracos (*corythaix*), et le musophage, oiseaux d'Afrique qui semblent établir un passage entre les grimpeurs et les gallinacés. Nous en avons quatre espèces : la plus anciennement connue est le touraco de Buffon (*cuculus persa*), qui vit aux environs du Cap; les trois autres sont plus récentes. La plus remarquable (*corythaix paulina*, Cuv.), a été découverte à Sierra-Leone, où les nègres la recherchent et l'appri-

voisent à cause de la force de sa voix. Le reste
de l'armoire est rempli par les nombreuses variétés du pigeon domestique, et par les espèces
qui s'en rapprochent. Nous nous contenterons
de citer la colombe muscadivore de la terre des
Papous ; celle à calotte blanche des Antilles ; la
colombe lumachelle dont les couleurs chatoyantes
sont d'un éclat admirable ; le kurukuru de la
Nouvelle-Hollande ; enfin, la colombe jamboos
de Sumatra.

La suite des pigeons remplit entièrement la
28e *armoire.* Les espèces qui ont la queue longue
et étagée, sont sur les tablettes supérieures.
L'une d'elles, la colombe phasianelle, se nourrit
de piment. Sur la quatrième tablette on voit les
pigeons verts à bec fort, que M. Levaillant a
réunis sous la dénomination de colombars. Dans
le bas se trouvent les colombi-gallines du même
ornithologiste. Nous signalerons comme les plus
remarquables dans ce genre : 1° le talpacoti d'A-
mérique (*columba passerina*), à peine de la grosseur d'un moineau ; 2° le goura, ou pigeon couronné des Moluques (*columba coronata*), de la
taille d'un coq ; 3° la colombe ensanglantée : cette
espèce a une tache rouge qui tranche sur le blanc
de sa poitrine ; on la chasse aux Philippines
comme on chasse les perdrix en France ; 4° enfin
la colombi-galline à camail, des Moluques, qui

a le plumage vert à reflets métalliques, et qui est parée d'une longue fraise autour du cou. Le genre des pigeons (*columba*), établit un léger passage entre les passereaux et les gallinacés. Nous en avons quatre-vingt-quatre espèces au cabinet.

Quoique le paon soit généralement connu, on s'arrêtera certainement devant la 29ᵉ *armoire* où l'on en voit plusieurs variétés préparées de manière à étaler la magnificence de leur plumage. Ce superbe oiseau, qu'on a rendu domestique, est originaire de l'Inde, et l'individu placé à gauche a été tué sauvage dans les montagnes des Gates. A droite est une seconde espèce de Java, qui diffère de la précédente par les plumes de son aigrette et par son cou vert œillé de bleu. Celle-ci nous a été envoyée par M. Diard.

La 30ᵉ *armoire* qui s'avance en formant un angle et qui est la dernière de ce côté de la salle, renferme le genre des dindons. On sait que le dindon ordinaire est répandu dans toute l'Europe depuis la découverte de l'Amérique.

En comparant les individus qui ont vécu chez nous, avec ceux qui ont été tués sauvages dans les forêts de la Virginie, et qui nous ont été envoyés par M. Milbert, on verra que ces oiseaux perdent l'éclat métallique de leur plumage, à l'état de domesticité. Au bas de l'armoire est une nouvelle espèce que M. Cuvier a décrite dans les Mémoires du Muséum, tome 6, sous le nom de *meleagris ocellata*; son plumage œillé et chatoyant offre diverses couleurs d'un éclat métallique, qui changent selon la manière dont il réfléchit la lumière. C'est un des plus beaux oiseaux que l'on connaisse, il vient de la baie de Honduras, dans le golfe du Mexique, et c'est jusqu'à présent le seul qui existe en Europe.

La 31e *armoire*, qui correspond à celle qu'on vient de voir, et qui est la première en remontant pour parcourir l'autre côté de la salle, est remplie par les hoccos, oiseaux qui vivent dans les contrées chaudes de l'Amérique, et qui sont analogues aux dindons. Le pauxi, vulgairement nommé oiseau à pierre, à cause d'un tubercule très-dur qu'il porte sur la base du bec, est placé sur la dernière tablette (1).

Dans la 32e *armoire* on voit sur la première tablette les guans ou marails (*penelope*), oiseaux d'Amérique qui ont un plumage triste, une huppe, et une partie de la gorge nue, colorée en rouge et en bleu. Sur la seconde tablette est le napaul ou faisan cornu du Bengale, oiseau très-rare, dont le mâle porte deux cornes charnues derrière les yeux. Son plumage est pourpre, tacheté de larmes

(1) C'est de tous les oiseaux connus, celui dont la trachée-artère est la plus longue.

blanches. Sur la troisième et la quatrième tablette
sont les diverses races domestiques de nos coqs,
et près d'elles plusieurs espèces sauvages de l'Inde
et des Moluques. On n'a pu déterminer encore
à laquelle de ces espèces appartient celle de nos
basses-cours. Dans le bas de l'armoire commence
le genre des faisans, dont nous avons dix espèces.
Parmi eux on remarquera le faisan doré ou faisan tricolor de la Chine, que sa longue huppe d'un
jaune d'or, son plumage émaillé des couleurs
les plus éclatantes, et l'élégance de ses formes,
font rechercher comme le plus beau des gallinacés. C'est à cet oiseau qu'on peut rapporter
la description que Pline nous a laissée du phénix.

Dans l'armoire suivante est un superbe oiseau
de Sumatra, dont la taille est à peu près celle
d'un coq, mais dont les ailes sont extrêmement
grandes. C'est le faisan argus, ainsi nommé à
cause des yeux qui sont peints sur toute l'étendue
de ses ailes et de sa queue. Ce n'est point l'éclat
des couleurs qui excite l'admiration à la vue de
ce magnifique oiseau, c'est la distribution régulière des cercles, et la délicatesse avec laquelle
les couleurs sont dégradées dans chacun d'eux.
Du temps de Buffon on conservait au cabinet trois
plumes de cet oiseau; nous en avons aujourd'hui
six individus envoyés de Sumatra par MM. Diard
et Duvaucel, dont quatre mâles et deux femelles;

le plumage de celles-ci n'a rien de remarquable.
Au-dessous de l'argus est le lophophore (*phasianus impeyanus*), dont l'aigrette est très-élé-
gante, et dont les couleurs changeantes offrent
l'éclat de l'or, de la malachite ou du lapis, selon
les reflets de la lumière. Le houpifère (*phasianus ignitus*) des îles de la Sonde, placé à côté,
est également remarquable par la forme singulière de son aigrette, et par la couleur de son
plumage. Après lui est le rouloul de Malaca,
espèce fort rare, découverte par Sonnerat. Le
mâle est noir, la femelle est verte. Le bas de
l'armoire est rempli par les pintades. L'espèce
commune vit en troupes dans les contrées marécageuses de l'Afrique. Comme sa chair est très-
bonne, on la multiplierait davantage dans nos
basses-cours si son cri était moins incommode.

La nombreuse famille des tétras, dont nous
avons cinquante-neuf espèces, remplit entière-
rement la 34ᵉ *armoire*. C'est à elle qu'appartient :
1° le coq de bruyère, le plus grand des gallinacés. 2° La gelinotte. 3° Le lagopède ou perdrix
de neige, d'un plumage fauve en été, blanc en
hiver. Il habite les hautes montagnes, et passe
l'hiver dans des trous qu'il se creuse sous la neige.
4° Plusieurs variétés de perdrix. 5° La caille, dont
la variété blanche fut envoyée à Buffon par
Louis XV, qui l'avait tuée à la chasse. Un grand

nombre d'espèces étrangères à plumage varié, vient se grouper autour de ces espèces européennes qui ont servi de type aux genres dont se compose cette famille, renommée par l'excellent gibier qu'elle fournit.

Nous arrivons maintenant aux oiseaux qu'on a nommés les échassiers, à cause de la longueur de leurs jambes. Ils composent le cinquième ordre dans la classification générale. Ceux des deux premiers genres, qui occupent les 35ᵉ et 36ᵉ *armoires*, diffèrent de tous les autres en ce qu'ils sont privés de la faculté de voler. Le premier est l'autruche (*struthio camelus*). Cet oiseau célèbre de toute antiquité, atteint jusqu'à huit pieds de haut. Il vit en troupes dans les déserts sablonneux de l'Afrique, et se nourrit de graines et d'herbages. Aucun animal ne peut l'atteindre à la course. La femelle pond sur le sable des œufs qui pèsent deux ou trois livres : elle les abandonne à la chaleur du soleil dans les pays situés entre les tropiques, et les couve dans les pays moins chauds. Lorsque les petits sont éclos, elle les tient entre ses jambes. On a des autruches domestiques au Sénégal, et on les monte en s'asseyant sur elles comme sur de petits chevaux; mais on ne peut les dresser et les conduire à volonté. Leurs plumes sont l'objet d'un commerce considérable ; elles sont flottantes et légères parce que

leurs barbes sont séparées et non accrochées les
unes aux autres comme dans presque tous les
oiseaux. Au-dessus de l'autruche femelle qui est
accompagnée de ses œufs et de ses petits à différens âges, on a placé le nandou, ou l'autruche
d'Amérique, espèce de moitié plus petite que
celle de l'ancien continent. Ses plumes, qu'on
emploie à faire des balais, se vendent sous le
nom de plumes de vautour. On dit que plusieurs
femelles pondent dans le même nid des œufs
qui sont couvés par un mâle. Au-dessus de l'autruche mâle sont les deux espèces de casoar. Celle
d'Asie porte un casque sur la tête, et la peau nue
de son cou est, pendant sa vie, teinte de rouge
et de bleu; elle mange des fruits et des œufs,
mais point de graines. La seconde espèce vient
de la Nouvelle-Hollande; celle-ci est plus rapide
à la course que le meilleur lévrier. Ses plumes
sont employées comme parure; sa chair est bonne
à manger.

Les outardes remplissent la 37ᵉ *armoire*. Nous en
avons neuf espèces, dont trois n'ont pas encore été
décrites. Celle d'Europe habite les grandes plaines
et niche dans les blés; elle vole peu et ne se sert
ordinairement de ses ailes que pour accélérer sa
course. Le mâle, qui est d'une grandeur plus que
double de celle de la femelle, et qui est fort rare,
est le plus grand des oiseaux d'Europe. Celui

qu'on voit ici a été donné au Muséum par M. le vicomte de Riocour. Parmi les espèces étrangères nous citerons le houbara, que M. Desfontaines a apporté de Barbarie, oiseau très-singulier à cause du mantelet de longues plumes qui orne son cou. Vient ensuite le cariama du Brésil, que M. Geoffroy Saint-Hilaire a décrit dans les Annales du Muséum. Comme sa chair est estimée, on l'a rendu domestique en plusieurs endroits.

Les échassiers qui sont dans les armoires suivantes ont aussi été nommés oiseaux de rivage à cause de leurs habitudes.

Les pluviers, au nombre de trente espèces, sont rangés sur les trois premières tablettes de la 38ᵉ *armoire*. Ces oiseaux vivent en troupes sur les fonds humides, et frappent la terre de leurs pieds pour en faire sortir les vers dont ils se nourrissent. La chair de tous est fort estimée. Le pluvier doré est le plus commun dans nos climats. Les vanneaux sont sur la quatrième tablette ; ils ont les plus grands rapports avec les pluviers : celui d'Europe est un joli oiseau dont la tête porte une huppe élégante et déliée ; ses œufs passent pour un mets délicieux. Plusieurs espèces de pluviers et de vanneaux ont la face nue garnie de longues caroncules : d'autres ont les ailes armées vers le poignet d'un ergot très-long et très-pointu, avec lequel ils se défendent contre les oiseaux de proie. Au-dessous des vanneaux on peut voir les huîtriers, ainsi nommés parce qu'ils ouvrent les coquillages avec leur bec qui est fort et comprimé en coin à son extrémité ; on les appelle aussi *pies de mer* à cause de leur plumage varié de noir et de blanc comme celui des pies. Le bas de l'armoire est occupé par les ibis. L'espèce la plus célèbre est celle qui était adorée par les Egyptiens, et que M. Cuvier a nommée ibis sacré, après avoir comparé ceux qui vivent en Afrique avec les momies rapportées par M. Geoffroy Saint-Hilaire. Deux de ces momies sont placées auprès de l'oiseau : l'une est enveloppée de ses bandelettes, l'autre en est débarrassée, et laisse voir des plumes très-bien conservées pour la forme et pour la couleur. L'Amérique produit des espèces assez voisines de celle-ci : la plus remarquable par sa couleur écarlate (*tantalus ruber*) vit à Cayenne sur les bords de la mer.

La 39ᵉ *armoire* renferme cinquante espèces des genres analogues à la bécasse. Ces oiseaux ont tous les mêmes habitudes ; ils vivent sur le bord des eaux, et ils enfoncent leur long bec dans la vase pour y chercher des vers. L'extrémité de ce bec est molle, ce qui rend chez eux le tact plus délicat. Ils muent au printemps et à la fin de l'automne, et comme leur plumage d'été est très-différent de celui d'hiver, les naturalistes en ont souvent multiplié les espèces. Le roux est généralement la couleur d'été, le gris celle d'hiver. On a eu soin de rapprocher ici les différens plumages. Sur la première tablette sont les barges (*limosa*), dont une espèce couvre en été les plaines de la Hollande. Sur la seconde on a placé les bécasses proprement dites. Tout le monde connaît l'espèce commune qui, pendant l'été, habite les montagnes, d'où elle descend en automne. À côté sont les bécassines qui vivent dans les marais, et s'élèvent à une grande hauteur en faisant entendre un cri semblable à celui d'une chèvre. Sur les dernières tablettes on voit les combattans (*machetes*), dont nous avons vingt-trois variétés. Ces oiseaux sont célèbres dans le nord de l'Europe, à cause des combats qu'ils se livrent au printemps pour la possession des femelles qui sont en petit nombre. A cette époque la tête des mâles se couvre de papilles rouges, et leur cou se garnit d'une large collerette de formes et de couleurs très-variées. Les tournepierres (*tringa interpres*) remplissent le bas de l'armoire. Ils vivent sur les bords de la mer, où ils retournent les pierres avec leur bec court et conique, pour trouver au-dessous les vers dont ils se nourrissent (1).

(1) Entre la 59ᵉ et la 40ᵉ *armoire* de cette galerie est placée l'horloge dont le cadran est en dehors, et dont on verra ici le mécanisme au travers de la glace qui la recouvre.

Les chevaliers occupent le haut de la 40ᵉ *armoire*. C'est à ce genre qu'appartient le cul-blanc de rivière (*tringa ochropus*), qui est très-commun sur le bord des ruisseaux, quoiqu'il vive solitaire. Cette série se termine par les avocettes ; oiseaux qui se distinguent de tous les autres par la forte courbure de leur bec arqué vers le haut. Ils courent sur la vase qu'ils sillonnent avec leur bec pour saisir les insectes qu'ils ont ainsi mis à découvert. Ils ont d'ailleurs les mœurs des bécasses. Au bas de cette armoire on voit le savacou (*cancroma cochlearia*), oiseau qui habite les parties chaudes de l'Amérique méridionale ; il se tient sur les arbres au bord des rivières, d'où il se précipite sur les poissons. Il est remarquable par son bec élargi, qui a la forme de deux cuillères appliquées l'une contre l'autre par leur côté concave : de longues plumes noires descendent du sommet de la tête du mâle.

Les hérons, au nombre de trente-neuf espèces, remplissent la 41ᵉ *armoire*. Ces oiseaux, d'un naturel triste, se nourrissent de poissons, et passent leur vie sur le bord des rivières. Ils avancent dans l'eau jusqu'au ventre, et restent pendant plusieurs heures le cou rentré dans les épaules, dans l'immobilité la plus complète ; un poisson qui leur convient passe-t-il à leur portée, ils détendent leur cou et lancent leur bec avec une telle rapidité, qu'ils ne manquent jamais de le saisir. Le héron commun est gris de fer avec une huppe noire; trois plumes de cette huppe, plus longues que les autres et très-déliées, lui pendent derrière la tête. Ces plumes sont un objet de parure et se vendent fort cher sous le nom de hérons. Une autre espèce est également recherchée pour les jolies plumes auxquelles elle doit son nom : c'est l'aigrette. Elle est toute blanche : dans la saison des amours son dos se garnit de longues plumes à tiges très-fines, à barbes très-déliées, que l'on appelle aigrettes ou esprits. Le butor (*ardea stellaris*) se tient dans les roseaux d'où il fait entendre une voix extrêmement forte, semblable à celle d'un taureau. C'est ce qui lui a fait donner le nom de *butor*, qui est une contraction des deux mots latins *bos*, *taurus*.

La grue et ses congénères garnissent les trois tablettes de la 42e *armoire*. Sur la première est le caurale, nommé aussi oiseau du soleil, et petit paon des roses. Ce charmant oiseau, qui est de la taille d'une perdrix, se trouve à la Guiane sur le bord des rivières. Les diverses couleurs de son plumage sont obscures, mais elles sont nuancées avec tant de délicatesse, qu'il rappelle les plus beaux papillons de nuit. A côté est l'agami de l'Amérique méridionale (*psophia crepitans*), qu'on appelle l'oiseau trompette, parce qu'il fait entendre un bruit fort extraordinaire, qui semble sortir de l'abdomen. Son plumage est noirâtre avec des reflets métalliques de violet et de bleu. Il est susceptible d'attachement et de reconnaissance, et se laisse si bien apprivoiser, qu'il conduit les autres oiseaux de basse-cour comme les chiens conduisent les troupeaux. Au-dessous est l'oiseau royal, ou la grue couronnée (*ardea pavonina*); sa voix ressemble au son de la trompette, sa taille est svelte, ses joues sont colorées de blanc et du rose le plus vif, et la gerbe de plume qui couronne sa tête s'étale ou se ferme à volonté. Elle vient de la côte occidentale d'Afrique, ainsi que la demoiselle (*ardea virgo*), qu'on élève dans les parcs à cause de l'élégance de ses formes et de la bizarrerie de ses mouvemens. La grue commune d'Europe et la grue à pendeloques du midi de l'Afrique, sont dans le bas de l'armoire. La première a été célèbre de toute antiquité à cause des migrations qu'elle fait chaque automne du midi au nord, et chaque printemps du nord au midi, en troupes nombreuses et bien ordonnées.

Dans la 43e *armoire* on voit les cigognes. La première est celle d'Europe, si commune en Hollande et dans tout le nord. Elle émigre comme les grues, et revient au printemps ha-

biter le nid qu'elle avait construit l'année précédente sur les clochers ou sur les cheminées.
Dans plusieurs pays, et particulièrement en Belgique, les gens du peuple se croient menacés de
quelque malheur si la cigogne manque de repa-
raître sur leur maison. Viennent ensuite sept
autres espèces, parmi lesquelles nous nous contenterons de citer la cigogne à sac (*ardea dubia*),
et la cigogne à bourse (*ardea crumenifera*). La
première vit en troupes aux Philippines et au
Bengale, où on la nomme l'*adjudant*, et où il
est défendu de la tuer, parce qu'elle rend service
aux villes en les nettoyant des immondices. On
la recherche cependant depuis que l'usage s'est
introduit d'employer comme parure les plumes
inférieures de sa queue, qui sont connues sous
le nom de marabous; ainsi que celles de la seconde
espèce qui vit au Sénégal.

Sur la tablette supérieure de la 44ᵉ *armoire*
sont deux espèces du genre bec-ouvert (1). La première (*ardea pondiceriana*), qui est blanche,
vient de l'Inde : la seconde, qui est noire, habite
l'intérieur de l'Afrique méridionale. Celle-ci est
extrêmement remarquable, en ce que les plumes qui couvrent sa poitrine et son ventre ont

____

(1) Le bec-ouvert (*hians*) a été ainsi nommé parce que les deux
mandibules du bec qui forment le croissant se touchent seulement par
la base et le sommet, et non dans toute leur longueur.

leurs tiges aplaties en lanières minces et brillantes, qui se prolongent beaucoup au delà des barbes, et se frisent ou se contournent en spirale par leur élasticité, comme le feraient des lames de métal. Cette espèce est nouvelle, et nous a été récemment apportée par M. Leschenault. Sur les tablettes suivantes on a placé trois espèces de tantale, une d'Amérique, une de Ceylan et une du Sénégal. Avant les recherches de MM. Cuvier et Savigny, l'espèce du Sénégal, ou le tantale à festons roses (*tantalus ibis*), était regardée comme le véritable ibis des anciens Égyptiens. Elle ne se rencontre pas même en Égypte. Au-dessous des tantales sont les jabirus (*mycteria*). Ces oiseaux ont les habitudes des cigognes, dont ils diffèrent peu, si ce n'est par leur taille beaucoup plus grande. On en trouve plusieurs espèces en Amérique et en Afrique, où elles vivent le long des étangs et se nourrissent de reptiles et de poissons.

Dans la 45ᵉ *armoire* on voit d'abord les spatules, qui doivent leur nom à la forme de leur bec. Ces oiseaux vivent comme les cigognes : mais leur bec élargi et aplati à l'extrémité, manque de force, et n'est propre qu'à saisir de petits poissons, ou à chercher des vers et des insectes dans la vase. La spatule d'Europe est blanche; celle d'Amérique est du plus beau rose, et cette couleur devient plus vive avec l'âge. Les tablettes inférieures de cette armoire, et toutes celles de l'armoire suivante, sont occupées par la nombreuse famille des macrodactyles, qui comprend les râles, les jacana, les kamichi, les poules d'eau, les giaroles, et les flamants. Les uns ont les doigts grêles et très-allongés, ce qui les rend propres à marcher dans les marais en se soutenant sur les herbes; les autres ont les doigts garnis de membranes souvent dentelées, qui leur rendent la natation plus facile. Ceux-ci forment le passage entre l'ordre des échassiers et celui des palmipèdes. Trente espèces de râles garnissent les tablettes inférieures de la 45ᵉ ar-moire. Celle qu'on nomme le râle de genêt (*rallus crex*), vit et niche dans les plaines (1); les autres se tiennent dans les marais, courent rapidement sur les herbes, et peuvent même nager. Tels sont le râle d'eau qui se nourrit de crevettes, et la marouette (*rallus porzana*), qui construit son nid en forme de nacelle avec des joncs et des roseaux, et l'attache à quelque plante aquatique, de manière qu'il monte ou descend le long de la tige, selon que le niveau de l'eau s'élève ou s'abaisse. Les jacanas (*parra*), sont de tous les oiseaux ceux qui ont les doigts les plus longs; leurs ongles, surtout celui du

(1) On a aussi nommé cet oiseau le *roi des cailles*, parce qu'il ar-rive et part avec elles, ce qui a fait croire qu'il leur servait de guide,

pouce, sont aussi très-longs et très-pointus : c'est
ce qui les a fait nommer vulgairement *chirurgiens*. Ils viennent des climats chauds de l'Amérique et de l'Inde : tous ont l'aile armée vers le
poignet d'un éperon plus ou moins pointu. Ce
caractère est encore plus prononcé dans le kamichi (*palamedea cornuta*), qu'on voit à côté
des jacanas. Cet oiseau porte sur la base du bec
une tige cornée, mobile à volonté. Il vit dans les
savannes inondées de l'Amérique méridionale.
Les pages admirables que Buffon a écrites à son
sujet, l'ont rendu extrêmement célèbre. On a
placé près de lui le chaïa (*parra chavaria*),
très-belle espèce qui n'existait dans aucune collection, et que M. Auguste Saint-Hilaire vient d'apporter du Paraguay.

Les poules sultanes ou talèves, qu'on voit dans
le haut de la 46ᵉ *armoire*, sont des oiseaux remarquables par leur beauté. Leur plumage est
nuancé de violet, de bleu, et d'aigue-marine.
Ils se tiennent sur une patte et portent leurs alimens au bec comme les perroquets. On en trouve
une espèce dans le midi de l'Europe et surtout
en Sicile; les autres sont de l'Afrique australe,
des Indes, de la Nouvelle-Hollande, et de l'A-
mérique méridionale. A côté des poules sultanes
sont les foulques, aux pieds garnis de membranes
dentelées ; c'est un gibier estimé. Après les foul-

ques on a placé un oiseau très-rare, dont on a fait un genre particulier sous le nom de bec-en-fourreau (*vaginalis*, Lath.), à cause de la singulière conformation de son bec, dont la base est entourée d'une plaque cornée. On ne sait rien des mœurs de cet oiseau qui vit aux îles Malouines, d'où il a été rapporté par les naturalistes de l'expédition de M. Freycinet. Le bas de cette armoire est rempli par les flamants (*phœnicopterus*), oiseaux très-singuliers et très-extraordinaires par la longueur excessive de leurs jambes et de leur cou, et par la forme bizarre de leur bec. Ils vivent en bandes nombreuses dans les lieux inondés, et ils entreprennent quelquefois de grands voyages. Ils se nourrissent de coquillages, d'insectes, d'œufs de poissons. Ils construisent avec de la terre, dans les marais, une pyramide élevée au dessus de l'eau ; ils déposent leurs œufs dans un nid creusé au sommet, et ils se placent de manière à les couver en se tenant debout. L'espèce d'Europe est blanche avec les ailes roses dans l'âge adulte, toute grise dans la jeunesse : celle d'Amérique a le plumage écarlate, mais les jeunes individus sont gris tachetés de noir.

C'est ici que se termine l'ordre des échassiers. Nous allons passer aux palmipèdes, ainsi nommés à cause des membranes qui réunissent leurs

doigts; tous ont les pieds placés fort en arrière
du corps, ce qui les rend très-propres à la natation. Cet ordre comprend quatre familles : les
plongeurs ou brachyptères, les longipennes, les
totipalmes et les lamellirostres. Les espèces de
la première famille, au nombre de vingt-sept,
remplissent les *armoires* 47ᵉ, 48ᵉ et 49ᵉ. Sur les
premières tablettes de la 47ᵉ *armoire* sont les
grèbes; quoique leurs ailes soient fort courtes,
ils s'avancent très-loin dans l'intérieur des terres
pour passer d'un étang à un autre. Leur plumage
serré, lisse et argenté, est employé comme fourrure. Quelques espèces portent leurs petits sous
l'aile en nageant. Les plongeons qu'on voit dans le
bas de l'armoire, nichent dans le nord; mais ils
viennent sur nos côtes pendant l'hiver. Les guillemots, placés sur la deuxième tablette de
la 48ᵉ *armoire*, sont des oiseaux stupides qui
vivent de poissons et de crabes, et nichent dans
les fentes des rochers escarpés. Le guillemot à
miroir blanc (*colymbus grylle*), offre le changement de couleur le plus prononcé qu'on puisse
observer chez les oiseaux. Il est blanc en hiver,
et tout noir en été. On voit ici un individu tué
dans la saison intermédiaire, et dont le plumage
est bigarré de noir et de blanc. A côté de celui-ci
est le petit guillemot, connu des voyageurs sous
le nom de colombe du Groënland, qui vit dans

le nord et fait son nid sous terre. A côté des guillemots on a placé le phaléris huppé (*alca cristatella*), oiseau fort rare, trouvé aux îles Aleutiennes par M. Choris, qui l'a donné au Muséum. Viennent ensuite les macareux, remarquables par leur bec élargi et comprimé; et les pingouins dont les ailes sont si petites, qu'elles ne peuvent les soutenir un moment en l'air. Ils se tiennent toujours sur l'eau et plongent avec beaucoup de facilité. Ils nichent sur les rochers escarpés, qu'ils gravissent en s'appuyant également sur leurs pieds et sur leurs ailes.

Les manchots (*aptenodytes*), remplissent la plus grande partie de la 49ᵉ *armoire*. Ce sont des oiseaux des mers antarctiques, dont les ailes n'ont que des vestiges de plumes semblables à des écailles. Ils ne viennent à terre que pour nicher, et ils ne peuvent se rendre à leur nid qu'en se traînant sur le ventre. Le plus grand (*aptenodytes patagonica*), qui est de la taille d'une oie, habite en grandes troupes à la terre de Magellan. La peau de son ventre, dont le plumage est argenté, est recherchée pour faire des fourrures. Le gorfou sauteur (*aptenodytes chrysocoma*) vit aux îles Malouines et à la Nouvelle-Hollande. Il s'élance par bonds au-dessus de l'eau.

Les 50ᵉ et 51ᵉ *armoires*, renferment la famille des longipennes. Ce sont des oiseaux de haute mer ; on en rencontre dans tous les pays : quelques espèces se plaisent au milieu de l'océan à plus de six cents lieues des côtes , et se reposent sur les vagues. Le premier genre est celui des pétrels , qu'on nomme aussi oiseaux de tempête, parce qu'à l'approche des ouragans ils vont chercher un abri sur les vaisseaux. Ils nichent dans les trous des rochers. Ils jettent sur ceux qui les attaquent un suc huileux dont leur estomac est rempli. Le plus grand d'entre eux (*procellaria gigantea*) , a été nommé briseur d'os à cause de la force de son bec. Celui dont les navigateurs parlent le plus est le damier , dont le dos est tacheté de blanc et de noir. Il habite en grandes troupes aux environs du Cap. Le plus petit est celui à qui l'on a plus particulièrement réservé le nom d'oiseau de tempête (*procellaria pelagica*). On en trouve des individus emportés par les vents à plus de quarante lieues des côtes dans l'intérieur des terres. Au-dessous des pétrels on a placé les stercoraires , ainsi nommés parce qu'ils mangent la fiente des mouettes et des goêlands. Ce sont des oiseaux du nord qui se rapprochent de nos côtes pendant l'hiver. Au bas de l'armoire on voit les albatros (*diomedea*) , oiseaux qui habitent les mers australes. Le plus grand a été nommé mouton-du-Cap , à cause de sa taille ; on dit que sa voix ressemble à celle de l'âne.

Les goêlands et les mouettes, dont on voit vingt-deux espèces dans la 51ᵉ *armoire*, sont des oiseaux qui se trouvent sous toutes les latitudes : ils volent long-tems et avec rapidité le long des côtes, et ne s'en éloignent jamais autant que les pétrels ; ils se nourrissent de poisson. La couleur de leur plumage varie selon l'âge et la saison ; le bleu cendré sur le dos et le blanc sous le ventre, sont les couleurs les plus communes chez les adultes qui sont grisâtres dans le premier âge. Vingt-trois espèces d'hirondelles de mer remplissent les tablettes inférieures de cette armoire. Elles doivent leur nom à la longueur extraordinaire de leurs ailes et de leur queue, et à la rapidité de leur vol. Elles rasent la surface des eaux pour saisir les mollusques et les petits poissons qui s'y montrent. Quelques espèces remontent le cours des grands fleuves, et s'avancent ainsi dans l'intérieur des terres ; d'autres habitent sur les lacs. Les becs-en-ciseaux, qui sont au bas de l'armoire, se distinguent de tous les oiseaux par la forme extraordinaire de leur bec, dont la mandibule supérieure, en forme de lame de couteau, est beaucoup plus courte que l'inférieure. Cette singulière conformation du bec les met dans l'impossibilité de s'en servir pour piquer : mais en volant au-dessus de l'eau ils en promènent horizontalement la mandibule inférieure à la surface, et ils saisissent entre les deux mandibules les mollusques qui y flottent. Nous en avons deux espèces, dont une (*rhynchops nigra*), est commune sur la mer des Antilles; l'autre, qui est nouvelle, habite les mers australes.

Les *armoires* 52ᵉ et 53ᵉ, renferment la famille des totipalmes, division des palmipèdes, ainsi nommée parce que les oiseaux dont elle se compose ont le pouce réuni aux autres doigts par une membrane ; malgré cette conformation ils se perchent sur les arbres. Le plus grand d'entre eux est le pélican, oiseau très-remarquable par la longueur de son bec, dont la mandibule inférieure supporte une membrane nue et dilatable, qui forme un sac dans lequel il peut emporter du poisson et de l'eau. Le pélican vit dans les marais et se nourrit de poisson vivant. Dans la saison des amours l'extrémité crochue de son bec devient d'un rouge très-vif. Lorsqu'il veut donner à manger à ses petits, il retire du sac qu'il a sous le bec des poissons qu'il y tenait en réserve, et il les coupe en morceaux ; alors le sang de ces poissons se répand sur sa poitrine ; c'est ce qui a fait dire qu'il se déchirait le ventre pour nourrir ses petits.

Au-dessus des pélicans on a placé les cormorans, oiseaux qui détruisent une grande quantité de poisson. Ils nichent sur les arbres ou dans le creux des rochers.

Les frégates sont dans la 53ᵉ *armoire*. Leurs ailes, qui ont jusqu'à dix à douze pieds d'envergure, sont si puissantes, qu'elles volent à d'immenses distances des côtes, surtout entre les tropiques. Elles fondent sur les poissons-volans, et frappent les fous ou boubies pour les forcer à lâcher leur proie. Ces fous, que l'on voit sur les tablettes inférieures, sont ainsi nommés à cause de la stupidité avec laquelle ils se laissent attaquer par d'autres oiseaux de mer, et par les hommes. Ils viennent quelquefois se reposer sur les vaisseaux, et se laissent prendre avec la main. Le bas de l'armoire est occupé par les paille-en-queue (*phaeton*), vulgairement nommés oiseaux du tropique. Le premier nom leur a été donné à cause de deux plumes longues et sans barbes qu'ils ont à la queue ; le second, parce qu'ils ne s'écartent point de la zone torride, et que leur apparition indique aux marins qu'ils approchent du tropique.

Les quatre armoires qui terminent la galerie, sont remplies par les palmipèdes lamellirostres. C'est à cette famille qu'appartiennent les cygnes, les oies, les nombreuses espèces de canards et les harles. Tout le monde connaît les cygnes qu'on a rendus domestiques à cause de leur beauté, et dont le duvet est si utile. Le cygne sauvage a le bec jaune à la base, et noir à l'extrémité ; c'est une espèce différente du cygne domestique qui a le bec rouge. Le cygne noir de la Nouvelle-Hollande, et le cygne à col noir, envoyé du Brésil par M. Auguste Saint-Hilaire, sont des espèces remarquables. Au-dessus des cygnes, on voit la bernache, oiseau célèbre par la fable, qui le faisait naître sur les arbres comme un fruit. Il passe l'été dans le nord, et vient l'hiver dans nos climats. A côté de la bernache est l'oie d'Égypte. C'est un des oiseaux le plus souvent figurés sur les monumens des anciens Égyptiens, qui le révéraient à cause de son attachement pour ses petits. Ils le nommaient oie-renard (*chenalopex*).

Parmi les canards, dont nous avons soixante-dix-huit espèces, nous nous bornerons à citer : 1° l'eider (*anas mollissima*), oiseau commun dans le nord, et qui ne vient sur nos côtes que pendant les grands froids. C'est lui qui fournit le duvet précieux qu'on appelle édredon. 2° Le canard musqué, originaire d'Amérique, et qui s'est multiplié dans nos basses-cours, où on le connaît sous le nom impropre de canard de Barbarie. 3° Le canard de la Caroline (*anas sponsa*), très-recherché à cause de la beauté de son plumage. 4° Enfin, la sarcelle à éventail, de la Chine (*anas galericulata*), dont le mâle a quelques plumes de l'aile élargies en éventail, et relevées sur le dos. Les harles, dont on voit au bas de l'armoire cinq espèces, les unes d'Amérique, les autres d'Europe, ont des couleurs très-variées, et une huppe sur la tête.

Ici se termine la collection des oiseaux, dont le développement offre tout ce qu'on peut imaginer de plus élégant et de plus riche, dans les formes et les couleurs (1).

Le milieu de la galerie est occupé par un meuble où sont rangés les animaux sans vertèbres. Nous y reviendrons après avoir examiné la collection des reptiles et celle des poissons. Ces deux collections sont au premier étage, et nous nous rendrons directement dans les salles qu'elles occupent, en descendant le petit escalier placé ici entre la 46ᵉ et la 47ᵉ armoire. Le mur de cet escalier est tapissé de peaux de grands serpens du genre boa, dont les couleurs sont très-bien conservées.

(1) Nous avons eu soin de nommer les voyageurs qui nous ont fait parvenir les espèces les plus rares et les plus remarquables. Mais comme nous possédons un très-grand nombre de palmipèdes et d'oiseaux de rivage, nous croyons devoir ajouter ici, que la plupart de ceux d'Europe nous ont été envoyés par M. Baillon, correspondant du Muséum à Abbeville, et la plupart de ceux de l'Amérique septentrionale, par M. Milbert, qui est à New-York.

LA collection des reptiles n'attire point les regards par l'élégance des formes et l'éclat des couleurs ; elle ne rappelle point à l'imagination des idées agréables comme celle des oiseaux : la plupart des êtres dont elle se compose ont une figure repoussante ; et les couleurs vives dont brillaient plusieurs d'entre eux, se sont ternies après leur mort : mais cette collection n'en offre pas moins d'intérêt, et par les formes bizarres et variées des animaux, et par le désir qu'on a de distinguer ceux qui sont redoutables à l'homme de ceux qui peuvent lui être utiles. Qui n'a entendu parler des tortues de mer, des crocodiles du Nil, des pythons des Indes, et des boas de l'Amérique ; et qui pourrait dédaigner l'examen de ces animaux, dont plusieurs espèces sont célèbres, soit par leurs habitudes, soit par les phénomènes qu'elles présentent, soit par la terreur qu'elles inspirent, soit par les fables qu'on en a racontées ?

La vue des reptiles inspire d'abord du dégoût ; mais la curiosité est excitée lorsqu'on observe leur singulière organisation, lorsqu'on s'instruit de leur histoire, et il faut.bien que cette étude soit devenue une passion chez les naturalistes qui s'en sont occupés, puisque la connaissance de cette classe d'animaux est aujourd'hui si avancée, quoique, par leur manière de vivre et par leur habitation dans des lieux humides et malsains, la plupart semblent devoir échapper aux recherches de l'homme (1).

La collection des reptiles du cabinet du roi est sans aucun doute la plus riche qui existe. Elle renferme mille huit cents individus, appartenans à plus de sept cents espèces. Mais ce qui la rend extrêmement précieuse pour l'étude, c'est qu'on y trouve presque tous les individus qui ont servi à faire les belles planches de Séba, et que c'est d'après ces mêmes individus que Linnæus a fait ses descriptions. On y voit aussi les originaux des descriptions et des planches de l'ouvrage de M. de Lacépède.

Pour indiquer aux personnes qui visitent le cabinet ce que cette collection offre de plus re-marquable, nous ne désignerons point les ar-

______

(1) Parmi les espèces connues il n'y en a guère qu'un quinzième qui soient dangereuses pour l'homme, soit par leur grandeur et leur vo-racité, comme les crocodiles, soit par leur venin, comme les vipères. Un grand nombre sont utiles, parce que leur chair et leurs œufs sont un très-bon aliment, et que leurs tégumens sont employés dans les arts.

moires où les objets sont placés, comme nous l'avons fait en parcourant la galerie des oiseaux. Nous suivrons tout simplement la division naturelle des ordres et des genres; parce qu'on s'occupe en ce moment à distribuer les reptiles dans un local plus étendu, en transportant les poissons dans la pièce où est aujourd'hui la bibliothèque ; mais quoique notre indication soit indépendante de la place qu'occupent les objets, elle sera claire, parce que dans le nouvel arrangement, les genres seront rapprochés d'après leur degré d'affinité, et se suivront toujours dans l'ordre naturel en allant de gauche à droite.

La classe des reptiles se divise en quatre ordres, savoir :

1° Les chéloniens ou tortues.

2' Les sauriens, qui comprennent les crocodiles, les lézards, etc.

3° Les ophidiens ou serpens.

4° Les batraciens, auxquels appartiennent les crapauds, les grenouilles, les salamandres, etc.

Nous nous conformerons à cette division ; mais la place que les objets occupent dans le cabinet, nous détermine à les examiner à deux reprises.

Il y a parmi les reptiles des trois premiers ordres, comme parmi les quadrupèdes, des animaux d'une trop grande taille pour qu'on puisse les loger dans les armoires, et qu'on a par cette raison suspendus au plafond ou attachés au mur. Comme ceux-ci frappent d'abord les regards, nous allons les indiquer avant de parler de ceux qui sont à leur rang dans les armoires.

Dans le genre des tortues les espèces suspendues au plafond, sont :

1° La tortue à cuir, ou luth de la Méditerranée. Cette espèce est la plus grande de toutes, et l'individu qu'on voit ici a 7 pieds de longueur. Son poids est souvent de plus de 1200 livres. Elle n'a point de plastron apparent ; sa carapace est marquée de cinq arêtes saillantes, et revêtue d'un cuir brun. Sa chair est bonne à manger (1).

2° La tortue franche, ou tortue verte, qui est presque aussi grande que la précédente, et qui pèse ordinairement 800 livres. Celle-ci vit en grandes troupes dans tous les parages de l'océan équatorial, où elle se nourrit d'algues. Sa chair et ses œufs, qu'elle dépose sous le sable, sont un aliment très-salutaire, et les navigateurs qui voyagent sous la zone torride, considèrent les

---

(1) On nomme bouclier les deux pièces osseuses qui couvrent le corps de la tortue. Le bouclier supérieur s'appelle carapace, et l'inférieur plastron. L'un et l'autre sont, dans la plupart des tortues, recouverts de plusieurs lames rapprochées comme les feuilles d'un parquet, et qu'on nomme écailles. Le nombre de ces écailles, leur forme, et les couleurs dont elles sont peintes, offrent des caractères pour la distinction des espèces. La carapace des tortues peut, sans se rompre, supporter un poids très-considérable.

tortues comme leur plus grande ressource. On les pêche avec des filets dans lesquels elles s'embarrassent, et on les traîne sous l'eau jusqu'au rivage. Lorsqu'elles sont à terre, elles s'y cramponnent, et il faut souvent que quatre hommes se mettent ensemble pour en soulever une.

3° Le caret (*testudo imbricata*), à peu près de la taille de la précédente. Cette espèce fournit l'écaille employée dans les arts. On la trouve dans les mers des pays chauds ; mais c'est surtout à l'île de l'Ascension qu'on s'en procure une grande quantité, parce qu'elles s'y rendent en troupes nombreuses à l'époque de la ponte, après avoir fait deux ou trois cents lieues dans l'Océan. Lorsque ces tortues viennent sur le rivage pour y enterrer leurs œufs dans le sable, ceux qui en font la chasse renversent sur le dos celles qu'ils rencontrent. Comme elles ne peuvent se retourner, on est sûr de les trouver à la même place, et c'est seulement lorsqu'on en a pris un certain nombre, qu'on vient les enlever pour en charger des navires qui les transportent en Europe.

4° La grande tortue des Indes. Celle-ci a les pieds arrondis en moignon, et non allongés et aplatis comme les tortues de mer : c'est la plus grande de toutes les tortues de terre. Sa carapace a quelquefois plus de 3 pieds de longueur.

32

Des trois individus qu'on voit ici, les deux plus grands ont été donnés au Muséum par M. le baron de l'Étang : le plus petit a vécu à notre ménagerie. Il pesait un quintal.

Parmi le grand nombre de tortues qui sont attachées au mur, ou placées sur les corniches, nous nous contenterons de faire remarquer : 1° la tortue coui (*testudo radiata*), de la Nouvelle-Hollande ; 2° la grande émyde à large dos (*emys expansa*), de Cayenne; 3° une très-grande carapace du tyrsé, ou tortue molle du Nil (*trionyx ægyptiacus*), espèce qui rend de grands services à l'Égypte, parce qu'elle dévore les petits crocodiles au moment où ils éclosent. Elle a été apportée d'Égypte par M. Geoffroy Saint-Hilaire. 4° Enfin la matamata (*testudo fimbria*), dont la carapace est hérissée de pointes pyramidales. Cette tortue vit à Cayenne dans les eaux douces. Elle reste cachée sous les feuilles des plantes aquatiques, ne laissant sortir de l'eau que l'extrémité molle de son nez allongé en une sorte de trompe. Elle attend ainsi les petits oiseaux et les animaux aquatiques qu'elle saisit à mesure qu'ils passent à sa portée. Elle se distingue de toutes les autres en ce que sa gueule, très-fendue, n'est point armée d'un bec de corne, mais garnie de lèvres charnues comme dans les batraciens.

Voyons maintenant les reptiles de l'ordre des

sauriens , qui sont attachés au plafond ou au mur.

Le plus grand est le crocodile du Nil, qui paraît se trouver aussi dans tous les fleuves d'Afrique, et même à Madagascar. L'individu qu'on voit ici a 13 pieds de long : mais il y en a qui atteignent à 25 pieds. C'est de tous les animaux de cet ordre, le plus dangereux par sa force et sa voracité. Sa gueule énorme est garnie de dents coniques, et fendue jusqu'au delà des oreilles. Il est revêtu d'une armure impénétrable, et l'on ne peut le blesser qu'en l'atteignant sous le ventre ou dans les intervalles que laissent entre elles les pièces de sa cuirasse. On en voit des troupes nombreuses sur le bord des fleuves ; tantôt ils sont étendus sur le rivage, tantôt cachés sous l'eau, d'où ils ne laissent sortir que l'extrémité de leurs narines, et d'où ils s'élancent avec rapidité sur les animaux qui passent près d'eux. Les femelles viennent déposer leurs œufs sur le sable, elles les couvrent de feuillage, et la chaleur du soleil les fait éclore. Les petits se rendent à l'eau aussitôt qu'ils sont sortis de l'œuf. On prend des crocodiles en creusant sur leur passage un fossé profond qu'on recouvre de branches et de feuillage ; on en prend aussi en plaçant au bord de l'eau un appât sous lequel est caché un fort crochet qui s'enfonce dans leur palais. Cet appât est attaché à une longue corde avec laquelle on les retire de l'eau lorsqu'ils sont affaiblis par la perte de leur sang. On assure que les nègres d'Afrique mangent leur chair; mais elle a une odeur de musc si forte, que les Européens ne peuvent la supporter (1).

Le plus grand de nos crocodiles, après celui du Nil, est le crocodile à museau effilé (*crocodilus acutus*), il se trouve dans les Antilles et dans l'Amérique méridionale. M. de Humboldt en a vu un nombre prodigieux dans l'Orénoque, et il en a mesuré un qui avait 23 pieds de long. Il présente un phénomène bien singulier, c'est qu'il s'engourdit par la grande chaleur, comme nos lézards par le froid de l'hiver. M. Descourtils, qui a observé cette espèce à Saint-Domingue,

(1) Le crocodile s'apprivoise quand on lui fournit une nourriture abondante. Dans trois des principales villes de l'ancienne Égypte, Memphis, Thèbes, et Arsinoé qu'on surnommait Crocodilopolis, on rendait un culte à ce reptile. On en élevait un dans un lac, il était nourri par les prêtres, et on le nommait *souchi*, comme on nommait *apis* le bœuf sacré. On attachait des pierres précieuses à ses oreilles, et après sa mort on l'embaumait et on le plaçait dans le tombeau des rois. Dans tout le reste de l'Égypte il était en horreur, et l'on révérait l'ichneumon (*viverra ichneumon*), qui lui fait la guerre en dévorant ses œufs. Il est difficile d'expliquer la cause d'une superstition aussi absurde, et qui a duré jusqu'au troisième siècle de l'ère chrétienne. Mais une chose très-remarquable, c'est qu'une superstition semblable existe à Java. Les naturels du pays vont au-devant du crocodile, ils lui offrent des présens et le couronnent de fleurs. M. Leschenault a été témoin de cette singulière cérémonie : l'espèce qui en était l'objet est le crocodile à deux arêtes.

dit que la femelle dépose ses œufs dans le sable,
qu'elle vient les découvrir quand ils sont près
d'éclore, et qu'elle défend ses petits avec beaucoup de courage.

A côté des crocodiles on voit le gavial (*crocodilus gangeticus*), qui se fait remarquer par l'excessif allongement de son museau. Il vit dans le
Gange, et se nourrit de poisson. Il n'est point
nuisible à l'homme.

Les sauriens attachés le long du mur sont :
1° le crocodile à deux arêtes de l'Inde. 2° Le caïman à museau de brochet, qui peuple les eaux
du Missouri et du Mississipi. 3° Le caïman à paupières osseuses, de Cayenne. 4° L'ouaran du Nil
(*lacerta nilotica*), qui a été apporté par M. Geoffroy Saint-Hilaire. Ce gros lézard dévore les œufs
du crocodile; on le voit souvent gravé sur les
monumens égyptiens. 5° Le tupinambis élégant
de Java et des îles voisines, apporté au Muséum
par M. Leschenault. Ce voyageur assure que plusieurs individus se réunissent sur le bord des eaux
pour attendre les quadrupèdes qui viennent s'y
désaltérer, qu'ils les attaquent de concert et les
dévorent après les avoir noyés. 6° La dragonne,
qui nous a été envoyée de Cayenne par Martin.
Elle nage très-bien, et elle se retire dans des
terriers près des eaux. 7° La sauvegarde d'Amérique, très-beau lézard piqueté de bleu sur un

fond noir, et dont la queue est annelée des mêmes couleurs. Les individus qu'on voit ici viennent du Brésil. La chair de la sauvegarde et celle de la dragonne sont bonnes à manger. 8° Enfin, l'iguane de l'Amérique méridionale, si remarquable par la crête qu'il porte sur le dos, et par le fanon dentelé qu'il a sous la gorge. Cet animal passe la plus grande partie de sa vie sur les arbres, où il attire les regards par l'éclat de ses couleurs. Il se nourrit d'insectes et de végétaux. Il est d'une douceur extrême, et facile à apprivoiser. Mais pendant la saison des amours le mâle devient courageux, il veille constamment sur sa femelle, et il entre en fureur si l'on s'approche d'elle. Les iguanes sont très-recherchés, et on leur fait la chasse, parce que leur chair et leurs œufs sont un mets excellent. Une des espèces qu'on voit ici a été nommée pour cette raison *iguana delicatissima.*

De jeunes individus appartenans aux espèces que nous venons de voir, et les œufs des mêmes espèces, se trouvent dans les armoires; mais avant d'en parler nous devons examiner les serpens qui sont placés au dehors avec les crocodiles et les tortues.

Les plus grandes espèces sont : 1° le boa anacondo, envoyé de Cayenne par M. Banon ; 2° le python améthyste, ou ular-sawa de Java, ap-

porté par M. Leschenault; 3° le python du Sénégal. Ces serpens parviennent, dit-on, à plus de
3o pieds. Le plus long qui soit au cabinet a 19
pieds. Ils vivent dans les lieux humides, et se
nourrissent de quadrupèdes qu'ils avalent après
les avoir étouffés, et leur avoir brisé les os en
les serrant dans les replis qu'ils font autour d'eux.
Ils répandent ensuite sur le corps de l'animal une
grande quantité de salive gluante, et ils le font
entrer lentement et peu à peu dans leur gueule,
qui peut se dilater beaucoup, parce que les branches des mâchoires ne sont point soudées, mais
retenues par des ligamens élastiques. Ils avalent
ainsi des gazelles, des chèvres et des biches, et
leur peau se dilate pour les contenir. Lorsqu'ils
ont englouti une proie dont le volume est supérieur à celui de leur corps dans l'état ordinaire,
ils restent immobiles et passent plusieurs jours
sans manger.

Parmi les serpens d'une moindre taille qu'on
a desséchés et suspendus au mur, nous ferons remarquer : 1° le serpent à sonnettes, ou boiquira,
envoyé de New-York par M. Milbert. Il a cinq
pieds de long. On regarde ce serpent comme le
plus venimeux de tous. On l'a nommé serpent à
sonnettes, parce que le bout de sa queue est garni
de plusieurs cornets écailleux lâchement emboîtés
les uns dans les autres, et qui, en se choquant,

font entendre un son assez semblable à celui que produiraient des graines sèches renfermées dans leur gousse. 2° La vipère jaune, ou trigonocéphale fer-de-lance, de la Martinique, donnée au Muséum par M. Serville. C'est un serpent très-dangereux. L'individu qu'on voit ici a 8 pieds 9 pouces. 3° Le lachesis de Cayenne (*crotalus mutus*), apporté par M. Poiteau; espèce fort rare, dont la queue est terminée par une pointe cornée très-dure et très-aiguë.

Nous allons maintenant faire le tour de la salle en allant de gauche à droite, pour indiquer ce que les armoires renferment de plus remarquable. Nous suivrons l'ordre de la classification méthodique, qui est aussi celui dans lequel les genres sont disposés au cabinet; nous dirons quel est le nombre des espèces que nous possédons de chaque genre, et nous ne nous arrêterons qu'à celles qui nous paraissent mériter une attention particulière.

On divise les tortues en tortues de terre, tortues d'eau douce ou émydes, tortues à boîte, tortues de mer, chélides ou tortues à gueule, et trionyx ou tortues molles.

Nous avons seize espèces de tortues de terre, la plus commune est la tortue grecque, qui se trouve en Italie, en Sardaigne, etc. ; c'est celle dont on fait des bouillons pour les malades. Sa carapace est très-bombée ; elle atteint rarement un pied de longueur. Elle se nourrit de feuilles, de fruits, d'insectes, etc. Elle se creuse un trou dans la terre pour y passer l'hiver, s'accouple au printemps et pond quatre ou cinq œufs. Parmi les autres espèces qui sont étrangères, on distinguera la tortue géométrique du Cap, et la tortue marquetée de l'Amérique méridionale, dont la carapace est ornée de diverses couleurs.

Les émydes, ou tortues d'eau douce, ont les pieds palmés, ce qui leur donne la facilité de nager. Nous en avons vingt espèces; deux sont d'Europe, et se trouvent dans les pays tempérés jusqu'à Berlin. Ce sont la tortue jaune et la tortue bourbeuse. Elles vivent dans les marais et se nourrissent de grenouilles et de poissons. On les élève parce que leur chair est bonne à manger. Parmi les espèces étrangères nous citerons l'émyde gentille (*testudo pulchella*), dont les couleurs sont variées et très-agréables.

Les tortues à boîte ont été ainsi nommées à cause de la conformation de leur plastron, dont la partie antérieure et quelquefois la postérieure, sont mobiles sur la partie moyenne qui est fixe. Il suit de là que lorsque la tortue a rentré sa tête et ses pattes sous sa carapace, elle peut en rapprocher les deux parties mobiles, de manière à se trouver entièrement renfermée comme dans une boîte. Nous en avons cinq espèces au cabinet ; nous citerons seulement la tortue à gouttelettes, qui vient d'Amérique, et la tortue couro, qui nous a été apportée de Java par M. Leschenault.

Nous avons déjà parlé des espèces les plus remarquables de tortues de mer ou chélonées. De petits individus du caret, de la tortue franche et du luth, sont à leur place au-dessous des émydes. On y voit aussi leurs œufs.

Le dernier genre de cette famille est celui des tortues qui ont la carapace et le plastron couverts d'une peau molle. Nous en avons cinq espèces ; toutes vivent dans l'eau douce, et se nourrissent d'animaux aquatiques. M. Geoffroy Saint-Hilaire les a nommées trionyx, parce qu'elles n'ont que trois ongles à chaque pied. Nous avons déjà parlé de celle du Nil ou tyrsé, dont une grande carapace est attachée au mur. On en voit ici plusieurs individus plus petits. Celle d'Amérique, nommée tortue féroce, se tient en embuscade pour saisir par les pattes les canards et autres oiseaux aquatiques, qu'elle noie d'abord et qu'elle dévore ensuite sous l'eau. Ici finissent les chéloniens : on a rassemblé un grand nombre d'individus des mêmes espèces, pour montrer les différens âges et les variétés.

Passons à l'ordre des sauriens. Le premier genre

est celui des crocodiles , dont nous avons douze espèces, ce sont les mêmes que nous avons déjà vues attachées au plafond : mais ici les individus sont plus petits et de différens âges. On en a conservé dans l'alcohol, qui sortent immédiatement de l'œuf. On a aussi placé sur les tablettes les œufs du crocodile du Nil, et ceux du crocodile à deux arêtes. Ces œufs sont d'une forme régulière, et leur coquille est grenue. On est surpris de leur petitesse en les comparant à la taille que l'animal acquiert avec l'âge. Le second genre des sauriens, est celui des monitors ou tupinambis, dont nous avons déjà parlé. Nous en avons quinze espèces.

Après les tupinambis viennent les lézards. On en voit au cabinet cinquante-trois espèces, dont un quart sont originaires d'Europe, les autres des pays étrangers ; la plupart sont conservés dans l'esprit-de-vin. Ces animaux courent très-vite, ils se retirent dans les fentes des murailles ou dans des trous qu'ils creusent sous la terre. Le moindre choc suffit pour séparer du corps une partie de la queue, et lorsque cet accident a lieu, elle reprend bientôt sa longueur ordinaire par une nouvelle pousse ; mais il n'est pas vrai que les deux parties puissent se rapprocher. Les lézards ne se nourrissent que de proie vivante, encore faut-il qu'elle remue pour qu'ils se jettent dessus. La plupart des espèces ont des couleurs vives et va-

riées, mais ces couleurs perdent leur éclat par la
dessiccation et par l'action de l'alcohol. Le plus
commun dans toute la France est le petit lézard
gris des murailles (*lacerta agilis*); il se nourrit
de vers qu'il étourdit en les secouant vivement
avant de les avaler. Il pond huit à dix œufs qui
éclosent en onze ou douze jours. Le plus beau de
ceux d'Europe est le grand lézard vert ocellé,
qui se trouve en Espagne et dans le midi de la
France. Il a plus d'un pied de long. Son corps
est d'un beau vert avec des lignes irrégulières
de points noirs qui forment des anneaux ou des
yeux. Les nombreuses espèces de lézards se rapprochent, et n'ont pas été bien distinguées : la
collection du Jardin serait d'un grand secours à
celui qui voudrait en faire une monographie.

Le quatrième genre est celui des stellions,
dont nous avons treize espèces : ils se reconnaissent à leur queue entourée d'anneaux composés
d'écailles relevées en pointes aiguës. Le stellion
du Levant (*lacerta stellio*), si commun en Égypte,
est, d'après Belon, l'animal qui fournit la matière
qu'on trouve chez les pharmaciens sous le nom
de *cordylea*, ou *stercus lacerti*, et qui passait autrefois pour un cosmétique. Les mahométans le
tuent quand ils le rencontrent, parce qu'ils s'ima-
ginent qu'il les contrefait en baissant la tête
comme ils le font pour prier. L'espèce nommée

cordyle, est couverte de plaques très-dures ; elle vient du cap de Bonne-Espérance. Celle qu'on nomme fouette-queue d'Égypte, et qui se trouve dans les déserts de cette contrée, acquiert deux ou trois pieds de long.

Les agames, qui sont ici le cinquième genre, sont répandus dans toutes les parties du globe. Nous en avons vingt-une espèces. Ils se rapprochent des stellions : les écailles dont leur corps est hérissé, sont régulières et à facettes dans quelques espèces ; c'est ce qui a fait donner à l'une d'elles le nom d'*agame à pierreries*. L'agame changeant d'Égypte découvert par M. Geoffroy Saint-Hilaire, est remarquable par des changemens de couleur plus prompts que ceux du caméléon.

Auprès des agames sont les basilics (1), les seuls des sauriens qui aient une nageoire soutenue par des rayons osseux à la manière des poissons. On n'en connaît que deux espèces, qui habitent les eaux douces des îles de l'archipel Indien. Leur forme est singulière, mais on ne sait rien de leurs habitudes : on a des raisons de croire qu'une des deux espèces se nourrit de végétaux.

Le septième genre est celui des dragons (2),

____

(1) Le basilic des naturalistes n'est point celui des anciens : ce dernier était un serpent dont on a raconté les fables les plus ridicules.

(2) On a donné à ce genre le nom de dragon, parce que les animaux fabuleux nommés *dragons,* étaient des reptiles ailés.

auxquels les membranes étendues entre leurs flancs, donnent une forme toute différente de celle des autres lézards. Ces espèces d'ailes qui ne s'attachent point aux membres, comme cela a lieu dans les mammifères volans, se tendent cependant à la volonté de l'animal, et doivent l'aider dans les sauts qu'il fait sur les arbres en chassant aux insectes. Nous avons au cabinet trois espèces de dragons : toutes viennent des Indes orientales. Leurs œufs sont ronds et de la grosseur d'un pois.

Les iguanes, qui forment ici le huitième genre, sont de très-grands lézards, dont quelques-uns ont plus de six pieds du bout du museau à l'extrémité de la queue, qui est d'une longueur presque double de celle du corps; ils grimpent sur les arbres avec une extrême rapidité, et se nourrissent de feuilles et de graines. Nous en avons huit espèces, les unes d'Amérique, les autres des Indes.

A la suite des iguanes viennent les anolis, dont nous avons quatorze espèces, toutes d'Amérique. Le disque élargi et strié, que l'avant-dernière phalange de leurs doigts forme par sa dilatation, leur donne la facilité de marcher contre leur poids sur les surfaces les plus lisses. Ils ont sous la gorge un goître ou fanon qu'ils enflent à volonté, et qui se peint des plus vives couleurs lorsque l'animal est agité par la colère ou par l'amour. Ils ont aussi la faculté de faire varier les couleurs de leur peau. On dit que lorsqu'ils se rencontrent ils se battent avec acharnement. Une espèce des Antilles (*anolis bullaris*) a le goître de la grosseur et de la couleur d'une cerise.

Les geckos, qui viennent ensuite, sont un genre très-nombreux, et que M. Cuvier a divisé en plusieurs sous-genres. On en trouve dans tous les pays chauds des deux continens : ils se rapprochent des anolis, en ce qu'ils ont sous les pieds un disque élargi ; ils en diffèrent, en ce que ce disque n'appartient pas seulement à l'avant-dernière phalange, mais occupe toute la longueur des doigts, ce qui fait qu'ils se tiennent et marchent encore mieux sur les plafonds des appartemens. Ils en diffèrent aussi par leur forme aplatie qui n'est point élancée comme celle des lézards. Leur corps est ordinairement couvert d'écailles et de tubercules. Leur marche est lourde et rampante. De très-grands yeux, dont la pupille se rétrécit à la lumière, en font des animaux nocturnes ; leurs paupières disparaissent et se retirent entre l'œil et l'orbite, ce qui leur donne une physionomie très-singulière. Leurs ongles sont rétractiles comme ceux des chats. Nous avons quarante-six espèces de gecko au cabinet ; les deux plus communes aux environs de la Méditerranée, sont le gecko des murailles, ou geckote (*lacerta mauritanica*), et le gecko des maisons (*lacerta gecko*). L'un et l'autre sont regardés comme très-venimeux. On assure que lorsqu'ils passent sur la peau, ils y font naître des rougeurs; et la seconde espèce est, par cette raison, nommée en Égypte le père de la lèpre.

Après les geckos on a placé les caméléons, qui sont le onzième genre des sauriens dans la distribution du cabinet. Ces animaux sont célèbres par la facilité avec laquelle ils changent de couleur, selon leurs passions ou leurs besoins. La grandeur de leur poumon est ce qui leur donne cette propriété. Lorsqu'il se gonfle, il les rend plus ou moins transparens, et colore leur sang plus ou moins vivement selon qu'il se remplit ou se vide d'air. Le même phénomène a lieu selon qu'ils activent ou suspendent leur respiration ; mais c'est une erreur de croire qu'ils prennent la couleur des objets sur lesquels ils se reposent. Les caméléons ont une figure fort extraordinaire par leur corps comprimé et relevé en angle tranchant, par l'espèce de pyramide ou de casque qui couvre leur tête, par leur queue longue et prenante, par leurs cinq doigts réunis en deux paquets, l'un de deux, l'autre de trois, et surtout par leurs yeux qui sont mobiles indépendamment l'un de l'autre, et dont l'un est quelquefois fermé tandis que l'autre reste ouvert. Leur langue, qui s'allonge beaucoup et qui se meut avec vivacité, est enduite d'un suc gluant avec lequel ils prennent les insectes dont ils se nourrissent. Ils vivent constamment sur les arbres. Nous en avons au cabinet quatorze espèces, les unes du midi de l'Europe et de l'Afrique, les autres des Indes. Celui d'Europe a environ un pied de long ; celui du Cap est fort petit; celui des Moluques a deux longues proéminences en avant du museau.

Les scinques, qui sont les derniers de l'ordre des sauriens, se reconnaissent d'abord à leurs pieds très-courts et à leur corps en fuseau couvert d'écailles, et dans lequel la tête et la queue ne sont point séparés par des étranglemens. Ils forment une nombreuse famille qui habite les pays chauds de l'ancien et du nouveau continent, et dont nous avons quarante-cinq espèces. On les a divisés en cinq genres, d'après le nombre et la position de leurs pieds. Ces genres sont les scinques proprement dits, les seps, les bipèdes, les chalcides et les bimanes. Le scinque de Nubie et d'Abyssinie (*scincus officinalis*) est célèbre par la promptitude avec laquelle il s'enfonce sous le sable lorsqu'il est poursuivi, et par les vertus qu'on lui a attribuées : il a été long-temps employé dans les pharmacies comme un remède propre à ranimer les forces épuisées : il est au nombre des drogues qui entrent dans la thériaque.

Celui des Antilles est long de plus d'un pied et de la grosseur du bras ; les colons le nomment *brochet de terre.* Des quatre espèces de seps que nous possédons, la première, qui est d'Afrique, a cinq doigts à chaque pied ; la seconde, que Péron a rapportée de la Nouvelle-Hollande, en a quatre ; la troisième, qu'on trouve en Italie, et qui est vivipare, n'en a que trois ; enfin la quatrième, qui est du Cap, n'a qu'un seul doigt à chaque pied. Les espèces du genre chalcide présentent la même singularité. Le bimane, dont on ne connaît qu'une seule espèce qui vit au Mexique, n'a que les deux pieds de devant, et le bipède n'a que ceux de derrière. Les seules espèces connues de ce dernier genre sont : 1° le bipède lépidopode, apporté du Cap par Péron. Ses pieds n'offrent à l'extérieur que deux petites plaques. 2° Une autre espèce découverte au Brésil par M. Auguste Saint-Hilaire. 3° Le sheltopusik des bords du Volga, qui a les pieds réduits à un appendice écailleux à peine visible. L'individu qui est ici a été donné par M. d'Urville. C'est la plus grande des trois espèces ; on assure qu'elle atteint quelquefois six pieds de longueur.

Il suffit de jeter un coup d'œil sur ces animaux, pour reconnaître qu'ils établissent le passage entre l'ordre des sauriens et celui des ophidiens ou serpens, qui le suit au cabinet comme dans la classification de M. Cuvier.

Les deux premiers genres de cet ordre, ceux qui se rapprochent le plus de l'ordre des sauriens, sont l'ophisaure et l'orvet. L'ophisaure vit dans tout le sud des États-Unis. Il est remarquable par le sillon longitudinal qui sépare les écailles du dos de celles du ventre; sa queue, plus longue que le corps, se rompt si facilement, qu'on l'a nommé serpent de verre. La même chose a lieu dans l'orvet, qu'on a par cette raison nommé *anguis fragilis*, et qui est très-commun dans toute l'Europe. C'est un animal innocent qui se nourrit de vers. Nous en avons plusieurs espèces étrangères. La seconde famille des ophidiens est celle des serpens, dont le premier genre nommé amphisbène, se rapproche des chalcides par la disposition verticillée de ses écailles. Nous en avons plusieurs variétés originaires des contrées chaudes de l'Amérique, où elles se tiennent dans les nids de fourmis.

Passons aux vrais serpens, dont nous avons au cabinet cinq cent cinquante individus appartenans à plus de deux cents espèces différentes. La plupart sont conservés dans l'esprit-de-vin, et les bocaux qui les contiennent étant des cylindres fort longs, on a pu les y placer de manière à ce qu'on les voie parfaitement. L'action de l'esprit-

de-vin a quelquefois altéré l'éclat de leurs couleurs, mais elles sont toujours reconnaissables,
et bien mieux que dans les peaux desséchées.

On partage les serpens en deux tribus : la première est celle des serpens non venimeux ; à la
seconde appartiennent ceux qui ont à la mâchoire supérieure des dents plus longues que les
autres, et qui reposent sur une glande remplie
de venin. Cette dent étant percée dans toute sa
longueur, elle fait entrer le venin dans la plaie.

Nous nous contenterons d'indiquer dans ces
deux tribus les animaux qui doivent plus particulièrement fixer l'attention.

Les plus grands de ces reptiles sont les boas
et les pythons, dont nous avons déjà parlé :
nous avons quatorze espèces du premier genre,
et trois du second. On voit dans les armoires de
jeunes individus des espèces attachées au plafond.

Le genre des couleuvres est le plus nombreux
de tous. Parmi les espèces de nos climats, nous
nous contenterons de citer : 1° la couleuvre à
collier (*coluber natrix*) ; elle se tient dans les
prés et se nourrit de grenouilles. En Sardaigne
on l'élève dans les maisons où elle prend les
souris. Les femmes et les enfans jouent avec elle.
On la mange en quelques endroits sous le nom
d'anguille des haies. 2° La verte et jaune : jolie

espèce qui a jusqu'à quatre pieds de long. Elle se laisse très-facilement apprivoiser. 3° La lisse (*coluber austriacus*). 4° La quatre-raies (*coluber elaphis*), qui atteint à plus de six pieds. 6° Le serpent d'Esculape, qui est probablement le même que le serpent d'Épidaure des anciens, espèce encore plus familière que les précédentes. On voit auprès une dépouille qui montre comment les serpens se débarrassent de leur vieille peau en la roulant en dehors, de la tête à l'extrémité de la queue, comme M. de Lacépède l'a expliqué en parlant de cette espèce. Parmi les couleuvres étrangères nous citerons l'ibiboca des Indes, la couleuvre verte du Brésil, et surtout le boiga, nommé aussi *fouet-de-cocher*, parce que son corps, qui a trois pieds de long, n'a que quelques lignes de diamètre. Aucun reptile n'a des couleurs aussi brillantes. Ses écailles ont l'éclat de l'or et des pierres précieuses, et réfléchissent toutes les nuances possibles. Ce joli animal est d'une agilité surprenante ; dans l'Inde les enfans se plaisent à jouer avec lui et l'entortillent autour de leur cou. Nous citerons enfin la couleuvre nasique et la couleuvre col de paon, qui sont très-singulières par l'excessif allongement de leur nez.

Parlons maintenant des serpens venimeux, dont la morsure est si redoutable. Les uns vivent dans la mer des Indes, où ils sont fort à craindre pour les pêcheurs qui les entraînent dans leurs filets ; leur queue comprimée montre qu'ils sont destinés à nager. On les a nommés *hydres* et *hydrophis*. Nous en avons douze espèces, dont une (*anguis platuros*), quoique fort venimeuse, se mange à Otaïti.

Les plus renommés de ceux qui vivent sur la terre sont les crotales ou serpens à sonnettes. Nous en avons quatre espèces. Celle des États-Unis (*crotalus horridus*), dont nous avons déjà parlé, et celle de la Guiane (*crotalus durissus*), atteignent six pieds de longueur. Leur morsure fait périr un homme en quelques minutes. Les autres sont plus petites. Après les crotales viennent les vipères et les genres qui leur sont analogues. Tels sont les trigonocéphales dont nous avons douze espèces. A ce genre appartient la vipère fer de lance. Un individu saisi au moment où il avalait une grosse grenouille, dont une partie est encore hors de sa gueule, montre la longueur de ses crochets venimeux, et la grosseur disproportionnée de la proie qu'il peut avaler.

Après les trigonocéphales on voit le genre plature qui se rapproche des hydres par sa queue comprimée, mais s'en éloigne par ses crochets venimeux semblables à ceux des vipères. La seule espèce qu'on connaisse vit dans la mer des Indes.

A côté du plature est le genre naja, dont nous avons deux espèces, remarquables l'une et l'autre à cause de la grosseur de leur cou élargi en disque par le redressement des côtes cervicales. Ces serpens peuvent faire rentrer leur tête dans ce disque et l'en retirer, et ils prennent ainsi les attitudes les plus bizarres. La première espèce (*coluber naja*), est la vipère à lunettes, ainsi nommée à cause de la figure dessinée sur le gonflement de son cou ; les Anglais la nomment *cobra capella*. Les jongleurs indiens lui arrachent les dents venimeuses et l'exercent ensuite à exécuter une sorte de danse que sa forme et ses mouvemens rendent très-singulière. La seconde espèce (*coluber haje*), a été rapportée d'Egypte par M. Geoffroy Saint-Hilaire. En lui comprimant le dessus de la tête on la fait tomber en une sorte de catalepsie qui la rend immobile. C'est l'aspic des anciens.

Vient ensuite la vipère commune (*coluber berus*), qui se trouve souvent dans la forêt de Fontainebleau. La disposition des taches en zigzag qui couvrent son dos varie beaucoup, ce qui a donné lieu d'en multiplier les espèces.

Après la vipère on voit le céraste, serpent très-singulier par les deux cornes qu'il porte sur le sommet de la tête. Il est très-fréquemment représenté sur les monumens égyptiens. Il ressemble beaucoup par sa forme et ses couleurs à l'érix turc, qui n'a ni cornes ni venin. Les bateleurs égyptiens, après avoir greffé sur la tête des érix de petits ergots d'oiseaux, les montrent au peuple comme des cérastes, pour faire croire qu'ils savent se préserver du venin des reptiles les plus dangereux. On voit dans la collection un individu ainsi préparé.

Le dernier genre de l'ordre des ophidiens est celui des cécilies, ainsi nommées à cause de l'extrême petitesse de leurs yeux. Nous en avons deux espèces qui vivent à la Guiane dans les nids de fourmis. Nous allons passer maintenant à l'ordre des batraciens (1).

Les reptiles de cet ordre ont le corps nu et dépourvu d'écailles : leur forme et leurs habitudes sont d'abord celles des poissons, et leurs pieds ne paraissent que dans le second âge. On les divise en deux familles, dont chacune comprend quatre genres. Ceux de la première famille n'ont point de queue : ce sont les grenouilles, les rainettes, les crapauds et les pipas. Ceux de la seconde ont une queue comme les lézards : ce sont les salamandres, les tritons, les sirènes et les protées.

Toutes les espèces de la première famille sont ovipares. Les petits éclosent sans pattes, vivent

(1) Ainsi nommé du mot grec *batrachos*, qui veut dire grenouille.

dans l'eau et respirent par des branchies (1); leur tête paraît alors très-grosse, ce qui les a fait nommer têtards; peu à peu les branchies s'oblitèrent, les pattes se forment, et la queue finit par disparaître. On voit ici plusieurs têtards de presque toutes les espèces, dans tous les degrés de leur développement : ils sont de différente grosseur relativement à l'animal parfait, selon que leur métamorphose s'opère à une époque plus ou moins éloignée de leur naissance, et lorsqu'ils ont pris plus ou moins d'accroissement. La force vitale qui existe au plus haut degré dans ces animaux, a rendu plus sensible chez eux que chez tous les autres les phénomènes de l'économie animale, et c'est en disséquant des grenouilles qu'on a découvert le galvanisme.

Nous avons au cabinet plus de vingt-cinq espèces du genre grenouille. Les deux plus communes dans nos climats sont la verte et la rousse. On mange les cuisses de la première. Une espèce d'Amérique, qu'on a nommée grenouille mugissante (*bull-frog* des Anglais), à cause de la force de son croassement, est quatre fois plus grosse que la grenouille verte; elle se nourrit d'oiseaux aquatiques, qu'elle saisit par les pattes pour les

____

(1) On donne le nom de *branchies* à des organes en feuillets ou en panaches, par lesquels les animaux aquatiques séparent et respirent l'air contenu dans l'eau.

entraîner sous l'eau. Nous en avons une qui a été prise et mise dans l'esprit-de-vin au moment où elle avalait un canard, dont la moitié est encore hors de sa gueule. Celle de Cayenne qu'on nomme la jackie présente un phénomène remarquable; c'est qu'elle est plus grosse à l'état de têtard qu'à l'état de grenouille. Cela vient de ce qu'elle ne se transforme que lorsqu'elle a pris tout son accroissement. Alors elle se dépouille de ses branchies, de l'enveloppe qui les couvrait, et de sa queue, et son volume se trouve diminué. Cette différence de taille avait fait croire pendant long-temps que le têtard de la jackie était le second âge, et que la grenouille s'était changée en poisson.

Les rainettes (*hyla*), qui viennent ensuite, se distinguent des grenouilles par l'élargissement en disque de la dernière phalange de leurs doigts; ce qui leur donne la facilité de marcher sur les corps les plus lisses, et de se soutenir en ayant le dos tourné du côté de la terre. Nous en avons plus de trente espèces. La plus commune dans nos climats est verte avec une ligne jaune et noire de chaque côté du corps; elle monte sur les arbres et s'attache aux feuilles; elle ne produit qu'à l'âge de quatre ans. Les espèces étrangères ont des couleurs variées : la plus célèbre est la grenouille à tapirer, dont on emploie le sang pour faire changer la couleur des plumes de certains oiseaux, comme nous l'avons dit en parlant d'un perroquet des Moluques.

Les crapauds ont le corps trapu et couvert de verrues d'où sort une humeur fétide : ce sont les plus hideux et les plus dégoûtans de tous les reptiles ; mais ils ne sont pas venimeux. Nous en avons plus de trente espèces. Nous citerons seulement parmi celles de nos pays : 1° le crapaud commun, qui vit dans les lieux obscurs, et s'accouple dans l'eau. La femelle est d'une fécondité prodigieuse, ses œufs sont réunis par une gelée en deux cordons de vingt à trente pieds de longueur que le mâle tire avec ses pattes. 2° Le crapaud des joncs, qui répand une odeur très-forte de poudre à canon. Il se retire dans les fentes des murs et ne va à l'eau que pour l'accouplement. 3° Le crapaud brun, qui sent l'ail. Son têtard devient fort gros, et on le mange en quelques endroits comme un poisson. 4° Le crapaud accoucheur, qui est commun dans les lieux pierreux aux environs de Paris. Le mâle aide la femelle à se délivrer de ses œufs, il les entortille et les agglutine autour·de ses cuisses et les porte ainsi jusqu'à ce qu'ils soient près d'éclore. Alors il se rend à quelque eau dormante; les œufs éclatent et les petits têtards se mettent à nager.

Parmi les espèces étrangères nous ferons remarquer : 1° le crapaud agua de la Guiane, dont le corps long de huit à dix pouces, est couvert de verrues grosses comme des fèves. 2° Le crapaud cornu, qui porte un tubercule conique au-dessus de chaque œil. 3° Le crapaud perlé, qui a une crête.

On ne connaît qu'une seule espèce du genre pipa : elle se trouve à Cayenne et à Surinam et se tient dans les lieux obscurs et humides des maisons. Son corps est aplati ; ses habitudes sont trop singulières pour que nous n'en fassions pas mention. Lorsque le mâle a fécondé les œufs, il les amoncelle sur le dos de la femelle, qui se rend aussitôt à l'eau. La peau de son dos se gonfle et forme des cellules semblables à celles d'un guêpier. Les petits éclosent et vivent dans ces cellules; ils y subissent leur métamorphose et n'en sortent que lorsque leurs pattes sont développées; alors la femelle revient à terre. Plusieurs individus conservés dans l'esprit-de-vin, montrent la position et le développement des têtards sur le dos du pipa.

Passons à la seconde famille. Le premier genre est celui des salamandres proprement dites, qui se distinguent à leur queue ronde dans l'animal parfait, et dans le premier âge, à ce que leurs branchies flottent librement sur leur cou, et que les pattes de devant se développent avant celles de derrière. La salamandre terrestre est vivipare ; elle se tient dans des trous et se rend dans une mare pour déposer ses petits qui viennent à terre lorsqu'ils ont quitté leur état de têtard. La salamandre a des verrues jaunes d'où suinte une liqueur fétide, qu'on croit venimeuse. C'est de cet animal qu'on a raconté qu'il résistait aux flammes. Les savans ne se sont pas bornés à rejeter cette fable comme absurde, ils ont démontré par l'expérience que le feu fait périr et consume la salamandre comme les autres animaux.

Le second genre, auquel on a donné le nom de triton, comprend les espèces dont la queue est comprimée ; toutes sont aquatiques. Les expériences de Spallanzani sur leur force de reproduction les ont rendues très-célèbres. Si on leur coupe un bras, une cuisse, ces parties repoussent. Un individu qu'on conserve ici a vécu quatre mois chez M. Duméril, après qu'on lui eut coupé la tête près du cou. On le tenait dans un vase dont on changeait l'eau tous les jours, et la cicatrice se forma parfaitement. S'il arrive à des tritons d'être pris dans la glace, ils y passent l'hiver et nagent lorsque l'eau est redevenue fluide. Nous en avons plus de douze espèces. La plus grande est celle qui vit dans les lacs de l'Amérique septentrionale : elle est longue de 15 à 18 pouces, et sa couleur est d'un bleu foncé. Parmi les têtards des tritons on en remarquera un du triton à crête, qui n'ayant pas perdu ses branchies avant l'hiver, les a conservées jusqu'à ce qu'il eut pris presque toute sa croissance.

A côté des salamandres et des tritons on a placé l'axolotl du Mexique, donné au Muséum par M. de Humboldt. M. Cuvier, qui en a fait l'anatomie, n'a pu décider si c'était un animal parfait ou une larve d'une grande espèce de salamandre.

Après l'axolotl on voit le protée, qui conserve toute sa vie les branchies externes des jeunes salamandres. Cet animal, d'une figure singulière, vit dans les eaux souterraines de la Carniole : outre les individus conservés dans l'alcohol, nous en avons un très-bien représenté en cire, qui nous a été donné par M. Schreiber, directeur du cabinet de Vienne. Le dernier genre de cette famille est la sirène, qui a les branchies comme les protées, mais qui n'a que les deux pieds de devant. Elle vit dans les rivières de la Caroline, et se nourrit d'insectes. Les individus qu'on voit ici ont été envoyés au Muséum par M. L'Herminier.

Nous allons passer maintenant à une autre classe, celle des poissons.

Les collections d'histoire naturelle sont en général destinées à rapprocher les productions de la nature les plus intéressantes et les plus curieuses, à montrer dans chaque famille les objets les plus propres à donner une idée des formes qui la caractérisent, et ceux qui indiquent le passage d'une famille à l'autre ; à établir des principes de classification ; enfin, à faire connaître l'état naturel et l'origine de diverses substances répandues dans le commerce. Il faut pour cela qu'elles soient bien ordonnées, mais il n'est pas nécessaire qu'elles soient très-nombreuses. Un jardin borné à quinze cents plantes bien choisies, suffit pour donner une idée du règne végétal, et l'on peut renfermer dans une salle ce qu'il est essentiel d'examiner pour avoir une notion de la zoologie.

Mais les collections du Muséum ont une destination bien plus étendue et bien plus importante pour le progrès des sciences. Le but qu'on s'est proposé en les formant, celui vers lequel on doit tendre sans cesse, est de rassembler le plus grand nombre d'espèces possibles prises dans les différens âges et dans divers lieux pour en déterminer les caractères essentiels, et pour fixer ceux de ces caractères qui étant communs à plusieurs espèces, les réunissent en genres; d'offrir enfin des moyens sûrs pour considérer les êtres sous tous les rapports qu'ils ont entre eux et avec nous, et pour en écrire l'histoire.

Considérée sous ce point de vue, la collection du Cabinet du Roi est non-seulement la plus considérable qu'on ait jamais eue de cette classe d'animaux, mais encore la plus complète de celles qu'on possède en zoologie. Elle comprend environ cinq mille individus appartenans à plus de deux mille deux cents espèces, c'est-à-dire un nombre à peu près double de celui des espèces clairement décrites et figurées par les naturalistes ; elle offre les élémens de la classification que M. Cuvier a établie dans son tableau du règne animal, le type des mémoires d'ichtyologie qu'il a insérés dans nos Annales, la plupart des poissons que M. de Lacépède a décrits ou figurés dans son grand ouvrage, et presque tous les genres connus. Pour chaque espèce on possède ordinairement un individu conservé dans l'esprit-de-vin ; ce qui offre le moyen d'en examiner au besoin l'organisation intérieure. La plupart de ceux qui sont desséchés ont été enduits d'un vernis qui en a ravivé les couleurs , et paraissent presque aussi brillans qu'ils l'étaient quelques heures après avoir été retirés de l'eau.

· Cette collection a été nouvellement arrangée d'après la méthode de M. Cuvier ; et toutes les espèces ont été étiquetées avec la plus grande exactitude. Ce qu'elle renferme de plus ancien , ce sont les poissons trouvés à Madagascar, à l'île de Bourbon, et à l'île de France, par Commerson. Lorsqu'ils arrivèrent au Jardin du Roi , après la mort de ce voyageur , on n'avait pas de place pour les étaler, ils restèrent renfermés dans des caisses , et furent en quelque sorte oubliés : heureusement Commerson les avait dessinés, et ce fut d'après ses dessins et les notes qu'il y avait jointes que M. de Lacépède les décrivit dans son Histoire des poissons. On sent combien les originaux de ces dessins sont utiles pour étudier l'ouvrage de l'historien. La collection fut enrichie par MM. Péron et Lesueur , et par les autres naturalistes qui accompagnèrent le capitaine Baudin aux terres australes. Plus récemment elle s'est prodigieusement accrue, des envois très-considérables nous ayant été adressés de New-York par M. Milbert ; de la Caroline du Sud et de la Guadeloupe , par M. L'Herminier ; de la Martinique, par M. le général Donzelot et par M. Plée ;

du Brésil et du Cap, par M. Delalande; du Coromandel et du Bengale, par M. Leschenault; enfin les recherches faites dans plusieurs stations et particulièrement aux îles Mariannes, aux îles Sandwich, à la terre des Papous, par les naturalistes embarqués à bord de la corvette l'Uranie, commandée par M. le capitaine Freycinet, lui ont procuré un très-grand nombre d'espèces nouvelles.

En même temps que des voyageurs zélés pour le progrès des sciences nous envoyaient des contrées les plus éloignées ce que les mers qu'ils ont parcourues, les rivières et les lacs qu'ils ont visités, offraient de plus rare, nous n'avons rien négligé pour nous procurer tous les poissons qui se trouvent en France, en Allemagne et en Italie, dans l'Océan et la Méditerranée; et quoique les productions de ces mers eussent été depuis long-temps étudiées, elles nous ont encore offert beaucoup d'espèces que les naturalistes avaient confondues, parce qu'ils n'avaient pu les réunir pour les comparer.

Cette collection n'a été formée que depuis un petit nombre d'années, et nous sommes sûrs qu'elle prendra bientôt un nouvel accroissement. Ce que nous venons de dire suffit pour en faire sentir l'importance; mais il est impossible d'en apprécier le mérite par un coup d'œil superficiel, car ce qu'elle offre de plus utile n'est pas ce qui attire d'abord les yeux, et ne peut être remarqué que par des naturalistes. Nous allons nous borner à indiquer l'ordre dans lequel elle est disposée, à faire connaître les différences principales qui existent entre les formes des diverses familles, formes plus variées et plus singulières que dans les reptiles : nous signalerons enfin les espèces les plus rares, et celles qui méritent de fixer l'attention à cause des singularités qu'elles présentent, ou de l'utilité dont elles sont à l'homme.

Par cela même que la collection de poissons du cabinet est extrêmement nombreuse, elle n'est pas commode pour ceux qui commencent l'étude de l'ichtyologie. Tous les objets ne peuvent être placés également à la portée de l'œil ; et dans un genre qui comprend quelquefois cent espèces et deux ou trois cents individus, on ne peut distinguer d'abord ceux qui présentent le mieux les caractères essentiels. Ces caractères sont même difficilement aperçus sur des individus conservés dans l'alcohol, à moins qu'on ne tienne à la main le bocal qui les renferme. Comme le Muséum doit faciliter également le moyen d'apprendre les élémens et celui d'étudier les détails, on a choisi dans la collection générale un individu de chaque genre, et l'on en a formé une collection à part. Cette collection, arrangée et nommée

34.

d'après la méthode publiée par M. Cuvier, a l'avantage de présenter, l'un à côté de l'autre, les genres et les sous-genres selon leur degré d'affinité, et de faire distinguer les caractères qui les séparent. Elle occupe douze grands cadres, placés dans le couloir qui conduit à la grande salle. Tous les poissons sont desséchés, préparés avec le plus grand soin, et de manière à ce qu'on les examine facilement. Nous n'avons pas besoin d'indiquer les poissons dont se compose cette collection d'étude, puisque ce sont les espèces les plus remarquables de tous les genres qui se retrouvent dans la grande collection ; excepté pour quelques genres étrangers dont on n'avait qu'un seul individu.

Entrons dans la grande salle. On a placé sur le parquet le squale pèlerin, et on a attaché au plafond quelques individus d'une très-grande taille : nous indiquerons leur place lorsqu'il sera question d'eux dans l'ordre méthodique selon lequel tout est arrangé dans les armoires, en allant de gauche à droite.

Les poissons ont été divisés en deux grandes séries et en huit ordres, par M. Cuvier. Nous ne nous arrêterons point à cette classification, dont on peut s'instruire en examinant la collection d'étude. Ce sont les familles naturelles que nous devons suivre, en appelant l'attention sur

les genres et les espèces qui nous paraissent mériter le plus d'intérêt. •

La première famille dans la classe des poissons
se compose des deux genres lamproie (*petro-
myzon*, Lin.), et gastrobranche (*myxine*, Lin.),
réunis sous la dénomination de suceurs, parce
qu'ils s'attachent fortement à divers corps en
appliquant sur eux leur bouche charnue et arrondie, et leur langue, qui fait l'office d'un piston.
Nous avons huit espèces de lamproie ; la seule
qui soit recherchée est la grande lamproie de
mer : on la pêche à l'embouchure des rivières,
où elle remonte au printemps ; les autres espèces
vivent dans les eaux douces. Les poissons de ce
genre, en se fixant sur d'autres comme nous venons de le dire, pénètrent dans l'intérieur de
leur corps, et les dévorent peu à peu à l'aide
de leurs dents pointues et placées au fond de
leur bouche. On ne connaît que deux espèces de
gastrobranche. L'une , le gastrobranche aveugle
(*myxine glutinosa* , Lin.), habite les mers du
Nord ; l'autre , que M. de Lacépède a nommée
G. dombeyanus, parce que Dombey l'avait fait
connaître, est extrêmement rare. M. Delalande
nous en a apporté plusieurs individus du cap de
Bonne-Espérance.

La seconde famille , celle des sélaciens , se
compose des squales, des raies et des poissons

qui s'en rapprochent. Elle comprend un grand nombre d'espèces qui méritent notre attention, soit par leur taille gigantesque et leur voracité, soit par l'usage qu'on en fait dans les arts. Le premier genre est celui des squales connus vulgairement sous le nom de chiens de mer. Leur peau hérissée d'aspérités très-dures, est employée à polir diverses matières telles que le bois, l'ivoire, etc. M. Cuvier les a divisés en douze sous-genres. Nous en avons quarante-une espèces. La plus grande est le squale pèlerin (*squalus maximus*), des mers du Nord ; sa longueur est quelquefois de plus de 3o pieds. L'individu qui est au milieu de la salle a échoué sur nos côtes, où il avait été poussé par un ouragan du nord-ouest. L'espèce la plus célèbre par sa voracité est le requin. Sa gueule est armée de dents nombreuses placées sur cinq ou six rangs ; ces dents, très-dures et très-aiguës, ont la forme d'un triangle dont les côtés sont dentés en scie. Vient ensuite le sous-genre des marteaux (*zigœna*, Cuv.), très-remarquable par la forme de sa tête, dont on ne voit pas d'autre exemple dans le règne animal. Cette tête est élargie et tronquée, et les côtés se prolongent comme les branches d'un marteau ; les yeux sont placés à l'extrémité de ces deux branches. Nous avons quatre espèces de marteaux ; la plus commune dans nos mers, *squalus zigœna*, Lin., a quelquefois 12 pieds de long.

Le genre le plus voisin des squales est celui des scies, dont le caractère consiste en un très-long museau osseux déprimé en forme de bec, et muni de chaque côté de fortes épines implantées comme des dents; ce bec est une arme puissante avec laquelle les scies ne craignent point d'attaquer les plus gros cétacés. Nous en avons cinq espèces. On voit au plafond un grand individu de la plus commune, *pristis antiquorum*, Lath.

Les scies forment le passage entre le genre des squales et celui des raies, que M. Cuvier a divisé en sept sous-genres, et dont nous avons cinquante-sept espèces. Le premier sous-genre est celui des rhinobates, dont le corps ressemble à celui des scies : une espèce, *raia rhinobatus*, se trouve dans la Méditerranée ; les autres dans les mers du Brésil, du Cap, et du Coromandel. Les torpilles, qui forment le deuxième sous-genre, ont le corps aplati en disque, et la queue grosse, courte et charnue. Ces formes les rapprochent d'un côté des rhinobates, et de l'autre des raies proprement dites. Les torpilles sont célèbres par la faculté qu'elles ont de donner à volonté de violentes commotions lorsqu'on les touche. L'organe qui fait chez elles la fonction de machine électrique est un appareil de tubes partagés par des diaphragmes en petites cellules hexagones, et situés près de la tête en avant des nageoires pectorales. Les torpilles donnent des commotions aux animaux qui les inquiètent, et il paraît qu'elles étourdissent ainsi ceux dont elles veulent faire leur proie ; elles n'ont aucune autre arme. On trouve des torpilles dans presque toutes les mers ; la plus grande, et celle qui donne les plus fortes commotions, se pêche au cap de Bonne-Espérance. La torpille à cinq taches ; la torpille marbrée et la torpille de Galvani, vivent sur nos côtes ; mais c'est depuis peu qu'on les a distinguées de leurs congénères. Les autres espèces du genre raie, ont le corps très-aplati, très-élargi, et la queue longue et filiforme. Leurs dents, qui sont de différentes formes, ont servi à distinguer les sous-genres. Dans certaines espèces la queue est lisse, dans d'autres elle est armée de longues épines dentelées de chaque côté. Ces armes ne sont point venimeuses, mais elles n'en font pas moins des blessures très-difficiles à guérir. La raie bouclée et la raie ronce (*raia rubus,* Lin.), qu'on voit fréquemment dans nos marchés, sont celles dont la chair est la plus estimée. L'espèce de nos mers qui atteint les plus grandes dimensions est la raie blanche (*raia batis,* Lin.) ; on en a vu qui pesaient plus de deux cents livres. Parmi les espèces étrangères, l'une des plus remarquables est la raie séphen, Lacép.; elle appartient au sous-genre des pastenagues; son dos est garni de tubercules osseux, très-petits et très-rapprochés. On use sur la meule ces tubercules, on les polit ensuite, et l'on obtient ainsi les peaux lisses et luisantes connues dans le commerce sous le nom de galuchat. Cette espèce vit à la côte de Coromandel, d'où M. Leschenault nous l'a envoyée. La Méditerranée nourrit encore une espèce gigantesque, *raia cephaloptera*, qui, par la forme singulière de ses nageoires, a fait établir le sous-genre céphaloptère. Sa tête est tronquée, et les nageoires pectorales, au lieu de l'embrasser, se prolongent en avant et donnent à l'animal l'air d'avoir deux cornes. C'est le céphaloptère giorna, *Risso, ichtyol. de Nice*. On voit au plafond une seconde espèce qui vient du Brésil.

Le dernier genre des sélaciens est celui des chimères, dont nous avons deux espèces : l'une de nos mers, que l'on a nommée le roi des harengs, parce qu'on la pêche à la suite de ces poissons voyageurs, est remarquable par le long filet qui termine sa queue; l'autre, des mers antarctiques, a sur la tête un appendice charnu couvert d'aspérités.

La famille suivante ne comprend que deux

genres. Le premier est celui des esturgeons dont nous avons quatre espèces : de grands individus de la plus commune sont attachés au plancher. C'est avec la vessie natatoire du hausen, ou grand esturgeon, qu'on fabrique la colle de poisson, et c'est avec les œufs salés et fumés du sterlet, ou petit esturgeon, qu'on prépare le meilleur caviar. Le second genre est un poisson très-rare qui vit dans les eaux douces de l'Amérique septentrionale, d'où il nous a été envoyé par M. Lesueur ; on l'a nommé polyodon feuille, parce que les bords de son bec sont garnis d'une membrane mince et réticulée par un grand nombre de vaisseaux qui ressemblent aux nervures des feuilles.

Les poissons que nous avons vus jusqu'ici sont cartilagineux ; ceux qui suivent appartiennent à une autre série, celle des osseux. La première famille est celle des gymnodontes, qui se compose des trois genres diodon, tétrodon et mole. Les premiers, vulgairement nommés orbes épineux ou hérissons de mer, ont la faculté de se gonfler, et on les voit alors flotter sous la forme de boules hérissées d'épines. Les seconds, dont le corps est couvert d'épines moins saillantes, sont vulgairement nommés boursouflus. Nous en avons cinquante-quatre espèces. L'une des plus anciennement connues est le fahaca des Arabes (*tetrodon physa*, Geoffr. Saint-Hil.). Le Nil en jette

beaucoup sur les terres pendant les inondations;
il est souvent figuré sur les monumens égyptiens.
Le troisième genre comprend les espèces vulgairement appelées poissons lunes. Leur corps est comprimé et sans épines, et leur queue est si courte
qu'ils ont l'air d'en être privés. Nous en avons
quatre espèces. Celle de nos mers, qui est argentée, pèse quelquefois trois cents livres. On en
voit deux individus attachés au plafond.

La seconde famille, celle des sclérodermes,
comprend deux genres, les balistes et les ostra-
cions ou coffres. Nous avons soixante-six espèces
du premier et dix-huit du second. Toutes vivent
dans les mers équatoriales, excepté le baliste
porc, vulgairement *pesce balestra*, qui se trouve
dans la Méditerranée. Les couleurs des balistes sont
très-vives et très-variées; mais elles se perdent
après la mort. Les coffres ont, au lieu d'écailles,
des compartimens osseux soudés en une cuirasse
qui leur revêt la tête et le corps; leur forme est
celle d'une boîte triangulaire ou carrée; tous,
un seul excepté, sont armés d'épines situées diversement selon les espèces.

L'ordre des lophobranches est très-remarquable par ses branchies, qui, au lieu d'avoir la forme
de dents de peigne, ont celle de petites houppes.
Il comprend trois genres : celui des syngnathes ou
aiguilles de mer, dont nous avons dix espèces;

celui des hippocampes, vulgairement nommés chevaux marins, dont nous avons quatre espèces; et celui des pégases, qui n'en contient que deux. Presque tous les poissons de cet ordre ont le corps cuirassé d'un bout à l'autre par des écussons qui le rendent anguleux. Les pégases, petits poissons de la mer des Indes, doivent leur nom à la forme singulière que leur donne la grandeur de leurs nageoires pectorales.

Après les lophobranches nous passons au cinquième ordre, celui qui comprend le plus grand nombre de poissons d'eau douce. La première famille est celle des saumons : ce genre, très-nombreux, a été subdivisé en plusieurs sous-genres, d'après la forme des dents; nous en avons au cabinet quarante-quatre espèces. Tout le monde connaît le saumon, la truite, l'éperlan, l'ombre, etc. Parmi les espèces étrangères, nous nous bornerons à citer le piraya, (*salmo rhombeus,* Lin.), des fleuves de l'Amérique méridionale : lorsque ce poisson voit nager d'autres animaux, il s'élance sur eux, et avec ses dents tranchantes il leur fait des blessures dangereuses.

La seconde famille, celle des clupes, comprend un grand nombre de poissons de rivière et de poissons de mer. La plupart de ceux-ci remontent dans les fleuves vers le temps du frai. Cette famille a été divisée en huit genres, et nous en avons au cabinet quarante-trois espèces. Le premier genre est celui des harengs, divisé en sept sous-genres par M. Cuvier. Le premier sous-genre, dont nous avons dix-neuf espèces, comprend l'alose, la feinte, le hareng, la sardine. Les six autres sont les anchois, les mégalopes, les thrisses, les odontognathes, les pristigastres, et les notoptères. Les anchois, dont nous avons six espèces, diffèrent des harengs par la forme allongée de leur museau. Le plus remarquable des mégalopes est le tassard des Antilles, *king-fish* des Anglais (*clupea cyprinoïdes*, Bl.), décrit par M. de Lacépède, sous le nom de mégalope filament. Le bel individu qu'on voit ici nous a été envoyé de la Guadeloupe par M. L'Herminier.

Le second genre, celui des élopes, ne comprend que deux espèces, l'une des Indes, l'autre des mers de l'Amérique septentrionale : la première nous vient de Sonnerat et de M. Leschenault; l'autre nous a été envoyée par M. Milbert.

Le genre chirocentre est formé d'une seule espèce de la mer des Indes; on la nomme sabre de mer à cause de sa forme. C'est M. Leschenault qui nous l'a envoyée.

Le quatrième genre, celui des érythrins, comprend des poissons qui se trouvent dans les deux mondes ; nous en avons quatre espèces. Nous n'en connaissons qu'une du genre amie ;

elle vit dans les eaux douces de la Caroline, d'où M. Bosc nous l'a rapportée. Les vastrés sont aussi des poissons d'eau douce ; nous en avons deux espèces : l'une a été apportée du Sénégal par Adanson ; l'autre, d'une grande taille, et qu'on voit attachée au plafond sous le nom de vastrés géant, Cuv., nous a été envoyée du Brésil : ni l'une ni l'autre n'ont encore été décrites.

Les deux espèces du genre lépisostée vivent dans les lacs et les rivières de l'Amérique. La première, *esox osseus*, Bl., est connue dans l'Amérique du nord sous le nom de caïman; l'autre, de l'Amérique équinoxiale, a été décrite et figurée par M. de Lacépède.

Le huitième et dernier genre de la famille des clupes a été découvert dans le Nil par M. Geoffroy Saint-Hilaire ; c'est le polyptère bichir, décrit et figuré dans les Annales du Muséum, tom. i, pl. 5.

Passons à la troisième famille, celle des ésoces. Elle est divisée en trois genres, les brochets, les exocets et les mormyres. Ce sont des poissons d'une extrême voracité; la plupart vivent dans la mer, quelques-uns seulement sont fluviatiles ; nous en avons au cabinet vingt-cinq espèces, et M. Cuvier les a subdivisés en neuf sous-genres, dont un seul, celui des chauliodes, manque au cabinet.

Le brochet d'Europe est connu de tout le monde : une autre espèce des eaux douces de l'Amérique septentrionale nous a été envoyée par M. Lesueur sous le nom de brochet réticulé. Les orphies sont des poissons de mer remarquables par leur long museau, et surtout par la couleur verte de leurs arêtes. Nous en avons quatre espèces: une de nos côtes, *esox belone*, Lin., et trois d'Amérique, décrites par M. Lesueur. Les hémiramphes ou demi-becs, Cuv., ont un caractère singulier, c'est que la mandibule inférieure de leur mâchoire se prolonge en une longue pointe sans dents. Nous en avons trois espèces, une du Brésil, et deux de la mer des Indes.

Les exocets, que l'on appelle communément *poissons volans*, se trouvent dans toutes les mers, principalement vers les tropiques. La grandeur de leurs nageoires pectorales leur donne la faculté de se soutenir quelques momens en l'air quand ils se sont élancés hors de l'eau ; mais, lorsqu'ils veulent échapper ainsi aux poissons qui les poursuivent, ils deviennent souvent la proie des frégates et autres oiseaux de mer. Nous en avons trois espèces. Le genre des mormyres comprend huit espèces, toutes du Nil, d'où M. Geoffroy Saint-Hilaire les a rapportées. Une d'elles, qui a le museau très-prolongé, était connue et révérée des anciens Égyptiens sous le nom d'*oxyrhynque*, et on la voit souvent figurée sur leurs monumens.

La quatrième famille, celle des cyprins, est ex-

trêmement naturelle ; elle se compose de poissons
d'eau douce qui se trouvent sous toutes les latitudes ; nous en avons trente-cinq espèces. Le
premier genre est celui des carpes, auquel appartiennent le barbeau, la brème, la tanche et plusieurs poissons blancs, qui ont servi de type à
divers sous-genres établis par M. Cuvier. Tout le
monde connaît la carpe commune. La dorade de
la Chine, ou le petit poisson rouge, qui, par la
beauté de ses couleurs et la vivacité de ses mouvemens, fait l'ornement de nos bassins, appartient à
ce genre ; l'éducation domestique en a singulièrement multiplié les variétés. A côté des carpes est
le gonorhynque, dont on ne connaît qu'une espèce
fort rare que M. Delalande nous a apportée du
Cap. Vient ensuite le genre des loches dont nous
avons quatre espèces. La première est dans nos
ruisseaux, la seconde dans nos étangs, la troisième
dans nos rivières ; la quatrième, qui n'a point été
décrite, nous a été envoyée de l'Amérique du nord
par M. Milbert.

Les anableps sont un genre bien différent des
loches, avec lesquelles on les avait réunis. Leurs
yeux très-saillans ont la cornée et l'iris partagés
en deux portions par des bandes transversales,
en sorte qu'ils ont deux pupilles quoiqu'ils n'aient
qu'un cristallin et une rétine : conformation dont
il n'y a point d'autre exemple dans les animaux

vertébrés. Les anableps vivent dans les rivières de l'Amérique équatoriale : ils sont vivipares.

Les pœcilies, les cyprinodons et les lébias sont les derniers genres de la famille des cyprins. Nous avons six espèces de pœcilies, petits poissons qui se trouvent dans les rivières des deux Amériques, une espèce de cyprinodons, et deux de lébias récemment décrites par M. Valenciennes.

Après les cyprins viennent les siluroïdes, poissons qui n'ont point d'écailles, mais une peau unie, ou de grandes plaques osseuses : presque tous vivent dans les rivières des pays chauds. Nous en avons cinquante-sept espèces. Les silures, qui sont le premier genre de cette famille, ont en avant des nageoires dorsales et pectorales, une forte épine qu'ils redressent à volonté, et qui est une arme dangereuse. Leur bouche est garnie de barbillons souvent aussi longs que le corps, et leur tête osseuse n'est pas recouverte par la peau. Le saluth des Suisses (*silurus glanis*) est la seule espèce qui se trouve dans les climats septentrionaux ; il est commun dans le Danube, et c'est le plus grand de nos poissons d'eau douce. Le défaut d'épines à la nageoire dorsale a fait séparer de ce genre, sous le nom de malaptérure, le fameux silure électrique du Nil, que M. Geoffroy Saint-Hilaire nous a rapporté d'Égypte : c'est le raasch ou tonnerre des Arabes, qui donne des commo-

tions électriques, comme la torpille et le gymnote. Les derniers genres de cette famille sont les
asprèdes et les loricaires dont le corps est cuirassé de plaques dures et anguleuses. Nous en
avons huit espèces.

La première famille du quatrième ordre se compose presque entièrement du genre des gades
qui comprend la morue, le merlan, la merluche,
le lieu. Ces poissons vivent en bandes dans les
mers d'Europe. Un très-grand nombre de vaisseaux se rendent chaque année dans la mer du
Nord, pour y faire la pêche de la morue : on la
sale, on la fume, et c'est, principalement pour les
Hollandais, l'objet d'un commerce considérable.
Nous avons vingt-six espèces de gades. La lotte,
qui appartient à cette famille, est la seule espèce
fluviatile. Les grenadiers sont très-voisins des
gades : nous en avons deux espèces qui vivent dans
les profondeurs de la Méditerranée ; elles nous
ont été données par M. Risso.

La seconde famille du même ordre, vulgairement dite poissons plats, est formée du grand
genre des pleuronectes dont nous avons cinquante-
neuf espèces. A ce genre appartiennent le turbot,
la barbue, la limande, le flétan, et la sole. Ces
animaux sont les seuls vertébrés qui ne soient pas
symétriques. Les deux yeux, les narines sont du
même côté de la tête, et la bouche est inégale-

ment fendue. Un très-grand flétan des mers du Nord est attaché au plafond, il a été pêché à Saint-Valery, et nous a été envoyé par M. Baillon.

La famille suivante, celle des discoboles, comprend quatre genres peu nombreux. Les deux premiers, le lépadogastre et le cycloptère, sont pour la plupart de petits poissons qui se tiennent cachés entre les pierres. Nous en avons huit espèces. Les échénéis sont remarquables entre tous les poissons par un disque lamelleux et aplati qu'ils portent sur la tête, et à l'aide duquel ils se fixent à différens corps : ils s'attachent ainsi à de gros poissons, ou à la carène des vaisseaux, et sont entraînés dans leur course. Nous en avons quatre espèces. Les deux plus communes sont le remora et le naucrate ; c'est du remora qu'on a raconté qu'il pouvait arrêter un vaisseau. Nous avons trois espèces du genre ophicéphale : elles viennent de la mer des Indes.

Le septième ordre des poissons ne forme qu'une famille, celle des anguilliformes, dont nous avons soixante-cinq espèces, qu'on a séparées en plusieurs sous-genres. Ces poissons ont le corps allongé comme des serpens : ils n'ont point de nageoires ventrales, ce qui les a fait nommer apodes, et le nombre de leurs autres nageoires diffère selon les genres. Les anguilles les ont toutes ; les ophisures manquent de celles de la queue ; les mu-

rènes ou murénophis des pectorales, et les apté-
richtes n'ont aucune nageoire. Le premier genre
est celui des anguilles; l'anguille vulgaire (*murœna
anguilla*, Lin.), se trouve dans les rivières sous
toutes les latitudes : on en voit au plafond un individu long de 5 pieds. Une espèce de murénophis, fameuse chez les Romains qui l'élevaient
dans leurs viviers, est la murène de la Méditerranée (*murœna helena*, Lin.). Un individu de 4
pieds est attaché au plafond. Les gymnotes se distinguent des anguilles par l'absence de la nageoire
dorsale. Nous en avons six espèces. Ce sont des
poissons d'eau douce de l'Amérique équinoxiale.
L'un d'eux (*gymnotus electricus*, Lin.), est très-célèbre par la puissance qu'il a de donner à volonté,
à distance, et dans la direction qu'il lui plaît, les
plus violentes commotions : il tue ainsi les poissons dont il veut se nourrir. Si des chevaux entrent dans un étang où se trouvent des gymnotes,
ils sont à l'instant renversés et ne peuvent plus se
relever. Cette vertu s'épuise à mesure que le poisson l'exerce ; elle se rétablit par le repos : l'organe
dans lequel elle réside règne tout le long du dessous de la queue. Un de ces gymnotes a été apporté vivant à notre ménagerie ; mais on n'a pu
le conserver assez long-temps pour répéter toutes
les expériences que M. de Humboldt avait faites
en Amérique.

Nous sommes arrivés au huitième et dernier ordre des poissons, c'est le plus nombreux de tous; il a été divisé en huit familles que nous allons parcourir.

Les tænioïdes ont été ainsi nommés, parce que leur corps long et aplati ressemble à un ruban. Nous en avons cinq espèces : nous nous bornerons à citer 1° le lophote cépédien, rare et beau poisson du golfe de Gênes, envoyé par M. Martial Duvaucel ; 2° le gymnètre cépédien, de la Méditerranée, dont le corps est argenté et les nageoires rouges; 3° la jarretière, qui a été pêchée à la Rochelle. Un individu de chacun de ces trois poissons a été attaché au plafond.

La famille des gobioïdes comprend les blennies et les gobies : nous avons soixante-seize espèces du premier genre, et quarante-six du second. Ce sont en général de petits poissons qui vivent en troupes sur les roches des rivages, et qui peuvent rester quelque temps hors de l'eau. On a distingué, sous le nom de salarias, quelques espèces de blennies, de la mer des Indes, qui ont les dents très-nombreuses, très-minces et mobiles comme les touches d'un clavecin. Les anarrhiques sont très-voisins des blennies. Celui qu'on nomme loup marin, ou chat marin, est d'une grande ressource pour les Irlandais, qui le mangent séché, et qui emploient sa peau comme chagrin, et son foie comme savon. Un grand individu est attaché au plafond. Les périophtalmes, dont nous avons cinq espèces, sont auprès des gobies. Leurs yeux sont garnis d'une paupière mobile et rapprochés sur le sommet de la tête. Ces poissons peuvent vivre long-temps hors de l'eau; et, en s'aidant de leurs nageoires pectorales, ils courent assez vite sur la vase. Celui du Sénégal a été donné au Cabinet, par M. Delcambre, qui l'avait pris pour un lézard, et l'avait tué d'un coup de fusil. Les autres espèces sont des Moluques. Les sillago appartiennent à la même famille. Les deux espèces connues sous les noms de *péche-madame* et *péche-bicout* sont les meilleurs poissons de la mer des Indes. Les callionymes, qui terminent la famille des gobioïdes, sont de jolis poissons à peau nue : nous en avons quatre espèces.

La troisième famille, celle des labroïdes, comprend plusieurs genres qui ont le corps long et écailleux, et se reconnaissent à leur aspect. Le premier genre, celui du labre, est caractérisé par l'épaisseur de ses lèvres charnues. M. Cuvier l'a divisé en sept sous-genres, parmi lesquels nous citerons 1° le labre, proprement dit, auquel appartiennent le tourd et la louche de la Méditerranée, et la vieille des mers du Nord, beau poisson dont le corps est peint d'orangé et de bleu.

2°Les girelles, qui diffèrent des labres par le défaut d'écailles sur la tête. Nous en avons quarante-sept espèces, dont une de la Méditerranée (*labrus julis*, Lin.) se distingue par sa belle couleur violette, relevée de chaque côté par une bande du plus bel orangé. 3° Les crénilabres, dont nous avons quarante-neuf espèces, la plupart de la Méditerranée, et toutes peintes des plus belles couleurs. 4° Le filou (*sparus insidiator*, Pall.) de la mer des Indes, poisson très-remarquable par l'extrême extension qu'il peut donner à son museau, dont il fait subitement une espèce de tube au moyen duquel il saisit les petits poissons qui nagent à sa portée. C'est une espèce très-rare dans les Cabinets. 5° Enfin, les gomphoses, qui ont le museau prolongé comme les filoux, mais la bouche fort petite, et non extensible. Les deux seules espèces connues vivent dans la mer des Indes et ont été apportées par Commerson.

Les rasons (*novacula*), second genre de cette famille, se distinguent par la forme tranchante de leur front, qui descend presque verticalement jusque vers la bouche. Nous en avons six espèces, dont une de la Méditerranée, les autres des mers équatoriales. Après les rasons, viennent les chromis. Nous en avons dix-sept espèces, dont une des mers de l'Amérique septentrionale, a été surnommée *auritus*, parce que sa peau forme un prolongement au-dessus des ouïes. Le dernier genre est celui des scares, dont nous avons sept espèces, qui toutes vivent dans les mers des pays chauds. La forme singulière de leur museau, la convexité de leurs mâchoires, et l'éclat de leurs couleurs les ont fait surnommer poissons perroquets.

La famille suivante est celle des sparoïdes, dont nous avons environ trois cent cinquante espèces. M. Cuvier l'a divisée en vingt-cinq genres, qui sont caractérisés par la forme des mâchoires, des dents et des opercules. Nous avons vingt-deux espèces du genre picarel, auquel appartiennent le picarel commun et la mendole, qui se trouvent dans la Méditerranée. Les plus remarquables des autres sont 1° les spares, dont les dents sont rondes et placées les unes à côté des autres comme des pavés. Nous en avons dix-huit espèces ; la plus renommée par le goût de sa chair et par la beauté de ses couleurs est la daurade, *sparus auratus*, Lin., que l'on pêche dans presque toutes les mers. 2° Les bodians, qui ont des opercules épineux et non dentelés, et les serrans, qui ont des dentelures et des épines. Ces deux genres comprennent le plus grand nombre des poissons de la famille des sparoïdes. Nous avons trente-une espèces du premier, et cinquante-quatre du second ; toutes ont, pendant la vie, des couleurs très-vives, et leur corps est ordinairement moucheté ou marqué de bandes transversales. Une espèce remarquable par sa belle couleur rouge est celle qu'on nomme le barbier, *serranus anthias*, Cuv. 3° Les scorpènes ou rascasses sont divisés en quatre sous-genres, et nous en avons vingt-deux espèces. Les épines dont leur tête est hérissée, et les lambeaux charnus et dentelés qui sont attachés autour de leur corps, en font les plus hideux de tous les animaux. On les nomme vulgairement truies de mer, cochons de mer. On en pêche deux espèces dans nos climats; les autres sont étrangères. Le sous-genre des ptéroïs comprend des poissons qui vivent dans les eaux douces de l'Inde et des Moluques; ils ont des formes très-bizarres, mais des couleurs agréables. Ils sont surtout remarquables par le grand développement de leurs nageoires pectorales, ce qui a fait donner à quelques-uns d'entre eux l'épithète de volans. *Scorpæna volitans Sc. evolans.* Il y en a au cabinet deux espèces inédites.

La famille des persèques est aussi nombreuse que la précédente, dont elle se distingue, parce que les poissons qui la composent ont deux nageoires sur le dos. Nous en avons plus de deux cents espèces au cabinet. M. Cuvier y rapporte dix-huit genres, divisés en plusieurs sous-genres. Nous ne nous arrêterons qu'à ceux qui offrent des espèces remarquables ; ce sont 1° les mulles, dont nous avons quinze espèces. La plus renommée est le rouget de la Méditerranée ; son dos est du plus beau rouge, son ventre argenté, et sa chair est très-délicate. 2° Les perches, dont une espèce, connue de tout le monde, vit dans les eaux douces. M. Cuvier les a divisées en six sous-genres. Nous citerons seulement le sandre, poisson excellent, qui, par la forme aplatie de son museau, ressemble au brochet, et qui a, par cette raison, été nommé *perca lucio perca.* On en voit au plafond un très-bel individu qui nous a été donné par M. le marquis de Bonnay. Nous avons trente - quatre espèces du genre perche. 3° Les sciènes, reconnaissables à leur museau obtus et couvert d'écailles. Nous en avons trente-une espèces de l'océan Indien et de la Méditerranée. La plus remarquable par sa taille et par la bonté de sa chair est le fegaro des Génois, nommé aussi l'aigle ou le maigre, *sciena aquila,* Cuv. Mém. du Mus. Il a souvent 6 pieds de long : on le pêche dans la Méditerranée, et plus rarement dans la Manche. On en voit trois individus attachés au plafond. Une espèce d'eau douce nous a été récemment envoyée du lac Erié, par M. Lesueur, qui l'a nommée *sciœna oscula.* 4° Le pogonias, qui diffère des sciènes par un grand nombre de barbillons qu'il a sous la gorge. La seule espèce connue de ce genre vit dans les mers de l'Amérique du nord, d'où M. Milbert nous en a envoyé de grands indivi- dus. 5° Les trigles ou grondins, remarquables par leur tête cuirassée et anguleuse, par les rayons libres placés au devant de leurs nageoires pec- torales, et par le développement de ces nageoires. Nous en avons dix-huit espèces. La plus com- mune dans nos marchés est le grondin ou coucou, *trigla cuculus*, Lin., d'un rouge vif. La plus re- marquable est le poisson volant, dactyloptère Lacép., vulgairement hirondelle de mer, *trigla vo- litans*, Lin. : ses nageoires pectorales sont si éten- dues qu'il peut voler pendant quelques minutes au-dessus de l'eau. Il se trouve dans l'Océan et la Méditerranée. 6° Enfin, les baudroies, *lo- phius*, Lin., dont nous avons douze espèces, divi- sées par M. Cuvier en trois sous-genres : savoir, les baudroies, proprement dites, ou raies pêche- resses; les chyronectes et les maltées. Ces pois- sons sont trop singuliers pour que nous n'en parlions pas. La raie pêcheresse, *lophius pisca- torius*, Lin., habite nos mers; elle atteint 4 ou 5 pieds de longueur : ses ouïes, dont la cavité est très-grande, n'ont qu'une petite ouverture, ce qui lui donne la faculté de vivre long-temps hors de l'eau. Sa peau est sans écailles, et ses nageoires pectorales sont supportées comme par des bras.

Elle porte sur la tête des rayons mobiles et fort longs, qu'elle fait jouer en tenant son corps caché sous la vase ; alors, si de petits poissons mordent ses filets, qu'ils prennent pour des vers, elle les replie et les retire dans sa gueule avec ces mêmes poissons qu'elle avale ou qu'elle met en réserve dans la cavité de ses ouïes. Nous avons huit espèces de chironectes, décrites et figurées par M. Cuvier, dans les Mémoires du Muséum. Ce sont de petits poissons des mers étrangères; leurs nageoires paires, portées sur un long pédicule, leur servent à ramper sur la vase. Les maltées sont des poissons d'une forme bizarre. Nous en avons trois espèces, dont deux très-rares. La troisième, des Antilles, est connue sous le nom de chauve-souris de mer.

La famille suivante, celle des scombéroïdes, dont nous avons plus de soixante-dix espèces, est divisée en quatorze genres. Le premier de ces genres, celui qui a donné le nom à la famille, a été subdivisé en six sous-genres : savoir, 1° les maquereaux, qui abondent en été sur les côtes de l'Océan. 2° Les thons, dont la pêche est une des plus grandes richesses de la Méditerranée. 3° Les germons, qui donnent également lieu à de grandes pêches dans le golfe de Gascogne. L'individu qui est au cabinet, nous a été envoyé de la Rochelle par M. d'Orbigny. 4° Les caranx, remarquables par la carène osseuse qu'on voit de chaque côté de leur queue. Nous en avons trente-sept espèces, dont une de la Méditerranée est connue sous le nom de maquereau bâtard.

Les vomers, dont nous avons sept espèces, d'Amérique et des Indes, se distinguent à leur front élevé et tranchant, et à la forme de leur corps, qui est très-comprimé, et dont la largeur égale ou surpasse la longueur. M. Cuvier les a divisés en quatre sous-genres, d'après la forme des nageoires : presque tous ont un éclat argenté qui les a fait nommer lunes.

On ne connaît qu'une seule espèce du genre tétragonure : elle vit à de grandes profondeurs dans la Méditerranée, et sa couleur noire lui a fait donner le nom de corbeau de mer. Nous la devons à M. Risso, qui l'a décrite sous le nom de *tetragonurus Cuvieri*.

Le genre des épinoches *gasterosteus* comprend les plus petits de nos poissons d'eau douce ; tous sont épineux. Des deux espèces qu'on trouve dans nos ruisseaux, celle qu'on nomme épinochette, *gasterosteus pungitius*, Lin., n'a pas un pouce de long. La seconde, qu'on nomme vulgairement le savetier, est un peu plus grande. La troisième nous vient de l'Amérique du nord.

Les centronotes (*centronotus*, Lacép.), sont placés auprès des épinoches. Nous en avons quatre espèces : c'est à ce genre qu'appartient le pilote (*gasterosteus ductor*, Lin.), ainsi nommé parce qu'il a l'habitude de nager au-devant du requin pour lui indiquer sa proie, et se nourrir ensuite de ses excrémens.

Le genre des dorées (*zeus*, Lin.) a été partagé en trois sous-genres. Nous en avons quinze espèces. La plus connue est le poisson Saint-Pierre (*zeus faber*, Lin.); on le pêche dans l'Océan et dans la Méditerranée : il a le corps jaune marqué d'une tache noire sur chaque flanc. Les autres espèces sont presque toutes de la mer des Indes. Le genre chrysostrome ne comprend que deux espèces fort rares et remarquables par la beauté de leurs couleurs : la première est l'opah, ou poisson lune, le *zeus regius*, Penn., qu'on a attachée au plafond à cause de sa taille; l'autre, encore inédite, a été envoyée à M. de Lacépède par M. le comte de Lynch, pair de France. M. de Lacépède se propose de la publier sous le nom de *zeus argyropomus*. Les espadons *xyphias* se reconnaissent à leur museau prolongé en une sorte de lame d'épée qui a jusqu'à 3 pieds de long. Ces poissons deviennent fort grands. On voit au plafond un individu de l'espèce de la Méditerranée, *xyphias gladius*, et le bec, d'une autre espèce de la mer des Indes qu'on nomme le voilier, à cause de la nageoire très-élevée qu'il a sur le dos.

Le genre des coryphènes a été divisé en quatre sous-genres dont un seul, le *pteraclis*, de la mer des Indes, manque à la collection. L'espèce la plus connue est la dorade : c'est un poisson long de 3 ou 4 pieds, d'un bleu argenté, avec les nageoires jaunes. Il vit en troupes dans les mers des pays chauds et poursuit les poissons volans. Ses couleurs éclatantes l'ont fait remarquer de tous les navigateurs.

Les achanthures sont caractérisés par une ou plusieurs épines tranchantes qu'ils ont à côté de la base de la queue ; ce qui les a fait nommer aussi chirurgiens. Nous en avons dix-sept espèces. Les nasons se rapprochent des achanthures par la position de leurs épines : ils en diffèrent principalement par une proéminence plus ou moins saillante qu'ils portent au devant des yeux, et qui les a fait nommer licornes de mer. Nous en avons trois espèces de la mer des Indes.

Passons à une autre famille, celle des squammipennes, ainsi nommée parce que les poissons qui la composent ont la plus grande partie de leurs nageoires dorsale et anale recouvertes d'écailles. Nous avons plus de cent espèces de cette famille, que M. Cuvier a divisée en dix-huit genres. Le plus nombreux est celui des chœtodons, qui ont les dents nombreuses, rapprochées, et semblables à des crins par leur finesse et leur longueur : ils sont peints de couleurs très-vives, disposées par bandes, ce qui les a fait appeler bandoulières. Tous vivent dans les mers équatoriales. M. Cuvier les a partagés en huit sous-genres. Nous en avons au cabinet quarante-deux espèces.

On ne connaît qu'une espèce du genre osphronème (*osph. olfax*, Commerson) ; c'est un bon poisson, originaire de Java, d'où il a été transporté dans les rivières de l'île de France, et de là à Cayenne : on l'appelle gorami. Ce genre et celui des trichopodes, qui est à côté, présentent un caractère singulier, c'est qu'un des rayons de leurs nageoires ventrales forme une soie articulée aussi longue que le corps.

Après les trichopodes on voit le genre archer, (*toxotes*, Cuvier), qu'on avait confondu avec les labres dont il diffère beaucoup : on n'en connaît qu'une espèce de la mer des Indes (*labrus jaculator*, Lin.), l'épithète *jaculator* lui a été donnée à cause de l'habitude qu'il a de lancer des gouttes d'eau sur les insectes qui volent près de lui, pour les faire tomber et s'en nourrir. Un autre poisson, très-singulier par l'appareil compliqué de ses branchies et par ses habitudes, est le sennal (*perca scandens*, Daldorf, *anthias testudineus*, Bl.), dont M. Cuvier a fait le genre anabas. Comme il peut garder de l'eau pendant long-temps dans la cavité de ses branchies, il rampe sur la terre et grimpe sur les palmiers, où il se baigne dans l'eau de pluie amassée entre les bases des feuilles. Les polynèmes, dernier genre de la famille des squammipennes, ont des rayons libres, placés sous la gorge en avant des nageoires pectorales ; ce singulier caractère les a fait nommer poissons de paradis. Dans l'un d'eux (*polynemus paradisæus*, Lin.), ces rayons sont deux fois plus longs que le corps. Nous en avons cinq espèces de la mer des Indes.

La dernière famille de la classe des poissons est celle des bouches-en-flute, qui comprend les deux genres fistulaire et centrisque, subdivisés chacun en deux sous-genres. Les fistulaires sont des poissons cylindriques, dont la tête est si allongée, qu'elle forme le tiers de l'animal : entre les lobes de la queue naît un filament aussi long que le corps. Nous en avons deux espèces qui se trouvent dans les mers des pays chauds. Les aulostomes diffèrent des fistulaires, proprement dites, en ce qu'ils ont la tête moins longue, et n'ont point de filet. Nous n'en avons qu'une espèce de la mer des Indes, (*fistularia sinensis*, Bl.).

Les centrisques, vulgairement appelés bécasses de mer, ont le museau tubuleux comme les fistulaires, mais leur corps est comprimé et beaucoup moins long. Nous en avons deux, un de couleur argentée (*centriscus scolopax*, Lin.), vit dans la

Méditerranée : l'autre, qui appartient au sous-genre amphisile, vient de la côte de Coromandel, et nous a été envoyé par M. Leschenault.

Ici se termine la collection des poissons, quatrième et dernière classe des animaux vertébrés. Nous allons maintenant remonter au second étage, pour y voir les animaux sans vertèbres.

§ VIII. COLLECTION DES ANIMAUX ARTICULÉS,

LE règne animal se partage naturellement en deux grandes divisions, celle des animaux qui ont des vertèbres, et conséquemment un squelette intérieur, et celle des animaux sans vertèbres. Les collections que nous avons vues offrent les animaux de la première division; celles qui nous restent à voir comprennent ceux de la seconde. Pour les examiner avec plus de facilité, nous les séparerons seulement en deux sections; celle des articulés, et celle des non articulés. Comme les uns et les autres sont en général d'une petite taille, on les a rangés dans un meuble qui occupe le milieu de la galerie du deuxième étage, depuis la première salle des oiseaux jusqu'à celle des quadrupèdes carnassiers (1).

La collection des animaux articulés, dont nous

(1) Ce meuble se compose de tiroirs et d'armoires vitrées dans le bas, d'un entablement sur lequel les coquilles sont rangées dans des cages de verre, et de cadres verticaux où l'on a placé les arachnides et les insectes. Il a été construit par M. Lassaigne père, artiste fort habile, qui est attaché au Muséum depuis trente ans.

avons aujourd'hui environ vingt-cinq mille espèces, se partage en cinq classes que nous allons
voir successivement. Elle n'existe que depuis la
nouvelle organisation du Muséum. L'ancien cabinet n'en offrait que quinze cents individus,
presque tous de la classe des arachnides et des
insectes, provenans pour la plupart du cabinet de
Réaumur, et envoyés, soit à ce célèbre entomolo-
giste, soit à Buffon, par Cossigny, Duhamel, de
Poivre, Adanson, Granger, Chavalon, Commerson, Sonnerat et divers autres correspondans. On
les avait exposés moins pour donner des notions
de cette branche de la zoologie, que pour offrir
aux yeux des objets de curiosité. Elle commença
à présenter une série intéressante, lorsque M. Desfontaines lui fit, en 1796, le don des insectes qu'il
avait recueillis en Barbarie. Elle reçut un accroissement considérable par la réunion du cabinet du
stathouder ; elle s'est ensuite prodigieusement enrichie par les animaux de toutes les classes que
Dombey, Maugé, Péron, Lesueur, Macé, Ho-
gard, Olivier, ont rapportés de leurs voyages, et
plus récemment par ceux que MM. Delalande,
Leschenault et Auguste Saint-Hilaire ont trouvés,
le premier au cap de Bonne-Espérance, le second
dans la péninsule de l'Inde, le troisième dans les
provinces méridionales du Brésil.

Des dons qui nous ont été faits, des échanges

avec des naturalistes, et le zèle de plusieurs de nos correspondans (parmi lesquels nous nous plaisons à citer MM. l'Herminier, Milbert, de la Pylaie, d'Orbigny) l'ont enfin élevée à un tel degré de supériorité, qu'en espèces exotiques il en est peu en Europe qui puissent lui être comparées.

Ce qui donne surtout un grand prix à cette collection, ce qui la rend essentiellement classique, c'est que non-seulement toutes les espèces y sont rapportées à leur genre, mais que toutes sont nommées avec exactitude. M. Latreille, qui s'est chargé seul de ce travail, a suivi pour la distribution des familles et des genres l'ordre établi par M. de Lamarck, dans son Système des animaux sans vertèbres. C'est par les soins de M. Dufresne, chef des travaux du laboratoire de zoologie, et par ceux de M. Lucas, qui y est employé, que les objets ont été préparés de manière à en montrer les caractères et à en assurer la conservation.

Nous allons parcourir dans l'ordre que nous avons indiqué, les différentes parties de cette collection.

En entrant dans la galerie des oiseaux par le petit escalier, on tournera à droite pour arriver à la salle des quadrupèdes carnassiers. C'est dans la partie supérieure du meuble qui occupe le milieu de cette salle, que les crustacés sont arrangés dans des cadres posés verticalement. La collection

se compose d'environ six cents espèces appartenantes à cinquante-quatre genres ; et l'on peut assurer qu'il n'en existe nulle part d'aussi complète,
surtout depuis que M. Leschenault l'a enrichie
par les recherches qu'il a faites dans l'Inde. Toutes
les espèces sont étiquetées et rapprochées les unes
des autres d'après leur affinité.

Les individus d'une trop grande taille pour
entrer dans les cadres du meuble, ont été placés
dans vingt-sept boîtes vitrées sur la corniche des
armoires qui renferment les carnassiers.

Les premières boîtes, celles qui sont à gauche
de l'entrée, renferment une suite de langoustes,
dont plusieurs attirent les regards par la variété
de leurs couleurs. La plus belle est la langouste
ornée que M. Matthieu, colonel d'artillerie, nous
a envoyée de l'île de France, avec d'autres crustacés fort rares et fort bien conservés. Dans les
trois boîtes suivantes, sont des homards (*cancer
gammarus*, Lin.), dont un, long de trois pieds,
a été envoyé de l'Amérique septentrionale par
M. Milbert. Viennent ensuite les calappes ou crabes
honteux, qui recouvrent le devant de leurs corps
avec l'extrémité de leurs pieds antérieurs élevés
et terminés en crête ; enfin les portunes, qui sont
assez semblables à nos crabes, mais dont les pieds
postérieurs sont en nageoire.

Sur la corniche vis-à-vis, à côté de la porte par

laquelle on entre dans la salle des pachydermes, on voit d'abord le crabe géant, qui est propre aux mers de la Nouvelle-Hollande. Un peu plus loin se trouvent des gécarcins ou tourlourous des Antilles : ce sont des crustacés très-singuliers par leurs habitudes : ils se tiennent dans des terriers et s'établissent même dans des cimetières ; mais au temps de la ponte ils se rendent au bord de la mer, en suivant toujours et malgré tous les obstacles une ligne droite. Les boîtes suivantes renferment le pagure voleur, la plus grande espèce du genre; les dromies, qui, ayant les pieds de derrière relevés et terminés en crochet s'en servent pour saisir des éponges, des alcyons, des valves de coquilles, et autres corps sous lesquels ils se mettent à l'abri et qu'ils transportent avec eux ; la ranine des Indes qui, dit-on, monte souvent jusque sur les toits ; et le scyllare large de la Méditerranée, dont les antennes latérales sont élargies en crête. On voit enfin dans les deux dernières boîtes le limule cyclope de l'Amérique, et le limule des Moluques. Ces crustacés ont quelquefois plus de deux pieds de longueur. Leur test, arrondi, bombé et terminé par un stylet, a la forme d'une casserole pourvue de son manche, et les créoles s'en servent pour puiser de l'eau. Une espèce de ce genre est un mets recherché des Chinois, et les Japonais la peignent ou la sculptent sur leurs monumens pour désigner la constellation du Cancer.

La série des crustacés qui garnissent l'entablement du meuble commence à l'endroit où nous sommes placés vis-à-vis la boîte qui renferme les limules. Comme toutes les espèces sont étiquetées nous nous contenterons de signaler celles qui sont le plus dignes d'attention. Ce sont, 1° le podophthalme épineux, dont les yeux sont situés à l'extrémité de longs pédicules mobiles, 2° l'ocypode chevalier ou cavalier, qui a les mêmes organes couronnés par une aigrette de poils, et qui doit son nom à la vitesse avec laquelle il court; 3° la telphuse fluviatile, ou crabe de rivière, si renommée chez les anciens; 4° la gélasine maracoani, dont l'une des pinces imite un grand ciseau; 5° le graspe masqué de la Nouvelle-Hollande; 6° le portune pélagique, nommé aussi *cedo nulli*, distingué par les marbrures de son écaille, et le portune tenaille, dont les pinces sont grêles et effilées; 7° les parthénopes, si extraordinaires par la grandeur de leurs serres, et par les inégalités et la couleur de leur test qui leur donnent un aspect pierreux; 8° les pagures ou ermites, qui passent leur vie dans des coquilles univalves dont ils se sont emparés et qu'ils traînent avec eux; 9° les phyllosomes, minces comme des feuilles, et presque transparens; 10° les squilles ou mantes de

mer, dont les serres ont la forme de harpons;
11° enfin des individus plus petits des espèces placées au-dessus des corniches, et dont plusieurs
sont comestibles, telles que le crabe tourteau,
le crabe menade, le portune étrille.

Nous allons maintenant passer à la collection des
arachnides et des insectes. Elle commence à l'extrémité du meuble placé dans la salle des oiseaux,
et elle en occupe toute la longueur, jusque vers
le milieu de la salle où sont les crustacés, et du
même côté : elle comprend environ cinquante
mille individus appartenans à plus de vingt mille
espèces différentes. Comme il eût fallu un très-
grand espace pour étaler sur un même plan un
aussi grand nombre d'objets, et que la lumière
altère les couleurs de plusieurs insectes, on a partagé cette collection de manière à en faire deux.

La première se compose de l'ancienne, et des
doubles des acquisitions modernes : elle est exposée dans les cadres placés verticalement au-dessus
du meuble. On s'est borné à l'indication des genres,
et l'on a mis à côté de chaque espèce un numéro
qui renvoie à un catalogue fait par M. Latreille,
et qu'il communique avec plaisir à ceux qui étudient la nomenclature. La seconde, plus complète
et dont la conservation est bien plus assurée, est
renfermée dans des tiroirs qui occupent le bas du
meuble : la distribution en est appropriée aux mé-

thodes récentes, et chaque espèce porte son étiquette : elle offre le type de la plupart des espèces décrites par M. Latreille, elle est accessible aux savans qui désirent la voir ; mais comme elle n'est point exposée aux yeux du public, nous n'en parlerons que pour dire qu'on y trouve presque tous les genres connus, et un grand nombre d'espèces extrêmement rares.

En parcourant la collection qui s'offre aux yeux nous n'indiquerons point la série des genres, parce que cette nomenclature nous entraînerait trop loin, nous signalerons seulement dans chaque famille les espèces qui doivent le plus attirer l'attention.

La classe des arachnides, qui comprend les araignées, les scorpions, les faux scorpions, les acarus etc., étant intermédiaire entre les crustacés et les insectes, est celle qui se présente d'abord. Les deux premiers cadres renferment diverses espèces de scorpions ; animaux qui par leur forme ont quelque rapport avec les écrevisses, et dont l'abdomen est terminé par une queue noueuse, armée d'un dard très-aigu qui introduit dans la piqûre qu'il fait une liqueur venimeuse. L'africain (n° 1) surpasse les autres par sa taille. Les habitans de nos départemens méridionaux reconnaîtront aux n°ˢ 10 et 19 l'occitanique et l'européen, qui sont communs dans le midi de la France.

La famille qui suit immédiatement est celle des araignées, dont on trouve des espèces dans tous les pays. Cette famille étant extrêmement nombreuse on l'a subdivisée en plusieurs genres, d'après des caractères tirés principalement de la disposition des yeux. Leurs armes offensives, et plus ou moins venimeuses, ont la forme de griffes ou de pinces et sont situées à la bouche. Leurs habitudes varient selon les genres. L'art avec lequel la plupart d'entre elles construisent les filets soyeux, si délicats et si réguliers, au centre desquels elles se placent en sentinelle, l'industrie qu'elles mettent à la fabrication du cocon, (n°s 5, 85 et 87), berceau de leur postérité, et leur extrême vigilance pour le préserver et le défendre, doivent nous les faire examiner avec intérêt malgré la répugnance qu'elles inspirent. Il y a de grandes espèces qui sont dangereuses, mais elles appartiennent aux contrées équatoriales : telles sont la mygale de Leblond (n°s 1 et 2), la fasciée (n° 7), et l'aviculaire (n° 3); cette dernière saisit et dévore les oiseaux-mouches. Une espèce bien remarquable par son industrie est la mygale maçonne (n° 78), elle creuse une galerie souterraine de plusieurs pieds de longueur, pour son domicile et celui de sa famille, et elle en ferme l'entrée avec une porte circulaire, fixée de manière que lorsqu'on l'a ouverte elle retombe par son propre poids. Cette espèce se trouve aux environs de Montpellier. On a placé à côté d'elle quatre de ses nids. C'est au genre lycose de M. Latreille qu'appartient une espèce très-célèbre en Italie sous le nom de tarentule, *aranea tarentula*, Lin., (n° 68). On croit que les accidens que produisent sa morsure ne peuvent être dissipés que par la musique et la danse. Le fait est que la blessure est bien moins dangereuse qu'on ne l'imagine, et que la médecine a des moyens efficaces pour en combattre les effets.

Cette espèce de lycose ne doit point être confondue avec les tarentules de Fabricius, qui forment une autre famille : à celle-ci appartiennent les phrynes, qui habitent les contrées équatoriales. Elles sont caractérisées par leur corps aplati, par deux serres garnies de nombreuses épines, et par les deux pieds antérieurs prolongés en manière de longues antennes.

C'est à la famille des faux scorpions qu'appartiennent les galéodes et les pinces. Les galéodes habitent les pays chauds et sablonneux de l'ancien continent, et les Arabes les croient venimeux. Ils courent avec une vitesse prodigieuse. Ils se distinguent des autres arachnides par deux énormes mandibules attachées aux mâchoires qui sont situées en avant d'une grande tête. On trouve souvent dans les vieux livres, dans les herbiers, etc., un petit animal semblable à un scorpion dont on aurait coupé la queue, c'est la pince-crabe (n° 2), vulgairement nommée scorpion des livres, parce qu'elle se nourrit des petits insectes qui les rongent.

Après les faux scorpions vient une famille intermédiaire entre les arachnides et les insectes proprement dits ; c'est celle des myriapodes, qu'on nomme vulgairement mille-pieds, parce que dans leur état parfait ils ont un grand nombre de pattes disposées dans toute la longueur du corps, qui est linéaire ou en forme de serpent. Cette famille se compose de deux grands genres, les iules et les scolopendres. Les plus grandes espèces de scolopendre sont exotiques. Leur bouche est armée de deux crochets qui distillent une liqueur venimeuse. L'espèce n° 2 , *Sc. morsitans*, est désignée aux Antilles par l'épithète de malfaisante. Celle du n° 6, *Sc. electrica*, est phosphorique.

Nous voici arrivés à la classe la plus nombreuse du règne animal ; à celle qui est la plus variée dans ses formes, la plus merveilleuse par l'instinct propre à chaque espèce, la plus surprenante par les métamorphoses que subissent à diverses périodes de leur vie les animaux qui la composent. Les insectes égalent les oiseaux par la richesse et la variété de leurs couleurs, ils les surpassent même, puisque quelques-uns répandent une lueur phosphorique : ils partagent avec eux l'empire des airs ; mais leur population est bien plus considérable, et leurs races sont encore plus nombreuses que celles des végétaux.

On a divisé les insectes en plusieurs ordres, très-différens par leur aspect, par le mode de transformations, et par les caractères qu'ils présentent. Nous commencerons par le plus nombreux, celui des coléoptères. On a donné ce nom à ceux qui, comme les hannetons, les scarabées, les cantharides, etc., ont deux ailes recouvertes par deux écailles appelées élytres ou étuis.

A la tête est le genre lucane, auquel appartient l'espèce qu'on voit vers le solstice d'été voler le soir dans nos bois, et qui est connue sous le nom de cerf-volant *l. cervus,* (n° 1); la femelle (n° 2) est désignée sous celui de biche.

Après les lucanes viennent les scarabées, les bousiers et les géotrupes. Dans ces trois genres les mâles sont souvent distingués des femelles par les éminences de la tête et du corselet. Nous citerons pour exemple du premier, le scarabée hercule de l'Amérique méridionale (n°ˢ 1 et 2), l'actéon (n°ˢ 16 et 17), le silène (n°ˢ 31 et 32), et le nasicorne (n°ˢ 39, 40 et 41) commun dans les couches de tan. Les mâles des espèces suivantes, le scarabée dichotome des Indes (n° 10), l'atlas (n° 12), le porte-clef (n° 23), le codrus (n° 28), et le longimane(n° 37), ne sont pas moins remarquables. Les derniers numéros, à commencer au 66e, sont de petites espèces qui vivent dans des matières excrémentitielles, et composent aujourd'hui le genre aphodie.

Le genre bousier est encore plus nombreux que celui des scarabées, et présente plusieurs espèces qui méritent de fixer nos regards. Tel est le bousier sacré, *ateuchus sacer*, Fabr. (n° 1) ; il était chez les anciens Égyptiens l'un des emblèmes d'Osiris ou du soleil, et on le voit souvent figuré dans leurs hiéroglyphes, sur leurs monumens et sur des pierres gravées. Il enferme ses œufs dans des boules de fiente, et avec l'aide d'un ou quelquefois de plusieurs individus de son espèce, il fait rouler ces boules avec les pieds de derrière jusqu'au trou qu'il a préparé pour les recevoir.

Ces habitudes sont communes à la plupart des espèces des numéros suivans. Quelques-unes ont une taille gigantesque : telles sont le bousier anténor (n°s 35 et 36), le bucéphale (n°s 38 et 40), le porte-lance (n° 41).

Les géotrupes, ainsi que l'indique l'étymologie du mot, et les lethrus creusent des trous profonds dans la terre pour y déposer leurs œufs. A côté sont les hexodons, genre très-rare dans les collections. Commerson avait apporté ces insectes de Madagascar ; on assure qu'il s'en trouve aussi à l'île de Ceylan.

Viennent ensuite les hannetons, genre très-nombreux auquel a servi de type l'espèce commune (n° 13) qui est si nuisible aux végétaux, soit à l'état de larve, soit à l'état parfait. Le hanneton foulon qui habite les lieux sablonneux des pays maritimes de l'Europe, et qui se distingue par un fond brun ou noir ponctué de blanc, est l'une des plus grandes espèces connues. Les mâles (n°ˢ 7 et 9) sont remarquables par la grandeur de la massue divisée en sept feuillets qui termine leurs antennes. De petites écailles d'un bleu tirant sur le violet et très-brillantes, recouvrent le dessus du corps du hanneton écailleux (n° 90), extrêmement commun sur les fougères dans les départemens méridionaux. La grosseur et les appendices des pieds postérieurs donnent une forme bizarre au hanneton crassipède (n° 119).

Peu de coléoptères rivalisent avec les cétoines par la richesse et la variété de leurs couleurs. La cétoine dorée se place souvent au centre des fleurs et spécialement sur les roses. La fastueuse (n° 22) se trouve aussi en France. Les plus remarquables sont la cétoine chinoise (n° 41) et la cétoine cacique (n° 40), dont M. de Lamarck a formé, avec quelques autres, un genre auquel il a donné le nom de goliath. Cette dernière, qui a jusqu'à quatre pouces de long, diffère de celles du même cadre par la forme de sa tête; elle a pour patrie la Guinée et le Congo : elle n'existe que dans deux ou trois musées.

A la suite des cétoines viennent des coléoptères fort petits que nous ferons remarquer à cause de leurs habitudes. Quelques-uns, comme les dermestes et les anthrènes, rongent les pelleteries, et détruisent même à la longue nos collections d'oiseaux, d'insectes, etc. D'autres, tels que les byrrhes, les nitidules, les boucliers, et les nécrophores ou enterreurs, dévorent les cadavres de certains animaux. A peine une taupe vient-elle d'être tuée que les nécrophores, qu'on trouve rarement, excepté dans cette circonstance, voltigent autour de son corps ; bientôt ils se glissent dessous, creusent peu à peu la terre, et finissent par l'ensevelir entièrement après y avoir déposé leurs œufs. L'espèce la plus commune chez nous est celle qu'on nomme le fossoyeur, *vespillo,* (n° 3).

Les hydrophiles, les élophores, les dytiques et les gyrins, peuplent nos étangs, et les gyrins ont souvent excité notre attention par les courbes qu'ils dessinent en sillonnant rapidement la surface des eaux.

Après ces insectes aquatiques vient une autre famille de coléoptères également carnassiers, mais terrestres. Elle se compose des genres carabe, manticore, cicindèle, scarite et élaphre. Plusieurs d'entre eux, particulièrement les espèces des premiers numéros, les plus remarquables par leur taille ainsi que par l'éclat et par les élévations symétriques de leurs élytres, répandent une odeur fétide et lancent quelquefois par l'anus, lorsqu'on les saisit, une liqueur âcre et caustique. Le carabe doré (n° 9), vulgairement nommé le jardinier, est très-commun dans nos champs : le sycophante (n° 24), dont les élytres sont d'un vert doré très-brillant, se nourrit, de même que sa larve, de chenilles, et spécialement de la processionnaire du chêne. D'autres carabes (n°s 102 et 108) tâchent d'échapper à leurs ennemis par un moyen fort extraordinaire. Ils font sortir avec explosion et itérativement, de l'extrémité postérieure de leur corps, une liqueur caustique, d'une odeur ammoniacale, qui se réduit aussitôt en vapeur, et qui, lorsqu'on tient l'animal entre ses doigts, brûle la peau, ou du moins en altère la couleur. Plusieurs petites espèces de nos climats, ont été par cette raison nommées le pétard, le pistolet, le tirailleur.

C'est de l'extrémité méridionale de l'Afrique que nous vient la manticore maxillaire (n°s 1 et 2), l'un des plus gros insectes de cette famille, et pourvu ainsi que les cicindèles de fortes mâchoires. Parmi les espèces de ce dernier genre, presque toutes mouchetées ou rayées de blanc sur un fond vert ou d'un rouge cuivré, nous mentionnerons la champêtre (n° 21), qui à l'état de larve est également singulière par sa forme et par ses habitudes. Une cavité cylindrique creusée dans un terrain sablonneux et exposé au soleil, forme la demeure solitaire de cette larve. Ses fortes mandibules lui servent à miner et à détacher les parcelles de terre. Sa tête énorme, dont la partie supérieure est façonnée en corbeille, fait l'office de hotte ; et deux mamelons qu'elle a sur le dos et qui sont terminés par un petit crochet, lui aident à grimper jusqu'à l'orifice du trou pour se débarrasser de son fardeau. L'habitation préparée, elle se tient en embuscade près de l'ouverture qu'elle ferme avec sa tête. Lorsqu'une proie est à sa portée, elle s'élance, la saisit avec ses mandibules, et la précipite au fond de sa cellule. C'est là aussi qu'après avoir bouché l'entrée, elle subit ses dernières métamorphoses.

Des formes plus allongées, des élytres très-courtes, et l'habitude de relever en marchant les derniers anneaux du ventre, signalent les staphylins, les oxypores et les pédères qui vivent les uns de matières cadavéreuses, les autres de végétaux corrompus. Peu d'insectes à l'état de larve nous sont à la longue aussi nuisibles que ceux qui composent les genres ptine, vrillette et ptilin. Quelques espèces de ptines ravagent les herbiers, telles sont celles des n°ˢ 2, *fur*, et 3, *scotias*. Les petits trous dont nos meubles sont parfois criblés, et les galeries creusées dans l'épaisseur des livres, sont l'ouvrage de diverses espèces de vrillettes ou de ptilins. Le petit bruit comparable au battement d'une montre, que nous entendons fréquemment dans les appartemens boisés, est produit par des vrillettes. Le mâle et la femelle, souvent éloignés l'un de l'autre, s'appellent et se répondent en frappant avec force et à reprises accélérées la boiserie où ils se trouvent.

Les couleurs les plus riches et les plus brillantes ornent généralement les coléoptères du genre *buprestis*, Lin., que Geoffroy a par cette raison désigné sous le nom de richard. Les Indiennes emploient les écailles du bupreste chrysis (n° 1) à orner leurs robes. Le bupreste bande dorée (n° 23) le fastueux (n° 29), le collier doré (n°ˢ 39 et 40), le porte-or (n° 41), le foudroyant (n° 22), et d'autres espèces exposées dans le même cadre rivalisent de beauté avec le chrysis. Nous citerons encore le b. ocellé de l'Inde (n° 24), dont les élytres ont deux taches phosphoriques ; le b. fasciculé du Cap (n° 7) sur les élytres duquel s'élèvent des faisceaux de poils disposés par lignes, et le b. géant de la Guiane (n° 32) qui est long de deux pouces.

Le genre suivant, celui des taupins(*elater*, Lin.),

présente des phénomènes qui leur ont fait donner le nom de scarabées à ressort. Placés sur le dos et ne pouvant se relever, ils s'élancent perpendiculairement en l'air jusqu'à ce qu'ils retombent dans une position favorable. Pour exécuter ces sauts, ils serrent leurs pattes contre le corps, et rapprochent la tête et le corselet de l'abdomen, puis se redressant et se débandant comme un ressort, ils frappent vivement le plan sur lequel ils reposent, et ils bondissent par un effet de l'élasticité. La plupart des taupins n'ont point la riche parure des coléoptères précédens : plusieurs espèces néanmoins sont remarquables ; nous citerons pour exemple le flabellicorne (n° 1 femelle), le rayé (n° 3), le spécieux (n° 7), l'ocellé (n° 9), le fourchu (n° 16), le ferrugineux (n° 18), et le porte-croix (n° 27), qui sont indigènes. Le taupin cucujo, *elater noctilucus*, Lin., (n° 10) de l'Amérique méridionale, et le taupin phosphorique (n°s 11 et 13), ont comme le bupreste ocellé des taches lumineuses sur le corselet. La lumière que répandent les deux taches du cucujo permet de lire l'écriture la plus fine.

Cette propriété lumineuse qui caractérise quelques espèces des deux genres précédens, est commune à toutes celles qui composent le genre des lampyres, autrement appelés vers-luisans, mouches lumineuses, et *lucciola* en Italie ; mais ici cette phosphorescence est produite par les derniers anneaux du corps, et dans quelques espèces elle n'est propre qu'aux femelles. La partie lumineuse forme une tache jaunâtre ou blanchâtre, et l'éclat qu'elle jette paraît varier au gré de l'insecte. Les lampyres sont très-multipliés dans les pays chauds : ils ne volent que la nuit, et leurs essaims errans brillent alors dans les airs. Dès qu'en allant du nord au midi on a franchi les Alpes, le lampyre italique (n° 14), dont les deux sexes sont ailés, fait jouir le voyageur de ce spectacle. Les femelles de nos lampyres indigènes (luisant, n° 10; mauritanique, n°ˢ 6 et 7) sont privées d'ailes, et la phosphorescence de leurs mâles est presque nulle.

A la suite des lampyres viennent les malachies, les téléphores et les lymexylons. Les malachies, lorsqu'on les prend dans la main, font sortir du côté du corselet et de la base du ventre des vésicules rouges et irrégulières, que Geoffroy a nommées cocardes. Les téléphores, lorsqu'ils sont à l'état de larve, vivent dans la terre en société très-nombreuse. Le lymexylon naval (n° 1) cause de grands dommages aux bois de construction.

Dans tous les coléoptères dont nous avons parcouru la série, l'extrémité des pieds ou le tarse présente cinq articles, ce qui les a fait nommer pentamères. Ceux de la section suivante, ont un article de moins aux deux tarses postérieurs et sont, pour cette raison, appelés hétéromères. La plupart habitent les contrées sablonneuses de l'Europe méridionale, de l'Afrique et du sud-ouest de l'Asie. Les uns, tels que les opâtres, les ténébrions, les blaps, les pimélies, les scaures, les érodies, dont Linné ne formait qu'un seul genre, celui de ténébrion, sont des animaux qui fuient la lumière. Ils se tiennent cachés dans le sable ou sous les pierres, marchent lentement et sont souvent incapables de voler. Le ténébrion de la farine (n° 7) est commun dans nos maisons. Les caves, les lieux sombres et humides servent d'habitation au blaps porte-malheur (n° 5), que sa couleur noire et son odeur fétide ont fait nommer ainsi. D'autres coléoptères de cette section ont des ailes, et sont généralement herbivores. Plusieurs, comme les hélops, les diapères, les cistèles et les mordelles, ont quelque rapport aux précédens ; les autres s'en éloignent par leur tête assez grosse et en forme de cœur, par la mollesse de leur abdomen et de leurs élytres, et par leurs propriétés vésicantes : la cantharide officinale (n° 2 bis et suiv.) est de ce nombre. En Italie et à la Chine les médecins emploient au même usage les espèces du genre mylabre, parmi lesquelles nous citerons celui de la chicorée (n° 15). Les méloès ou proscarabées qui sont à côté des mylabres passaient autrefois pour un spécifique contre la rage.

M. Latreille pense que ce sont les buprestes des anciens. Une couleur écarlate distingue les pyrochres ou cardinales de Geoffroy qui vivent dans les forêts. C'est dans les champignons des arbres qu'il faut chercher les diapères, et notamment celui des bolets (n.º 1).

Ici commence une nouvelle section de coléoptères, celle des tétramères, qui ont quatre articles à tous les tarses. Ils se nourrissent de végétaux dans toutes les périodes de leur vie. On les divise en plusieurs familles, dont les principales sont, les longicornes, les cycliques, et les rhinchophores. Les premiers sont remarquables par leurs longues antennes : leurs larves creusent des galeries dans l'intérieur des arbres, et les font quelquefois périr. Ils comprennent les genres prione, capricorne, callidie, nécydale, saperde, sténocore, lepture et spondyle. Le prione géant (n° 1) est l'un des plus grands insectes connus, il est exotique ainsi que la plupart de ses congénères. Les mâles de quelques espèces, cervicorne (n° 2), maxillaire (n°s 7 et 12) se distinguent de leurs femelles par des mandibules beaucoup plus fortes. La France ne nous fournit que trois espèces, le scabricorne (n° 20), l'artisan, *faber*, (n° 26), le tanneur, *coriarius*, (n° 27): elles se tiennent pendant le jour sous les écorces, ou au pied des arbres, et ne volent que le soir. Parmi les espèces

étrangères, quelques-unes, telles que le spécieux
(n° 23), sont ornées de couleurs métalliques très-
brillantes. Le genre capricorne (*cerambix*), auquel
celui de lamie est ici réuni, comprend un grand
nombre d'espèces qui ont le corselet tuberculeux
ou épineux, et qui sont en général d'une grande
taille. Le capricorne héros (n° 2) est commun dans
les forêts de chênes : et sa larve pourrait bien être
celle que les Romains appelaient *cossus*, et qu'ils
regardaient comme un mets délicat. Nos saules servent d'habitation au c. musqué (n° 8). Cette espèce,
d'un vert bronzé ou bleuâtre, a une forte odeur de
rose qui se répand au loin, et se conserve même
après la mort de l'insecte. Une autre dont les antennes sont garnies à chaque article d'une petite
houppe de poils, la rosalie (n° 7), a une odeur de
musc. Elle est propre aux Alpes et aux Pyrénées.
Plusieurs espèces étrangères présentent la même
singularité. Celle qui porte le nom de capr. de Desfontaines (n° 26), faisait partie de la collection
que ce savant a rapportée de Barbarie. Le longi-
mane (n° 45) est connu sous le nom d'arlequin
de Cayenne. La marbrure de ses étuis, l'excessive
longueur de ses pieds antérieurs et sa grande
taille le font aisément reconnaître. C'est sur le
baobab du Sénégal, que vit la larve d'une espèce fort grande et fort singulière, *gigas* (n° 78).
Les autres genres de la même famille offrent

diverses combinaisons de formes et de couleurs. Le trogosite caraboïde (n° 5) fait souvent beaucoup de ravages. Sa larve appelée cadelle en Provence, ronge les grains, et l'insecte parfait se trouve dans le pain, dans la farine, etc.

La famille des cycliques, comprend les genres casside, hispe et chrysomèle de Linné. Ce dernier a été divisé, pour former ceux de galéruque et de criocère. Ce sont de petits insectes de forme arrondie qui vivent en société ; ils n'attaquent que les parties tendres des végétaux ; mais ils exercent leurs ravages tant à l'état de larve qu'à l'état parfait. La galéruque de l'orme dépouille quelquefois cet arbre de ses feuilles. Les altises, qui dévorent nos plantes potagères et qu'on a nommées puces des jardins sont ici réunies aux galéruques, mais groupées à la fin du genre. Divers coléoptères de cette division, à formes plus allongées, et dont le corps est souvent tigré, composent le genre criocère. Celles de leurs larves qui nous sont connues se font un manteau de leurs excrémens. Les larves des cassides ont les mêmes habitudes, mais leur corps est épineux, et un appendice postérieur supporte les matières dont elles se recouvrent : c'est ce qu'on pourra vérifier dans la casside verte, qui est très-commune sur les feuilles d'artichaut, et qui diffère peu de l'*equestris*, (n° 39). L'Amérique équatoriale est le pays le plus abondant en espèces de ce genre ; elles ont le corps presque rond, bombé en forme de bouclier et débordé tout autour par le corselet et les élytres ; et, comme elles sont plates en dessous, elles s'appliquent fortement aux végétaux dont elles se nourrissent. L'angle extérieur de la base des élytres, se prolonge quelquefois en pointe : cette pointe est perforée dans la casside (n° 16) *spinifex*.

Les rhinchophores ou porte-becs, se distinguent à l'allongement en forme de trompe de l'extrémité de leur tête. Le genre principal est celui des charançons, qu'on a divisé en plusieurs sous-genres. Peu d'insectes sont aussi nuisibles à l'état de larve. Les bruches rongent les graines de diverses plantes légumineuses, celles du café et les amandes de plusieurs fruits à noyau. Deux espèces de calandres, celle du blé (n° 15), et celle du riz (n° 14), sont, lorsqu'elles se multiplient dans nos greniers, l'un des plus grands fléaux qui puissent nous affliger. D'autres calandres, comme la palmiste (n°ˢ 3 et 4), vivent dans l'intérieur des palmiers, et leurs larves appelées dans nos colonies vers-palmistes, forment avec les fibres de ces arbres une coque où elles achèvent leur métamorphose. On voit ici cette coque à côté de l'animal, dans un cadre particulier où sont aussi d'autres larves qui portent leurs étiquettes. On mange le verpalmiste dans les colonies. La larve de l'attelabe bacchus (n° 3) désignée dans divers lieux par le nom de *lisette*, vit dans les feuilles roulées de la vigne, et si les circonstances favorisent sa multiplication, des vignobles entiers sont en peu de temps privés de leur verdure : d'autres larves du même genre coupent les bourgeons des fleurs. Les femelles déposent leurs œufs dans le germe encore tendre, et leur apparition coïncide toujours avec celle des végétaux qui doivent nourrir leur postérité. Lorsque ces insectes ont acquis des ailes, ils vivent également de végétaux, et les feuilles sont souvent criblées de petits trous faits par leur trompe. Plusieurs rhinchophores se tiennent constamment à terre, et ceux-là sont presque toujours raboteux et de couleur cendrée : tels sont les brachycères : d'autres, comme les brentes, ont le corps et particulièrement la tête et le corselet fort allongés : il en est où la trompe acquiert seule des dimensions extraordinaires. Les rhynchènes, dont une espèce (charançon, n°ˢ 191 et 192) vit dans l'intérieur des noisettes, en fournissent un exemple.

Certains rhinchophores, rangés ici parmi les charançons et composant la division D, attaquent plus particulièrement les végétaux ombellifères et ceux à fleurs composées, ce sont les lixes. Plusieurs charançons à trompe courte sont parés des couleurs les plus brillantes, ainsi que l'annoncent leurs dénominations spécifiques : impérial (n° 93), splendide (n° 94), somptueux (n° 95), chrysis (n° 96), royal (n°ˢ 101 et 102). Le dernier, d'un vert bleu avec des bandes dorées, est si éclatant que des amateurs le substituent aux pierres précieuses pour les bijoux. Le mâle de la rhine barbicorne (charançon n° 16) a la trompe garnie de duvet. Les larves des bostriches rongent les parties ligneuses des arbres. L'une de ces larves (*destructor* n° 11) attaque spécialement nos ormes, et forme sous leur écorce des sillons divergens ; la rhynchène du pin (charançon n° 160), et quelques espèces analogues font beaucoup de tort aux arbres résineux conifères.

La troisième et dernière section des coléoptères, celle des trimères (tarses à trois articles), se compose en grande partie de ces petits insectes hémisphériques et tigrés, qu'on nomme vulgairement *bête à dieu*, et que les naturalistes appellent coccinelles. On voit au n° 10 l'espèce la plus commune, la coccinelle à sept points. Le genre forficule, ou perce-oreille, qui est placé à côté, appartient à l'ordre suivant.

La collection de coléoptères que nous venons de voir, remplit vingt-cinq cadres ou tableaux, dont les trois derniers offrent des exemples de leurs métamorphoses.

Le second ordre se compose des genres forficule, blatte, grillon, mante, sauterelle, spectre, etc., qui ont des élytres molles et des ailes pliées longitudinalement en éventail. Plusieurs d'entre eux, notamment les grillons et les mantes, font la guerre à d'autres insectes ; mais la plupart vivent de végétaux ou sont omnivores. Pourvus d'ailes très-grandes et susceptibles de se maintenir développées pendant long-temps, ils peuvent se transporter à de grandes distances, et ils émigrent en bandes si nombreuses, que comme des nuées elles obscurcissent le ciel. Les sauterelles ou criquets de passage, *acridium*, et surtout les espèces qu'on voit ici sous les n°ˢ 24 (*lineola*) et 28 (*migratorium*), portent souvent la désolation dans les contrées les plus fertiles du levant et du nord de l'Afrique ; elles dévorent tout, et quelquefois leurs cadavres infectent l'air. Les habitans de certains cantons les ramassent, leur enlèvent les ailes et les pattes, les entassent dans des vases, les salent pour les conserver, et les vendent comme comestibles (1) Les espèces des premiers numéros sont très-remarquables par la forme de leur corselet.

Les blattes, que nos colons nomment kakerlacs, sont très-voraces, et répandent une odeur fé-

(1) L'usage de cet aliment remonte à la plus haute antiquité, et les peuples qui s'en nourrissaient étaient surnommés *acridophages*.

tide : quelques espèces sont également très-incommodes en Europe ; telles sont la blatte orientale (nos 16 et 17), et la blatte de Laponie (n° 26) qui s'est propagée jusque sous les cabanes enfumées des Lapons. Parmi les grillons, l'un des plus extraordinaires, est le *monstruosus* (n° 1) qui a l'extrémité des ailes roulées en spirale et les tarses prodigieusement élargis : il vit au Cap. Le mâle d'une espèce propre à l'Espagne et à la Barbarie *umbraculatus* (n° 11), a une sorte de voile sur la tête. Il est inutile de parler des espèces de notre pays (nos 8, 8, 9 et 12, 12). A ce genre se lie celui des courtilières, ou taupe-grillons, qui comme les taupes creusent des galeries souterraines avec leurs pieds antérieurs. Ces insectes sont répandus dans toutes les parties du monde ; ils composent avec les sauterelles, les criquets, et les truxales, une coupe signalée par deux caractères importans, la faculté de sauter, et celle de produire par l'effet du frottement un son monotone que le vulgaire nomme chant. Dans les grillons et les sauterelles les mâles jouissent seuls de cette propriété, et la nature a converti une portion de leurs élytres en organe musical ; dans les criquets les cuisses postérieures deviennent une sorte d'archet que l'animal passe avec rapidité sur la face extérieure des élytres. Le ventre des sauterelles femelles se termine ordinairement par un prolongement en sabre, qui leur sert à faire des trous en terre pour y déposer leurs œufs. Le vert plus ou moins foncé et le gris cendré ou jaunâtre sont les couleurs ordinaires des sauterelles et des mantes. Les phasmes et les spectres sont des insectes presque tous exotiques, d'une forme extrêmement singulière et d'une très-grande dimension. Le phasme (n°ˢ 1 — 3) *mantis siccifolia,* Lin., ressemble à un paquet de feuilles sèches. Plusieurs spectres ont l'apparence d'une branche d'arbre longue de cinq à neuf pouces, dont les rameaux sont formés par les pieds. On en voit ici dix-sept espèces, la plupart de l'Inde ou de l'Amérique équatoriale. Un cadre particulier nous offre l'une des plus grandes ; *serripes,* que Péron et Lesueur ont apportée de la Nouvelle-Hollande. Un genre non moins curieux et très-nombreux est celui des mantes : l'une d'elles, la mante religieuse (n° 27), est très-connue dans le midi de la France. Ses pieds antérieurs, beaucoup plus grands que les autres, étant armés d'épines, elle s'en sert pour saisir les petits insectes dont elle se nourrit. Comme elle les porte toujours en avant et qu'elle les replie et les élève en les rapprochant l'un de l'autre, elle semble avoir l'attitude de quelqu'un qui prie : c'est ce qui lui a fait donner par les Languedociens le nom de *prega-diou.* Les proportions et les formes des parties du corps varient beaucoup dans ce genre. Les femelles pondent un grand nombre d'œufs, qu'elles renferment dans une capsule membraneuse, où ils sont distribués comme les cellules des abeilles. On voit ici plusieurs de ces coques, dont quelques-unes ont été ouvertes pour en montrer l'organisation.

Les insectes des deux ordres que nous venons de voir sont caractérisés par des mâchoires, et par la présence des élytres, cornées dans les coléoptères, molles dans les orthoptères. Ceux des deux ordres suivans sont également pourvus de mâchoires, mais ils ont quatre ailes nues et membraneuses. Ces ailes sont presque égales, avec des nervures en réseau dans les névroptères ; elles sont simplement veinées et les deux inférieures sont plus petites dans les hyménoptères.

Les principales familles des névroptères sont les libellules de Linné ou demoiselles, les termites, les myrméléons ou fourmi-lions, les friganes et les éphémères.

La famille des libellules est très-nombreuse, et l'on en trouve des espèces dans tous les pays : elles se font remarquer par leurs formes élégantes et sveltes, par la variété de leurs couleurs, et surtout par la rapidité de leur vol. Elles saisissent dans les airs les mouches et autres insectes dont elles se nourrissent. Celles dont on a fait un genre sous le nom d'agrion ont l'abdomen filiforme et d'une extrême longueur. Nous citerons parmi ces dernières, les diverses variétés du *lib. virgo*, n°ˢ 91—98, et celles du *lib. puella*, n°ˢ 100 —106, 117—119.

Les termès ou termites sont les insectes dont il est parlé dans les relations de voyages sous les dénominations de fourmis blanches, de poux de bois, de carias, etc. La population des nids de nos fourmis n'est presque rien en comparaison de celle des termites. Les habitations de plusieurs espèces sont élevées en pyramide ou en tourelle, et rapprochées comme les maisons dans nos villages. Ils font d'autant plus de dégâts qu'ils travaillent en commun dès leur naissance, et toujours à couvert : ils se font des routes souterraines ou se construisent des galeries pour arriver aux troncs d'arbres, et aux poutres des maisons, dont ils dévorent l'intérieur : les métaux et les pierres sont le seul obstacle qui puisse les arrêter. On voit au n° 2 un termite à l'état de larve, ou du nombre des individus qu'on a désignés par l'épithète de travailleurs.

Les fourmi-lions sont bien connus par les habitudes singulières de leurs larves que Réaumur a décrites dans des mémoires du plus grand intérêt. Ceux qui n'ont pas observé ces insectes pourront acquérir les premières notions de leur histoire par l'inspection du cadre qui les renferme. On y voit la larve, la trémie sablonneuse qu'elle construit pour tendre un piége à d'autres insectes, particulièrement aux fourmis, la coque où elle a passé à l'état de nymphe, et sa dépouille.

Les ailes inférieures plissées longitudinalement distinguent les friganes, qui, dans leur premier état, sont aquatiques, et se construisent avec toutes les substances qu'elles peuvent s'approprier des maisons portatives en forme de tuyau. On en voit ici divers exemples n°ˢ 17—22.

L'ordre des névroptères se termine par les éphémères, dont le nom indique la durée fugitive. En les nommant ainsi on les a considérés comme s'ils commençaient de vivre au moment où ils prennent des ailes ; mais ils n'existent alors que pour perpétuer leur race, et ce vœu de la nature pouvant être rempli en quelques heures, leur carrière est terminée. Ils ont passé deux ou trois ans dans le sein des eaux : arrivés à la dernière période de leurs métamorphoses, ils sortent par myriades innombrables de l'élément dans lequel ils ont vécu, se posent sur divers corps, et (fait extraordinaire !) se dépouillent de la robe qu'ils viennent d'acquérir, ainsi que de leurs ailes pour en montrer de nouvelles. On les voit alors se balancer dans les airs, s'accoupler, faire leur ponte, et tomber ensuite, quelquefois en si grand nombre qu'ils couvrent le sol à plus d'un pouce de hauteur. Lorsque l'éphémère blanche (*albipenns*) est très-abondante sa chute présente l'apparence de celle de la neige. On voit au n° 1 la plus grande espèce (*longicauda*, Oliv.), celle qui a été l'objet des belles observations de Swammerdam; elle se trouve en Hollande et en Allemagne dans les rivières.

Le premier genre des hyménoptères est celui de tenthrède ou mouche à scie, ainsi nommé parce que les femelles ont une tarière dentée en scie, et propre à faire une incision dans diverses parties des végétaux, pour y déposer leurs œufs. Les clavellaires ou cimbex, qui sont un démembrement de ce genre, comprennent les plus grandes espèces de la famille. Nous citerons pour exemple les n°ˢ 1 *femorata*, 3 *lutea*, 6 *vitellina*. Leurs larves, lorsqu'on les inquiète, lancent par les côtés du corps, et jusqu'à un pied de distance, des jets d'une liqueur verdâtre. Les hyménoptères qui suivent ont ordinairement une tarière composée de trois filets, dont les deux latéraux servent d'étui à l'intermédiaire qui est l'oviducte proprement dit.

Les ichneumons déposent leurs œufs dans le corps d'autres insectes, et particulièrement des chenilles et de leurs chrysalides. Les larves ménagent d'abord les parties essentielles à la vie de l'animal et ne le tuent que lorsqu'elles approchent de l'époque de leur transformation.

Les cynips ou diplolèpes, en piquant certaines parties des végétaux, y font naître des excroissances de consistance et de forme variées, telles que le bédéguar du rosier, la noix de galle, qui deviennent pour leur postérité une habitation et un magasin de vivres.

Aux hyménoptères destructeurs de larves ou de nymphes, on peut associer les chrysis, qui le disputent aux pierres précieuses par l'éclat de leurs couleurs.

Dans d'autres hyménoptères, composant une seconde section et remarquables par leurs facultés instinctives, la tarière est remplacée par un aiguillon : à cette section appartiennent plusieurs insectes bien connus et dont l'histoire excite un vif intérêt ; les fourmis, les guêpes, les sphex, les abeilles et les bourdons. C'est moins sur eux que sur leurs productions exposées dans trois cadres que nous fixerons nos regards. On voit dans le premier (n° 1) l'un des rayons d'une ruche de l'abeille du Bengale ; (n°s 2 et 3), le guêpier de la guêpe cartonnière de Cayenne ; (n°s 4, 5, 6 et 7) d'autres guêpiers dont deux ont été construits par des espèces d'Europe. Le second cadre a été consacré à notre abeille domestique : le troisième nous montre dans sa partie supérieure des nids en terre, dont l'un, percé de plusieurs trous alignés, est l'ouvrage d'une guêpe ichneumon (*sphex spinifex,*) et dont l'autre a été fabriqué par une abeille maçonne. Plus bas sont des galles et des cocons d'ichneumon, des coques de cimbex, ainsi qu'une substance semblable à l'amadou, qui est un amas de duvet recueilli par une fourmi de Cayenne (*fungosa*) sur des végétaux cotonneux. Le sphex n° 51 (*compressum*), connu à l'île de France sous le nom de mouche bleue, fait la guerre aux kakerlacs.

Les insectes que nous avons vus jusqu'ici sont tous pourvus de mâchoires ; dans ceux qui nous restent à voir, la bouche ne nous offrira plus qu'un tube d'une structure variée, propre à sucer ou à pomper des substances liquides. Nous commencerons par des animaux que la nature semble avoir voulu favoriser en épuisant sur eux la richesse de ses ornemens, et en leur donnant pour nourriture le miel des fleurs. Nous voulons parler des papillons, des sphinx et des phalènes, que les naturalistes désignent collectivement par le nom de lépidoptères (1). On appelle papillons ceux qui volent le jour, et qui ont les antennes renflées au sommet; phalènes ceux qui volent la nuit, et dont les antennes vont en diminuant de la base à la pointe.; sphinx, ceux qui ont les antennes en fuseau. M. Latreille a donné à ces

---

(1) Ce nom, composé de deux mots grecs qui signifient ailes écailleuses, leur a été donné parce que la gaze de leurs ailes est couverte d'une poussière impalpable formée de petites écailles.

derniers le nom de crépusculaires. Le nombre des espèces qui composent cet ordre s'élevant aujourd'hui à plus de 8,000, on a considéré les trois genres de Linné comme autant de familles qu'on a subdivisées en genres.

Les premiers tableaux se composent des espèces du genre sphinx de Linné, dont on a détaché ceux de sésie et de zygène. Les sésies ont les ailes vitrées, et le corps terminé postérieurement par une brosse de poils ou d'écailles : leurs chenilles vivent dans l'intérieur des végétaux. Celle de la sésie apiforme (n° 1) ronge la partie ligneuse du peuplier. Nous voyons souvent, surtout en automne, le morosphinx, *sphinx stellatarum* (n° 1), planer au-dessus des fleurs en agitant ses ailes, et passer avec une excessive rapidité d'une fleur à l'autre en plongeant au fond de leur corolle l'extrémité de sa longue trompe. On trouve communément sur le tronc des ormes le sphinx du tilleul (n°ˢ 17 et 18), et sur celui du peuplier l'espèce (n° 19) qui porte le nom de cet arbre. Le tithymale à feuilles de lin nourrit une très-belle chenille, celle du sphinx de l'euphorbe (n°ˢ 25 et 26); le n° 54 nous offre celle du troêne. Le sphinx atropos, ou tête de mort, (n° 55) doit son nom à la disposition des taches de son corselet. Parmi les espèces d'Europe nous signalerons encore le sphinx celerio (n° 33), l'elpenor (n° 23), le porcellus (n° 41), le sphinx du liseron(n° 50), et celui du laurier rose (*nerii*, n° 60). Le sphinx de la vigne (n° 46), et le sphinx *labruscæ*, (n° 59), ont été apportés des Antilles par feu Maugé. La plupart des espèces que nous venons de citer sont accompagnées des dépouilles de leurs chenilles et de leurs chrysalides.

Les lépidoptères diurnes, ou le genre papillon de Linné, occupent une trentaine de cadres. Presque tous les noms des dieux et demi-dieux, des héros et des hommes célèbres de l'antiquité ont été consacrés par Linné et Fabricius à la désignation des espèces. On les a divisés en groupes qui portent des noms puisés dans les mêmes sources, tels que ceux de chevaliers, partagés en grecs et troyens, de nymphes, de danaïdes, d'héliconiens, de satyres : certaines espèces généralement plus petites et voisines des sphinx ont composé la classe plébéienne. C'est des contrées équatoriales et particulièrement du Brésil et des Moluques que nous viennent les plus grandes et les plus brillantes. Nous nous bornerons à en signaler quelques-unes dans différentes tribus.

Nous citerons d'abord parmi les nymphales, le ménélaüs (n° 1), l'achille (n° 4), le laërte (n° 8), l'hécube (n° 14), l'idoménée (n° 21). Les espèces comprises entre les n°ˢ 477 et 556 ont été désignées collectivement par les dénominations de nacrés et de damiers. Les héliconiens se distinguent par leurs formes sveltes et allongées. Dans la belle division des chevaliers ou papillons proprement dits, nous ferons remarquer le priam (n° 1) dont M. Godard a reconnu la femelle (n° 3) distinguée jusqu'à lui comme espèce sous le nom panthoüs, le rémus (n° 5), l'hélène (n° 9), le gambrisius (n° 21), l'énée (n° 54), l'hector (n° 64), l'ulysse (n° 93), le diomède (n° 95) que le même naturaliste a reconnu n'être que la femelle du précédent, le pâris (n° 98) ; enfin deux espèces de notre pays, le machaon (n° 122) et le podalire ou flambé (n° 120).

Quelques papillons analogues par la forme de leurs ailes à ceux de la division précédente, très-connus sous le nom de pages, et qui composent le genre uranie, remplissent un autre cadre. Le riphée ou page de Chandernagor n° 154 est le plus remarquable et le plus rare. Le léilus (n°ˢ 152-153), commun au Brésil et à la Guiane, et l'oronte de l'Inde (n° 149) sont aussi d'une très-grande beauté. Parmi les piérides (ou danaïdes blanches de Linné), nous citerons deux papillons aurore, celui de notre pays *cardamines* (n°ˢ 49—52), et l'euphène de Provence (n°ˢ 57 et 58). Les mâles offrent seuls cette teinte : ils se montrent aux approches du printemps, ainsi que le citron, *papil. rhamni,* (n°ˢ 155—157). Nous signalerons encore ici quatre lépidoptères de France voisins des danaïdes : les deux premiers, l'apollon (n°s 17 et 18) et le demi-apollon (19 et 20), forment le genre des parnassiens : ils vivent dans les Alpes et sont très-recherchés des amateurs. Les deux autres (*rumina* n° 75, *hypsipile* n°s 76 et 77) appartiennent au genre thaïs : ils sont jaunes, tachetés de noir et ponctués de rouge. On les trouve dans les départemens du midi.

Passons aux lépidoptères qui, dans la méthode de Linné, composent la section des plébéiens, subdivisés en ruricoles et urbicoles. Les premiers, appelés aussi argus, remplissent deux cadres : nous citerons pour exemple les petits papillons communs dans les prairies et dans les champs de luzerne, *corydon* (n° 131), qui ont (du moins dans l'un des sexes) le dessus des ailes d'un beau bleu, et le dessous d'une couleur cendrée avec des taches ou des points formant des yeux. Nous citerons encore deux espèces charmantes de l'Amérique méridionale, le gnide (n°s 18 et 19), et le cupidon (n°s 20 et 21). Les urbicoles, ou papillons estropiés de Geoffroy, ont les ailes inférieures presque horizontales dans le repos ; ils sont ici réunis avec les castnies, sous le nom générique d'hespérie que Fabricius avait donné d'abord à tous les plébéiens.

La troisième section des lépidoptères, celle des phalènes de Linné ou lépidoptères nocturnes, est

si nombreuse que les naturalistes modernes ont
été obligés de la subdiviser en vingt-cinq ou
trente genres, dont les principaux sont les bom-
bix, les noctuelles, les phalènes proprement
dites, les hépiales, les pyrales, les teignes, et les
ptérophores. Les antennes simples ou pectinées,
la trompe, le port des ailes, la forme des chenilles et le nombre de leurs pattes ont fourni les
caractères de ces divisions. Ces insectes n'ont
point, en général, les couleurs brillantes et variées
qui ont frappé nos yeux dans les lépidoptères
diurnes ; mais leur histoire offre le plus grand intérêt, soit à cause de leur industrie et de leurs
habitudes à l'état de chenille, soit parce que plusieurs d'entre eux nous causent de grands dommages, et que d'autres, que nous avons su élever
pour profiter de leurs travaux, sont devenus pour
nous une source de richesses. Quelques espèces,
lorsqu'elles ont acquis des ailes, sont encore remarquables par leur grandeur, qui égale presque
celle de nos chauve-souris. La plupart des chenilles de cette grande famille ont à l'intérieur
deux vaisseaux remplis d'une substance qui est la
matière de la soie. Ces vaisseaux aboutissent à une
filière située à la lèvre inférieure, d'où l'insecte
fait sortir les fils déliés qu'il emploie à fabriquer
la coque ou le cocon, dans lequel il s'enferme
pour passer à l'état de nymphe ou de chrysalide ;

sorte de repos léthargique nécessaire au développement de ses organes.

La collection des lépidoptères nocturnes occupe ici dix-huit cadres. Plusieurs de ces cadres sont destinés à nous faire connaître les divers états et les travaux de ces insectes ; on y voit des dépouilles de chenilles préparées avec soin, ou leur figure imitée en cire, des chrysalides, des nymphes mises à nu et dont quelques-unes ont l'étui de leur trompe saillant ; enfin les coques dans lesquelles les chenilles s'enferment, et les nids soyeux qu'elles préparent pour y vivre en société. Un de ces cadres contient un nid composé d'une multitude de coques rapprochées comme les alvéoles des abeilles : ce nid est l'ouvrage d'une espèce dont on emploie la soie à Madagascar.

Les dix premiers cadres renferment le genre bombyx (1) auquel appartient le ver à soie *bombyx mori* (n° 123). Parmi les nombreuses espèces de ce genre nous citerons, 1° le grand paon (n°ˢ 30 et 31), le plus grand des lépidoptères de notre pays : il est ici présenté dans tous les états, avec le détail

(1) Le ver à soie vit sauvage dans quelques provinces de la Chine ; c'est de ce pays que des œufs furent portés à Constantinople par des missionnaires grecs, sous l'empire de Justinien. Il passa de là en Italie, et fut connu en France au milieu du XVᵉ siècle. Mais ce fut seulement sous Henri IV que Sully en introduisit la culture, et fit faire des plantations de mûriers. On sait à combien de manufactures cette éducation des vers à soie a donné lieu en France et dans toutes les contrées méridionales de l'Europe.

de ses travaux; 2° le bombyx atlas, ou phalène porte-miroir de la Chine (n°ˢ 1 et 13), qui est encore plus grand; 3° plusieurs espèces connues sous les noms de lune (n° 4), de tarquin (n° 5), de cécropie (n° 21), de prométhée (n° 23), de mylite (n° 27), de tyrrhée (n° 32), et de tau (n°ˢ 37 à 40), espèce de nos forêts ; 4° le bombyx du pin (n°ˢ 78 —81) et le b. feuille morte, *quercifolia,* (n° 98); 5° enfin, d'autres espèces (n°ˢ 52—71), dont les couleurs sont par bandes ou disposées en damier, et dont on a fait une section sous le nom d'écailles(1).

Les phalènes proprement dites ont été collectivement désignées par la dénomination d'arpenteuses ou géomètres, à cause d'une allure propre à leurs chenilles. Un grand nombre d'espèces ont les ailes anguleuses ou dentelées : celles des numéros 100 *sambucaria,* 103 *alniaria,* 111 *syringaria,* en offrent des exemples.

Parmi les noctuelles, l'agrippine (n° 1) est le plus grand lépidoptère connu, elle a plus de 10 pouces d'envergure. Nous signalerons encore celles des numéros suivans, *odora* (n° 2), *bubo* (n° 3), *crepuscularis* (n° 4). Plusieurs espèces

(1) C'est au genre bombyx qu'appartient la processionnaire du chêne, dont les chenilles sont très-remarquables par leurs habitudes. Elles vivent en société sous une tente commune : lorsqu'elles veulent aller d'un arbre à un autre, l'une d'elles marche la première, deux viennent à la suite, puis trois, etc., jusqu'à ce que la colonne ait une certaine largeur, et toute la bande suit le chef de file dans les sinuosités de sa route.

assez grandes ont les ailes inférieures rouges ou bleues, avec des bandes ou des lignes noires; et comme elles sont très-jolies, les naturalistes les ont distinguées par des noms agréables, *nupta* (n° 28), *electa* (n° 30), *sponsa* (n° 31). Le fond des ailes est rouge dans ces trois espèces, il est bleu dans celle du fresne (n°ˢ 25 et 26).

La pyrale du hêtre, *fagana* (n° 4) est une des jolies espèces de ce genre : la chenille de celle du n° 11 *pomona,* ronge les pepins des pommes et des poires : les coques de plusieurs pyrales ont la forme d'un bateau.

La chenille de l'hépiale gâte-bois, *ligniperda* (n° 6), et celle de l'hép. du marronier d'Inde, *œsculi* (n° 7), vivent dans l'intérieur de divers arbres et les font souvent périr : celle de l'hép. du houblon (n° 8) attaque les racines de cette plante.

On donne le nom de teignes à des lépidoptères dont les chenilles dévorent les fourrures, les draps et toutes les étoffes de laine. L'industrie de ces chenilles est très-singulière : elles se font un fourreau avec les débris des poils qu'elles rongent, et à mesure qu'elles grandissent elles allongent ce fourreau ou l'élargissent en le fendant et y mettant une pièce. Des insectes qui sont ici réunis aux teignes, et qui sont distingués par leurs ailes blanches ponctuées de noir, forment aujourd'hui le genre yponomeute. Leurs chenilles, qui sont fort petites, vivent en société sous une tente de soie, et souvent elles dépouillent entièrement de leurs feuilles les arbres sur lesquels elles se sont établies. On voit ici au n° 2 celle du fusain, *tinea evonimella*. Le dernier cadre des lépidoptères renferme des espèces dont les ailes, par leurs divisions et leurs barbes, imitent les pennes des oiseaux : elles forment le genre ptérophore.

L'ordre suivant, celui des hémiptères, se compose d'insectes qui, par leurs ailes, sont voisins des coléoptères et des orthoptères, mais qui sont munis d'une trompe ou d'une sorte de bec articulé. A cet ordre appartiennent les fulgores, les cigales, les punaises, les pucerons et autres insectes analogues. Les fulgores ont l'extrémité de la tête plus ou moins prolongée : la plus remarquable sous ce rapport est celle du n° 1, *lanternaria* : sa forme et les couleurs dont elle est ornée la font singulièrement rechercher. On assure que la saillie de son museau est phosphorique ; c'est ce qui lui a fait donner le nom de porte-lanterne. La fulg. diadème (n° 2) mérite aussi d'être citée.

On connaît un grand nombre de cigales, insectes des pays chauds et très-différens des sauterelles que l'on nomme cigales dans les contrées septentrionales de la France. Les habitans de nos départemens méridionaux sont souvent importunés par le bruissement que font entendre les mâles de quelques espèces , hæmatodes (n° 12), *orni* (n° 25), ce bruissement diffère selon les espèces. On lira avec grand intérêt, dans les mémoires de Réaumur, la description des organes qui le produisent, ainsi que celle de la tarière qui sert d'oviducte aux femelles. Les Grecs mangeaient les nymphes, qu'ils appelaient tettigomètres, et même l'insecte parfait. La cigale de l'orne ou frêne à fleurs, *orni* (n° 25), en piquant cet arbre donne lieu à l'écoulement du suc mielleux et purgatif qu'on appelle manne. Des hémiptères voisins des précédens et tous sauteurs composent le genre cicadelle.

Les punaises se partagent en deux grandes familles: les terrestres ou géocorises, et les aquatiques ou hydrocorises ; elles sont généralement carnassières et d'une odeur insupportable. Les réduves, genre de la famille des géocorises, ont le bec aigu et piquent très fortement. La larve, de l'espèce n° 5 (*cimex personnatus,* Lin.), habite nos maisons et ressemble à une araignée couverte de poussière. Elle y fait la guerre à d'autres insectes. A la famille des punaises d'eau appartiennent les genres hydromètre, nèpe ou scorpion aquatique, notonecte, naucore et corise. La nèpe n° 1, *maxima,* est un grand insecte des contrées équatoriales.

On appelle gallinsectes, les hémiptères dont le corps acquiert chez la femelle, vers l'époque de la ponte, un développement très-considérable, de manière qu'elle prend alors la forme d'une galle. C'est à cette famille qu'appartient la cochenille qui vit au Mexique sur le nopal, et qui est si précieuse pour la teinture. L'ordre des hémiptères se termine par les pucerons, insectes qui vivent en société sur les arbres et sur les plantes qu'ils sucent avec leur trompe.

L'avant-dernier ordre de la classe des insectes, celui des diptères, comprend les mouches, les cousins, les tipules, les taons, les œstres, et un grand nombre d'autres genres. Ils n'offrent rien de remarquable pour la forme et la couleur ; mais leur histoire ne mérite pas moins de fixer notre attention. Les cousins ou moustiques et les taons sont dans les pays chauds un fléau pour les hommes et les animaux domestiques. Nous avons de la peine à garantir nos provisions de viande des mouches qui y déposent leurs œufs ; les œstres placent les leurs sous la peau de plusieurs parties du corps des bestiaux : parmi les espèces de taons, celle du n° 5, *bovinus*, attaque particulièrement les chevaux et les bœufs, et les pique jusqu'au sang ; celle du n° 7, *maroccanus*, tourmente les dromadaires. Les bombyles, de même que certains lépidoptères, planent en bourdonnant sur les fleurs : les stratiomes se distinguent à leur écusson armé d'épines ; leurs larves toujours aquatiques respirent, ainsi que celles de plusieurs syrphes, par l'extrémité postérieure de leur corps, qui forme un tube susceptible de se raccourcir ou de s'allonger. Nous ne pouvons entrer ici dans plus de détails ni indiquer beaucoup d'espèces. Nous nous bornerons à faire observer que les tipules les plus grandes sont vulgairement nommées mouches couturières, et que celles qui sont plus petites et qui ont les antennes très-plumeuses sont nommées culiciformes. Ces dernières forment les essaims nombreux de moucherons qu'on voit souvent dans la belle saison se balancer dans les airs.

La classe des insectes se termine par le genre puce, qui ne comprend qu'un très-petit nombre d'espèces, et qui forme, à lui seul, l'ordre des aptères, dans M. de Lamarck.

Les collections que nous venons de parcourir remplissent deux cent quatre cadres ou tableaux de 16 pouces de largeur sur 14 de hauteur. Il y en a cinquante-quatre pour les crustacés, douze pour les arachnides, et cent trente-huit pour les insectes : savoir, vingt-six de coléoptères, quatorze d'orthoptères, six de névroptères, dix d'hyménoptères, huit de lépidoptères crépusculaires, quarante-huit de lépidoptères diurnes, dix-huit de lépidoptères nocturnes, cinq d'hémiptères, et trois de diptères.

La classe suivante est celle des annelides.

Les annelides avaient été confondues avec les vers, auxquels elles ressemblent au premier aspect, mais dont elles diffèrent par leur organisation et par la couleur de leur sang. M. Cuvier en fit une classe distincte, dans un mémoire lu à l'Institut en 1802, sous le nom de *vers à sang rouge*, auquel M. de Lamarck a substitué celui d'annelides, qui est aujourd'hui généralement adopté.

Les travaux que M. Cuvier avait faits sur les animaux de cette classe l'engagèrent à en former pour le Muséum une collection à part, et cette collection s'est rapidement accrue par les dons que nous ont faits MM. Savigny et d'Orbigny. Le premier nous a remis d'abord toutes les espèces qu'il avait recueillies dans la mer Rouge, ensuite la série des lombrics ou vers de terre, desquels il a fait une très-belle monographie, enfin la collection qu'il vient de rapporter des mers d'Italie. Le second nous a envoyé de la Rochelle un grand nombre d'espèces.

M. de Lamarck divise les annelides en trois ordres : 1° les apodes, 2° les antennées, 3° les sédentaires. Le premier comprend deux familles, celle des hirudinées, à laquelle appartient la sangsue, et celle des échiurées. Le second se compose de quatre familles, les aphrodites, les néréidées, les eunices et les amphinomes. Ce sont des animaux qui vivent dans la mer, et qui n'ont point le

39.

corps protégé par un tube, ils sont dans des bocaux d'esprit-de-vin à côté de la collection des vers. On remarquera parmi eux les aphrodites, dont le corps est hérissé de chaque côté de soies à reflets métalliques, et brillantes de toutes les couleurs de l'iris. On en trouvera une suite encore plus nombreuse au cabinet d'anatomie.

L'ordre des annelides sédentaires se divise en quatre familles : 1° les dorsalées, 2° les maldanées, 3° les amphitritées, 4° les serpulées. Presque tous ces animaux vivent dans des tubes, ordinairement calcaires. On a placé ces tubes à la suite de la collection de coquilles.

La famille des dorsalées, comprend les deux genres, arénicole et siliquaire. Les arénicoles vivent dans le sable. On n'en connaît qu'une espèce, qui est abondante sur nos côtes, et qu'on nomme arén. des pêcheurs, parce que les pêcheurs en font un appât. Les siliquaires se construisent un tube calcaire ; nous en avons sept espèces.

La famille des maldanées comprend les genres dentale et clymène : nous avons onze espèces du premier, le second manque au cabinet.

La famille des amphitritées se compose de quatre genres : les pectinaires et les sabellaires, dont le tube est formé de grains de sable agglutinés ; les térébelles, qui construisent le leur avec de petites coquilles ; et les amphitrites, dont le tube est membraneux : nous avons deux espèces d'amphitrites.

La dernière famille des annelides, celle des serpulées, comprend : 1° les spirorbes, animaux extrêmement petits qui fixent leurs tubes sur des fucus, des coquilles et autres corps marins : nous en avons cinq espèces. 2° Les serpules : on en voit au cabinet dix-neuf espèces, dont plusieurs fort rares ont été apportées des mers australes par MM. Péron et Lesueur. 3° Les vermilies : nous en avons sept espèces : une d'elles, *vermilia rostrata* Lam., qu'on voit enveloppée dans un polypier, est très-remarquable par la pointe qui saillit du bord extérieur de son tube ; elle vient des mers de la Nouvelle-Hollande. 4° Les galéolaires, des mêmes mers, dont nous avons deux espèces. 5° Enfin les magiles : une des deux espèces qu'on voit ici, *magilus antiquus*, de l'île de France, forme des tubes de plusieurs pieds de long et dont l'extrémité est contournée en spirale. Nous allons maintenant passer à la dernière classe des animaux articulés, celle des vers.

La collection de vers est placée dans le bas du meuble, au-dessous de celle des crustacés. Elle a été formée à Vienne par M. Bremser, qui a fait une étude particulière de cette classe d'animaux, et envoyée à l'administration du Muséum en échange d'autres objets d'histoire naturelle. Elle est composée de six cent six espèces de vers pris dans l'intérieur de deux cent cinquante-neuf espèces d'animaux vertébrés des quatre classes. Chaque bocal porte un numéro qui renvoie à un catalogue où se trouve le nom du ver et celui de l'animal d'où on l'a tiré.

Les vers sont d'autant plus intéressans à connaître que les différentes espèces appartiennent chacune à tel ou tel animal et à telle ou telle partie du corps, et que selon leur nature elles produisent des maladies différentes.

Nous citerons parmi cette nombreuse série d'espèces, l'ascaride de l'homme n° 4, et celui du cheval n° 173 ; le ténia de l'homme ou ver solitaire n° 9 ; l'hydatide des moutons n° 131, qui, en se développant dans les membranes de leur cerveau, cause la maladie connue sous le nom de tournis ; l'échinococcus n° 12, qui se trouve dans le foie de l'homme, mais qui est heureusement fort rare.

La manière dont les vers s'introduisent et se propagent dans le cerveau, dans le foie, etc., est un problème qui a long-temps occupé les naturalistes, et qui n'est pas encore résolu. L'examen et la comparaison des différentes espèces pourra peut-être nous donner quelques lumières sur ce sujet.

De tout temps les amateurs d'histoire naturelle ont pris plaisir à former des collections de coquilles, à cause de l'élégance de leur structure et de la beauté de leurs couleurs ; mais ces collections n'étaient qu'un objet de luxe et de curiosité. Comme on recherchait seulement les coquilles les plus brillantes et les plus rares, qu'on altérait même leur caractère pour les polir et en augmenter l'éclat, sans s'occuper des animaux qui les avaient produites, elles étaient inutiles pour l'étude de la zoologie. Il n'en est plus de même depuis que les travaux de M. de Lamarck sur la conchyliologie, nous ont prouvé que les caractères d'une coquille indiquaient ceux de l'animal auquel elle avait appartenu, comme la forme des dents indique le genre d'un quadrupède.

La distinction des coquilles terrestres, fluviatiles ou marines, qui appartiennent à des animaux vivans, et la comparaison de ces différentes coquilles avec celles qui se trouvent à l'état fossile, dans les diverses couches de la terre, nous a con-

duit aussi à déterminer l'origine des divers terrains ; et c'est par suite des recherches et de
la classification de M. de Lamarck, que la connaissance des coquilles est devenue l'une des principales bases de la géologie.

Les premières coquilles qui ont paru au cabinet du Roi, sont celles que Tournefort avait apportées de son voyage au Levant, et dont il avait
fait hommage à Louis XV. Lorsque Buffon eut
l'intendance du jardin, il obtint qu'elles y fussent transportées : Adanson donna au cabinet
celles qu'il avait recueillies au Sénégal, et l'on
y joignit celles de Réaumur.

Depuis l'organisation du Muséum, l'acquisition
du cabinet du stathouder, les coquilles apportées par les naturalistes de l'expédition du capitaine Baudin, celles que Richard avait trouvées à
Cayenne, celles qu'Olivier avait recueillies dans
le Levant et en Perse, celles qui nous ont été
récemment envoyées de l'Amérique septentrionale par MM. Milbert et Lesueur, celles enfin
que nous avons reçues de divers correspondans,
ont rendu notre collection très-considérable par
le nombre, et très-précieuse par le rapprochement des coquilles fossiles avec celles qui proviennent des espèces vivantes.

Les animaux dont le corps est couvert d'une coquille appartiennent à la classe des mollusques,

mais plusieurs animaux de cette classe n'ont qu'une coquille intérieure, et quelques-uns en sont entièrement privés : l'affinité d'organisation n'a pas permis de séparer les uns des autres.

On a placé quelquefois ici dans un bocal d'es-prit-de-vin, les animaux de certaines coquilles : ceux d'une grande taille, ainsi que les mollusques nus, sont à part dans le bas de la troisième partie du meuble, à la suite des tiroirs qui renferment la collection des insectes ; mais c'est au cabinet d'anatomie qu'on peut voir une nombreuse série de ces animaux, si bien connus depuis les travaux de M. Cuvier.

Parcourons maintenant la collection du cabinet dans l'ordre où elle est disposée : cet ordre est celui de M. de Lamarck. Notre marche diffère seulement en ce que nous allons des animaux les plus composés à ceux qui sont les plus simples.

La grande classe des mollusques se partage naturellement en deux. La première division comprend les mollusques univalves, ou qui ont la coquille d'une seule pièce, et quelques genres analogues qui n'ont point de coquille : la seconde, ceux dont la coquille est de deux pièces, ou les bivalves. Il y a des espèces aquatiques et des espèces terrestres dans la première division : toutes celles de la seconde sont aquatiques.

Les mollusques univalves sont divisés en cinq

ordres : savoir, 1° les hétéropodes, 2° les céphalopodes, 3° les trachélipodes , 4° les gastéropodes,
5° les ptéropodes.

Le genre carinaire forme à lui seul l'ordre des
hétéropodes. L'espèce la plus célèbre par sa délicatesse et par sa rareté, est la car. vitrée (*argonauta vitreus*, Gmel.): on n'en connaît que trois individus en Europe. Elle se trouve dans l'Océan austral.
Nous la devons au capitaine Huon, qui, après la
mort de d'Entrecasteaux, commanda l'expédition
à la recherche de la Peyrouse. On voit à côté, dans
l'esprit-de-vin, la coquille et l'animal d'une petite
espèce aussi fort rare, découverte dans la Méditerranée par MM. Péron et Lesueur.

L'ordre des céphalopodes se divise en trois
sections : les sépiaires, les monothalames, et les
polythalames. Les sépiaires n'ont point de coquille, mais leur manteau renferme une pièce,
calcaire dans les seiches, cornée dans les calmars.
Ils ont auprès du foie une poche remplie d'une
substance brune ou noire, qu'ils en font sortir
pour obscurcir l'eau autour d'eux. C'est avec cette
substance qu'on fait l'encre de la Chine, et la couleur appelée sépia. On voit de grands individus de
ces deux genres et du genre poulpe, avec les autres
mollusques conservés dans l'esprit-de-vin.

Il n'y a qu'un seul genre de monothalames,
celui des argonautes. Leurs coquilles très-minces,

d'une jolie forme et d'un beau blanc, ne sont point divisées par des cloisons. Nous en avons sept espèces dont une de l'Océan indien, *argonauta tuberculosa*, est fort recherchée sous le nom de nautile à grains de riz. Ces animaux voguent à la surface de la mer, en faisant sortir de leur coquille leurs bras élargis par des membranes qui leur servent de voile.

C'est à l'ordre des polythalames qu'appartiennent les nautiles, les ammonites ou cornes d'ammon, et les bélemnites. Nous avons les deux espèces de nautile, l'ombiliqué, est fort rare : le *pompilius* a été scié en deux pour montrer les concamérations intérieures. Les ammonites ne se trouvent que fossiles : la craie et les premières couches des terrains secondaires en contiennent une prodigieuse quantité de diverses grandeurs, depuis une ligne jusqu'à 6 pieds de diamètre. Nous en avons plus de 20 espèces : un fragment de l'une d'elles a conservé son test mince et nacré. Les bélemnites sont en quelque sorte des nautiles allongés en cône ; on ne les connaît qu'à l'état fossile : il en est de même des autres genres dont les coquilles sont pour la plupart microscopiques.

L'ordre des trachélipodes est extrêmement nombreux : il comprend les mollusques qui rampent sur un pied attaché au cou. Nous allons suivre les treize familles dont il se compose.

1° La première est celle des enroulées, à laquelle appartiennent les genres cône, olive, porcelaine, tarière et ovule. Ces coquilles sont toujours lisses, d'une forme agréable, et leurs couleurs sont très-variées. Nous avons 132 espèces de cône : plusieurs sont d'un prix fort élevé. Telles sont le c. cedo nulli amiral, le c. d'oma (*c. omaïcus*) ; nous citerons aussi le c. civette, le c. esplandian, et une espèce nouvelle des mers de Chine que nous devons à M. Dussumier.

Nous avons 78 espèces d'olives, et 74 de porcelaines ; leurs couleurs sont encore plus variées que celles des cônes. On fait des tabatières avec l'olive de Panama, ainsi qu'avec plusieurs espèces de porcelaine (*cypræa*). La plus grande est la por. firmament (*c. cervus*) : la plus rare est la por. aurore de la Nouvelle-Zélande. Une petite espèce qui se trouve sur les côtes de Guinée, est employée comme monnaie par les peuples de ce pays. Cinq espèces de porcelaines sont fossiles.

Le genre tarière, *terebellum,* ne renferme que trois espèces, dont deux fossiles : celle de l'Océan indien est fort remarquable.

Nous avons 10 espèces d'ovule. L'ov. birostre et l'ov. navette sont fort rares : la variété rose de cette dernière vient des mers de Chine, et nous a été donnée par M. Dussumier.

2° La famille des columellaires comprend cinq

genres, tous fort nombreux. Ce sont en général de petites coquilles ; les volutes seules sont d'une grande taille. On en voit au bas du meuble qui ont plus d'un pied de long : telles sont les *vol. neptuni*, et *vol. cymbium*. Nous avons 98 individus qui appartiennent à 43 espèces. Une des plus chères est le pavillon d'Orange, *vol. vexillum* ; nous citerons encore les *vol. diadema, javanica, junonia*, et la *vol. magnifica* de la Nouvelle-Hollande. Plusieurs espèces sont marquées de petits points sur des lignes transversales et parallèles : on les a nommées musiques. Nous avons 85 espèces de mitres, dont 10 sont fossiles en France et en Italie. La mitre papale est remarquable par sa taille et par ses points rouges. La cardinale et la sanguinolente sont fort rares.

3° La famille des purpurifères est divisée en onze genres qui comprennent 200 espèces. Ceux de ces animaux dont on a fait l'anatomie ont une vésicule remplie d'une liqueur colorante. L'espèce qui a servi de type au genre pourpre *purpura patula*, se pêche dans la Méditerranée. L'animal fournissait la pourpre des anciens, couleur dont on ne fait plus usage depuis qu'on a la cochenille. La plus rare de ces coquilles est le concholépas du Pérou, qui a été apporté par Dombey. Une des plus communes sur nos côtes est le buccin ondé.

4° La famille des ailées comprend quatre genres, remarquables par l'extension que prend le
bord de l'ouverture de la coquille : ce bord est
entier dans les strombes, découpé dans les ptéro-
cères, et prolongé en un canal souvent aussi long
que la coquille dans les rostellaires. Le dernier
genre, celui des struthiolaires, est fort rare. Nous
en avons deux espèces.

5° La famille des canalifères se compose de 314
espèces réparties en huit genres, dont ceux de cé-
rite et de murex ou rocher sont les plus nombreux. Nous avons 123 espèces de cérites dont 64
fossiles, et 50 de murex. La plus rare de ce dernier genre est le *mur. cervicornis.* Le *mur. cor-
nutus* est connu sous le nom de la grande massue
d'Hercule. Les murex qui sont chargés de décou-
pures ondées et crépues comme des feuilles portent le nom de chicorées. La plus rare de cette
division est le *mur. radix.* La pierre calcaire dont
Paris est en grande partie construit, a été nommée calcaire à cérites, parce qu'elle contient une
prodigieuse quantité de *cerithium coronatum;* le
cer. ebeninum, vulgairement la cuillère d'ébène,
est une coquille très-rare, qui vient des mers de
la Nouvelle-Zélande. Les fuseaux se font remarquer par leur forme pyramidale et par la longueur du tube. Nous en avons 64 espèces, dont 30
fossiles.

6° La famille des turbinacées comprend huit genres dont la plupart sont dignes d'attention par la rareté ou la beauté des coquilles. Nous avons 28 espèces de turritelle, dont 8 fossiles. Celles-ci sont d'autant plus intéressantes pour les géologistes, qu'elles caractérisent en quelque sorte le calcaire du Jura. Le genre phasianelle se compose de quinze espèces, dont une, *phas. bulimoïdes*, était si rare il y a 40 ans, qu'on en paya un individu 3,000 francs. Les naturalistes de l'expédition du capitaine Baudin en rapportèrent un si grand nombre de l'île Maria, qu'elle est aujourd'hui d'un prix très-modique. Parmi les 38 espèces de turbo qui sont au cabinet, nous citerons le marbré, le couronné et le mordoré. A côté de ce genre sont 94 espèces de monodonte, dont plusieurs de la Nouvelle-Hollande sont ornées des plus vives couleurs. Viennent ensuite 92 espèces de troque, dont les plus rares sont le solaire, l'indien, l'éperon royal, et la grenade. Le dernier genre est le cadran. Nous en avons 15 espèces dont 7 fossiles. La plus singulière par sa forme est connue sous le nom de perspective.

7° La famille des scalariens se compose des genres dauphinule, scalaire et vermet. Nous avons 11 espèces de dauphinule, dont 3 fossiles. Le *scal. pretiosa* est une des coquilles les plus estimées. Le Muséum en possède deux individus longs de 3 pouces. La seule espèce de vermet connue a été apportée du Sénégal par Adanson.

8° Les quatre genres de la famille des macrostomes sont peu nombreux : celui des haliotides comprend 17 espèces, fort belles. L'hal. iris est la plus brillante de toutes les coquilles.

9° A la famille des néritacées appartiennent les genres natice, nérite, néritine, navicelle et janthine. Chacun des trois premiers comprend plus de 30 espèces. Les néritines et les navicelles sont fluviatiles : ces dernières se trouvent dans les ruisseaux des îles de France et de Bourbon. Nous avons 3 espèces de janthine. Les animaux de ce genre, dont un est conservé dans l'esprit-de-vin, ont une vessie cellulaire qu'ils font rentrer dans leur coquille, ou qu'ils en font sortir selon qu'ils veulent rester sous l'eau ou flotter à la surface.

10°, 11°, et 12°. Les familles des péristomiens, des mélaniens et des lymnéens, comprennent neuf genres, qui peuplent les eaux douces. L'espèce la plus rare est la pyrène (*cerithium fluviatile*, Lin.) de Madagascar. Nous avons 27 espèces de planorbes et 25 de lymnées. Ces coquilles sont intéressantes parce que leur présence à l'état fossile caractérise les terrains d'eau douce.

13° Les animaux de la nombreuse famille des colimacées font beaucoup de dégâts dans les lieux cultivés. C'est aux genres bulime, agathine, au-

ricule, qu'appartiennent les espèces les plus estimées des conchyliologistes. Nous avons 192 espèces d'hélice. Ce sont des coquilles terrestres de
tous les pays. La plus curieuse est l'hél. vésicule.

Passons maintenant aux gastéropodes. On doit
la connaissance de cet ordre aux travaux anatomiques de M. Cuvier ; et c'est d'après les observations de ce savant que M. de Lamarck en a établi les divisions.

La première famille est celle des limaciens ;
animaux nus, et les seuls de cet ordre qui ne respirent que l'air libre.

La famille des bulléens est considérable, mais
leurs coquilles presque toutes minces et fragiles
sont rares dans les collections. Celle du Muséum,
où l'on en voit 24 espèces, sera, par cette raison,
fort utile à ceux qui veulent les étudier.

La famille des calyptraciens comprend huit
genres. Les crépidules, au nombre de 14 espèces,
et les calyptrées, au nombre de 20, ont la cavité
de leur coquille divisée par une cloison, plane
dans le premier genre, et roulée dans le second.
Dans les fissurelles dont nous avons 35 espèces,
la cavité est libre, mais le sommet est percé.

On rapporte à la famille des phyllidiens, 1° le
genre ombrelle, vulgairement parasol chinois, coquille très-rare dont nous avons quatre beaux individus ; 2° les patelles dont nous avons 75 espèces,

la plupart étrangères, et plus de 300 individus; 3° les oscabrions, dont la coquille est composée d'une série de petites pièces calcaires, qui permettent à l'animal de se rouler en boule comme un cloporte. Nous en avons 25 espèces.

Le dernier ordre des mollusques univalves, celui des ptéropodes, est divisé en cinq genres, parmi lesquels nous citerons les hyales et les clios. Les hyales ont été nommées ainsi parce que leur coquille est mince et transparente : nous en avons sept espèces : la plus commune est l'hyale cornée (*anomia tridentata*, Forsk.), qu'on voit nager en grand nombre à la surface des mers entre les tropiques. Le *clio borealis* est prodigieusement multiplié dans les mers du nord, et lès baleines et autres cétacés en font leur principale nourriture.

Ici se terminent les mollusques dont la coquille est d'une seule pièce. Nous allons voir ceux dont la coquille est de deux pièces, et dont M. de Lamarck a fait, sous le nom de conchifères, une classe divisée en deux ordres ; les dimyaires et les monomyaires.

La première famille des dimyaires, celle des tubicolées, comprend les genres arrosoir, fistulane et taret. Nous avons 2 espèces du premier et 4 du second : elles viennent des Moluques et sont fort rares. Les tarets qui font leur tube dans l'épaisseur des bois sous-marins, sont originaires du même pays ; mais ils se sont multipliés dans nos mers, surtout en Hollande, où ils causent de grands dégâts en perçant les digues. Les animaux de la famille des pholadaires ont les mêmes habitudes, mais ils percent les galets et les rochers calcaires. Il y a deux genres dans cette famille : les pholades, dont la coquille est blanche et souvent fort grande ; et les gastrochènes, petites coquilles assez rares, dont nous avons deux espèces.

Les solenacées vivent enfoncées dans le sable. Nous citerons dans cette famille, 1° les solens, vulgairement manches de couteau, dont nous avons 19 espèces ; 2° la panopée, coquille fossile des montagnes du Plaisantin, donnée par M. Ménard de la Groye ; 3° les anatines, coquilles fragiles et assez recherchées : la plus grande des 6 espèces que nous possédons, *anat. subrostrata*, vient des mers de la Nouvelle-Hollande.

La famille des mactracées est composée de sept genres ; le plus nombreux est celui des mactres, dont nous avons 27 espèces. Le *mac. triangularis*, et le *mac. spengleri* sont fort recherchés. Le genre crassatelle n'était connu qu'à l'état fossile, lorsque les naturalistes de l'expédition du capitaine Baudin en ont découvert 6 espèces à la Nouvelle-Hollande. Les genres onguline et solémye sont très-rares. Nous n'avons qu'une espèce du premier : nous en avons deux du second, l'une de l'Océan austral, l'autre de la Méditerranée : l'individu de cette dernière qui a servi de type à M. de Lamarck a été découvert sur la plage d'Hyères par M. Charles de Lacépède.

La famille des corbulées est formée des genres corbule et pandore. Nous avons 10 espèces de corbule dont 4 fossiles ; et une de pandore (*tellina inæquivalvis*, Lin.,) qui se trouve à Cherbourg.

Les lithophages comprennent les genres saxicave, pétricole et vénérupe. Ils vivent dans des pierres qu'ils ont percées, comme on en voit ici des exemples au genre pétricole.

La famille des nymphacées se compose de dix genres auxquels on rapporte plus de 80 espèces. Le genre sanguinolaire en comprend 4, dont une connue sous le nom de soleil couchant (*tellina occidens*, Lin.,) est fort rare. Le genre telline en comprend 47, dont la plupart sont d'un beau rose, ce qui les a fait nommer soleil levant. La langue d'or, *tellina folium*, est fort recherchée : la langue de chat, *tel. lingua félis*, et les espèces voisines sont hérissées d'aspérités.

La famille des conques, comprend 172 espèces, divisées en marines et fluviatiles. Celles-ci forment trois genres : savoir les cyclades, très-petites coquilles qui peuplent nos étangs et nos ruisseaux; les cyrènes de l'Inde et de l'Amérique ; et la galatée, coquille d'un grand prix, qui vient de

Ceylan. Les conques marines au nombre de plus de 160 espèces sont réparties dans les quatre genres cyprine, cythérée, vénus, et vénéricarde. On ne connaît les vénéricardes qu'à l'état fossile : elles sont très-abondantes à Grignon et dans toute la Champagne. Les genres cythérée et vénus comprennent chacun plus de 70 espèces, toutes remarquables par leur forme et par la variété de leurs couleurs. Nous citerons comme les plus rares les vénus *erycina, dionæ, plicata, lamellata*, toutes étrangères ; la *ven. decussata* est connue en Provence sous le nom de clovis.

Les cardiacées se composent de plus de 50 espèces divisées en cinq genres, dont le plus nombreux est celui des bucardes. Le *cardium costatum* est une coquille dont il est rare de rencontrer les deux valves appartenant au même individu : celui du Muséum est d'un beau volume. Les *cardium æolicum, cardissa, junoniæ, unedo*, ont des formes et des couleurs agréables. Les isocardes sont des coquilles en cœur, dont les deux crochets se contournent en corne de bélier. Une espèce *is. cor*, vient de la Méditerranée : une autre, fort rare, des mers de la Chine, *is. moltkiana*, nous a été donnée par M. Dussumier : la troisième, *is. semisulcata*, vient de la Nouvelle-Hollande ; la quatrième, *is. arietina*, se trouve fossile en Italie, d'où M. Cuvier l'a rapportée.

Les quatre genres cucullée, arche, pétoncle et nucule, forment la famille des arcacées. On n'a que deux espèces de cucullées, l'une fort rare, et connue sous le nom de capuchon de moine, vient de la mer des Indes ; l'autre, fossile à Beauvais, nous a été donnée par M. Lucas fils. Parmi les 29 espèces d'arches, nous citerons les *ar. semi-contorta*, et *ovata* de la Nouvelle-Hollande, et le *tortuosa*, qu'on nomme vulgairement le dévidoir. Les nucules sont de petites coquilles d'un nacré très-brillant : nous en avons 7 espèces, dont une (*arca nucleus*, Lin.,) est commune sur les côtes de France.

A côté des arcacées sont les trigonées. La trigonée pectinée, découverte à la Nouvelle-Hollande par Péron, est une coquille très-rare, et d'autant plus précieuse qu'elle est la seule de son genre qu'on connaisse vivante. Beaucoup d'autres espèces se trouvent fossiles dans les couches à cornes d'Ammon.

La famille des naïades ne comprend que des espèces d'eau douce. Des quatre genres qui la composent le plus nombreux est celui des mulettes, *unio :* nous en avons 46 espèces, qui viennent pour la plupart des lacs et des rivières de l'Amérique septentrionale. Nous les devons à MM. Michaux, Lesueur et Milbert. L'*unio pictorum*, et l'*u. littoralis* se trouvent dans la Seine.

Les deux espèces du genre hyrie viennent de Ceylan. Nous en avons 9 du genre anodonte : une de nos étangs est nommée *anod. cygnorum,* parce que les cygnes la mangent.

Les éthéries, les cames et les dicérates composent la famille des camacées : nous avons 14 espèces de cames : nous n'en avons qu'une d'éthérie : *eth. elliptica ;* c'est la plus grande, la plus belle et la plus rare du genre. Elle vient du golfe Persique.

Le second ordre des conchifères, celui des monomyaires comprend sept familles.

1° Celle des tridacnées est formée des deux genres tridacne et hippope. Les tridacnes sont vulgairement nommés bénitiers. Nous en avons 6 espèces dont une (*chama gigas,* Lin.,) a quelquefois plus de 6 pieds, et pèse plus de 600 livres. Péron en a vu à Timor des valves si grandes, que deux hommes avaient peine à les remuer. Il n'y a qu'une espèce d'hippope vulgairement appelée chou.

2° Les mytilacées, comprennent les genres pinne, modiole, et moule. Les animaux de cette famille ainsi que ceux de la famille suivante, se fixent aux corps marins, au moyen de filamens qu'on nomme byssus. Comme ce byssus est extrêmement fin dans deux espèces de pinne de la Méditerranée, on le file, on en fait desgants et autres ouvrages, et on le mêle à la laine, pour fabriquer des draps, auxquels il donne un reflet doré. La

pinne écailleuse a quelquefois 3 pieds de long.
Nous avons 6 espèces de modiole : nous citerons
la mod. tulipe, qui est d'un blanc nacré, flambé
de rouge, et la mod. lithophage qui perce les roches calcaires. Nous avons 27 espèces de moules.
Celle du Japon, celle de Magellan, et la m. opale,
sont recherchées à cause de leur rareté, ou de la
beauté de leurs couleurs.

3° Les genres crenatule, perne, marteau, avi-
cule et pintadine composent la famille des mal-
léacées. Nous avons 4 espèces de crenatule des
mers de la Nouvelle-Hollande, et 10 espèces de
perne ; la plus grande est le *p. maxillata*, qu'on
trouve fossile en Italie et en Amérique. Le genre
marteau doit son nom à sa forme, qui est celle
d'un marteau ou d'un T. Ces coquilles sont singulières par la grandeur des branches et par la
petitesse de la cavité réservée à l'animal. Le marteau blanc est fort rare : nous en avons deux individus des Moluques. Les avicules ont un côté de
la coquille très-prolongé, de manière que les
valves ouvertes présentent comme deux ailes
portées sur une longue queue. Nous en avons 11
espèces : la plus grande est la macroptère. Le li-
gament de ces coquilles est employé à faire des
bijoux connus sous le nom d'œil de paon. On en
voit ici un échantillon. Le genre pintadine n'est
pas nombreux ; mais il appelle l'attention parce

que c'est à lui qu'appartient la coquille connue sous le nom d'huître mère-perle (*mytilus margaritiferus*, Lin.,) qu'on pêche à plusieurs brasses de profondeur dans le golfe Persique. Les perles sont produites par une exsudation de la partie intérieure et nacrée de la coquille : la coquille elle-même est employée pour divers ouvrages de tabletterie sous le nom de nacre. Une de celles qu'on voit ici est remarquable par le grand nombre de perles adhérentes qu'elle contient. On trouve la même espèce, ou une espèce voisine sur les côtes de Cumana.

4° La famille des pectinides comprend sept genres : le premier, celui de houlette, est formé d'une seule espèce des mers de l'Inde : c'est une coquille d'un grand prix. Nous avons 46 espèces du genre peigne ; toutes sont remarquables par l'éclat et la variété de leurs couleurs. Nous citerons comme les plus rares et les plus belles, le p. manteau ducal, le p. sôle, le p. hépatique, et le p. austral. Les spondyles le disputent aux peignes pour les couleurs; on les appelle huîtres épineuses à cause des épines dont elles sont hérissées : nous en avons 19 espèces, parmi lesquelles nous citerons le *radians,* et le *longispina.*

5° La famille des ostracées se compose des genres gryphée, huître, vulselle, placune et anomie. Nous avons 60 espèces du second de ces genres, et 5 ou 6 de chacun des autres. On a cru long-temps que les gryphées n'existaient qu'à l'état fossile ; nous en possédons maintenant une (*gryphæa angulata,*) qui vient des mers de l'Inde ; c'est une coquille très-rare et très-précieuse. Les vulselles habitent dans les éponges. L'espèce de placune que sa forme singulière a fait nommer selle-polonaise est ici d'un volume extraordinaire. Les anomies sont remarquables par un trou percé au crochet de la valve inférieure, d'où l'animal fait sortir un pédicule charnu avec lequel il s'attache aux rochers.

6° Les rudistes comprennent six genres, dont toutes les espèces sont fossiles, excepté une du genre cranie qui nous a été envoyée de l'île de France.

La 7° et dernière famille, celle des branchiopodes, est formée des genres lingule et térébratule. On ne connaît qu'une espèce de lingule, vulgairement nommée bec de canard ; c'est une coquille fort singulière parce que les deux valves sont portées sur un long pédicule membraneux, au moyen duquel l'animal se fixe sur divers corps. Nous avons 72 espèces de térébratules, dont 60 sont fossiles. Celles qu'on trouve vivantes sont connues sous le nom de poulettes, et recherchées des conchyliologistes..

Ici se termine la collection des coquilles. Comme

elle est étiquetée, on peut, en la suivant avec l'ouvrage de M. de Lamarck, étudier les caractères de
tous les genres, et ceux de la plupart des espèces
connues. C'est M. Dufresne qui a pris soin de l'arranger de la manière la plus agréable à l'œil et
la plus favorable à l'instruction ; et c'est lui que
M. de Lamarck a chargé de nommer les espèces,
depuis que l'affaiblissement de sa vue ne lui a plus
permis de s'occuper de ce travail.

Nous allons maintenant passer aux tuniciers,
dont M. de Lamarck a fait une classe intermédiaire entre les conchifères et les radiaires, d'a-
près les travaux récens de MM. Savigny, Lesueur
et Desmarest. La plupart des genres ne sont encore connus que par les descriptions de ces savans, et nous n'en possédons au cabinet qu'environ 3o espèces. On les voit dans des bocaux à
côté des mollusques nus. Ce sont des animaux marins privés de tête, et non symétriques. Les uns
flottent librement dans l'eau, les autres se fixent
aux fucus ou à divers corps. On les partage en
deux sections : celle des tuniciers réunis ou bo-
tryllaires, et celle des tuniciers libres ou ascidiens.
La première comprend ceux qui sont agglomé-
rés, tellement que plusieurs individus paraissent
animés d'une vie commune et ne former qu'un
seul animal. La seconde, ceux qui sont désunis
et qui n'ont point de communication interne,

quoiqu'ils soient souvent groupés ensemble ou très-rapprochés les uns des autres. Nous ferons remarquer parmi ceux de la première section : 1° Le pyrosome atlantique, découvert par Péron : c'est un cylindre creux, fermé à l'un des bouts, évasé à l'autre, et couvert de tubercules, qui sont autant de petits animaux. Sa phosphorescence est telle, que dans les lieux où il est très-multiplié, la mer paraît couverte de charbons ardens : de là le nom de *pyrosoma*, qui signifie mer de feu. Lorsqu'il cesse d'être phosphorique, il prend successivement diverses couleurs. 2° Le sinoïque orangé, rapporté de la Nouvelle-Hollande par le même voyageur, et dont M. Lamouroux a fait le genre telesto. On le voit desséché dans un des cadres des polypiers, près du genre tubulaire. 3° Un nouveau genre que M. Delalande a rapporté des mers du Cap. Nous citerons pour exemples de la seconde section les biphores, *salpa*, qu'on voit flotter comme de longs rubans, et former des guirlandes à la surface des mers des pays chauds, et plusieurs ascidies, telles que l'*a. mammillaris* qui se trouve sur nos côtes, et l'*a. conchilega* des mers du Cap.

A la suite des tuniciers viennent les radiaires, ainsi nommées à cause de la disposition rayonnée des parties de leur corps. M. de Lamarck, en s'aidant des travaux de Péron, en a fait une classe qu'il a divisée en deux ordres, les mollasses et les échinodermes. Celles du premier ordre ont été partagées en deux sections, les anomales et les médusaires ; toutes ont le corps gélatineux, et l'on en verra une suite nombreuse au cabinet d'anatomie. Parmi celles qui se trouvent ici, nous citerons dans la première section, 1° les béroés et les noctiluques, dont la présence à la surface de la mer est la principale cause de sa phosphorescence ; 2° la physalie, vulgairement nommée galère, dont on voit la vessie interne et cartilagineuse auprès des oursins. Ceux qui ont voyagé sous les tropiques ont été frappés des belles couleurs de cet animal, et de sa forme, qui est celle de la carène d'un vaisseau. Enfin dans la seconde section le *cephea rhizostoma* Péron, dont le corps gélatineux et bordé de pourpre est souvent rejeté sur les plages sablonneuses de la Manche.

Les radiaires du second ordre ont la peau coriace ou crustacée, souvent tuberculeuse et même épineuse. On les divise en trois sections : les stellérides, les échinides, et les fistulides.

Les stellérides, ou étoiles de mer, ont le corps aplati, et forment un disque d'où naissent cinq rayons principaux, quelquefois subdivisés. Ces animaux se nourrissent de vers et de petits crustacés : lorsqu'ils perdent quelques parties de leur corps elles repoussent avec une telle rapidité que dans les grandes chaleurs il suffit de deux ou trois jours ; mais ce qui est plus extraordinaire, c'est qu'un rayon détaché du corps reproduit bientôt une autre étoile semblable à celle dont il provient. D'après la forme et la disposition des rayons on a établi dans cette famille les quatre genres comatule, euryale, ophiure et astérie.

Les comatules sont renfermées dans six cadres. Nous en avons 7 espèces, dont 4 ont été apportées des mers australes par MM. Péron et Lesueur. La comatule solaire est la plus grande, elle a un pied de diamètre. On peut voir, sur un individu de la com. rotulaire, la position que prennent ces animaux pour attendre leur proie. Ils se suspendent par leurs rayons dorsaux, soit aux fucus, soit aux polypiers rameux, et saisissent avec leurs autres rayons les petits crabes qui nagent à leur portée.

Les euryales, vulgairement têtes de Méduse, occupent les quatre cadres suivans : elles sont remarquables par le grand nombre de divisions de leurs rayons principaux. Nous en avons 4 espèces.

Les ophiures ont leurs rayons tantôt lisses, tantôt épineux. Nous en avons 7 espèces, et un grand nombre de variétés.

Les astéries ou étoiles de mer, au nombre de 37 espèces, remplissent 27 cadres. Dans quelques-unes les angles ou lobes sont très-courts et dépassent à peine le disque : les *ast. discoidea, rosacea, calcar,* en offrent des exemples. Dans le plus grand nombre les rayons sont allongés. L'espèce la plus commune sur nos côtes est l'*ast. rubens.* Nous ferons encore remarquer l'*ast. helianthus* et l'*ast. echinites.*

Les échinides, autrement appelées oursins ou hérissons de mer, ont le corps revêtu d'un test calcaire, couvert d'épines ou de baguettes articulées sur des tubercules, et mobiles au gré de l'animal. Ce test est encore percé d'un grand nombre de petits trous de chacun desquels sort un tube ou suçoir rétractile, qui sert à la respiration. Par leur disposition régulière ces trous forment une rosace dont les branches ont été nommées ambulacres. Chez les unes ces ambulacres se prolongent dans toute l'étendue du corps, chez les autres ils sont bornés. Leur nombre, leur forme, et la position respective des deux ouvertures du canal intestinal sont employés à caractériser les onze genres de cette section. L'appareil très-compliqué de la bouche des oursins a été appelé lanterne. On voit ici des exemples de cet appareil entier et de toutes les pièces séparées. Les échinides vivent de petits coquillages. Nous en avons 107 espèces appartenantes à onze genres qui sont tous au cabinet. Nous nous bornerons à citer, 1° *scutella latissima ;* 2° *ananchites striata,* qui se trouve fossile dans la craie de Meudon ; 3° l'*echinus melo*, qui atteint plus de 8 pouces de diamètre ; l'*ech. esculentus* et le *lividus*, qu'on mange sur les bords de la Méditerranée ; les *echinus variegatus, radiatus, atratus*, qui ont des couleurs variées, et le *tuberculatus*, dont les épines sont implantées sur de gros tubercules arrondis ; 4° les *cidarites imperialis, verticillaris, calamarius, baculosus*, remarquables par leurs baguettes. Le *cidarites tribuloides* a, près de la bouche, une baguette courte et arrondie en massue. Cet exemple est curieux à cause du grand nombre de corps de cette forme qu'on trouve fossiles, et qui sont connus sous le nom de pierres judaïques.

La 3e section, celle des fistulides, comprend les genres actinie, holothurie, fistulaire, priapule et siponcle. Ces animaux ont la peau molle, mobile, et très-irritable. Plusieurs se contractent et changent entièrement de forme lorsqu'on les touche. Parmi les 20 espèces qu'on voit ici dans l'alcohol, nous citerons seulement le siponcle comestible, qui vit enfoncé dans le sable sur les plages de l'Océan indien.

Nous voici arrivés à la dernière classe du règne animal, celle des polypes ; animaux composés, et dont les uns sont nus, et les autres très-remarquables par les habitations qu'ils se construisent en commun.

Ces habitations, qu'on nomme polypiers, diffèrent tellement selon les espèces, soit par l'aspect de la masse, soit par la forme et l'arrangement des cellules, qu'on a pu les diviser en ordres et en genres. Nous en possédons une belle série au cabinet ; mais avant d'indiquer dans chaque ordre ceux qui présentent les caractères les plus saillans, nous croyons devoir donner une idée générale des polypes.

Les animaux que nous avons vus jusqu'ici ont intérieurement un système d'organes plus ou moins compliqué, et chacun de ces organes a une fonction spéciale. Dans presque tous la chair ou les tégumens ont une consistance qui permet de les conserver desséchés, ou dans l'alcohol, et la plupart sont d'une dimension assez grande pour qu'on puisse les examiner après leur mort. Les polypes, au contraire, sont extrêmement petits, et d'une telle mollesse qu'à peine sortis de l'eau dans laquelle ils ont vécu ils se dissolvent ou se détruisent. On ne distingue chez eux aucun organe d'un tissu particulier. Ce sont de simples tubes cylindriques ou coniques, fermés par un bout, et dont l'ouverture est garnie de cils ou de tentacules mobiles, à l'aide desquels l'animal saisit sa proie qu'il digère et qu'il rejette après en avoir extrait la substance nutritive. Ces tubes sont autant d'animaux distincts, mais qui, greffés les uns aux autres par l'extrémité inférieure de leur corps, et participant à la même nutrition, forment réellement un animal composé. Les polypes sont donc ceux de tous les êtres vivans dont l'organisation paraît la plus simple, et cependant ils présentent des phénomènes vitaux qui ont excité l'étonnement des naturalistes lorsqu'ils ont été annoncés par Trembley. Nous croyons devoir rappeler ici quelques-uns de ces phénomènes observés sur des polypes nus, et particulièrement sur ceux du genre hydre, qui sont communs dans nos eaux dormantes.

Les hydres se propagent par gemmes. Un petit bourgeon pousse sur le tube, s'allonge, et devient un nouvel animal qui reste uni au premier, ou qui s'en détache pour former plus loin un nouvel individu qui se ramifie de même. Elles se multiplient aussi par la section. Si l'on coupe une hydre en petites parties, chacune de ces parties reproduit bientôt l'animal entier. Une de ces hydres (*hydra viridis*), qui a la forme d'un petit sac, peut être retournée comme un gant : alors la surface extérieure devient l'intérieure, et fait les fonctions d'organe digestif.

Venons maintenant aux polypes à polypiers. Ceux-ci sont enveloppés d'une croûte calcaire ou cornée, qui est produite par une exsudation de leur corps, et qui est pour eux ce que la coquille est pour le mollusque. Comme les tubes qui par leur réunion composent le polypier sont moulés sur les polypes, il s'ensuit que la forme des cellules donne une idée de celle de l'animal ; mais cette notion imparfaite ne pouvant satisfaire les naturalistes, M. Savigny a récemment entrepris d'examiner plusieurs espèces de polypes corticifères, et il est parvenu à découvrir chez eux les phénomènes d'organisation les plus curieux et les plus extraordinaires.

Une chose bien surprenante, c'est que les polypes innombrables qui construisent un polypier s'arrangent de manière à lui donner une forme générale, qui est différente selon les espèces, et constante pour chacune d'elles. Les uns fabriquent des masses arrondies ou mamelonnées ; d'autres des lames ou des feuillets ; d'autres des vases ; d'autres des ramifications semblables à des arbrisseaux. Dans tous, les cellules sont disposées avec une admirable régularité. Rien n'est plus curieux que d'observer à la mer basse, sur les rivages des îles situées entre les tropiques, ces polypiers de formes et de couleurs variées, dont la surface laisse voir dans un mouvement continuel, l'extrémité du corps des animalcules qui les construisent.

Les polypes, par leur prodigieuse multiplication, jouent un grand rôle dans la nature : ce sont

eux qui, dans les mers équatoriales, et particulièrement dans les parages voisins de la Nouvelle-
Guinée, élèvent ces récifs dont l'étendue s'accroît
continuellement, et qui sont si dangereux pour
les navigateurs. Ils comblent des détroits, ils réunissent des îles qui, peu de temps auparavant,
étaient séparées, et qui reposent elles-mêmes sur
des polypiers entassés. « Ainsi, comme le dit Péron, tandis que l'homme construit avec labeur à
la surface de la terre des édifices que l'action du
temps doit bientôt renverser, de faibles vermis-
seaux, dont naguère on ignorait l'existence, multiplient au sein des mers ces monumens prodigieux d'une puissance qui brave les siècles. »
Le géologue rencontre souvent des couches entières formées de débris de polypiers ; de sorte
que l'étude de cette classe d'animaux offre les
problèmes les plus curieux de physiologie, et se
lie à l'histoire des révolutions du globe.

Il y a deux sortes de polypiers : les uns sont
formés d'une seule substance, et les cellules des
polypes traversent toute la masse du polypier ;
les autres sont composés de deux substances ; une
qui sert d'axe, et l'autre qui enveloppe cet axe
comme une écorce. Dans ceux-ci les polypes sont
logés entre l'axe et l'enveloppe. Les polypiers de
cette division sont dendroïdes ; c'est-à-dire qu'ils
ont la forme de petits arbres, ce qui avait fait

penser à plusieurs naturalistes, et même à Linné,
qu'ils participaient de la nature des plantes et
de celle des animaux. Mais Bernard de Jussieu,
Ellis et d'autres savans ayant prouvé qu'ils sont
inorganiques, et qu'ils servent seulement à pro-
téger le corps délicat des polypes qui les construisent, M. de Lamarck a adopté cette opinion,
qui est aujourd'hui généralement reçue.

La collection du Muséum a été commencée, en
1795, avec les beaux exemplaires que nous avions
reçus du cabinet du stathouder, auxquels on réunit bientôt après ceux que Maugé avait apportés des Antilles, et plus tard ceux que Péron,
Lesueur et le même Maugé avaient recueillis
dans leur voyage aux terres australes. Elle a depuis été augmentée de plusieurs polypiers fort
curieux, envoyés par d'autres voyageurs. Elle
est classée d'après la méthode que M. de Lamarck a publiée dans son *Système des animaux
sans vertèbres*. On l'a placée à côté de celle des
radiaires, soit dans des cadres, soit dans les armoires au bas du meuble. Elle se compose d'environ 1,000 individus, appartenant à 550 espèces.

M. de Lamarck divise les polypes en cinq ordres. Le premier est celui des polypes flottans,
qui se rapprochent des radiaires. Ces polypes
sont réunis sur un corps commun allongé, charnu,
vivant, et qui enveloppe un axe cartilagineux ou

pierreux. On voit ici dans l'alcohol plusieurs espèces des genres vérétile, funiculine et penna-
tule; et dans un cadre les mêmes espèces desséchées, et les axes de la virgulaire australe, que
M. Leschenault a rapporté de l'île de Bali. On a
placé près des oursins une tige osseuse de pen-
natule, longue de plus de cinq pieds, qui vient
des mers du Brésil, et nous a été donnée par
M. Langsdorff. A côté se trouve l'un des objets
les plus rares du cabinet; c'est l'encrine tête de
Méduse, qui a été pêchée dans la mer des Antilles, à une grande profondeur. Il n'en existe
que deux exemplaires en Europe. Elle a la forme
d'une tige surmontée par des rameaux en om-
belle. Les encrines fossiles sont très-abondantes
dans les terrains de transition : on appelle palmiers fossiles celles dont la tige est surmontée
par ses ramifications, et l'on donne le nom de
trochites, d'entroques, et de pierres étoilées,
aux fragmens de l'axe qu'on trouve dispersés.
On voit ici des échantillons de ces divers objets.

Le second ordre des polypes, celui des tubi-
fères, a été établi d'après les travaux de M. Savigny. Nous n'en possédons que deux espèces,
lobularia digitata, et *lob. palmata;* la première
de l'Océan, la seconde de la Méditerranée. Les
autres genres manquent au cabinet.

Le troisième ordre, celui des polypes à polypier, est le plus nombreux de tous, et la collection que nous en avons au Muséum est très-riche. Pour mieux indiquer ce qu'elle offre de plus intéressant, nous jetterons d'abord les yeux sur les espèces contenues dans les cadres, et nous verrons ensuite celles qui, à cause de leur volume, ont été placées dans le bas du meuble.

M. de Lamarck divise cet ordre en sept sections, savoir, les polypiers empâtés, les cortici-fères, les lamellifères, les foraminés, les polypiers à réseau, les vaginiformes et les fluviatiles.

La première section comprend les alcyons, les éponges, les flabellaires, et les pinceaux. Nous n'avons qu'une espèce de ce dernier genre, *penicillus-capitatus*, qui vient des mers d'Amérique. Les alcyons remplissent cinq cadres, et sont au nombre de 28 espèces, parmi lesquelles nous citerons l'alcyon pourpre, à cause de la beauté et de la durée de sa couleur. Il vient des mers de la Nouvelle-Hollande. Les éponges occupent dix-neuf cadres, et sont au nombre de 65 espèces, qui diffèrent beaucoup les unes des autres par la forme et par le tissu. On ne connaît pas les animalcules qui les habitent, mais on sait que l'éponge, lorsqu'elle est dans la mer, est enveloppée d'une pulpe gélatineuse, et qu'elle est irritable ; et la comparaison de ce polypier avec les alcyons, ne permet pas de douter qu'il ne soit formé par

des animalcules très-petits et transparens. Lorsque l'éponge a été retirée de l'eau, la substance
gélatineuse qui la couvre devient friable et dis-
paraît entièrement. Le corps de l'éponge reste
flexible, parce qu'il est formé de fibres élastiques,
et les lacunes de son tissu la rendent susceptible
de se charger d'eau. Pour bien concevoir la formation des éponges, on peut encore les comparer aux gorgones, qui appartiennent à la section
suivante, et dont nous avons 26 espèces renfermées dans douze cadres. Une gorgone est composée d'un axe corné, recouvert par un empâte-
ment gélatineux et calcaire, très-friable par la
dessiccation. Si l'on suppose cet axe réduit à un fil
corné qui se ramifie, et dont les ramifications
s'entrelacent et s'anastomosent à l'infini, on aura
une idée juste de l'éponge. Les trous dont elle est
percée en tous sens laissent arriver l'eau aux polypes qui sont logés dans la masse. Les genres corail, mélite, isis, antipate et coralline appartiennent comme les gorgones à la section des corticifères : nous n'avons que 4 espèces de mélites ;
mais comme elles offrent plusieurs variétés très-
différentes par la couleur, elles remplissent neuf
cadres. On a placé dans un même cadre des échantillons de corail et de sa variété blanche, qui le
présentent, les uns avec son écorce et tel qu'on le
retire de la mer, les autres, poli et même sculpté,

pour montrer l'usage qu'on en fait dans les arts.
Les corallines, au nombre de 17 espèces, remplissent six cadres. Les antipates, dont 5 espèces sont rapprochées dans un cadre, ressemblent à des rameaux de bruyère, de mélèze, de cyprès, etc. Les isis sont remarquables par leur axe articulé, composé de deux substances, l'une cornée, l'autre calcaire. On en voit ici 5 espèces, dont une, fort rare, *isis encrinula*, vient des mers de la Nouvelle-Hollande.

Les polypiers lamellifères, les foraminés et les fluviatiles sont dans le bas du meuble.

On voit dans la section des polypiers à réseau des discopores et des cellépores très-fragiles et qui sont bien conservés. On y remarquera entre autres le rétépore dentelle de mer (*retepora cellulosa*), connu sous le nom de manchette de Neptune, dont plusieurs jolies variétés nous ont été apportées des mers de l'Inde par Péron et Lesueur. Nous citerons parmi les vaginiformes, la polyphise australe et plusieurs sertulaires des mers de la Nouvelle-Hollande, que nous devons aux mêmes voyageurs, et l'acétabule méditerranéen, (*acetabulum marinum*, Tournef.), polypier très-singulier par sa forme, qui est celle d'un entonnoir, ou d'un petit disque porté sur un pédicule très-long et délié comme un fil. Plusieurs individus partant d'un même point, leur réunion ressemble à un groupe de petits champignons.

Nous allons indiquer maintenant quelques-unes des espèces les plus rares et les plus curieuses parmi celles qui sont placées au bas du meuble.

Nous citerons, 1° dans la section des polypiers empâtés, l'*alcyonium cidaris* de la Méditerranée, le *cuspidiferum* qui ressemble à un faisceau de stalactites, l'*arboreum* des mers de l'Inde, et le *vesparium* des mêmes mers, qui a la forme d'un guépier, et dont un individu a été scié dans sa longueur, pour montrer sa structure intérieure ; la téthie asbestelle apportée par M. de Bougainville de l'embouchure du Rio-de-la-Plata, et les espèces d'éponge désignées sous les noms de *penicillata, flabelliformis, perfoliata, pella, calix, mesenterica*, toutes apportées des mers australes par Péron et Lesueur ; celle qu'on nomme panache noir, qui vient de l'Océan indien ; les *lacunosa* et *bursaria* dont on ignore la patrie, et la *licheniformis* qui offre beaucoup de variétés. 2° Dans les polypiers corticifères, les *gorgonia pinnata* et *laxispina* de l'Océan américain, et la *gor. flammea* de l'Océan indien, remarquable par sa couleur écarlate. 3° Dans la section des lamellifères, un superbe exemplaire de l'*oculina flabelliformis*, espèce très-rare de l'Océan indien, et plusieurs beaux madrépores tels que *mad. pal-*

mata, plantaginea, corymbosa, et *cervicornis,* les uns des mers de l'Inde, les autres des mers d'Amérique ; le *seriatopora subulata* de l'Océan indien, connu sous le nom de buisson épineux ; les *pavonia agaricites* et *lactuca* d'Amérique ; l'*astrea punctifera* de la mer des Indes ; les *caryophyllia truncularis, sinuosa,* et le *fasciculata* qu'on nomme l'œillet : les *fungia limacina* et *agariciformis* des Indes ; les *meandrina cerebriformis* et *labyrinthica* des mers d'Amérique. 4° Dans la section des foraminés, les *millepora complanata* et *alcicornis,* et le *tubipora musica,* observé par Péron sur les rivages de Timor. Ce polypier forme des masses demi-globuleuses, d'un rouge éclatant, sur lesquelles les animaux qui l'habitent étalent leurs tentacules frangés, et du plus beau vert ; et ces masses paraissent au-dessus des flots comme des pelouses de verdure reposant sur un fond de corail. 5° Enfin, dans les polypiers fluviatiles, un très-bel individu de l'*alcyonella stagnarum,* trouvé dans un étang de Bourgogne, et donné au cabinet par M. Robineau.

On verra encore dans le bas du meuble de très-grands et très-beaux individus des espèces que nous avons indiquées dans les cadres.

Ici se termine la collection de zoologie. Dans le tableau que nous en avons présenté, nous n'avons pu nous arrêter qu'aux objets les plus saillans : ceux qui voudront y puiser une véritable instruction doivent l'étudier dans l'ordre où elle est disposée, avec l'ouvrage de M. Cuvier pour les animaux vertébrés, et avec celui de M. de Lamarck pour les animaux sans vertèbres. La classe des infusoires est la seule dont on n'ait pu montrer des exemples, parce qu'elle est uniquement composée d'animalcules microscopiques.

Nous allons maintenant nous transporter dans une autre partie de l'établissement pour voir le cabinet d'anatomie comparée.

CHAPITRE IV.

CABINET D'ANATOMIE COMPARÉE.

Les galeries de zoologie nous ont présenté les
dépouilles des animaux, préparées de manière à
ce qu'on puisse reconnaître à l'aspect toutes les
espèces, observer les nuances qui rapprochent
les unes des autres, et les caractères apparens
qui distinguent les groupes désignés sous les noms
de classes, d'ordres, de familles et de genres :
mais les formes extérieures ne sont qu'un développement de l'organisation intérieure, et c'est
parce qu'elles en offrent presque toujours l'indication qu'elles nous donnent des notions générales : aussi dès qu'on a voulu établir en zoologie
une classification naturelle, on a senti que c'était
dans l'anatomie qu'il fallait en chercher les principes. En effet c'est l'anatomie qui détermine les
rapports essentiels d'une espèce à l'autre ; c'est
elle qui nous montre la corrélation de tous les
organes, et leur importance relative ; c'est elle
qui nous conduit à prononcer d'après l'examen
d'un de ces organes, sur la conformation générale
de l'animal, sur le genre de nourriture qui lui
convient, et même sur ses habitudes ; c'est elle

enfin qui nous met à même de comparer les animaux vivans à ceux qu'on trouve fossiles dans l'intérieur de la terre, et dont les races, perdues aujourd'hui, appartiennent à différentes époques. Mais le plan qu'il eût fallu suivre pour classer les animaux d'après leur organisation, présentait des difficultés insurmontables, parce qu'on manquait des détails nécessaires pour résoudre les questions les plus importantes; et les travaux admirables de plusieurs anatomistes n'en faisaient que mieux sentir la nécessité d'une anatomie comparée, qui s'étendît à tous les êtres vivans.

C'est au jardin du Roi que l'anatomie fut, pour la première fois, appliquée méthodiquement à la zoologie, et ce fut la réunion des descriptions anatomiques de Daubenton aux vues générales et aux peintures de mœurs tracées par Buffon, qui fit de l'ouvrage qu'ils publièrent ensemble un monument immortel. Cet ouvrage était cependant borné aux quadrupèdes, et ne présentait que ceux que Daubenton avait pu disséquer avec l'aide de Mertrud, son collaborateur. D'ailleurs l'anatomie humaine était seule enseignée au jardin du Roi.

Une nouvelle carrière s'ouvrit pour l'étude de la zoologie, lorsque la loi sur l'organisation du Muséum y créa une chaire d'anatomie des animaux. Mertrud, qui était depuis 30 ans démonstrateur d'anatomie au jardin, fut choisi pour la remplir ; mais comme l'affaiblissement de sa santé ne lui permettait plus de faire des leçons, il demanda que M. Cuvier fût nommé son suppléant, et cette nomination eut lieu en 1795. On arrêta quelque temps après qu'on profiterait d'un bâtiment réuni au Muséum, pour y placer les squelettes et les autres préparations anatomiques qu'on possédait, ou qu'on pourrait se procurer.

M. Cuvier, voulant embrasser l'anatomie dans son ensemble et la faire servir de base à l'enseignement de la zoologie, entreprit de former une collection qui présentât non-seulement le squelette de tous les animaux, et les parties molles conservées dans l'esprit-de-vin, mais encore les organes de même nature pris de chaque animal et rapprochés les uns des autres. Il commença par rassembler et mettre en ordre tout ce que possédait le Muséum. Ce qu'il y avait de plus important pour l'étude, ce qui devait servir de base à la collection, c'étaient les squelettes préparés au jardin par Daubenton et Mertrud, auxquels on avait réuni ceux qui sous Louis XIV avaient été faits à la ménagerie de Versailles pour l'académie des sciences, par Perrault, la Hire et du Verney. Mais depuis la publication de l'histoire naturelle de Buffon, ces squelettes avaient été entassés dans les combles du bâtiment dont on fit depuis la bibliothèque : la plupart étaient brisés, et l'on ne put conserver que ceux de quelques grands animaux, tels que le chameau et l'éléphant d'Afrique. On y joignit le squelette du rhinocéros, mort à la ménagerie de Versailles, et disséqué par Mertrud et Vicq-d'Azyr en 1793.

Il y avait dans les armoires du cabinet : 1° un certain nombre de squelettes et de têtes de petits animaux, et des préparations de viscères conservées dans l'esprit-de-vin (1).

2° Des imitations en cire, d'anatomie humaine, anciennement exécutées par Zumbo, et très-imparfaites.

3° Quelques préparations osseuses de l'oreille et quelques injections faites par Duverney et par Hunault.

4° Des imitations en cire, d'anatomie humaine, faites par Pinson, et récemment données au Muséum.

On voit que ces objets ne formaient point une suite proportionnée à l'étendue de la science, et que la collection d'anatomie était à créer.

Ni la grandeur de l'entreprise, ni les difficultés qu'elle présentait, ni le temps qu'elle exigeait, ne purent effrayer M. Cuvier. Il en commença l'exécution en 1796, et sur un plan aussi

(1) La plupart de ces préparations sont indiquées dans la description du cabinet du roi, qui fait partie de l'Histoire naturelle de Buffon.

vaste que s'il eût eu à sa disposition toutes les ressources possibles. Il forma des préparateurs habiles, et ses leçons ayant enflammé le zèle de ses élèves, il trouva parmi eux quelques sujets distingués, et même des savans très-connus, qui s'empressèrent à l'aider dans ses dissections ; et le travail fut suivi avec une telle activité, que le cabinet put être ouvert aux étudians en 1806. La série qu'il présentait alors était déjà considérable : elle s'est depuis accrue chaque année, et à tel point qu'il n'en existe nulle part d'aussi complète.

Cependant tous les objets qui composent cette collection, si l'on en excepte quelques imitations en cire, ont été préparés au Muséum, soit avec les animaux morts à la ménagerie, soit avec ceux qu'on s'est procurés dans les marchés ou dans les ports, soit enfin avec ceux que les voyageurs ont envoyés dans la liqueur, ou déjà plus ou moins mis en squelettes. Tout a été fait et mis en ordre par M. Cuvier, ou sous sa direction par M. Rousseau et d'autres anatomistes ; et M. Laurillard qui est l'élève de M. Cuvier, et qui est garde du cabinet depuis 1812, prend des soins continuels non-seulement pour conserver les objets, mais encore pour les placer de la manière la plus favorable à l'étude.

Nous avons dit dans la notice historique comment l'édifice qui renferme aujourd'hui la collection d'anatomie avait été d'abord construit, puis agrandi sur un nouveau plan, et enfin terminé en 1817. Nous allons maintenant le parcourir pour en indiquer sommairement les richesses.

Au rez-de-chaussée la première pièce contient les squelettes des chevaux, des ânes, des zèbres, des couaggas, des cochons, des pécaris et des tapirs. On doit y remarquer principalement celui de la nouvelle espèce de tapir, découverte dans l'Inde par MM. Diard et Duvaucel.

La salle suivante, qui est beaucoup plus vaste, renferme les squelettes des grands carnassiers, des pachydermes, et des cétacés.

On y voit, 1° les éléphans des Indes, mâle et femelle, qui ont vécu à la ménagerie, ainsi que l'éléphant d'Afrique femelle, préparé autrefois par Duverney. Ces trois squelettes prouvent que les éléphans ont les jambes articulées comme tous les autres mammifères, et que l'opinion contraire soutenue par plusieurs voyageurs est dénuée de fondement.

2° Un squelette d'hippopotame et un de rhinocéros du Cap, apportés dernièrement par M. Delalande.

3° Un squelette d'hippopotame du Sénégal, envoyé par M. Roger, gouverneur de cette colonie.

4° Le squelette du rhinocéros des Indes, disséqué par Mertrud, en 1793.

5° Trois squelettes de rhinocéros de Java, espèce découverte et envoyée par MM. Diard et Duvaucel.

6° Deux squelettes de rhinocéros de Sumatra, envoyés par les mêmes naturalistes.

7° Un squelette de girafe, haut de 14 pieds, envoyé en Europe par le colonel Gordon.

Sur les tablettes placées autour de la salle sont, d'un côté, les grands carnassiers, tels que les ours, les chiens, les loups, les hyènes, les lions, les tigres, les panthères, les phoques, etc. ; de l'autre, différentes espèces de dauphins, dont le plus rare est le dauphin du Gange, envoyé de Calcutta par M. Wallich, directeur du jardin de la compagnie des Indes. On y remarquera aussi le *delphinus globiceps,* échoué en grand nombre il y a quelques années sur la côte de Bretagne, et envoyé par M. Lemaout. Viennent ensuite le squelette du lamantin et celui du dugong. Ce dernier a été récemment envoyé de Sumatra par MM. Diard et Duvaucel.

Au milieu de la salle sont les squelettes d'une grande, d'une moyenne et d'une petite baleine, rapportés du Cap par M. Delalande ; on remarquera dans ces squelettes les fanons qui garnissent la mâchoire supérieure ; ce sont des lames cornées, composées de soies qui sont adhérentes dans leur longueur et qui s'effilent sur les bords, de manière qu'elles servent à l'animal pour saisir et retenir comme dans un filet les petits poissons et les mollusques dont il se nourrit. Cette substance, employée dans les arts sous le nom de baleine, est principalement fournie par l'espèce à laquelle appartiennent le plus grand et le plus petit des trois squelettes. On a placé dans le fond de la salle, de chaque côté de la fenêtre, une tête de baleine et une tête de cachalot (1), qui ont l'une et l'autre 14 pieds de longueur.

A gauche de la grande salle, et dans une direction parallèle, sont trois pièces consacrées aux ruminans. La première, qui est la plus grande, renferme les squelettes des diverses espèces de bœufs, de moutons, de chèvres et d'antilopes, ou ceux des ruminans à cornes creuses et permanentes ; la seconde, les squelettes des cerfs ou ruminans à bois caduques, et la troisième ceux des dromadaires, des chameaux, des lamas et des vigognes ou ruminans sans cornes.

En revenant sur ses pas on traverse la grande salle que nous avons vue, et l'on entre dans une pièce consacrée à l'ostéologie humaine. C'est là que se trouvent les squelettes humains de divers

(1) Le squelette entier du cachalot n'ayant pu être placé dans la salle, parce qu'il a plus de 60 pieds de long, on l'a mis dans la cour, près de l'entrée du cabinet : c'est dans la cavité supérieure de la tête de cet animal qu'on trouve le blanc de baleine ou *sperma-ceti*; et l'ambre gris est une concrétion qui se forme dans ses intestins.

âges et de diverses nations. On y remarquera
entre autres le squelette d'un Italien qui a une ver-
tèbre lombaire de plus que les autres ; le squelette d'un ancien Égyptien, tiré d'une momie, et
qui mérite une attention particulière à cause du
grand nombre de fractures que l'individu avait
éprouvées, et qui avaient toutes été guéries ; le
squelette d'une femme boschismane qui a été
connue à Paris sous le nom de Vénus hottentote,
et dont on voit à côté la statue en plâtre, moulée
sur nature ; le squelette d'un nain qui appartenait au roi Stanislas, et qui a été célèbre sous le
nom de Bébé ; enfin le modèle en cire du squelette d'une femme nommée Supiot, dont tous les
os étaient ramollis et contournés (1).

Les squelettes de fœtus montrent l'accroissement du corps depuis les premiers mois jusqu'à
l'époque de la naissance.

Au-dessus des squelettes sont, d'un côté, des
têtes humaines de différens âges, formant une
suite depuis la naissance jusqu'à l'âge de cent ans,
et de l'autre, des têtes remarquables par quelque
singularité, choisies, pour la plupart, parmi cette
quantité prodigieuse de têtes conservées dans les
catacombes de la plaine de Mont-Rouge.

A l'extrémité de cette salle se trouve l'escalier
qui conduit au premier étage. Le long du mur

(1) L'Histoire de sa maladie a été publiée en 1752 par M. Morand.

sont suspendues des suites de têtes de chevaux, de cerfs, de dauphins, d'hippopotames et de bœufs, de différens âges et de diverses variétés.

La première salle est destinée à la série des têtes entières de différentes espèces d'animaux vertébrés. On y voit, 1° Un grand nombre de têtes d'Européens, de Tartares, de Chinois, d'habitans de la Nouvelle-Zélande, de Nègres, de Hottentots, et de plusieurs nations de l'Amérique.

2° La série des têtes de singes, parmi lesquelles se trouvent celles de deux orangs-outangs, l'un jeune et l'autre plus âgé, dont l'examen a fait reconnaître que le fameux pongo de l'île de Bornéo est du même genre et peut-être de la même espèce que l'orang-outang : on y voit aussi celles de différentes espèces de gibbons, nouvellement envoyées de l'Inde par MM. Diard et Duvaucel.

3° Les têtes en très-grand nombre de tous les animaux carnassiers, parmi lesquelles on peut remarquer celles de quelques espèces très-rares de phoques.

4° Beaucoup de têtes de rongeurs et celles de tous les édentés connus : quelques-unes de cette dernière famille appartiennent même à des espèces nouvelles.

5° Les têtes des pachydermes, parmi lesquelles on remarquera celles du sanglier d'Éthiopie et du sanglier à masque ; trois têtes d'éléphant, dont une a été coupée verticalement pour en montrer la structure intérieure, et quatre têtes de rhinocéros appartenantes à trois espèces.

6° Les têtes des différens genres et d'un très-grand nombre d'espèces de ruminans. Les plus dignes d'attention sont celles de trois girafes, dont une fort jeune, et celles de plusieurs buffles. A côté se trouve un crâne de bœuf Apis, retiré d'une momie égyptienne.

7° Enfin les têtes des cétacés, parmi lesquelles on distinguera celle du lamantin, celle du dugong, et celle du narval, espèce de cétacé qui porte au bout du museau une défense longue et cannelée, arme terrible avec laquelle il perce, dit-on, les plus grandes baleines.

La seconde salle contient d'abord, à droite, le reste de la série des têtes, c'est-à-dire celles des oiseaux, celles des reptiles et celles des poissons. On remarquera, parmi les reptiles, trois têtes de crocodile du Gange, envoyées par M. Wallich.

On a choisi dans toutes les classes, autant qu'il a été possible, des têtes de différens âges, afin de faire connaître les lois de leur développement. Le reste de la salle, ainsi que deux petites pièces qui y sont annexées, et auxquelles on communique par un petit escalier, est destiné à l'étude des os considérés séparément. On y voit, le long d'un des côtés et sur les tables du milieu, un grand nombre de boîtes vitrées, dans lesquelles sont arrangés tous les os qui composent une tête, séparés les uns des autres. Le nombre de ces pièces est quelquefois très-considérable, et l'on est étonné à l'aspect de la quantité prodigieuse de celles qui entrent dans la composition de la tête d'un poisson. Les exemples de ces têtes de poisson dépecées sont ici très-multipliés.

Les os des pieds séparés et classés par espèces d'os, se voient dans d'autres armoires. Ils sont rangés de manière qu'on trouve à côté les uns des autres, sur un tableau, par exemple, les astragales de tous les animaux, puis sur un autre leurs calcanéums, et ainsi de suite. Il y a des séries semblables, pour les vertèbres et pour les grands os, dans les deux petites pièces annexées à cette salle. On peut y comparer sur-le-champ tous les fémurs, tous les tibias, tous les humérus, etc.

Dans les autres armoires de la seconde salle, on voit des cadres qui renferment des sternum d'oiseaux, et des os sciés longitudinalement et verticalement, pour montrer leur structure intérieure.

La troisième salle contient, dans les armoires qui l'entourent, les squelettes des quadrupèdes de petite taille. On y voit, 1° la plupart des singes, notamment le chimpancé, l'orang-outang, le pongo, différens gibbons, et le galéopithèque ou chat volant ; 2° presque tous les carnassiers ; 3° les kanguroos et presque tous les didelphes ; 4° les rongeurs, tels que les castors, les gerboises, etc. ; 5° tous les genres connus d'édentés, parmi lesquels on remarquera surtout le tamanoir envoyé de Cayenne par M. Martin, le tamandua apporté par M. Gaimard, et l'oryctérope du Cap apporté par M. Delalande ; 6° enfin les squelettes des échidnés et de l'ornithorinque. Au-dessus des armoires sont attachés au mur et à la voûte les cornes et les bois d'un grand nombre de ruminans. Des tables en forme de pupitres, placées des deux côtés, présentent les dents des différens animaux dans leurs divers degrés de développement, depuis l'homme jusques et compris le cheval.

Passons à la quatrième salle. Les armoires qui l'entourent renferment les squelettes des oiseaux. Nous citerons comme les plus remarquables ceux des autruches d'Afrique et d'Amérique, du casoar des Indes, et de celui de la Nouvelle-Hollande. On y voit aussi le squelette d'un ibis d'Égypte, retiré d'une momie, et rapporté par M. Geoffroy-Saint-Hilaire, et jusqu'à des squelettes de colibris et d'oiseaux-mouches.

Les deux dernières armoires de cette salle contiennent des squelettes de tortues, parmi lesquels on remarque celui d'une très-grande tortue de mer, et celui de la tortue des Indes, qui est la plus grande espèce de terre connue jusqu'à présent. Sur les tables on trouve la suite des préparations qui montrent le développement des dents, depuis le cheval jusqu'aux poissons. Au-dessus des armoires sont quatre grands squelettes de crocodile. A côté de l'un de ces squelettes, qui a été envoyé de Calcutta par M. Wallich, on a suspendu des bracelets de femmes indiennes qu'on avait trouvés dans son estomac.

Les squelettes des lézards, des serpens, des crapauds, des grenouilles et autres reptiles ; ceux de tous les genres et d'un grand nombre d'espèces de poissons, remplissent les armoires de la cinquième salle. Sur les corniches de ces armoires on voit le squelette d'un serpent de Java, de 15 pieds de longueur, rapporté par M. Leschenault en 1807 ; celui d'un requin, et celui d'un grand espadon de la Méditerranée. Au plafond sont attachés, d'un côté plusieurs becs de poissons-scie, et de l'autre des mâchoires de différentes espèces de raie et de chien de mer.

Les tables de cette pièce présentent sous verre les os hyoïdes de beaucoup d'animaux, et les larynx desséchés des quadrupèdes. On peut y remarquer entre autres les os hyoïdes du singe alouatte qui sont renflés en forme de vessie : la cavité de ces os communiquant avec le larynx, donne à la voix des alouattes ce volume énorme et ce son extraordinaire qui les ont fait nommer singes hurleurs.

Toutes les salles que nous avons parcourues sont occupées par l'ostéologie, et c'est ici que se termine la première partie de la collection ; la seconde n'est ni moins importante, ni moins nombreuse ; mais elle n'occupe point un espace aussi étendu.

La sixième salle est consacrée à la myologie. On a placé au milieu la statue en plâtre d'un homme écorché, peinte de couleur naturelle. Dans les armoires des extrémités sont d'un côté de petits écorchés en cire, ainsi que des imitations en cire de bras et de jambes d'homme, de grandeur naturelle ; de l'autre, deux petites statues de cheval écorché, sculptées en plâtre et peintes, et des modèles également en plâtre et peints, des membres de divers quadrupèdes, moulés sur nature par M. Brunot. Le reste des armoires est rempli par des animaux dont les muscles sont disséqués et conservés dans l'esprit-de-vin. On peut y étudier la myologie de tous les genres de mammifères, et celle de plusieurs oiseaux, reptiles et poissons.

La septième salle est destinée aux organes de la sensibilité. Cependant on y a placé sur des tables, et sous verre, les larynx et les trachées-artères des oiseaux. Autour de la salle sont, d'un côté, les cerveaux et les yeux d'un très-grand nombre d'animaux conservés dans l'esprit-de-vin, et en partie disséqués et développés ; de l'autre, dans des cadres et sous verre, la dissection des parties osseuses de l'oreille, depuis l'homme jusqu'aux reptiles et aux poissons. On y voit aussi des exemples de la peau, du poil, des plumes, des écailles, des ongles, des sabots ; ainsi que des langues, quelques narines, diverses préparations du système nerveux, et quelques têtes humaines de sauvages recouvertes de leur peau desséchée et tatouée.

La huitième salle contient les préparations des viscères en général, et spécialement de ceux qui exécutent les fonctions de la digestion. Au milieu, sous deux grandes cages vitrées, on voit d'un côté la figure en cire d'un enfant d'environ douze ans, qui présente la poitrine et l'abdomen ouverts, pour montrer en situation les viscères qui y sont renfermés ; de l'autre l'anatomie de la poule, exécutée en cire.

La neuvième salle est consacrée aux organes de la circulation, et à ceux des différentes sécrétions. On y voit une série de cœurs de mammifères, de reptiles et de poissons ; quelques injections ; un très-grand nombre de préparations de langues et de larynx ; des glandes de diverses parties du corps ; des vessies natatoires ; enfin les organes de la génération, et de belles préparations qui font connaître le développement du fœtus dans les animaux vivipares et ovipares. Il y a de plus, sur des tables, des viscères injectés et desséchés, qui montrent à quel degré de finesse atteignent les vaisseaux qui font circuler les fluides.

Enfin dans la dixième et dernière salle on voit une série de monstres, et une de fœtus de différens âges d'un grand nombre d'animaux.

On pourra observer ici que les monstruosités sont aussi fréquentes chez les animaux que chez l'homme : ce qui détruit l'erreur populaire qu'elles sont produites par l'imagination des mères, car on ne saurait supposer une imagination bien active à des animaux tels que les lapins et les cochons, chez qui les monstres ne sont pas rares.

Cette salle contient aussi un grand nombre de préparations de mollusques, d'animaux articulés, et de zoophytes. On y voit toutes celles qui ont servi de modèle pour les planches de l'Anatomie des mollusques de M. Cuvier. Au milieu de la salle sont exposées sur des pupitres les imitations en cire de divers animaux des coquillages, faites à Naples sous les yeux de Poli, et achetées, en 1800, du professeur Hermann de Strasbourg pour la somme de 6,000 francs.

Quelques préparations des parties dures des crustacés et des insectes, faites avec beaucoup de

soin par M. Straus, auraient dû se trouver à la
suite de celles qu'on vient de voir ; mais le défaut
de place sur les tables a obligé à les déposer dans
la quatrième salle, sur des pupitres placés à côté
de ceux qui renferment les dents des poissons.

Nous venons de présenter un tableau rapide
de la richesse des galeries d'anatomie comparée,
et de l'ordre dans lequel tout y est disposé. Nous
allons indiquer ici le nombre et la nature des
objets qu'elles renferment à l'époque actuelle :
ce nombre s'accroît sans cesse parce qu'on met
le plus grand soin à conserver ce qu'on possède,
et que l'on travaille continuellement à préparer
de nouveaux animaux.

Au mois de décembre 1822, la collection d'anatomie, qu'il faut diviser en préparations sèches,
et préparations conservées dans l'esprit-de-vin,
se composait des objets suivans :

1° PRÉPARATIONS SÈCHES.

41 Squelettes humains, savoir :
    16 Squelettes de fœtus.
     2 . . . . d'enfans.
     2 . . . . . . de Français adultes.
     6 . . . . de diverses nations européennes.
     3 . . . . de momies égyptiennes.
     1 . . . . de momie de Guanche.
   11 . . . . de Nègres et Hottentots.
60 Têtes humaines de différens âges.

50 Têtes humaines, remarquables par quelque singularité de structure.

64 Têtes humaines de diverses nations.

360 Squelettes de mammifères.

500 . . . . . . d'oiseaux.

165 . . . . . . de reptiles.

480 . . . . . . de poissons.

1040 Têtes osseuses de divers animaux.

300 Têtes osseuses démontées, et faisant voir séparément les os qui
les composent.

590 Pièces formant une collection d'os séparés, classés par espèce
d'os.

300 Pièces formant une collection de pieds et de mains, montrant
séparément les os qui les composent.

870 Préparations relatives aux dents.

462 Préparations relatives aux parties osseuses de l'oreille.

240 Préparations relatives aux parties extérieures, telles que poils,
plumes, ongles, écailles, etc.

58 Intestins injectés et desséchés.

200 Trachées-artères et larynx desséchés.

42 Arcs branchiaux de poissons.

133 Os hyoïdes.

230 Préparations relatives aux parties dures externes des crustacés et
des insectes.

46 Préparations soit en cire, soit en plâtre peint, concernant la
myologie et les viscères de l'homme et des animaux.

2° PRÉPARATIONS CONSERVÉES DANS L'ESPRIT-DE-VIN.

172 Myologies de divers animaux.

216 Cerveaux.

66 Moelles épinières, nerfs et autres parties du système nerveux.

527 Yeux.

44 Parties molles relatives à l'oreille.

30 . . . . à l'odorat.

34 . . . . au toucher.

54 Langues.

915 Vases contenant l'ensemble des viscères de divers animaux.
220 Cœurs et organes de la circulation.
253 Larynx, trachées-artères, poumons.
 95 Reins et autres organes de sécrétion.
342 Organes génitaux.
 80 Fœtus avec leurs enveloppes.
 83 Préparations montrant le développement dans l'œuf de divers
      oiseaux, reptiles et poissons.
 38 Œufs de mollusques.
157 Fœtus sans enveloppes.
151 Monstres et fœtus monstrueux.
881 Anatomie des mollusques.
144 . . . . . des crustacés.
 92 . . . . . des vers.
268 . . . . . d'insectes.
593 . . . . . de zoopbytes.

Total 11,486 préparations, dont 6,231 desséchées, et 5,255 conservées dans l'esprit-de-vin.

Loges des Animaux Féroces.   Dens for the Wild Beasts

CHAPITRE V.

MÉNAGERIE.

Lorsque Louis XIV eut fixé sa résidence à Versailles, l'académie des sciences le pria de faire établir une ménagerie dans le magnifique parc de son palais. Louis XIV y ayant consenti, des animaux rares furent bientôt réunis dans une vaste enceinte, et Perrault les fit connaître avec une exactitude dont on n'avait point encore de modèle en France.

Cette ménagerie continua de s'enrichir sous le règne de Louis XV, et sous celui de Louis XVI. Ce fut là que Buffon et Daubenton eurent occasion de voir la plupart des animaux étrangers qu'ils ont décrits d'après leurs propres observations ; et les quinze premiers volumes de l'*Histoire naturelle* qu'ils publièrent ensemble doivent à la ménagerie de Versailles la plus grande partie des descriptions et des remarques originales qui en ont fait un ouvrage fondamental pour la zoologie.

L'infortuné Louis XVI ayant été obligé de quitter Versailles, la ménagerie fut négligée, et plusieurs des animaux qu'elle renfermait périrent faute d'une nourriture convenable. Ceux qui restaient en 1792 ayant été offerts à M. de Saint-Pierre, intendant du jardin, pour qu'il en fît faire des squelettes, il refusa de les accepter à cette condition, et il présenta un mémoire au gouvernement, sur la nécessité de joindre une ménagerie au jardin des plantes (1). Ce mémoire détermina à les conserver, et ils furent transportés au Muséum six mois après la nouvelle organisation (2). Dans le même temps un arrêté de la

(1) Ce mémoire est imprimé dans le douzième volume des œuvres de M. de Saint-Pierre, pag. 633-669. L'auteur y développe les motifs qui doivent faire adopter son projet, et il répond aux objections de ceux qui regardaient cette dépense comme un objet de luxe. Il montre que l'établissement dont la direction lui est confiée étant destiné à l'enseignement de l'histoire naturelle, il doit présenter également le tableau des trois règnes; que l'étude de la zoologie exige qu'on observe les animaux vivans ; que l'idée qu'on peut s'en faire sur des peaux et des squelettes est aussi incomplète que celle qu'on se ferait de la végétation en feuilletant des herbiers ; que lorsque les souverains étrangers envoient des animaux en présent, il faut qu'on ait le moyen de les conserver ; que plusieurs animaux sauvages pourront un jour devenir utiles, si l'on s'occupe de les élever et de les multiplier; que par le croisement des races on obtiendra des races nouvelles qui seront une source de richesses ; que la plupart des animaux qui peuplent nos basse-cours ont commencé par être introduits dans des ménageries. Il propose enfin des vues extrêmement sages, et qui ont eu sans doute une grande influence sur les déterminations qui furent prises lors de la nouvelle organisation du Muséum.

(2) Il n'en restait alors que cinq ; savoir, un lion très-apprivoisé, le bubale, la corinne, le couagga et le pigeon couronné des Indes. Le lion attira singulièrement l'attention du public, par son attachement pour un chien avec lequel il jouait sans cesse. C'est ce même lion dont M. Tocsan, bibliothécaire du Muséum, a donné une histoire fort intéressante. Voyez l'*Ami de la nature*, pag. 15-47. On trouve dans ce même

commune de Paris ayant défendu les ménageries
ambulantes, les particuliers qui montraient des
animaux au public furent obligés de les céder au
Muséum, et l'on se trouva bientôt en avoir un
assez grand nombre. On plaça les uns dans des
loges provisoires, les autres dans les bosquets, et
l'on s'occupa de tracer le plan d'une ménagerie.
Mais ce ne fut que successivement, et à mesure
que les circonstances le permirent, qu'on obtint
l'acquisition des terrains nécessaires pour les
parcs et pour les différens édifices, et l'enclos
n'a son étendue actuelle que depuis 1822.

Dans la partie historique de cet ouvrage, nous
avons rendu compte des constructions qui furent faites à la ménagerie, et des acquisitions par
lesquelles elle s'enrichit. Nous ne reviendrons
point sur ce sujet, et nous nous contenterons de
présenter le tableau de son état actuel et de l'ordre qui y règne. Comme les animaux qu'on y
réunit périssent après y avoir vécu plus ou moins
de temps, et sont remplacés par d'autres, nous ne
parlerons pas de tous ceux qu'on y voit aujour-
d'hui, mais seulement des espèces les plus remarquables, et de celles que nous espérons conserver.
Nous n'indiquerons pas non plus la place où l'on
peut voir ceux dont nous ferons mention, parce

ouvrage, publié en 1801, des observations sur les animaux qui étaient
alors à la ménagerie.

43.

qu'on les transporte d'un parc dans un autre, selon les circonstances. D'ailleurs, une étiquette placée au-dessus de la porte du parc ou de la loge de chaque animal fait connaître son nom, le pays d'où il vient, et le nom de la personne à qui on le doit, lorsqu'il a été donné ou envoyé au Muséum.

La ménagerie a 220 toises de l'est à l'ouest, ou depuis l'esplanade qui est devant l'amphithéâtre jusqu'à la terrasse élevée le long du quai. Sa plus grande largeur du nord au sud est d'environ 110 toises : elle communique au jardin par quatre entrées principales, une à l'ouest, et trois au midi, dont une au milieu de l'allée des marroniers, et l'autre à l'extrémité de la même allée. Ces portes sont ouvertes au public tous les jours de onze heures à six en été, et de onze à trois en hiver. On ne peut être introduit dans l'intérieur des parcs à moins qu'on ne soit conduit par un membre de l'administration.

L'espace destiné aux animaux paisibles qui se promènent en liberté, se compose de quinze parcs ; six à l'ouest et huit à l'est de l'édifice qui est au milieu de la ménagerie, et qu'on appelle la grande rotonde. Ces parcs, autour desquels on se promène, sont eux-mêmes divisés en compartimens, dont chacun aboutit à l'une des faces d'une fabrique où les animaux peuvent se retirer pendant la nuit ou lorsqu'ils sont incommodés

G. Cathilwian, Del.
E. Aubert, Sculp.
Durand, Imp.

G. Cattermole del.
E. Aubert sculp.
Durand imp.

par la chaleur. A l'extrémité de ces parcs, et près de la rivière, se trouve l'édifice où sont logés les animaux carnassiers.

Entrons par la porte qui est auprès de l'amphithéâtre. Nous aurons à gauche une allée qui fait le tour de la ménagerie, et devant nous une autre allée qui la traverse dans sa longueur, en circulant autour des parcs et passant entre la rotonde et la volière. En prenant celle-ci, les premiers parcs des deux côtés nous offriront dans différens compartimens, 1° des moutons de Barbarie à grosse queue, et le morvan, espèce de mouton d'Afrique à longues jambes. 2° L'alpaca des Cordilières, animal très-remarquable par la longueur et la finesse de sa laine, et qui était presque inconnu lorsqu'il a été donné au Muséum, par M. Pouydebat, négociant à Bordeaux. 3° Des individus mâles et femelles des chèvres que M. Ternaux a fait venir de Tartarie, et un bouc que MM. Diard et Duvaucel ont envoyé de l'Inde, et qui est la véritable race dont la laine est employée à fabriquer les beaux schalls de cachemire. 4° La race des chèvres de la haute Égypte, auxquelles l'avancement de la mâchoire inférieure donne une physionomie très-singulière ; et celles des chèvres du Napaul, remarquables par un caractère important en zoologie, celui d'avoir le chanfrein comme les moutons. 5° Des chèvres qui ne diffèrent presque pas de celles d'Europe, et qui peuvent devenir l'origine d'une race nouvelle. Voici comment elles ont été obtenues.

Des observations faites à la ménagerie ayant prouvé que dans certaines circonstances les animaux, et principalement les chèvres, perdent en partie leur poil soyeux, et qu'alors le poil laineux qui est dessous se développe en plus grande quantité, on choisit parmi les mâles et les femelles d'une race de chèvres venue de l'Asie mineure, les individus les plus pourvus de laine, et les ayant accouplés, on en obtint une variété qui est presque entièrement couverte de cette laine, très-semblable à celle de Cachemire. On juge aisément combien la conservation et la multiplication de cette variété produirait d'avantages pour nos manufactures.

Après les parcs entre lesquels nous avons passé, on en voit un à gauche qui s'étend jusqu'aux cages des oiseaux. Il est divisé en cinq compartimens au milieu desquels est une grande fabrique circulaire couverte en roseaux, et qui sert d'écurie. Dans le premier compartiment est un bassin où l'on réunit toutes les petites espèces d'oiseaux aquatiques ; là sont aussi différentes espèces de tortues qui se tiennent dans l'eau, ou se promènent sur l'herbe. Les 2e, 3e et 4e compartimens sont habités par un grand nombre d'oiseaux échassiers et gallinacés. On y remarquera surtout la

G. Cuvilaneau, Del.
E. Aubert, Sculp.
Durand, Imp.

C. Cathelineau, Del.
E. Aubert, Sculp.
Durand, Imp.

grue d'Europe, la grue à pendeloques du Cap de Bonne-Espérance, donnée par M. Taunay; la grue couronnée du Sénégal, et le marabou du même pays, espèce de cigogne qui donne les plumes si recherchées pour la parure des dames. Dans le dernier compartiment sont des autruches. De grands arbres ombragent toute l'étendue de ce parc, et les oiseaux qui s'y promènent pendant le jour se retirent la nuit dans la cabane.

A droite de ce parc en est un autre divisé en trois compartimens séparés par un bâtiment à deux étages, qui a l'aspect d'une ruine. Il a long-temps été habité par des égagres qui se plaisaient à monter et descendre l'escalier. On y a depuis placé des chamois. Le compartiment à l'ouest renferme un grand bassin creusé dans la terre : c'est là que sont réunis les grands oiseaux aquatiques.

Au midi de ce parc, qui occupe la partie la plus basse de la ménagerie, on en voit un autre plus allongé, qui s'étend depuis la serre tempérée jusqu'à la rotonde, et dont le terrain incliné vers le nord est divisé en cinq compartimens. Dans le milieu de sa longueur, on a construit une jolie fabrique à quatre pavillons, dont chacun sert de retraite à une espèce du genre cerf. On y a vu pendant plusieurs années des axis qui s'y sont propagés.

Les chemins sinueux qui circulent autour des six

parcs que nous venons de parcourir aboutissent à la rotonde, aux cages des oiseaux de proie et à la volière. Au delà nous en trouverons encore neuf de grandeur et de formes différentes, mais tous construits d'après le même système.

Au milieu du premier est un édifice entouré de colonnes de bois. Là se trouve un métis provenant d'un zèbre femelle qui est mort à la ménagerie, où il avait été accouplé avec un âne. Il est zébré sur le front, sur les cuisses et sur les jambes.

Les huit parcs suivans sont principalement habités par des moutons et par différentes espèces de cerfs. On y remarquera surtout, 1° le mâle et la femelle du mouton d'Astracan, donnés au Muséum par M. le duc de Richelieu. Comme ils se sont propagés, nous espérons pouvoir les naturaliser en France. On sait que la fourrure de leurs agneaux est l'objet d'un commerce considérable. 2° Deux mâles et une femelle du grand cerf de Canada, qui est à peu près de la taille d'un cheval : ces animaux nous ont été envoyés par M. Milbert. 3° Le cerf de la Louisiane. 4° Un cerf du Bengale, qu'on croit être l'hippélaphe d'Aristote, et qui nous a été donné par M. de Montbron. 5° Plusieurs daims, dont un est blanc et les autres noirs.

On voit pendant toute la belle saison dans le dernier parc le guépard, dont on se sert aux Indes pour la chasse, animal qui attire l'attention par

G. Cathelineau del.
Durand imp.
E. Aubert sculp.

G. Cachitineau, Del.
E. Aubert, Sculp.
Durand, Imp.

Grande Rotonde dans la Ménagerie.   *The Rotundo in the Menagery.*

la beauté de sa fourrure analogue à celle de la panthère, par l'élégance de ses formes, par la grâce et l'agilité de ses mouvemens. Il est aussi apprivoisé, aussi doux, aussi sensible aux caresses que le chien le plus familier. Il a été donné au Muséum par M. Lecoupé, gouverneur du Sénégal.

En faisant le tour des divers parcs on reviendra à la rotonde.

C'est dans cet édifice, dont le milieu est entouré de cinq pavillons et de petites cours plantées d'arbres, que se trouvent l'éléphant, envoyé au Muséum en 1820 par M. Leschenault, et qui est aujourd'hui âgé de six ans; deux dromadaires mâle et femelle, et trois autres nés de leur accouplement. Le bison d'Amérique mâle et femelle, envoyés par M. Milbert; le buffle, et plusieurs petits animaux parmi lesquels nous devons citer le tajaçu et le pécari. En sortant de la rotonde on prendra le chemin qui se dirige du côté du nord pour aller voir les singes, les oiseaux de proie et la volière.

Les loges des singes formaient l'année dernière une ligne continue avec les cages des oiseaux de proie : on les en a séparés pour faire un chemin qui aboutit de ce côté aux loges des animaux carnassiers. Cette nouvelle distribution a rendu le bâtiment destiné aux singes beaucoup trop petit; mais on s'occupe en ce moment à disposer un autre local, où ils seront beaucoup mieux placés qu'ils ne l'étaient précédemment.

Un grand nombre de singes ont paru à la ménagerie : plusieurs y ont fait des petits. Les plus remarquables de ceux qu'on y voit aujourd'hui sont le drill, nouvelle espèce de cynocéphale, le rhésus, le papion, le bonnet chinois, l'ouandérou de Ceylan, et le macaque.

De l'autre côté du chemin nouvellement construit, est une petite galerie fermée par des portes vitrées, qu'on ouvre lorsque le temps est beau. C'est là qu'on a rassemblé les petits quadrupèdes qui ont besoin de chaleur. On y voit en ce moment une mangouste de la presqu'île de Malaca, une d'Égypte ; deux écureuils d'Amérique, un dasyure, un phalanger de la Nouvelle-Hollande, une marmotte du Canada, deux espèces de tatou, etc., etc.

A la suite sont les cages des oiseaux de proie. On y voit plusieurs espèces de vautours, dont un, nommé le roi des vautours, nous a été donné par monseigneur le duc d'Orléans ; le gypaëte des Alpes, qui est, après le condor, le plus grand des oiseaux de proie connus ; le bateleur du Sénégal ; l'aigle à tête blanche, et plusieurs chouettes et hiboux du Nouveau-Monde.

En tournant à gauche, on se trouve en face de la volière : c'est un enclos planté d'arbrisseaux.

au fond duquel est une construction exposée au midi, divisée en compartimens, et qui sert à renfermer des oiseaux étrangers. Le parc est entouré d'une double grille, et l'on voit du dehors les oiseaux qui s'y promènent. Comme cette enceinte est destinée à la propagation des oiseaux rares ou sauvages, elle n'est point ouverte au public. Elle renferme en ce moment des mâles et des femelles du faisan doré de la Chine, du faisan argenté et du faisan commun ; quelques espèces de gallinacées étrangères, telles que le hocco et le marail, et les variétés de poules les plus curieuses.

Après avoir fait le tour de la volière, nous allons retourner à l'extrémité de la ménagerie pour voir les animaux carnassiers. Nous avons dit dans la notice historique que tous les animaux carnassiers qu'on avait eus successivement depuis 1794, avaient été placés dans des loges construites à la hâte, dans un vieux bâtiment situé à l'extrémité de l'allée des marroniers, et que c'est seulement depuis 1817 qu'on a construit l'édifice où ils ont été transportés en 1821.

Cet édifice, d'une architecture simple et régulière, présente sur une même ligne, à l'exposition du midi, vingt-une loges derrière lesquelles est une galerie éclairée par le haut, assez large pour qu'on puisse s'y promener en hiver et voir les animaux lorsque les volets extérieurs des loges sont fermés. C'est encore par cette galerie que se fait le service, soit pour donner aux animaux leur nourriture, soit pour laver et nettoyer leurs loges, en faisant entrer chacun d'eux de la loge où il a passé la nuit dans celle qui est la plus voisine.

On voit aujourd'hui dans cet édifice des lions et des lionnes, dont une vit avec un chien ; des jaguars, deux espèces de chacals, des ours bruns d'Europe, un ours de Sibérie et des ours noirs d'Amérique, l'hyène rayée d'Afrique, des renards, et une louve qui attire l'attention parce qu'elle est aussi sensible aux caresses de ceux qui s'approchent de sa loge que le chien le plus affectueux l'est aux caresses de son maître.

Les lions sont ceux de l'Atlas. Ils ont été envoyés en présent au gouvernement par l'empereur de Maroc et le dey d'Alger : ils se sont accouplés, et l'une des lionnes a plusieurs fois fait des petits ; mais les lionceaux n'ont jamais survécu à la dentition.

Les chacals ont été envoyés, l'un de l'Inde par M. Leschenault, l'autre du Sénégal par M. Sauvigny. Ce dernier est une espèce nouvelle remarquable par ses formes légères et par la finesse de sa tête : quoique ces deux animaux soient d'espèce différente, ils se sont accouplés et ils ont fait des petits.

Les jaguars sont originaires de l'Amérique méridionale. Nous avions eu il y a plusieurs années
d'autres individus de la même espèce, et c'est en
les observant à la ménagerie qu'on a appris à
les bien distinguer du léopard et de la panthère,
qui s'y trouvaient en même temps.

La ménagerie ayant reçu successivement un
grand nombre d'animaux étrangers qu'on a disséqués après leur mort, elle a donné lieu aux recherches les plus savantes sur l'anatomie comparée, et elle a enrichi la collection du cabinet de
beaucoup d'espèces qu'on ne connaissait point :
mais la facilité qu'elle a donnée d'observer les
animaux pendant leur vie a produit des résultats
encore plus intéressans. En effet elle a fourni des
données pour discerner les caractères constans
de ceux qui ne le sont pas, et pour arriver à la
solution du grand problème de la distinction des
espèces et des variétés : elle a offert à ceux qui
considèrent la zoologie sous le point de vue le
plus philosophique, le moyen d'étudier les facultés instinctives, le degré d'intelligence et les
habitudes des animaux : l'influence que l'éducation, l'esclavage, la domesticité et le changement
de nourriture, exercent sur leur naturel primitif,
les phénomènes relatifs au rut, à l'accouplement,
à la gestation, aux soins que les mâles et les femelles prennent de leurs petits ; elle les a mis à

même d'examiner chez eux le développement et la propagation de certaines qualités qui finissent par constituer des races particulières : et M. Frédéric Cuvier, qui a inséré dans nos Annales des mémoires sur quelques-uns de ces objets, n'aurait jamais pu recueillir et généraliser les observations dont ils se composent, s'il n'avait été chargé de la direction et de la surveillance de notre ménagerie.

Enfin cette même succession d'animaux a donné lieu à deux ouvrages de la plus haute importance. Le premier, qui a pour titre *La ménagerie du Muséum,* ou *Description des animaux qui y vivent et qui y ont vécu,* par MM. Lacépède, Cuvier et Geoffroy, avec des figures peintes d'après nature, par M. Maréchal, a été publié en 1804, in-folio, et in-12, par M. Miger, qui en a gravé les planches.

Le second, dont les auteurs sont MM. Geoffroy-Saint-Hilaire et Frédéric Cuvier, a été commencé en 1819 et se continuera tant qu'on aura l'occasion de voir des espèces nouvelles ou peu connues. Il en a déjà paru quarante cahiers in-folio, contenant deux cent quarante figures. Ces figures, lithographiées et coloriées d'après la nature vivante, font connaître tous les animaux qu'on a pu observer à la ménagerie, et l'on juge combien elles sont plus exactes que celles qu'on avait faites sur les animaux empaillés. Le texte offre non-seulement une description de chaque animal, mais encore l'exposition de ce qu'on a pu remarquer relativement à ses habitudes pendant le temps qu'il a vécu à la ménagerie.

Pour donner une idée des services que la ménagerie du Muséum a rendus à l'histoire naturelle, nous croyons devoir joindre ici la liste des animaux remarquables qui y ont vécu, qui y ont été décrits et dessinés, et dont les dépouilles ont été ensuite placées dans les galeries de zoologie et dans celles d'anatomie comparée.

Nous distinguerons par un astérisque placé à la suite du nom ceux qui n'étaient pas bien connus, ou qui ne l'étaient pas du tout lorsqu'ils nous ont été envoyés ; et par la lettre v ceux qui sont vivants au moment où nous écrivons (1).

MAMMIFÈRES.

La mone, Buff., *simia mona,* Schr. (Afrique.)
L'ascagne, *simia petaurista,* Gm. (Afrique.)
V. Le moustac, Buff., *simia cephus,* Linn. (Afrique.)
L'entelle, *simia entellus,* Dufresne. (Inde.) *
Le patas, *simia rubra,* Gmel. (Afrique.)
V. Le mangabey, *simia fuliginosa,* Geoff. (Afrique.)
V. Le mangabey à collier, *simia œthyops,* Linn. (Afrique.)
V. Le malbrouck, *simia faunus,* Linn. (Afrique.)
Le grivet, *simia griseus,* Fr.-Cuv. (Afrique.) *
Le vervet, *simia pygerythra,* Fr.-Cuv. (Afrique.) *

(1) Nous aurions inutilement allongé cette liste en y joignant le nom des animaux connus de tout le monde, comme le loup et le renard parmi les mammifères ; le paon et le cygne parmi les oiseaux.

V. Le callitriche, *simia sabœa*, Linn. (Afrique.)

V. Le rhésus, *simia rhesus*, Geof. (Inde.) *

V. Le tocque, *simia cynica*. (Inde.)

V. Le macaque, *simia cynomolgos*. (Sumatra.)

V. Le singe à queue de cochon, *simia nemestrina*, Linn. (Sumatra.) *

V. L'ouandérou, *simia silenus*, Linn. (Inde.)

Le magot, *simia inuus*, Linn. (Afrique.)

V. Le papion, *simia sphinx*. (Afrique.)

Le babouin, *simia cynocephalos*, Fr.-Cuv. (Afrique.) *

Le tartarin, *simia hamadryas*, Linn. (Afrique.)

Le chacma, *simia porcaria*, Bodd. (Afrique.) *

V. Le drill, *simia leucophœa*, Fr.-Cuv. (Afrique.) *

V. Le mandrill, *simia mormon*, Linn. (Afrique.)

V. Le coaïta, *simia paniscus*, Linn. (Amér. équat.)

L'atèle noir ou cayou, *ateles niger*, Fr.-Cuv. (Amér. équat.) *

V. Le saï, *simia capucina*, Linn. (Amér. équat.)

Le sajou brun, et le sajou gris, *simia apella*, Linn. (Amér. équat.)

V. Le sajou cornu, *simia fatuellus*, Linn. (Amér. équat.) *

Le saï à gorge blanche, *cebus hypoleucus*, Geof. (Amér. équat.)

Le saï à grosse tête, *cebus robustus*, New. (Amér. équat.) *

Le saïmiri, *simia sciurea*, Linn. (Amér. équat.)

Le marikina, *simia rosalia*, Linn. (Amér. équat.)

V. Le ouistiti, *simia jacchus*, Linn. (Amér. équat.)

Le tamarin nègre, *midas ursulus*, Geof. (Amér. équat.)

V. Le douroucouli, *simia trivirgata*, Humboldt. (Amér. équat.) *

Le maki rouge, *lemur ruber*, Péron. (Madagascar.) *

V. Le maki nain, *temur murinus*. (Madagascar.) *

Le mangous, *lemur mongos*, Linn. (Madagascar.)

V. Le maki à front blanc, mâle et femelle, *lemur albifrons*, Geof.
(Madagascar.) *

V. Le maki à front noir, *lemur nigrifrons*, Geof. (Madagascar.) *

Le mococo, *lemur catta*, Linn. (Madagascar.)

V. L'ours brun des Alpes, *ursus arctos*, Linn.

V. L'ours noir d'Amérique, *ursus americanus*, Linn.

L'ours polaire, *ursus maritimus*. Pall.

V. Le raton, *ursus lotor*, Linn. (Amérique.)

V. Le coati brun, *viverra nasua*, Linn. (Amér. équin.)

V. Le coati roux, *viverra narica*, Linn. (Amér. équin.) *

V. Le kinkajou, *viverra caudivolvula*, Gm. (Amér. équin.) *

Le grison, *viverra vittata*, Gm. (Amér. équin.) *

V. L'ichneumon d'Égypte, *viverra ichneumon*, Linn.

V. La mangouste grise, *viverra mungos*, Linn. (Asie et Afrique.) *

V. La mangouste de Java, *viverra javanica*, Desmarest. *

La genette, *viverra genetta*. (Afrique.)

Le suricate, *viverra tetradactyla*. (Afrique.) *

Le pougouné ou marte des palmiers, *paradoxurus typus*, Fr. **Cuv.**
(Inde.) *

V. La civette, *viverra civetta*. (Asie et Afrique.)

V. Le zibeth, *viverra zibetha*. (Asie.) *

V. Le chacal du Bengale, *canis aureus*. Linn. *

V. Le chacal du Sénégal, *canis anthus*, Fr. Cuv. *

Le renard argenté, *canis argenteus*, Geof. (Amérique.) *

Le renard tricolor, *canis cinereo argenteus*, Gm. (Amérique.) *

V. Le lion, *felis leo*, Linn. (Afrique.)

Le tigre, *felis tigris*, Linn. (Inde.)

V. Le jaguar, *felis onca*, Linn. (Amér. équin.) *

Le léopard, *felis leopardus*, Linn. (Afrique.) *

V. Le guépard, *felis jubata*, Linn. (Afrique et Asie.) *

La panthère, *felis pardus*, Linn. (Afrique.)

Le serval, *felis serval*. (Afrique.)

Le couguar, *felis discolor*, Linn. (Amér. équin.)

Le mélas, *felis melas*, Péron. (Java.)

Le chaty, *felis mitis*, Fr. Cuv. (Amér. équin.) *

Le lynx du Canada, *felis canadensis*, Geof.

V. L'hyène rayée, *canis hyœna*. (Afrique.)

L'hyène tachetée, *canis crocuta*. (Cap de Bon.-Esp.)

Le phoque commun, *phoca vitulina*.

Le phoque fauve, espèce indéterminée. *

Le dasyure de Maugé, *dasyurus Maugeii*, Geof. (Nouv.-Hol.)

V. L'opossum, *didelphis virginiana*, Linn. (Amér. sept.)

Le crabier, *didelphis cancrivora*, Linn. (Amér. équin.) *

Le phalanger de Cook, *phalangista Cookii*. (Nouv.-Hol.)

Le kanguroo géant, *didelphis gigantea*, Gm. (Nouv.-Hol.)

Le phascolome, *phascolomis ursina*, Geof. (Nouv.-Hol.) *

V. L'écureuil des Pyrénées, *sciurus alpinus*, Fr. Cuv. (Europe.) *

V. L'écureuil de la Caroline, *sciurus cinereus*, Linn. (Amér. sept.)

V. Le capistrate, *sciurus capistratus*, Bosc. (Amér. sept.)

L'assapan ou polatouche d'Amérique, *sciurus arobatis*, Linn. (Amér. sept.) *

V. La marmotte du Canada, *arctomys empetra*, Pall. *

V. L'agouti, *cavia aguti*, Linn. (Amér. équin.)

V. Le paca brun, *cavia paca*, Linn. (Amér. équin.)

Le paca fauve, *cavia paca*, Linn.

Le castor du Canada, *castor fiber*, Linn.

Le castor d'Europe.

Le hamster, *mus cricetus*, Linn. (Europe.)

V. L'encoubert, *dasypus sex-cinctus*. (Amér. équin.)

V. Le tatou, espèce nouvelle. (Amérique équin.) *

V. L'éléphant des Indes, *elephas indicus*, Linn.

V. Le pécari, *dicotyles torquatus*, G. Cuv. (Amér. équin.)

V. Le tajaçu, *dicotyles labiatus*, G. Cuv. (Amér. équin.) *

Le couagga, *equus quaccha*. (Cap de Bon.-Esp.)

Le zèbre, *equus zebra* d'Afrique.

Mulet de zèbre et d'âne.

Le chameau, *camelus bactrianus*. (Asie.)

V. Le dromadaire, *camelus dromedarius*. (Asie et Afrique.)

Le lama, *camelus llacma*. (Amér. équin.)

V. L'alpaca, *camelus alpaca*. (Amér. équin.) *

V. Le wapiti, *cervus strongyloceros*, Schr. (Amér. sept.) *

L'élan d'Amérique, *cervus alce*, Linn. (Amér. sept.) *

Le cerf du Bengale, Fr. Cuv.

La biche de Malaca, Fr. Cuv. (Asie.)

L'axis, *cervus axis*, Linn. (Asie.)

V. Le cerf de Virginie, *cervus virginianus*, Linn. *

Le chevrotain napu, *moschus napu*. (Java.) *

L'algazel, *antilope gazella*, Gm. (Afrique.) *

Le kevel, *antilope kevella*, Gm. (Afrique.)

La corinne, *antilope corinna*, Linn. (Afrique.)

Le gnou, *antilope gnu*, Gm. (Afrique.)

Le bubale, *antilope bubalis*, Linn. (Afrique.)

V. La grimme, *antilope grimmia*, Gm. (Afrique.) *

V. Le buffle, *bos bubalus*, Linn. (Italie.)

V. Le bison d'Amérique, *bos bison*, Linn. (Amér. sept.) *

Le zébu, *bos taurus varietas*. (Afrique et Asie.)

V. Le bouc de Cachemire, *capra-hircus varietas asiatica*. (Asie.

V. Le moufflon de Corse, *ovis ammon*.

V. Le bouc de la Haute-Égypte, *capra-hircus varietas*. *

V. Moutons d'Astracan, *ovis aries varietas*. (Asie.) *

V. Le paseng, *capra œgagrus*. (Europe.)

OISEAUX.

V. Le vautour fauve, *vultur fulvus*. (Europe.)

V. Le vautour brun, *vultur cinereus*. (Europe.)

V. Le chincou, *vultur monachus*. (Afrique.)

V. Le roi des vautours, *vultur papa*. (Amérique.)

V. Le percnoptère d'Égypte, *vultur percnopterus*.

V. L'aura, *vultur aura*. (Amérique.)

V. Le lœmmer gœyer ou gypaëte, *vultur barbatus*. (Alpes.)

V. L'aigle commun, variété royale, *falco chrysaetos*.

V. Le pygargue et l'orfraie, *falco albicaudatus*.

V. L'aigle à tête blanche, *falco leucocephalus*. (Amér. sept.)

V. Le grand duc de Virginie, *strix virginiana*. (Amér. sept.)

V. Le harfang, *strix nyctea*.

V. Le cassican flûteur, *coracias tibicen*. (Philippines.)

V. Le gros-bec, *loxia oryzivora*.

Des espèces de chacune des divisions de la famille des perroquets.

Le touraco à huppe rouge, *corythaix paulina*, Temm. (Afrique.)

V. Le hocco noir à ventre blanc, *crax alector*. (Amér. équin.)

V. Le pauxi hoccan, *crax galeata*, Temm. (Amér. mérid.)

V. Le pénélope marail, *penelope marail*. (Amér. équin.)

Le pénélope yacou, *penelope cumanensis*. (Amér. équin.)

V. Le faisan argenté, *phasianus nycthemerus*.

V. Le faisan doré, *phasianus pictus*.

V. Le colin houï, *tetrao borealis*, Gm. (Amérique.)

Le tétrao à fraise, *tetrao umbellus*.

Le pigeon couronné des Moluques, *columba coronata*.

Le pigeon de Nicobar, *columba nicobarica*. (Moluques.)

La tourterelle ensanglantée, *columba cruentata*. (Moluques.)

V. L'autruche, *struthio camelus*. (Afrique.)

L'autruche d'Amérique ou nandou, *struthio rhea*.

Le casoar, *struthio casuarius*. (Moluques.)

Le casoar austral, *casuarius Novæ-Hollandiæ*. (Nouv.-Holl.)

L'oiseau royal, *ardea pavonina*. (Afrique.)

V. La grue caronculée, *ardea caronculata*. (Afrique.)

V. La cigogne à sac ou marabou, *ardea crumenifera*. (Afrique.) *

V. Le goëland à manteau noir, *larus marinus*, Linn.

V. Le goëland à manteau gris, *larus argentatus*, Linn.

Le pélican, *pelicanus onocrotalus*.

V. L'oie à cravate, *anas canadensis*. (Amér. sept.)

V. L'oie d'Égypte, *anas œgyptiaca*.

Le canard de la Caroline, *anas sponsa*. (Amér. sept.)

REPTILES ET POISSONS.

La tortue grecque, *testudo græca*.

V· La tortue couï, *testudo radiata*. (Madagascar.)

V. La tortue de la Cafrerie, *testudo cafra*. *

Tortue, espèce nouvelle. (Guadeloupe.) *

Tortue, espèce nouvelle. (Brésil.) *

La tortue des Indes, *testudo indica*.

La tortue anguleuse, *testudo angulata*. (Cap.)

La tortue géométrique, *testudo geometrica*. (Ile de France.)

L'émyde d'eau douce, *testudo europœa*.

L'émyde peinte, *testudo picta*. (New-Yorck.)

L'émyde ponctuée, *emys punctata*. (Amér. sept.)

L'émyde concentrique, *testudo centrata*.

L'émyde à long cou, *emys longicollis*. (Nouv.-Hollande.)

L'émyde de Pensylvanie, *emys pensylvanica*.

V. Emyde, espèce nouvelle. (Amér. sept.) *

V. La tortue à boîte, *emys variegata*.

V. La tortue à longue queue, *testudo serpentina*. (Caroline.)

La tortue franche, *testudo viridis*. (Océan atlantique.)

La tortue caret, *testudo imbricata*. (Océan atlant.)

Tortue de mer, esp. nouv. apportée de Bourbon par M. Leschenault.

Le caméléon, *lacerta africana*. (Afrique.)

Le serpent à sonnette, *crotalus horridus*. (Amér. équat.)

Le protée, *proteus anguinus*. Laurenti.

Le gymnote électrique, *gymnotus electricus*. (Cayenne.)

Le callichte, *silurus callichtys*. (Cayenne.)

CHAPITRE VI.

BIBLIOTHÈQUE.

La bibliothèque fondée au Muséum lors de la
nouvelle organisation avait été placée dans la dernière salle du cabinet ; l'espace qu'elle remplissait étant devenu nécessaire pour le développement des collections, et trop resserré pour l'arrangement des livres, nous avions exprimé dans
la première partie de cet ouvrage le vœu qu'elle
pût être transportée dans le grand édifice qui est
au milieu de la ménagerie et qui est voisin de
l'amphithéâtre où se font les cours. Un malheur
que nous étions loin de prévoir a rendu ce projet inutile. La perte que nous venons de faire de
M. Van-Spaendonck ayant laissé à la disposition
de l'administration le logement qu'il occupait,
on a pensé qu'on ne pouvait en faire un usage
plus convenable que celui d'y placer une bibliothèque où se trouvent plusieurs dessins de cet illustre professeur. Ce nouveau local rappelle des
souvenirs glorieux pour l'établissement, et du plus
grand intérêt pour ceux qui aiment les sciences,
les lettres et les beaux-arts : c'était autrefois l'appartement de M. de Buffon, et il avait ensuite été

occupé par l'artiste le plus célèbre dans l'art de peindre les fleurs.

Les livres d'histoire naturelle étant les seuls essentiels à la bibliothèque du Muséum, elle devrait les réunir tous ; mais les circonstances qui ont suivi l'époque de sa formation n'ayant pas permis de se procurer dans le temps plusieurs de ceux qu'on imprimait en pays étranger, on y trouve encore bien des lacunes : on espère que ces lacunes seront bientôt remplies, et qu'elle répondra à la richesse des collections dont elle est le complément : elle renferme aujourd'hui environ 15000 volumes, dont le catalogue a été fait par M. Toscan : elle est ouverte au public depuis onze heures jusqu'à deux, tous les jours, excepté le dimanche et le jeudi, pendant la belle saison, et trois fois par semaine le reste de l'année; MM. les professeurs et MM. les aides-naturalistes ont en tout temps la facilité d'y faire des recherches. Nous ne parlerons point des ouvrages imprimés, mais seulement de quelques manuscrits accompagnés de dessins originaux, et de la magnifique collection des peintures sur vélin.

Nous avons 1° de Plumier, *Botanicum americanum, seu Historia plantarum in americanis insulis nascentium ; auctore R.-P. Car. Plumier, ab anno 1689 usque ad annum 1697.* 8 vol. in-fol.

Cet ouvrage se compose de 1220 figures de

plantes, les unes au trait, les autres coloriées. La description de la plante est écrite en regard du dessin. Il y a de plus un volume in-fol. d'oiseaux d'Amérique, peints d'après nature : ces figures ne sont pas très-finies, mais elles sont d'une grande exactitude.

Parmi les plantes dessinées et décrites dans les manuscrits de Plumier, 549 ont été publiées par lui ou par Burmann, et la plupart des autres ont été observées depuis par les botanistes qui sont allés aux Antilles : cependant il y en a encore plusieurs d'inédites, et qu'il serait intéressant de faire connaître (1).

2° De Tournefort :

Descriptions et dessins de plusieurs des plantes qu'il avait observées en divers pays, et une partie de sa correspondance pendant son voyage au Levant.

3° De Commerson :

Une relation de son voyage en 1 vol. in-fol. ; et ce qui est bien plus précieux, les dessins originaux de ce qu'il a vu de plus remarquable en zoologie et en botanique, dans tous les pays qu'il a parcourus.

(1) Lors de la fondation de notre bibliothèque, le gouvernement décida qu'on y transporterait les volumes de Plumier qui étaient à la bibliothèque du Roi ; mais on en remit seulement une partie. Il serait à désirer que cette précieuse collection fût réunie, et il semble que sa véritable place est au Muséum.

Ces dessins, au nombre de 530 pour la zoologie et de 610 pour les plantes, sont sur des feuilles de différens formats, selon la dimension des objets, qui ont été représentés autant que possible de grandeur naturelle, avec les détails des parties qui fournissent les caractères distinctifs. Ils ont été rangés dans l'ordre des familles naturelles.

Les descriptions des animaux remplissent un porte-feuille particulier : on n'a point fait relier ce manuscrit parce que les feuilles ne sont pas toutes de la même grandeur. Il pourrait former un volume in-fol. d'environ 500 pages.

M. de Lacépède dans son Histoire des poissons et des reptiles, M. Cuvier dans son Tableau du règne animal, M. Geoffroy-Saint-Hilaire dans les Annales du Muséum, M. de Jussieu dans son *Genera plantarum*, ont souvent fait usage des dessins de Commerson. Comme la collection de ce célèbre voyageur a été donnée au Muséum, nous avons la plupart des objets qu'il a décrits et dessinés.

4° *Description des plantes et des animaux de Java et des Philippines, par Noroña, médecin et naturaliste espagnol ; avec des figures.*

Ce manuscrit qui formerait 2 vol. in-4°, nous a été donné par l'académie des sciences.

A son retour de Java, où il avait fait un long séjour, Noroña s'arrêta à l'Ile de France, et il y mourut en 1788. M. de Cossigny, dépositaire de

ses manuscrits, en fit hommage à l'académie des
sciences, en la priant d'agréer que M. de la Billardière se chargeât de les rédiger et de les publier. L'académie jugea que l'ouvrage contenait
beaucoup de choses nouvelles et curieuses, et elle
approuva en 1790. le commencement du travail
de M. de la Billardière : mais celui-ci étant parti
l'année suivante avec l'expédition à la recherche
de La Peyrouse, il ne put terminer son travail.
Il serait intéressant d'extraire du manuscrit de
Noroña ce qui a échappé aux naturalistes qui ont
depuis visité les mêmes contrées.

5° *Oologie, ou Description des nids et des œufs
d'un grand nombre d'oiseaux d'Europe, avec l'histoire de leurs mœurs et de leurs habitudes, par
l'abbé Manesse, des académies de Saint-Péters-
bourg, d'Erfurt, etc.* 2 vol. in-4° de 350 pages
chacun, avec 1 vol. de figures très-bien peintes,
représentant de grandeur naturelle quelques espèces d'oiseaux, et 198 espèces d'œufs (1).

L'auteur ne s'est point arrêté à exposer les caractères des espèces qui ont déjà été décrites et
figurées dans les ouvrages d'ornithologie, mais il
donne les détails les plus curieux sur leur manière de vivre, leurs habitudes, leurs mœurs, leur
habitation, leurs voyages ; sur la ponte, l'incuba-

_____

(1) C'est le gouvernement qui a bien voulu acheter cet ouvrage pour
le donner au Muséum.

tion, l'éducation des petits, etc. Quant aux œufs dont il donne la figure, il en a envoyé la collection au Muséum, et cette collection qui est de 1094 est déposée dans les galeries de zoologie.

6° Des peintures chinoises sur des rouleaux de papier d'une seule feuille. L'un de ces rouleaux, long de 4 toises, offre la figure de divers poissons dont plusieurs ne sont pas bien connus; quatre autres représentent la ville de Canton et des édifices chinois; il y a aussi trois cahiers in-fol. de portraits d'hommes et de femmes, et de figures de plantes et d'animaux.

7° Nous croyons devoir citer comme une chose curieuse un manuscrit chinois en 8 vol., petit in-fol. avec des figures. L'écriture en est d'une netteté surprenante, et les dessins sont parfaitement semblables à nos gravures en taille-douce. C'est un ouvrage d'anatomie, traduit du français en chinois et qui a été envoyé de Pékin à l'académie des sciences en 1723, par le père D. Parennin.

Il nous reste à donner une idée de la collection des peintures sur vélin, dont nous avons raconté l'origine dans la première partie de cet ouvrage.

Cette collection formait 60 vol. in-fol. lorsqu'elle fut transportée de la bibliothèque du roi dans celle du Muséum : elle en forme aujourd'hui 84, dont 60 pour les plantes, 22 pour toutes les parties de la zoologie, et 2 pour l'anatomie comparée. Les vélins sont placés entre les feuillets du volume, de manière qu'on peut les retirer soit pour les mettre dans des cadres, soit pour en intercaler d'autres sans déranger l'ordre. Ils sont aujourd'hui au nombre de 4,750, savoir, 3,500 de plantes, 166 de mammifères, 460 d'oiseaux, 38 de reptiles, 118 de poissons, 130 de crustacés et de coquilles, 100 d'insectes, 26 de radiaires et de polypes; et 212 d'anatomie comparée. On peut à l'instant trouver ce qu'on cherche, parce que les figures sont rangées dans l'ordre des familles naturelles, et que les noms des familles de plantes ou d'animaux sont écrits sur le dos du volume qui les renferme.

Un grand nombre de ces dessins ont été gravés; mais ceux qui représentent des objets connus sont encore très-utiles, soit en ce qu'ils fournissent aux professeurs des exemples pour leurs leçons, soit en ce qu'ils servent de modèles aux personnes qui s'exercent à peindre l'histoire naturelle.

Comme il y a aujourd'hui six peintres attachés au Muséum, tandis qu'il n'y en avait qu'un seul au Jardin du roi, les professeurs font figurer chacun pour leur partie ce qui ne l'a point été, et ces figures ont sur celles qu'on faisait autrefois l'avantage de présenter en détail toutes les parties qui caractérisent les plantes et les animaux.

Nous n'indiquerons point ici les dessins qui méritent le plus d'attention sous le rapport de l'art, on en trouve de très-beaux dans tous les volumes ; mais nous croyons devoir dire un mot des artistes les plus distingués parmi ceux qui ont travaillé à la collection depuis son origine. Nous ne parlerons point de ceux qui la continuent aujourd'hui. Les talens de MM. P.-J. Redouté, H.-J. Redouté, de Wailly, Huet, Bessa et Meunier, sont généralement connus.

Le plus ancien de ces artistes, celui qui travailla d'abord pour Gaston d'Orléans, et pour lequel fut ensuite créée la place de peintre du cabinet du roi, fut Nicolas Robert. Personne ne l'a surpassé dans le genre qu'il avait adopté. Ses peintures exécutées à la gouache sont d'un fini surprenant, et d'une grande vérité, et depuis plus de 150 ans elles n'ont rien perdu de la vivacité de leurs couleurs. Il y en a environ 500 dans la collection.

Les dessins d'Aubriet ne sont point aussi finis, mais ils rendent bien le port des plantes et la figure des animaux : ils sont beaucoup plus nombreux que ceux de Robert. Aubriet ayant accompagné Tournefort dans son voyage au Levant, il dessina sur les lieux beaucoup de plantes nouvelles ; et c'est en publiant ces dessins et en y joignant des descriptions faites sur l'herbier de Tournefort, que M. Desfontaines a fait connaître ces plantes, qui étaient seulement indiquées par une phrase du corollaire (1).

Pendant la vieillesse d'Aubriet et après sa mort, la collection fut moins soignée; mais elle reprit un nouvel éclat lorsque M. Van-Spaendonck fut nommé peintre du cabinet. Les vélins de cet artiste célèbre sont d'un genre différent de ceux de Robert : ils n'ont point ce fini qui est le résultat de la patience, mais on y remarque cette hardiesse de touche, cette harmonie de couleurs, qui caractérisent le grand peintre ; et ce sont les modèles les plus parfaits qu'on puisse choisir pour la peinture des fleurs. Ils ne sont point en grand nombre, parce que M. Van-Spaendonck, à qui le Roi avait demandé de grands tableaux, se faisait souvent suppléer pour les vélins par l'artiste distingué qui a été depuis chargé de continuer ce travail (2).

M. Maréchal, que l'administration du Muséum avait choisi lors de la nouvelle organisation, pour peindre les mammifères et les oiseaux, fut en ce genre très-supérieur à tous ceux qui l'avaient pré-

(1) Le travail de M. Desfontaines inséré d'abord dans nos Annales a été ensuite imprimé à part sous le titre de *Choix des plantes du corollaire de Tournefort*, 1 vol. in-4°, Paris, 1808.

(2) Nous citerons ici pour exemple des vélins de M. Van-Spaendonck, le *palava malvæfolia*, le *pavonia spinifex* et l'*hibiscus palustris* ; tous trois de la famille des malvacées, et qui se trouvent dans le même volume.

cédé. Non-seulement il était fort habile dans son art, mais il avait fait des études d'anatomie et de zoologie, qui le mettaient à même de saisir et de rendre parfaitement les caractères des animaux. Ses peintures sont des chefs-d'œuvre. Nous avons de lui 66 vélins de mammifères, 80 d'anatomie et 30 d'autres objets d'histoire naturelle.

M. Oudinot a peint les insectes, les crustacés et les coquilles avec un talent remarquable, et nous avons un grand nombre de vélins de lui.

On peut assurer qu'il n'existe en Europe aucune collection de dessins en couleur aussi considérable que celle du Muséum. Elle s'enrichit tous les jours ; elle fait connaître des plantes et des animaux qui ne paraissent que momentanément au jardin ou à la ménagerie ; elle offre aux naturalistes des figures exactes, aux dessinateurs des modèles excellens. Aucun vélin ne peut sortir de l'établissement sans un arrêté de l'administration ; mais tout le monde a la facilité de les étudier et même de les copier à la bibliothèque.

CHAPITRE VII.

CHANGEMENS SURVENUS AU MUSÉUM PENDANT L'IMPRESSION DE CET OUVRAGE.

Après avoir fait connaître l'origine du Muséum, son état actuel, et les collections qu'il réunit, nous pouvons ajouter qu'il doit s'enrichir de jour en jour par suite de son organisation et de l'influence qu'il exerce sur le progrès des sciences naturelles. Il serait satisfaisant pour nous d'offrir une preuve de cette vérité par le tableau des richesses qu'il a acquises depuis que nous avons commencé l'impression de cet ouvrage. Mais en revenant sur ce qui s'est passé pendant cet intervalle, nous sommes affectés des sentimens les plus pénibles ; deux professeurs illustres nous ont été enlevés dans l'espace d'un mois. Leur nom fera toujours la gloire de l'établissement, et le mouvement qu'ils ont imprimé ne se ralentira point ; mais leurs élèves ne sauraient se consoler de ne plus les entendre, et leurs collègues se rappellent tous les jours les charmes de leur société. Nous n'entreprendrons point de faire ici leur éloge, les académies dont ils étaient membres ont payé ce tribut à leur mémoire ; nous devons nous borner à exprimer nos regrets, en ajoutant quelques mots sur les services qu'ils ont rendus au Muséum.

M. Van-Spaendonck semble avoir posé la limite que l'art de peindre les fleurs ne saurait dépasser. Ses tableaux fixent pour nos yeux tous les charmes d'une nature fugitive. Jamais en ce genre on ne porta plus loin la richesse de la composition, la beauté de la couleur, et l'exactitude des détails. Mais les titres qui depuis cinquante ans ont établi sa réputation ne sont pas ceux qui lui donnent le plus de droits à notre reconnaissance. Il n'était pas moins distingué comme professeur que comme peintre, et c'est aux artistes qu'il a formés qu'on doit l'élégance des ornemens qui font la supériorité de plusieurs des manufactures françaises, et surtout la perfection des figures qui ajoutent encore plus à l'utilité qu'à la beauté de nos livres d'histoire naturelle. Les progrès que l'art a faits par ses leçons ne sont pas moins dus à son caractère qu'à son talent. Jamais aucun maître n'eut plus d'affection pour ses élèves, et ne prit plus de soin pour cultiver leurs dispositions : il eût voulu que chacun d'eux pût aller aussi loin que lui. Pendant les dernières années de sa vie il n'exécuta plus de grands tableaux; il employait son temps à faire des modèles qui pussent aplanir graduellement les difficultés à ceux qu'il avait introduits dans la carrière. L'école qu'il avait formée au Muséum était le seul objet de ses travaux et de sa sollicitude ; et tandis qu'on l'admirait dans les pays étrangers, il jouissait uniquement des sentimens que ses collègues et ses élèves avaient pour lui. Parvenu à l'âge de 76 ans, il avait conservé toutes ses facultés, et il aurait pu rendre encore de grands services, lorsqu'il nous fut enlevé presque subitement le 11 de mai 1822. A sa mort la place de professeur administrateur, qu'il remplissait depuis l'organisation du Muséum, a été supprimée, et l'on a partagé le cours d'iconographie entre MM. Redouté et Huet, qui enseigneront, l'un à peindre les plantes, et l'autre les animaux.

Vingt jours s'étaient à peine écoulés lorsque M. Haüy, a qui on avait caché la mort de son collègue, le suivit au tombeau.

M. Haüy avait professé vingt ans au Muséum, et ses leçons avaient fondé l'école française et modifié les méthodes adoptées dans d'autres pays. Il n'a peut-être été fait dans le dernier siècle aucune découverte plus remarquable : il n'en est du moins aucune qui appartienne plus complétement à son auteur. Elle est le développement d'une première observation, et elle s'applique à toutes les espèces minérales. Elle place la minéralogie au rang des sciences exactes, en déterminant par une mesure rigoureuse la forme du noyau primitif de tous les cristaux, et par le calcul, toutes les formes secondaires qui peuvent en résulter (1). Une fois que M. Haüy eut publié les bases de sa théorie, elle ne pouvait plus se perdre; mais elle eût présenté bien des difficultés, si le professeur ne les eût fait disparaître par l'élégance et la netteté de ses explications. Il ne se bornait point à donner des leçons dans son cours, il réunissait chez lui les jeunes gens qui se livraient à l'étude, il leur montrait sa collection, il les engageait à s'exercer, il revoyait leurs travaux; il proportionnait ses instructions au degré de force de chacun de ses élèves : aussi plusieurs des minéralogistes étrangers qui étaient venus à Paris pour se perfectionner sous lui, ont-ils répandu ses principes dans toute l'Europe.

M. Haüy a été enlevé aux sciences au moment où sa réputation était universellement établie; il

---

(1) Dans la description que nous avons donnée des salles de minéralogie, nous avons dit que la première armoire renfermait des modèles en bois qui servaient à rendre sensible à l'œil et à expliquer la structure des cristaux. Nous croyons devoir ajouter ici que ces imitations des formes cristallines sont l'ouvrage de M. Belœuf, demeurant au Jardin du Roi. Cet artiste exécute avec une précision rigoureuse toutes les variétés de formes déterminées et décrites par M. Haüy dans son dernier ouvrage. Il en fournit, à un prix modéré, des suites complètes, auxquelles il joint d'autres modèles, destinés à représenter les principaux résultats de la division mécanique des cristaux, et la marche des décroissemens qui leur donnent naissance.

a eu le bonheur de terminer l'édifice dont il avait posé les premiers fondemens. Peu de temps avant sa dernière maladie, sa cristallographie venait de paraître, et le manuscrit de la seconde édition de son traité de minéralogie était à l'impression.

Il avait passé quarante ans à former une collection de cristaux qui offre une série complète, et dans laquelle tous les échantillons sont dans l'état le plus parfait. Cette collection est unique ; elle est le type de son grand ouvrage, et entièrement étiquetée de sa main. Il serait à désirer qu'elle fût acquise pour le Muséum, et qu'elle y restât dans l'ordre où elle est arrangée, comme moyen d'étude, et comme un monument de la grandeur et de la généralité de la découverte.

M. Haüy a été remplacé au Muséum par M. Brongniart, qui était depuis plusieurs années son suppléant à la faculté des sciences. Cette nomination, faite par le roi d'après le choix unanime de l'académie des sciences et des professeurs du Muséum, ne laisse aucun doute que notre école conservera la réputation qu'elle a si justement acquise (1).

(1) M. Brongniart (Alexandre), né à Paris le 5 février 1770, membre de l'Académie des sciences en 1815, ingénieur en chef au corps royal des mines.

Traité élémentaire de minéralogie avec application aux arts, 2 vol. in-8°, 1807.

Histoire naturelle des crustacés fossiles, et spécialement des trilobites, 1 vol. in-4°, 1822.

45.

La description que nous avons donnée des collections du Muséum se rapportant à la fin de l'année 1822, elle serait incomplète aujourd'hui si nous n'ajoutions ici une notice sur les changemens qui ont été faits au cabinet pour que les objets fussent mieux placés, et sur les nouvelles richesses que nous avons acquises.

La collection de poissons remplit maintenant la salle où se trouvait la bibliothèque et un côté de la salle précédente. Les armoires devenues libres ont servi à développer la collection de reptiles : les espèces sont toujours dans l'ordre que nous avons indiqué.

A l'entrée du cabinet, sur le palier de l'escalier, on a placé au-dessus des basaltes deux fragmens des colonnes du temple de Sérapis à Pouzzole. Ces fragmens ont été percés par des pholades, à la suite d'un phénomène géologique fort extraordinaire (1). On y voit aussi une boîte renfermant

Description géologique des environs de Paris, en commun avec M. Cuvier, 1812.

Le même ouvrage, avec la description d'un grand nombre de lieux, qui présentent des terrains analogues à ceux du bassin de Paris, 1 gros vol. in-4°, avec 2 cartes et 16 planches, 1822.

Mémoire sur les terrains de sédiment supérieur du Vicentin, 1 vol. in-4°.

Plusieurs *Mémoires* publiés parmi ceux de l'Institut et dans les Annales des mines.

(1) Ce phénomène consiste en ce que le sol qui supporte le temple de Sérapis, après avoir été englouti pendant un certain laps de temps sous les eaux de la mer, a été exhaussé de nouveau.

un bloc calcaire du mont Bolca divisé en feuillets, sur chacun desquels se trouvent des poissons fossiles.

Les objets d'art, qui étaient exposés dans les cinq armoires à gauche de la salle des roches, ont été distribués dans les collections des minéraux et des roches à côté des espèces qui en formaient la matière. La salle des roches ne renferme donc actuellement que les deux collections qui lui donnent son nom, savoir la collection méthodique et la collection géographique.

La première occupe les deux rangs de gradins qui règnent tout le long de la salle à droite en entrant, ainsi que les tablettes au-dessus de ces gradins. Elle a été considérablement augmentée, et classée définitivement par le professeur de géologie. Dans cette nouvelle classification, les roches sont rangées par séries naturelles ; le nom de chaque série est tiré de celui du principe qui prédomine dans la composition. Les roches météoriques, ou pierres tombées du ciel, ont été placées à la suite.

La collection géographique occupe maintenant le bas des armoires dont la partie supérieure renferme la collection méthodique, et la totalité des armoires qu'on voit à gauche en entrant. Elle a reçu des accroissemens remarquables : savoir, 1° une suite de roches de la péninsule de l'Inde et de l'île de Ceylan, rapportée par M. Leschenault, 2° une suite complète des terrains qui constituent le sol de l'Angleterre, donnée par M. Greenough, ancien président de la société géologique de Londres : 3° une suite de roches des hautes Alpes et de la Suisse, donnée par M. le conseiller Escher de Zurich, correspondant du Muséum, dont les sciences et l'humanité déplorent aujourd'hui la perte.

La collection des ossemens fossiles s'est accrue de plusieurs morceaux intéressans, parmi lesquels nous citerons une tête d'hippopotame, donnée au Muséum par le grand duc de Toscane, et un squelette d'homme renfermé dans un aggrégat calcaire formé de sable marin moderne, et contenant quelques coquilles terrestres et marines. Ce squelette nous a été envoyé de la Guadeloupe par M. l'Herminier, sur la demande qu'en avait faite S. Ex. le ministre de la marine : il est plus complet que celui du Muséum de Londres.

M. Brongniart a jugé convenable de faire quelques changemens à la distribution des espèces minérales dans les armoires : ainsi plusieurs échantillons ne sont plus à la place que nous avions désignée dans notre description de la galerie, mais il sera facile de les retrouver, parce qu'en général ils n'ont point changé d'armoire, et que la série des espèces est restée la même, M. Brongniart s'étant borné à rétablir l'ordre méthodique dans les variétés de chacune d'elles, auparavant éparses sur les tablettes. Ces variétés sont maintenant groupées sur des lignes verticales. Plusieurs objets qui étaient en doubles dans les armoires en ont été retirés pour former le noyau d'une nouvelle collection d'étude, disposée dans un meuble à tiroirs qui occupe le milieu de la salle des métaux. Dans cette collection, destinée particulièrement pour les leçons du professeur, l'ordre dans lequel les échantillons se suivent est précisément celui dans lequel ils doivent servir à ses démonstrations; mais, vu le petit nombre de morceaux doubles, la série eût été fort incomplète sans le généreux abandon que M. Brongniart a bien voulu faire d'une grande partie des échantillons de son propre cabinet, avec lesquels il a rempli beaucoup de vides dans les deux collections.

Parmi les autres objets qui ont été nouvellement placés dans la salle de minéralogie, on remarquera ceux que nous devons à M. Leschenault. Ce sont : 1° de superbes échantillons du feldspath nacré ou pierre de lune, qu'il a le premier trouvé dans sa gangue ; 2° des corindons aussi dans leur gangue et d'une très-grande dimension : nous citerons encore un poudding ferrugineux et siliceux, nommé *cascalho dos diamantes*, ou caillou des diamans, qui sert de gangue à cette pierre précieuse au Brésil, d'où M. Auguste de Saint-Hilaire l'a rapportée. On ne la connaissait pas en Europe.

Les galeries de zoologie et de botanique se sont considérablement enrichies, comme on va le voir par ce qui nous reste à dire des acquisitions que nous devons au zèle de nos voyageurs et de nos correspondans.

M. Leschenault de la Tour et M. Auguste de Saint-Hilaire sont de retour depuis quelques mois. Le premier, qui, pendant un séjour de six ans dans la péninsule de l'Inde et dans l'île de Ceylan, nous avait fait plusieurs envois considérables, nous a rapporté une collection composée d'objets des trois règnes. Nous avons parlé des minéraux : nous devons citer parmi les mammifères l'ours des montagnes des Gates, deux singes de Ceylan et la martre des palmiers, qui manquaient au cabinet, ainsi que quelques poissons et quelques reptiles de l'île de Bourbon (1).

M. Auguste de Saint-Hilaire a pendant six ans parcouru le Brésil et les missions du Paraguay, depuis le 12ᵉ jusqu'au 34ᵉ degré : il a analysé et décrit sur les lieux toutes les plantes qu'il a pu recueillir (2), il a pris des notes sur les animaux,

(1) La martre des palmiers, *paradoxurus typus*, *Fr.-Cuv.*, a été amenée vivante, ainsi qu'un petit maki rouge de Madagascar, et six espèces de tortues.

(2) M. Auguste de Saint-Hilaire a terminé le manuscrit de son histoire des plantes du Brésil. Il serait important pour les progrès de la bota-

et il nous a rapporté en botanique et en zoologie l'une des collections les plus considérables et les plus curieuses qui soient jamais arrivées au Muséum (1).

M. Duvaucel, qui continue ses recherches dans l'Inde, vient de nous envoyer le squelette d'un très-grand éléphant, un dauphin du Gange de plus de six pieds de long, et un grand nombre d'oiseaux, parmi lesquels 43 espèces sont nouvelles pour le

nique que cet ouvrage fût publié avec des gravures représentant les genres nouveaux et les espèces les plus intéressantes.

(1) Pour mieux faire connaître combien cette collection nous enrichit, nous allons transcrire une partie de ce qu'en ont dit MM. les professeurs du Muséum dans le rapport qu'ils ont fait à l'Académie des sciences sur le voyage de M. Auguste de Saint-Hilaire.

« La collection contient : 1° 129 individus de mammifères rapportés à 48 espèces, dont 13 manquaient au Muséum. Dans ce nombre sont deux chauve-souris, un nouveau singe hurleur, l'*aguarachay*, espèce de chacal connu seulement par la description d'Azzara, un porc-épic à queue prenante, un nouveau rongeur, nommé *moco*.

» 2° 2,005 oiseaux formant 451 espèces, dont 156 manquaient au Muséum. La plupart de celles-ci font mieux connaître les espèces décrites par Azzara. On doit remarquer dans ce nombre le *chaja*, voisin du kamichi, une espèce de rhynchée ; le cygne blanc à col noir du Paraguay, le *psittacus hyacinthinus*, dont il n'existe que deux ou trois individus dans les cabinets de l'Europe ; l'aigle couronné, plusieurs espèces de tangara, et le *guirayetapa* ou petit coq d'Azzara.

» 3° 21 reptiles, parmi lesquels est une nouvelle espèce de *lachesis*.

» 4° Environ 16,000 insectes bien conservés, dont M. Latreille juge que près de 800 n'étaient pas connus.

» 5° Un herbier composé d'environ 30,000 échantillons formant près de 7,000 espèces de plantes en très-bon état, dont M. Desfontaines estime que les deux tiers sont nouvelles, fourniront de nouveaux genres, et peut-être de nouvelles familles. »

cabinet : nous attendons de lui une collection de poissons de 5oo espèces et 2,000 individus.

Nous avons reçu de M. Lesueur la plupart des espèces de poissons et de mollusques qu'il a décrites dans le journal des sciences de Philadelphie ; et de M. Milbert, des poissons qui ont été pêchés dans les lacs des États-Unis, et que nous ne connaissions pas.

Enfin, M. Dussumier, de retour de l'Inde, nous a donné une gazelle de Bassora, le delphinoptère à ventre blanc, et 28 espèces d'oiseaux qui manquaient au cabinet.

A la liste des correspondans que nous avons insérée dans la première partie de cet ouvrage il faut ajouter :

M. Maraschini (Pierre), minéralogiste, de Schio dans le Vicentin ;

M. Sylveira Caldeira, médecin au Brésil ;

M. Greenough (G. B.), ex-président de la société géologique de Londres.

Deux nouveaux peintres ont été attachés au Muséum : ce sont,

MM. Bessa et Meunier ; leur nomination a été faite au concours.

EXPLICATIONS

DES PLANS DU JARDIN DU ROI.

PREMIER PLAN. — 1640.

A. Rue du Jardin du Roi.

B. Ruelle garnie de maisons, nommée le Petit-Gentilly.

C. Clos Patouillet, occupé en marais légumiers.

D. Rivière de Bièvre.

E. Marais légumiers et chantiers de bois.

F. Marais donnant sur la rue de Seine.

G. Emplacement de l'hôtel Vauvray.

H. Terrain et maisons des Nouveaux-Convertis.

I. Groupe de maisons bordant un côté du carrefour de la Pitié.

N° 1. Porte d'entrée, unique alors.

2. Amphithéâtre pour les cours.

3. Château à un étage occupé par les intendans.

4. Galerie renfermant 600 bocaux de matière médicale.

5. Cours du château.

6. Jardin des plantes des Indes.

7. Parterres servant à la culture des plantes médicinales.

8. Jardin légumier devenu l'école des arbres sous Tournefort.

9. Orangerie et son jardin.

10. Banquettes pour les plantes du midi de la France.

11. Escalier pour monter aux buttes.

12. École de botanique, où les plantes furent d'abord rangées par ordre de vertus, et ensuite d'après le système de Tournefort.

13. Verger agreste en quinconce.

14. Jardin des couches et des légumes délicats.

15. Terrain vague, d'où l'on a tiré le sable pour les allées.

16. Petit bois percé en étoile et planté d'arbres rustiques.

17. Terrasse donnant sur les marais.

18. Pavillon que Winslow a habité jusqu'à sa mort.

19. Petite butte plantée en arbres et plantes des montagnes.

20. Grande butte avec ses allées en limaçon, plantée d'abord d'arbres de montagnes, puis en vignes sous *Chirac*, et enfin en arbres toujours verts.

SECOND PLAN. — 1788.

A. Rue du Jardin du Roi.

B. Rue de Buffon.

C. Boulevard de l'hôpital de la Salpêtrière.

D. Quai Saint-Bernard.

E. Chantiers à bois et jardins maraîchers.

F. Rue de Seine Saint-Victor.

G. Terrains des Nouveaux-Convertis.

H. Emplacement de plusieurs maisons sur le carrefour de la Pitié.

1. Ligne ponctuée indiquant les limites de l'ancien jardin.

2. Galeries d'histoire naturelle.

3. Ancienne chapelle à côté de la porte d'entrée principale.

4. Bâtiment commencé par Buffon, et achevé depuis.

5. Intendance.

6. Ancien amphithéâtre.

7. Orangerie ancienne, avec le terrain qui en dépend.

8. Emplacement d'une orangerie, qui n'a pas été terminée.

9. Serres chaudes anciennes.

10. Serres de Dufay, séparées par la pente qui conduit aux buttes.

11. Serre neuve commencée par Buffon.

12. Grande butte avec son belvédère.

13. Petite butte.

14. Ruelle par laquelle on entrait de la rue de Seine dans le jardin.

15. Hôtel de Magny, ayant son entrée sur la même rue.

16. Jardin de cet hôtel.

17. Nouvel amphithéâtre bâti au fond de ce jardin.

18. Deux bâtimens aux côtés de l'amphithéâtre.

19. Alignement de la clôture qui séparait ce jardin de la butte.

20. Couches pour les semis.

21. Grande école des plantes.

22. Ancien parterre.

23. Pépinière.

24. Plantations irrégulières, ou petit bois, dont une partie occupe l'ancienne école des arbres, et au milieu duquel est un café.

25. Les deux allées principales, plantées en tilleuls.

26. Allées des marroniers d'Inde.

27. Allée qui borde la rue de Buffon.

28. Bassin creusé jusqu'au niveau de la rivière.

29. Nouveau parterre.

30. Carré des arbres fruitiers.

31. Carré des plantes économiques , qui avait d'abord été une pépinière pour les arbres estivaux.

32. Deux carrés, autrefois supplément de pépinière : le plus grand est maintenant une école de culture ; le plus petit est planté en arbres printaniers.

33. Quatre carrés plantés en quinconces d'arbres des quatre saisons.

34. Allée des Peupliers du Canada.

35. —— des Platanes d'Orient.

36. —— des Catalpas de Virginie.

37. —— des arbres de Judée.

38. —— des Tulipiers de Virginie.

39. —— des Mélèzes d'Europe.

40. —— des Erables d'Amérique.

41. —— des Aylantes ou faux vernis du Japon.

42. Grille sur le boulevard de la Salpêtrière.

43. Terrasse et porte sur le quai.

44. Serre transformée depuis en ménagerie.

TROISIÈME PLAN. —— 1821.

A. Rue du Jardin du Roi.

B. Rue de Buffon.

C. Place du Jardin du Roi.

D. Quai Saint-Bernard.

E. Rue de Seine.

F. Place ou carrefour de la Pitié.

1. Galerie d'histoire naturelle.

2. Bureaux, salles de botanique et laboratoires de zoologie.

3. Galeries et laboratoires d'anatomie comparée.

4. Amphithéâtre et laboratoires de chimie.

5. Porte d'entrée du côté des galeries.

6. ———————— du côté de la rivière.

7. ———————— sur la rue de Seine.

8. ———————— sur la rue de Buffon.

9. Descente dans les carrières.

10. Annexe aux salles d'anatomie.

11. Atelier de serrurerie.
12. ——— de menuiserie.
13. ——— des peintres dessinateurs.
14. Café.
15. Petit bois d'arbres étrangers et indigènes.
16. École de fleurs annuelles.
17. École de fleurs vivaces.
18. Semis d'arbres et arbustes.
19. Hangar pour les terres composées.
20. Allée des Tulipiers.
21. Bosquets d'hiver.
22. Allée des Mélèzes.
23. Bosquet d'automne.
24. Allée des Érables de Virginie.
25. Bosquet d'été.
26. Allée des Aylantes.
27. Bosquet de printemps.
28. Culture de plantes officinales indigènes.
29. ——— de plantes officinales étrangères.
30. ——— de plantes vivaces étrangères.
31. ——— de fleurs pour les parterres.
32. ——— d'arbres et arbrisseaux.
33. ——— de plantes aquatiques.
34. Ancienne orangerie.
35. Serre voûtée.
36. —— froide.
37. —— de l'école de botanique.
38. —— chaudes (Buffon, Baudin et Philibert).
39. Châssis pour les jeunes plantes rares.
40. Serre des arbrisseaux.
41. —— des plantes grasses.
42. —— des ficoïdes.
43. —— des plantes de l'Inde.
44. —— des cierges.
45. Grande serre tempérée.
46. Ateliers et laboratoires des graines, et logement des jardiniers.
47. Châssis pour les plantes bulbeuses.
48. Jardin de l'orangerie.

49. École de botanique.
50. —— des arbres fruitiers.
51. —— des plantes céréales et potagères.
52. —— d'agriculture pratique.
53. Allée de Kœlreuteria et de Mespilus.
54. —— des Platanes du Levant.
55. —— des Catalpas de Virginie.
56. —— des arbres de Judée.
57. —— des Marroniers.
58. —— des Tilleuls.
59. Terrasse de la serre tempérée.
60. Jardin des semis.
61. Jardin de naturalisation.
62. Emplacement pour les arbres de serre tempérée.
63. Petite butte plantée d'arbres verts.
64. Labyrinthe planté d'arbres verts.
65. Cèdre du Liban.
66. Tombeau de Daubenton.
67. Laiterie.
68. Rampe conduisant du bas jardin aux buttes.
69. Bûcher.
70. Pépinière.
71. Rotonde, où sont l'éléphant, le bizon, les dromadaires, etc.
72. Parc et cabane du zèbre.
73. Parc des chèvres.
74. Parcs et cabanes de diverses espèces du genre cerf.
75. Anciennes loges des animaux féroces.
76. Loges nouvelles des animaux féroces.
77. Anciens fossés des ours occupés par des sangliers.
78. Cabanes et parcs pour de petits ruminans.
79. Parcs des moutons, des chèvres, de l'alpaca, etc.
80. —— des cerfs et biches d'Europe.
81. —— des bouquetins et buffles.
82. —— des autruches, casoars et oiseaux domestiques.
83. Bassin et parc des oiseaux d'eau.
84. —— des canards étrangers.
85. Faisanderie.
86. Volière des oiseaux de proie.

87. Loges des singes et des perroquets.
88. Jardin pour les expériences.
89. Loge et parc des elks ou grands cerfs du Canada.
90. Bibliothèque et logement d'un professeur de zoologie et du garde des galeries.
91. Corps-de-garde des vétérans.
92. Logement des professeurs de chimie relative aux arts et de botanique rurale.
93. ———— du professeur de botanique.
94. ———— du professeur de zoologie (mammifères).
95. ———— du professeur d'anatomie humaine.
96. ———— du professeur d'anatomie comparée.
97. ———— de deux aides naturalistes.
98. ———— de l'aide naturaliste pour l'anatomie.
99. ———— de l'aide naturaliste pour la botanique.
100. ———— de l'aide naturaliste pour la zoologie et du garde de la ménagerie.
101. ———— des professeurs de minéralogie et de culture.
102. ———— du professeur de géologie.
103. Maison et terrain nouvellement acquis.
104. Logement de divers employés.
105. ———— du professeur de chimie générale.
106. Terrain nouvellement acquis.
107.
108. } Maisons en location jusqu'à l'exécution du plan général.
109.
110. Maisons et chantiers, propriétés particulières (10 arpens).
111. Portes d'entrée de la ménagerie.

FIN.